Popp

Parbrook · Davis · Parbrook
Physik und Meßtechnik
in der Anästhesie

Physik und Meßtechnik in der Anästhesie

Basiswissen für Anästhesisten

Von G. D. Parbrook, P. D. Davis, E. O. Parbrook

Übersetzt und bearbeitet von
Dr. Ulrich Fauth, Mainz

Mit 316 Abbildungen

WVG

Wissenschaftliche Verlagsgesellschaft mbH Stuttgart 1997

Anschrift des Übersetzers:

Dr. Ulrich Fauth
Klinik für Anästhesiologie
Johannes-Gutenberg-Universität
Langenbeckstr. 1
55131 Mainz

Der Originaltitel des Werkes lautet:
G. D. Parbrook, P. D. Davis, E. O. Parbrook: Basic physics and measurement in anaesthesia.
© Butterworth-Heinemann Ltd., Oxford 1990

Die Deutsche Bibliothek – CIP-Einheitsaufnahme

Parbrook, Geoffrey Donald:
Physik und Meßtechnik in der Anästhesie : Basiswissen für Anästhesisten /
von G. D. Parbrook ; P. D. Davis ; E. O. Parbrook.
Übers. und bearb. von Ulrich Fauth. – Stuttgart : Wiss. Verl.-Ges., 1997
Einheitssacht.: Basic physics and measurement in anaesthesia <dt.>
ISBN 3-8047-1484-6

Birkenwaldstraße 44, 70191 Stuttgart
Printed in Germany
Satz: Dörr und Schiller, Stuttgart
Druck: J. F. Steinkopf Druck GmbH, Stuttgart
Umschlaggestaltung: Atelier Schäfer, Esslingen

Vorwort

Einige medizinische Fachgebiete sind in hohem Maße von den technischen Rahmenbedingungen abhängig, wenige haben vom technischen Fortschritt der letzten 20 Jahre in solchem Maße profitiert wie die Anästhesie und Intensivmedizin. Augenfällige Beispiele für diese Entwicklung sind die modernen Narkose- und Beatmungsgeräte, deren aktueller Entwicklungsstand eine weitere Verbesserung kaum noch möglich erscheinen läßt. Daraus ergibt sich selbstverständlich auch eine überdurchschnittliche Abhängigkeit des Anästhesisten von technischem Verständnis und physikalischem Grundlagenwissen, sollen denn die apparativen Möglichkeiten tatsächlich effizient und sicher angewendet werden.

Das vorliegende Buch wendet sich an Anästhesisten und alle Angehörigen verwandter medizinische Berufe, die tagtäglich mit einer Technik konfrontiert sind, deren Grundlagen durch Schulwissen und physikalische Grundpraktika im Rahmen der Berufsausbildung gelegt, aber nicht in ausreichendem Maße vertieft wurden.

Die rasante technische Entwicklung umfaßt die Aspekte der Meßtechnik und der elektronischen Datenverarbeitung im weitesten Sinne, so daß auf diese Gebiete ebenfalls entsprechendes Gewicht gelegt wird. Eine Auswahl ist hier notwendig, doch sind die klinisch relevanten Aspekte einschließlich neuerer Techniken umfassend, praxisnah und leicht verständlich dargestellt.

Allen, die sich für die Blackbox hinter der abwischbaren Folientastatur des ‚high-end'-Narkosegerätes interessieren, wünsche ich eine interessante, abwechslungsreiche und ergiebige Lektüre.

Wiesbaden, Frühjahr 1997
Ulrich Fauth

Inhaltsverzeichnis

1 Druck

1.1 Einleitung, Kraft

Da der Anästhesist sowohl am Patienten als auch am Narkosegerät Druckmessungen durchführt, ist das Verständnis dieses Themas essentiell. Bevor wir uns auf den Druck konzentrieren, müssen wir uns zunächst der Definition der Kraft zuwenden. Kraft ist, was den Zustand der Ruhe oder der Bewegung eines Objektes ändert oder zu ändern versucht. Im SI-System wird Kraft in Newton (N) gemessen, wobei 1 Newton die Kraft ist, die bei einer Masse von 1 kg eine Beschleunigung von 1 Meter pro Sekunde bewirkt.

$$N = kg\ m\ s^{-2}$$

Die auf alle Gegenstände wirkende Schwerkraft bewirkt an einem Objekt eine Beschleunigung von 9,81 ms^{-2}. Die Schwerkraft, die auf eine Masse von 1 kg wirkt, muß daher 9,81 N betragen. Diese Kraft entspricht einem Gewicht von 1 kg, 1 N entspricht also einem Gewicht von $\frac{1}{9,81}$ kg, d. h. 102 g.

1.2 Pascal, bar

Druck ist die Kraft, die auf eine Oberfläche wirkt. Sie wird als Kraft pro Oberflächeneinheit ausgedrückt. Die SI-Einheit des Druckes ist das Pascal (Pa), wobei 1 Pascal der Druck von 1 N auf eine Fläche von 1 Quadratmeter ist. Da ein Gewicht von 102 g, verteilt über 1 m^2, einen sehr geringen Druck darstellt, ist die üblicherweise für den Druck verwendete Einheit nicht das Pascal, sondern das Kilopascal (kPa). Für Gase unter hohem Druck wird die Einheit bar verwendet. Obwohl das bar keine SI-Einheit ist, wurde es im täglichen Sprachgebrauch bisher beibehalten. 1 bar ist gleich 100 kPa und entspricht näherungsweise dem atmosphärischen Druck auf Seehöhe. Dementsprechend entspricht der Flaschendruck von 137 bar in einer vollen Sauerstoffflasche 137 Atmosphären. Der genaue Zusammenhang zwischen bar und Atmosphären wird ausführlicher im Kapitel 4 behandelt.

1.3 Zusammenhang zwischen Druck und Kraft

Druck und Kraft sind leichter anhand einiger Beispiele aus der anästhesiologischen Praxis zu verstehen. Abbildung 1.1 zeigt die relative Kraft, die benötigt wird, eine Flüssigkeit aus einer großen und aus einer kleinen Spritze zu injizieren. Der Druck in der Spritze hängt von

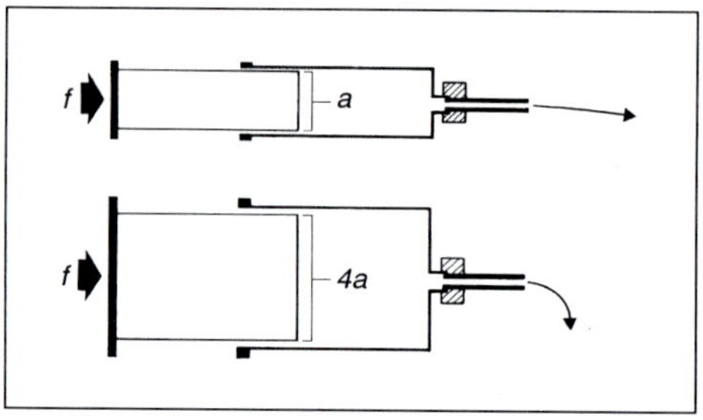

Abbildung 1.1: Effekt einer Verdoppelung des Spritzendurchmessers auf den erzeugten Druck.

der Kraft und von der Fläche ab, über die diese Kraft ausgeübt wird.

$$P = \frac{f}{a}$$

Dabei ist P = Druck
f = Kraft
a = Fläche

Falls die durch den Daumen ausgeübte Kraft in den beiden Spritzen etwa gleich ist, wird der für die Injektion verfügbare Druck durch die kleinere Fläche des Kolbens der kleinen Spritze deutlich erhöht, da sich dieser Druck umgekehrt proportional zum Querschnitt des Stempels verhält. Wird diese Fläche durch Verdoppelung des Spritzendurchmessers um einen Faktor 4 vergrößert, wird der erzeugte Druck durch den Faktor 4 reduziert – vorausgesetzt, daß die Kraft auf den Stempel dieselbe ist.

Daumendruck auf den Kolben einer Spritze kann eine Kraft von 25 Newton erzeugen. Wenn die Fläche des Kolbens in einer 2-ml-Spritze 5×10^{-5} m^2 ist, beträgt der in der Spritze erzeugte Druck:

$$\frac{25\ \text{N}}{5 \times 10^{-5} \text{m}^2} = 500\ \text{kPa}$$

Der Druck von 500 kPa entspricht etwa dem 5fachen Atmosphärendruck, eine versehentliche extravaskuläre Injektion ist daher leicht möglich.

Ist die Fläche des Kolbens einer 20-ml-Spritze größer, z. B. $2{,}5 \times 10^{-4}$ m^2, zeigt eine ähnliche Rechnung, daß ein Druck von nur 100 kPa (ungefähr eine Atmosphäre) erzeugt werden kann. Dies ist immerhin noch das 6fache eines systolischen Blutdrucks von16 kPa (120 mmHg). Der Druck, der durch Injektion eines Lokalanästhetikums mit einer 20-ml-Spritze erzeugt wird, kann im Rahmen der Technik der intravenösen Regionalanästhesie zu Komplikationen führen. Hier wird eine Druckmanschette über den systolischen Druck aufgeblasen; sie hat die Aufgabe, den Patienten vor der systemischen Wirkung des in eine distale Vene injizierten Lokalanästhetikums zu schützen.

Aus den bereits ausgeführten Berechnungen kann abgeleitet werden, daß der Druck in der Vene während einer schnellen Injektion über den systolischen Druck ansteigen kann, so daß der Schutz durch die Druckmanschette unter Umständen nicht mehr ausreichend ist, insbesondere wenn in eine der Manschette benachbarte Vene injiziert wird.

Einige Spritzenpumpen und Infusionspumpen können ebenfalls sehr hohe Drücke erzeugen, es muß daher darauf geachtet werden, daß die Kanüle korrekt plaziert und somit eine extravasale Infusion ausgeschlossen ist.

Ein weiteres klinisches Beispiel für Druck, der durch Kraft auf eine Fläche erzeugt wird, ist die Bildung von Druckstellen bei einem immobilisierten Patienten. Nehmen wir an, daß 20 kg des Körpergewichtes des Patienten auf eine Kontaktfläche zwischen Patient und Bett von 10^{-2} m^2 (einer Fläche von 10 × 10 cm) übertragen wird. Die Kraft auf dieser Fläche beträgt

$$20\ \text{kg} \times 9{,}81\ \text{m s}^{-1} = 196\ \text{N}$$

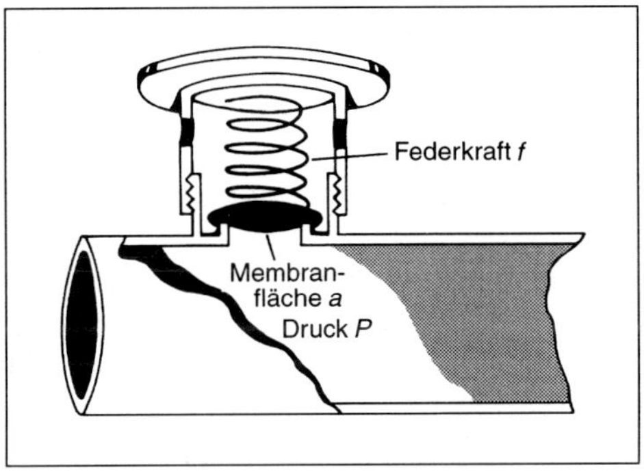

Abbildung 1.2: Überdruckventil.

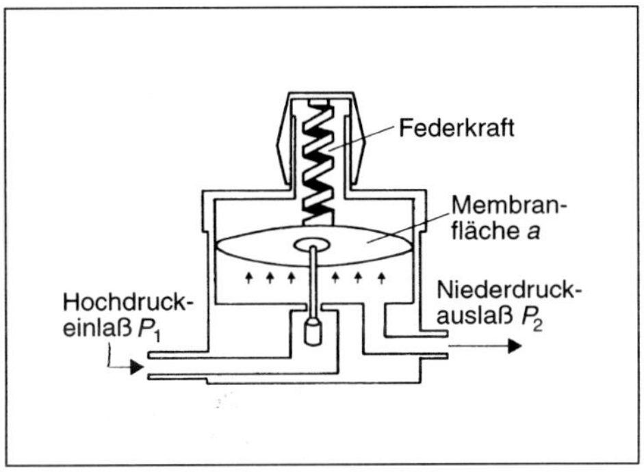

Abbildung 1.3: Druckreduzierventil.

Der Druck ist daher

$$\frac{196\ \text{N}}{10^{-2}\text{m}^2} = 19{,}6\ \text{kPa}$$

Ein typischer systolischer Blutdruck beträgt 16 kPa, die Blutversorgung dieser Fläche wird demnach unterbrochen, es besteht das Risiko von Ischämie und Druckstellen.

Das Überdruckventil und das exspiratorische Ventil des Anästhesiekreissystems sind ebenfalls einfache Beispiele für das Gleichgewicht zwischen Kraft und Druck auf eine Fläche. Wie in Abbildung 1.2 gezeigt, wirkt in einem Kreissystem der Druck P über der Fläche a der Membran eines Exspirationsventils unter Ausübung einer Kraft. Ist diese Kraft größer als die Kraft f der Feder, hebt sich die Ventilscheibe und läßt Gas passieren. Im Falle des Exspirationsventils wird eine sehr schwache Feder verwendet, so daß niedrige Drücke (z. B. 50 Pa) ausreichen, um das Ventil zu öffnen. Der Anästhesist kann gegebenenfalls den Druck durch Herunterschrauben der Schraube oberhalb der Feder erhöhen. Im Sicherheitsventil, das die meisten Anästhesiegeräte besitzen, wird eine stärkere Feder benutzt, so daß der Druck nicht über 35 kPa ansteigen und Schäden an den Teilen des Narkosegerätes verursachen kann. Ein ähnliches Sicherheitsventil ist oft in Beatmungsgeräten installiert, es ist dort allerdings auf ein niedrigeres Niveau (z. B. 7 kPa) eingestellt.

Ventile zur Druckminderung, auch als Druckregulatoren bezeichnet, werden in Narkosegeräten zur Reduktion des Druckes und zur Kontrolle der Gaszufuhr aus den Flaschen verwendet. Diese Ventile funktionieren ebenfalls durch das Gleichgewicht zwischen der Kraft einer Feder und dem Druck auf eine Membran.

In dem in Abbildung 1.3 gezeigten Druckmindererventil fällt die von unten auf die Membran wirkende Kraft bei abnehmenden Druck P_2 ab, so daß die Feder die Membran nach unten drückt. Wenn sich die Membran nach unten bewegt, zieht sie einen Stab mit. Dieser ist mit einem kleinen Ventil verbunden, das die Zufuhr eines unter hohem Druck stehenden Gases P_1 kontrolliert und so den Druck P_2 in dem Abschnitt unterhalb der Membran auf seinem korrekten Wert hält. Abbildung 1.3 zeigt ein einstufiges Reduktionsventil, es werden allerdings auch 2stufige Ventile verwendet.

Abbildung 1.4 zeigt ein Entonox-Ventil, ein 2stufiges Ventil, in dem die

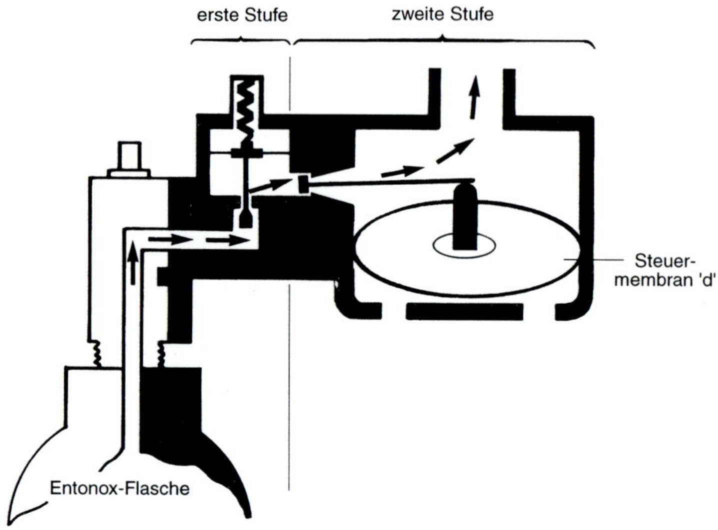

Abbildung 1.4: Entonox-Ventil. Dargestellt wird die erste und zweite Stufe des Druckreduzierventils.

erste Stufe identisch ist mit dem oben beschriebenen Reduzierventil. Der Gasfluß am Auslaß des Ventils der zweiten Stufe wird durch eine große Membran d gesteuert. Bewegungen dieser Membran kippen einen Stab, der den Gasfluß aus dem Ventil der ersten Stufe reguliert. Die zweite Stufe ist so eingestellt, daß Gas nur dann fließen kann, wenn der Druck unter Atmosphärendruck fällt. Das Entonox-Ventil ist ein Beispiel für sogenannte Demand-Ventile, d.h., diese Ventile öffnen nur auf Anforderung, also bei Druckabfall unter atmosphärisches Niveau. Ähnliche Ventile werden in Druckluft-Atemgeräten und für Sauerstoffmasken in der Luftfahrt verwendet.

Kontroll- und Alarmmechanismen, die an den Hochdruckbereich der Sauerstoffversorgung in Narkosegeräten angeschlossen sind, arbeiten oft nach einem Prinzip ähnlich dem des Reduzierventils. Ein Beispiel für einen Alarm bei Sauerstoffmangel ist in Abbildung 1.5 gezeigt. Wenn der Sauerstoffversorgungsdruck unter ein eingestelltes Minimum fällt, reicht die Kraft nicht mehr aus, eine Membran gegen die Feder zu drücken. Die Membran bewegt sich nach unten, und Sauerstoff strömt an dem kleinen Ventil vorbei zu einer Pfeife, die dann einen akustischen Alarm gibt. Dieses System kann auch verwendet werden, um bei Sauerstoffmangel die Lachgasversorgung zu unterbrechen.

1.4 Meßdruck und absoluter Druck

Eine volle Sauerstoffflasche weist einen Meßdruck von 137 bar auf. Ist der Zylinder leer, zeigt das Manometer 0 bar an.

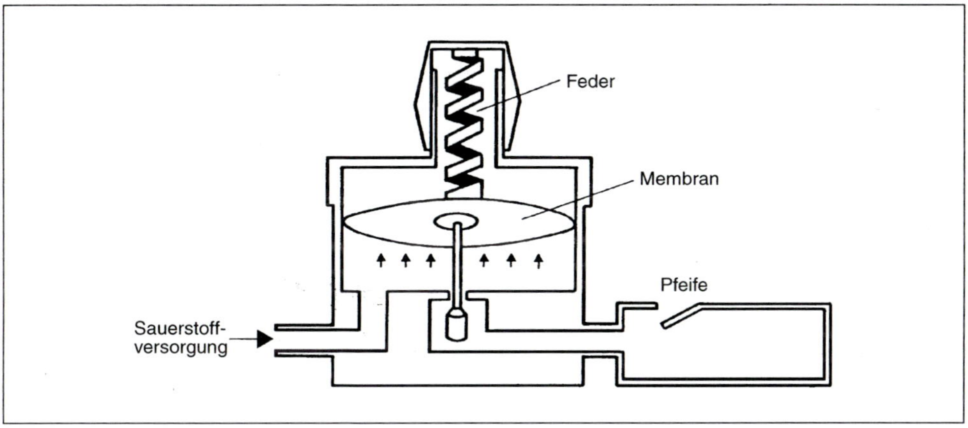

Abbildung 1.5: Alarm bei Sauerstoffmangel.

Wenn keine Vakuumpumpe verwendet wurde, enthält die Flasche jedoch weiterhin Sauerstoff mit dem Umgebungsdruck von einer Atmosphäre. Der tatsächliche oder absolute Druck im leeren Zylinder beträgt also etwa ein bar (Abb. 1.6).

Der Anästhesist kann meist den Atmosphärendruck vernachlässigen und Manometer verwenden, die den Meßdruck über oder unterhalb des aktuellen atmosphärischen Druckes anzeigen. Drücke von Beatmungsgeräten und Gasflaschen sind ebenso Meßdrücke wie die von arteriellen und venösen Druckmessungen. Um Verwechslungen zu vermeiden, wird der Ausdruck „absoluter Druck" immer dann verwendet, wenn der Gesamtdruck einschließlich des atmosphärischen Druckes angegeben werden soll. Der absolute Druck der leeren Sauerstoffflasche beträgt etwa 1 bar. Für einen vollen Zylinder mit einem Meßdruck von 137 bar beträgt der absolute Druck also 138 bar.

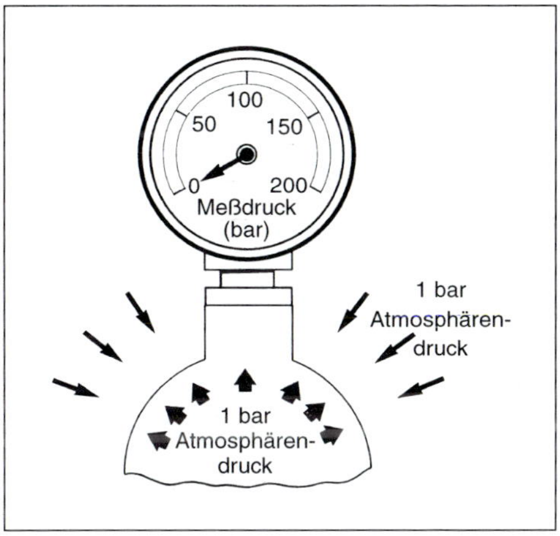

Abbildung 1.6: Zusammenhang zwischen Meßuhr, atmosphärischem Druck und absolutem Druck.

Absoluter Druck = Meßdruck + atmosphärischer Druck

Der atmosphärische Druck an der Erdoberfläche ist die Folge der Gravitationskraft auf die Luftmoleküle, wobei der aktuelle Druck von der Dichte der Luft über dem jeweiligen Punkt abhängt, der wiederum von Höhe und Wetterbedingungen beeinflußt wird.

1.5 Druck in Flüssigkeiten

So wie die Gravitationskraft auf die Luftmoleküle die Ursache des atmosphärischen Druckes ist, führt die Gravitationskraft auf die Moleküle einer Flüssigkeit zu einem Druck, der von der Höhe der Flüssigkeit über dem Meßpunkt abhängt. Dies liegt dem Meßprinzip von Instrumenten wie beispielsweise Manometern zugrunde; der Querdurchmesser der Flüssigkeitssäule ist dabei normalerweise ohne Bedeutung.

Abbildung 1.7 zeigt die Drücke P_1 und P_2 am Boden einer 10,2 cm hohen Wassersäule mit einer Fläche von 1 cm^2 und 4 cm^2. Die Drücke P_1 und P_2 können berechnet werden, wenn wir uns daran erinnern, daß 10,2 cm^3 Wasser 10,2 g wiegen. Es gilt daher:

$$P_1 = \frac{f_1}{a_1} = \frac{10{,}2\ \text{g}}{1\ \text{cm}^2} = 10{,}2\ \text{g cm}^{-2}$$

und

$$P_2 = \frac{f_2}{a_2} = \frac{4 \times 10{,}2\ \text{g}}{4\ \text{cm}^2} = 10{,}2\ \text{g cm}^{-2}$$

Diese Beispiele zeigen, daß der Druck im Wasser bei einer Tiefe von 10,2 cm immer 10,2 g cm^{-2} beträgt.

Um die ungewöhnliche Zahl von 10,2 g cm^{-2} in SI-Einheiten umzurechnen, gehen wir folgendermaßen vor:

Druck von 10,2 cmH_2O
= 10,2 g cm^{-2}
= $10{,}2 \times 10^4$ g m^{-2}
= 102 kg m^{-2}

da 102 g = 1 N:

Druck von 10,2 cmH_2O
= 1 kN m^{-2}
= 1 kPa

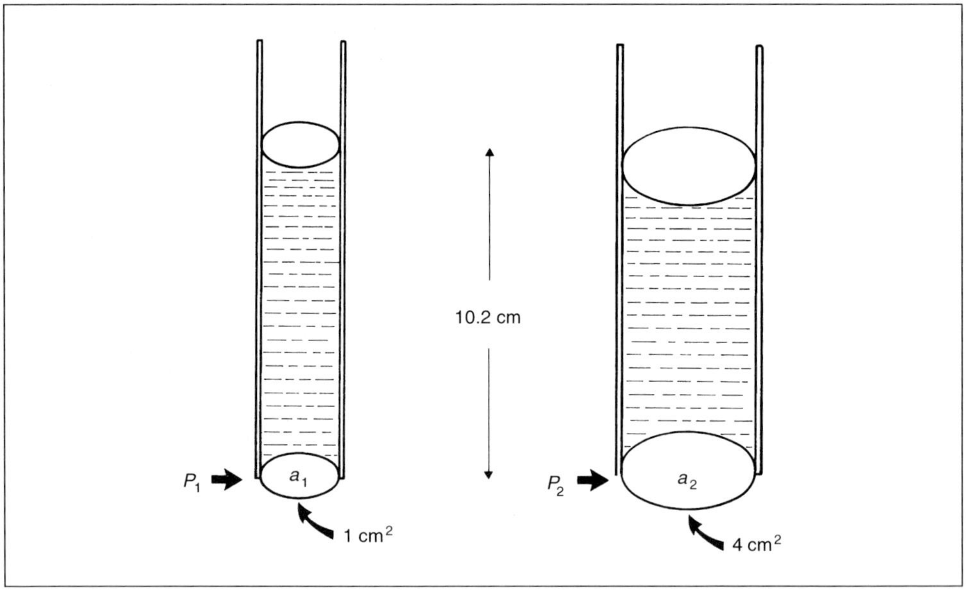

Abbildung 1.7: Beispiele von Drücken am Boden von zwei verschiedenen Wassersäulen.

Ein Wasserdruck von 10,2 cm entspricht also 1 kPa. In der Praxis sind die meisten Wassermanometer noch in cm Wassersäule geeicht, so daß die Höhe der Wassersäule direkt abgelesen werden kann.

1.6 Einfluß der Oberflächenspannung

Obwohl der Druck durch den Durchmesser der Manometerröhre nicht beeinflußt wird, kann die Ablesung in engen Kapillarröhren durch die Oberflächenspannung verfälscht werden. Sie führt im Falle eines Wassermanometers zu einem zu hohen, bei einem Quecksilbermanometer zu einem falsch niedrigen Druck.

Die Abbildung 1.8 zeigt die molekularen Grundlagen der Oberflächenspannung. Links sind die Anziehungskräfte dargestellt, die auf ein Molekül in einer bestimmten Tiefe in einer Flüssigkeit bzw. auf ein Molekül in der Oberflächenschicht wirken. In der Oberflächenschicht wirkt ein Teil der Anziehungskraft zwischen den Molekülen parallel zur Flüssigkeitsoberfläche. Dies hat zur Folge, daß sich die Oberfläche so verhält, als bestehe sie aus einer Haut. Dieses Phänomen ist als Oberflächenspannung bekannt. Summiert man alle Kräfte zwischen den Molekülen einer Seite einer imaginären geraden Linie auf der Oberfläche der Flüssigkeit, so läßt sich die resultierende Oberflächenspannung als Kraft pro Längeneinheit ausdrücken (Newton pro Meter im SI-System).

Zusätzlich zu den Anziehungskräften zwischen den Molekülen einer Flüssigkeit wirken auch Kräfte zwischen den Molekülen und der Wand des Gefäßes. Diese Kräfte bewirken die Ausbildung eines Meniskus, einer Krümmung der Flüssigkeitsoberfläche an ihren Kontaktstellen mit der Wand. Abbildung 1.9 zeigt eine vertikale Glaskapillare, deren unteres Ende in Wasser eingetaucht ist. Wegen des Meniskus wirkt die Oberflächenspannung an der Verbindung zwischen Wasser und Kapillarwand zu einem bestimmten Teil in vertikaler Richtung und zieht das Wasser in der Kapillare über das normale Flüssigkeitsniveau hinaus nach oben. Das Wasser

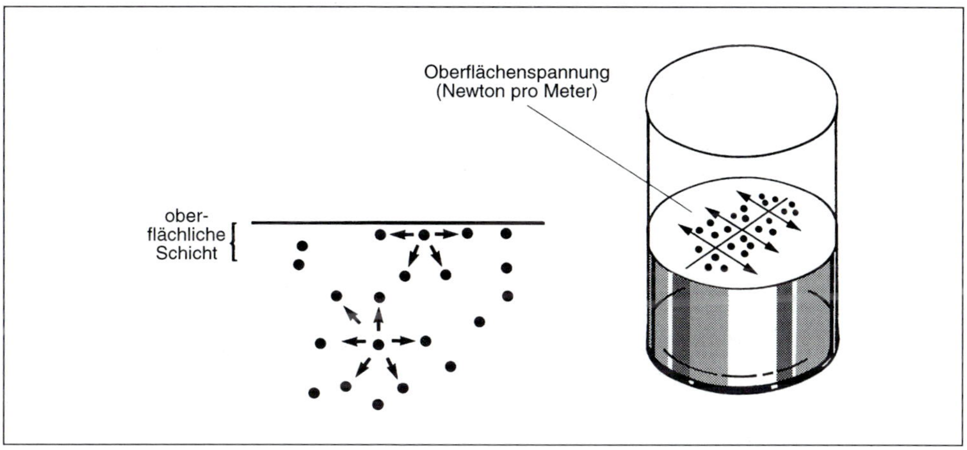

Abbildung 1.8: Molekulare Grundlagen der Oberflächenspannung.

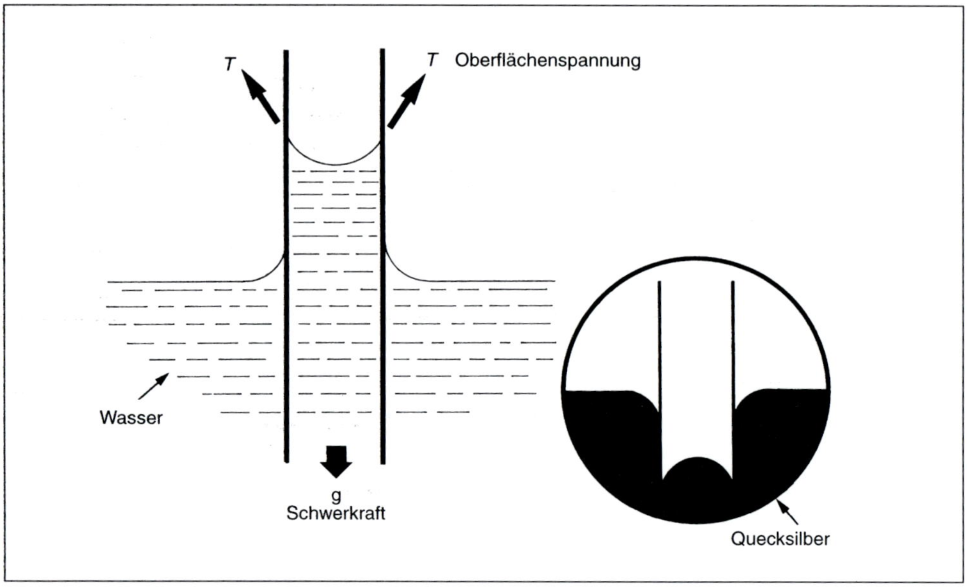

Abbildung 1.9: Wirkung der Oberflächenspannung an einem Meniskus.

steigt in der Kapillare bis zu einer Höhe, die umgekehrt proportional zum Radius der Röhre ist.

Im Falle von Quecksilber ist der Meniskus konvex, so daß die Oberflächenspannung den Flüssigkeitsspiegel in der Kapillare absenkt.

1.7 Effekt der Neigung einer Manometerröhre

Ist die Manometerröhre geneigt, steigt die Flüssigkeit bis zur erforderlichen vertikalen Höhe (Abb. 1.10). Insbesondere empfindliche Manometer nutzen manchmal eine geneigte Manometerröhre und sind entsprechend geeicht. In der anästhesiologischen Praxis sind allerdings die meisten Manometer für den vertikalen Betrieb ausgelegt.

1.8 Quecksilbermanometer

Wird eine dichte Flüssigkeit wie beispielsweise Quecksilber (Hg) benutzt, kann ein Manometer auch zur Messung hoher Drücke verwendet werden. Quecksilber ist 13,6mal dichter als Wasser, die Kraft, die durch sein Gewicht ausgeübt wird, ist entsprechend höher. So entspricht der Druck einer Quecksilbersäule von 7,5 mm dem einer Wassersäule von 10,2 cm (Abb. 1.11). Der Druck in den beiden Manometern kann folgendermaßen verglichen werden:

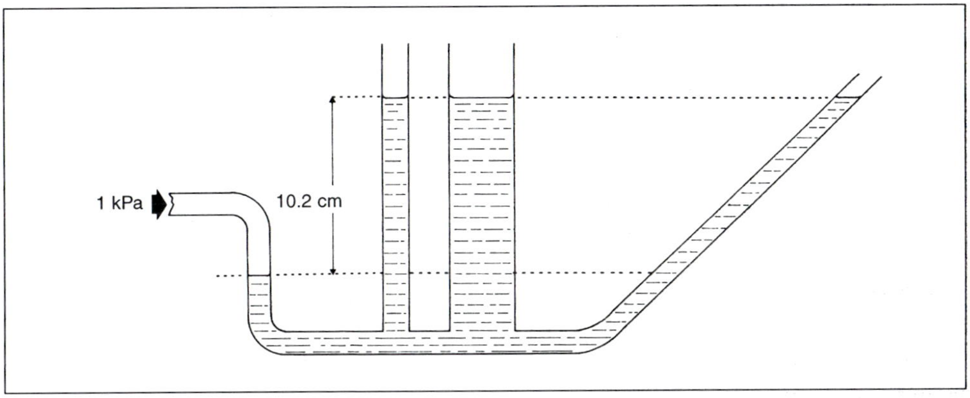

Abbildung 1.10: Einfluß der Neigung auf die Manometerkalibration.

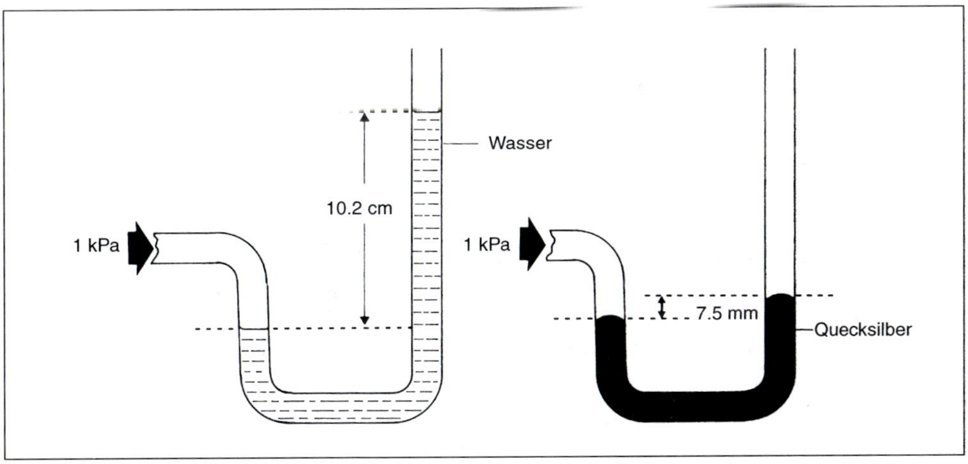

Abbildung 1.11: Vergleich eines Wasser- und eines Quecksilbermanometers.

Druck, ausgeübt durch 7,5 mmHg
= 13,6 × 7,5 mmH_2O
= 10,2 cmH_2O
= 1 kPa

Quecksilber ist für Manometer geeignet, die Drücke bis zu einer Atmosphäre (1 bar oder 100 kPa) messen; da 1 kPa 7,5 mmHg entspricht, liegt auf der Hand, daß 1 bar gleich 750 mmHg ist. Die Einheiten bar und Kilopascal haben den Vorteil, daß sie von Änderungen der Gravitationskraft und der Temperatur unabhängig sind, die ihrerseits die Höhe einer Quecksilbersäule beeinflussen können.

Es ist wichtig, daß das obere Ende einer Manometerröhre offen ist. In den für die Blutdruckmessung gebräuchlichen Quecksilbermanometern ist eine luftdurchlässige Scheibe am Ende der Röhre angebracht, um ein Überlaufen des Quecksilbers zu verhindern. Dies kann allerdings zu Problemen führen, wenn Schmutz oder Öl diese Scheibe teilweise verstopft und dadurch zu Fehlmessungen führt. Im Gegensatz zu der für Druckmessungen verwendeten offen-endigen Manometerröhre ist das Quecksilbermanometer, das zur Messung des Atmosphärendruckes Verwendung findet, am Ende verschlossen (Abb. 1.12). Über dem Quecksilber besteht ein Vakuum, so daß der volle absolute Druck erfaßt wird.

Unter bestimmten Umständen müssen in der Anästhesie Drücke gemessen werden, die wesentlich höher als 1 bar sind. In diesen Fällen wird ein Bourdon-Manometer verwendet (Abb. 1.13). In diesem Manometer führt das unter hohem Druck stehende Gas zu einer Streckung einer gekrümmten Röhre, die dadurch einen Zeiger über einer Skala bewegt. Bourdon-Manometer haben gegenüber anderen Manometern den Vorteil, daß sie keine Flüssigkeit enthalten. Sie werden daher manchmal als Aneroid-Manometer bezeichnet – aus dem Griechischen „a-neros“ (ohne Flüssigkeit).

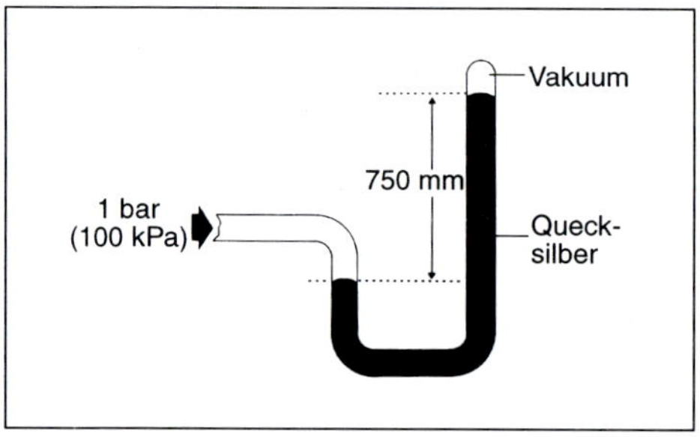

Abbildung 1.12: Quecksilbermanometer.

Eine andere Form des Aneroid-Manometers beruht auf einem Balg oder einer Kapsel, die sich in Abhängigkeit vom einwirkenden Druck ausdehnt oder kontrahiert. Zwei Varianten sind in Abbildung 1.14 dargestellt: die linke ist verschlossen und reagiert auf Änderungen des atmosphärischen oder absoluten Druckes; bei der rechten Variante steht das Innere mit der Umgebung in Verbindung, sie eignet sich für die Anzeige von Meßdrücken.

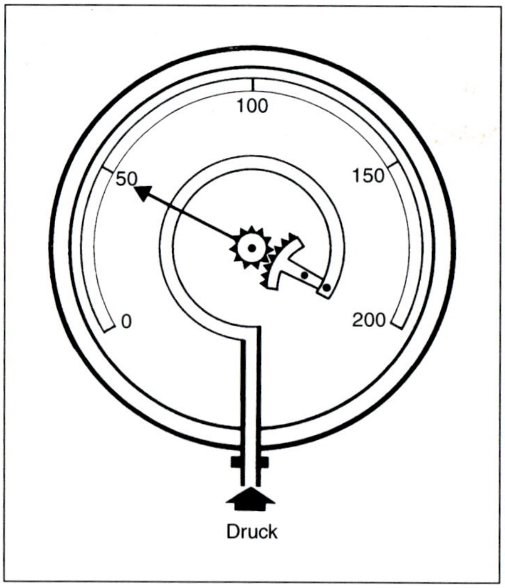

Abbildung 1.13: Bourdon-Manometer.

1.9 Druckdifferenzen

Neben absoluten und relativen Drücken werden manchmal auch Druckdifferenzen gemessen. Eine Druckdifferenz ist die Differenz zwischen zwei Drücken, z. B. an zwei Stellen in einem Narkosekreissystem. Das rechte Aneroid-Manometer in der Abbildung 1.14 kann als Differenzdruckmesser verwendet werden, wenn an X und Y, also zwischen dem Inneren und dem Äußeren der Kapsel, Verbindungen zu den Meßpunkten hergestellt werden.

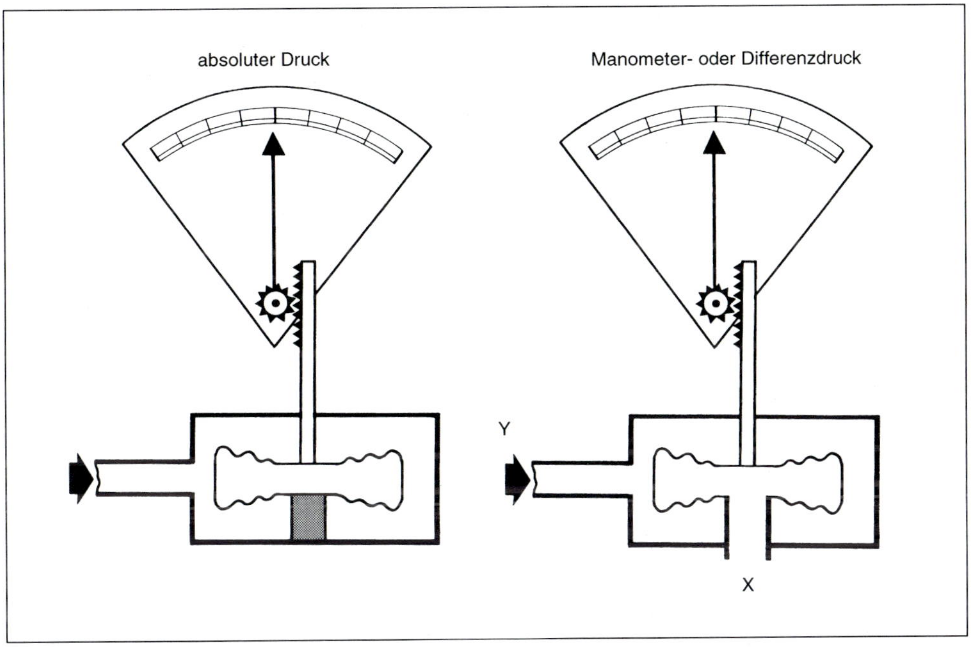

Abbildung 1.14: Zwei Varianten von Aneroid-Manometern.

1.10 Andere Einheiten

In diesem Kapitel wurden die Einheiten Pascal, mmHg und cm Wassersäule verwendet, da dies die in der Praxis der Anästhesie gebräuchlichen Einheiten sind. In älteren Narkosegeräten sind die Druckuhren unter Umständen in kg × cm^{-2} geeicht. Eine Umwandlung ist einfach, da 1 kg × cm^{-2} etwa 1 bar (100 kPa) entspricht. Vakuum-Manometer sind gelegentlich in Torr geeicht, dabei entsprechen 7,5 Torr 1 kPa (1 Torr ist etwa 1 mm Hg).

2 Flüssigkeitsfluß

Fluß ist definiert als die Menge eines Gases oder einer Flüssigkeit, die pro Zeiteinheit an einem bestimmten Punkt vorbeiströmt.

$$F = \frac{Q}{t}$$

Dabei ist

F = mittlerer Fluß
Q = Menge (Masse oder Volumen)
t = Zeit

In diesem Kapitel wird der Fluß als die Änderung einer Menge angegeben, um die Notwendigkeit einer Spezifizierung von Masse oder Volumen zu vermeiden. In Abbildungen und Graphiken wird das Symbol $\dot{Q}$ verwendet, wobei der Punkt über dem Q die *Änderungsgeschwindigkeit* markiert. Das Symbol Q *ohne* Punkt steht für eine *Menge*.

2.1 Laminarer Fluß

Bei einem laminaren Fluß (Abb. 2.1) bewegt sich eine Flüssigkeit mit steter Geschwindigkeit, es treten keine Wirbel oder Turbulenzen auf. Diese Art von Fluß herrscht normalerweise in glatten Röhren bei niedrigen Geschwindigkeiten vor. Der Fluß ist am höchsten in der Mitte; er beträgt hier etwa das Doppelte des mittleren Flusses, in der Abbildung durch die längeren Pfeile angedeutet. Mit zunehmender Nähe zur Röhrenwand wird der Fluß langsamer, bis er an der Wand den Wert Null erreicht. Um eine Flüssigkeit durch eine Röhre zu bewegen, muß zwischen den beiden Enden eine Druckdifferenz vorliegen.

Die Graphik in Abbildung 2.2 zeigt die Verhältnisse, wenn unterschiedliche Flüsse durch eine Röhre strömen, und der resultierende Druckabfall an den beiden Enden registriert wird. Es besteht ein linearer Zusammenhang, d.h., unter den Bedingungen des laminaren Flusses ist der Fluß direkt proportional zum Druck. Das Verhältnis zwischen Druck und Fluß ist eine Konstante, die als Wi-

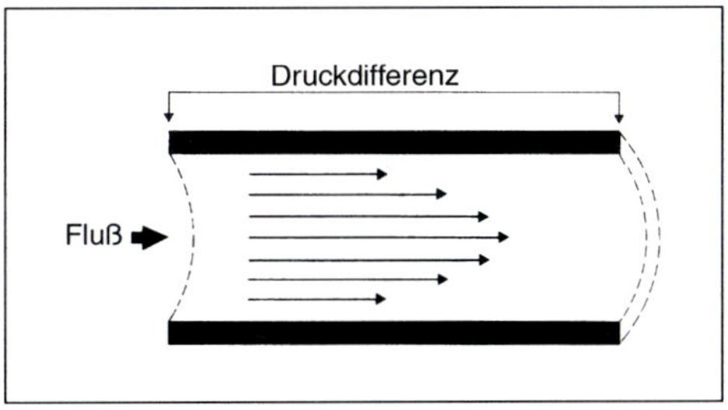

Abbildung 2.1: Laminare Strömung.

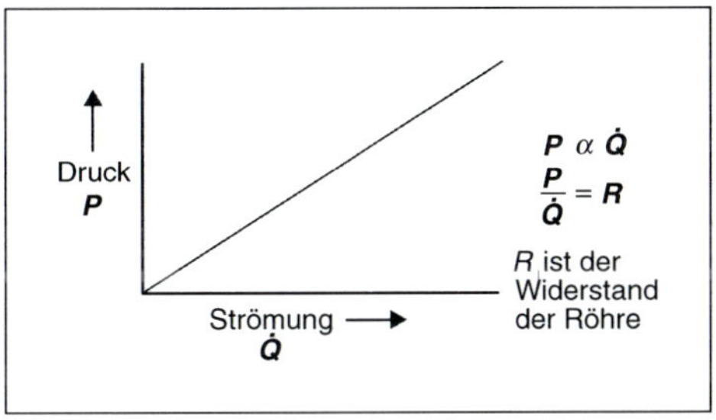

Abbildung 2.2: Linearer Zusammenhang zwischen Fluß und Druck bei laminaren Strömungen.

derstand R des Gerätes oder der Röhre bezeichnet wird.

Abbildung 2.3 zeigt, wie ein Widerstand gemessen werden kann. Ein bekannter konstanter Fluß $\dot{Q}$ durchströmt das entsprechende Gerät, dabei wird die Druckdifferenz $P_2 - P_1$ zwischen den Enden des Gerätes gemessen. Durch Division der Druckdifferenz durch den Fluß erhält man den Widerstand des Gerätes, der, einen laminaren Fluß vorausgesetzt, unabhängig vom Fluß ist. Eine solche Technik kann verwendet werden, um Widerstände sowohl mit Gas als auch mit Flüssigkeiten zu messen. Alternativ kann für Flüssigkeiten ein Flüssigkeitsreservoir als konstante Druckquelle verwendet werden, so daß ebenfalls der Widerstand aus dem resultierenden Fluß errechnet werden kann. An einem System dieser Art kann auch demonstriert werden, was geschieht, wenn der Durchmesser einer Röhre halbiert wird (Abb. 2.4).

Man stellt fest, daß diese Verminderung des Durchmessers einen erheblichen Einfluß auf Widerstand und Fluß hat. Eine Halbierung des Durchmessers reduziert den Fluß auf ein Sechzehntel seines ursprünglichen Wertes, wenn der Druckabfall entlang der Röhre konstant bleibt. Mit anderen Worten: der Fluß ist proportional zur vierten Potenz des Durchmessers. Folglich kann eine geringe Reduktion des Durchmessers eines Endotrachealtubus einen spürbaren Effekt auf den Widerstand und damit auf den Fluß haben.

Wie in Abbildung 2.5 gezeigt, hat eine Änderung der Länge der Röhre eine wesentlich geringere Auswirkung als eine Änderung des Durchmessers. Wenn die Länge der Röhre halbiert wird, verdoppelt sich der Fluß, wenn alle anderen Faktoren konstant gehalten werden. Schließlich beeinflußt die Viskosität der Flüssigkeit den Widerstand eines laminaren Flusses dergestalt, daß mit steigender Viskosität der Fluß abnimmt und umgekehrt. Viskosität ist ein Maß für die Reibungskräfte, die zwischen den Flüssigkeitsschichten während ihrer Bewegung entlang der Röhre wirken. Sie wird ausgedrückt durch den griechischen Buchstaben eta (η) und hat die Einheit 1 Pascal pro Sekunde.

Die beschriebenen Effekte können wie folgt zusammengefaßt werden:

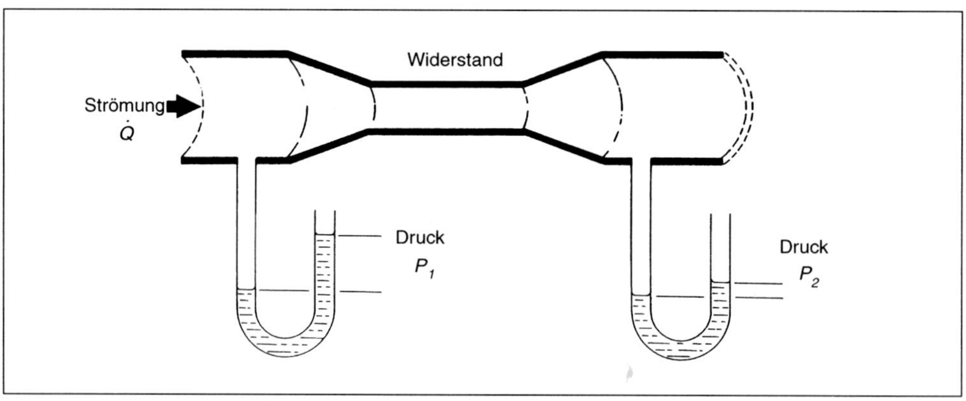

Abbildung 2.3: Messung des Strömungswiderstandes.

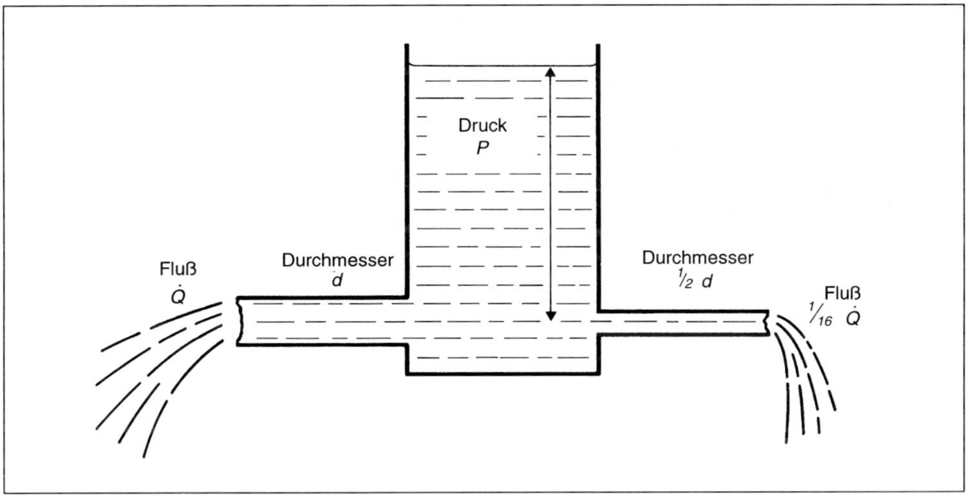

Abbildung 2.4: Einfluß einer Halbierung des Röhrendurchmessers auf den Fluß.

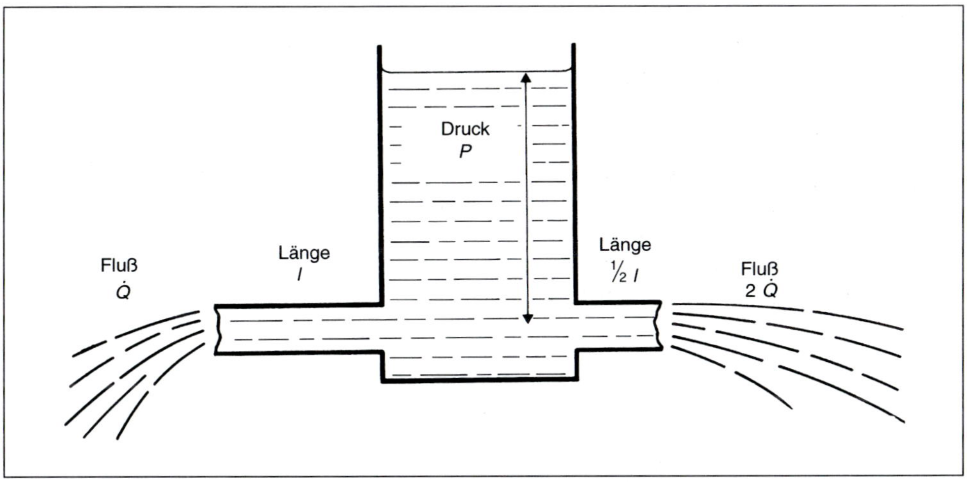

Abbildung 2.5: Einfluß der Halbierung einer Röhre auf den Fluß.

$$\dot{Q} \propto P \propto d^4 \propto \frac{1}{l} \propto \frac{1}{\eta}$$

$\dot{Q}$ = Fluß durch die Röhre
P = Druck entlang der Röhre
d = Durchmesser der Röhre
l = Länge der Röhre
η = Viskosität der Flüssigkeit

Alle diese Faktoren sind in einer theoretisch hergeleiteten Formel zusammengefaßt, die als die Hagen-Poiseuillesche Gleichung bekannt ist:

$$\dot{Q} = \frac{\pi P d^4}{128 \eta l}$$

2.2 Turbulente Strömungen

Der laminare Fluß ist nicht der einzige Strömungstyp in Narkosegeräten, Beatmungssystemen, den Luftwegen und dem Kreislauf. Wie in Abbildung 2.6 dargestellt, kann eine laminare Strömung in eine turbulente übergehen, wenn eine Einengung erreicht wird, die die Flußgeschwindigkeit erhöht. In turbulenten Strömungen fließt die Flüssigkeit nicht mehr glatt, sondern bildet Wirbel und hat damit einen höheren Widerstand als ein entsprechender laminarer Fluß. Bei turbulenten Strömungen unterscheidet sich die Änderung der Flußgeschwindigkeit entlang des Querdurchmessers der Röhre von der laminarer Strömungen, zudem ist die direkte Proportionalität zum Druck aufgehoben.

Die theoretische Analyse turbulenter Strömungen ist sehr komplex und trotz der Möglichkeit, einige Aspekte des Verhaltens des Flusses vorherzusagen, wurde vieles von dem was bekannt ist aus Experimenten hergeleitet. Von turbulenten Strömungen in Röhren mit einer rauhen inneren Oberfläche wissen wir, daß sich der Fluß etwa proportional zur Quadratwurzel des Druckes verhält (Abb. 2.7); d.h. um zum Beispiel den Fluß zu verdoppeln, muß der Druck um den Faktor 4 erhöht werden. Da der Zusammenhang zwischen Druck und Fluß nicht mehr linear ist, ist der Widerstand nicht konstant. Wird daher ein Widerstand in einer turbulenten Strömung bestimmt, muß der Fluß, bei dem der Widerstand gemessen wurde, angegeben werden. So hängt beispielsweise der Strömungswiderstand bei der Atmung

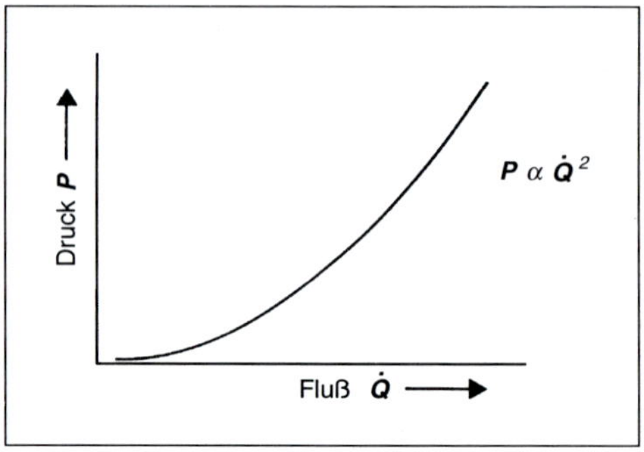

Abbildung 2.7: Zusammenhang zwischen Fluß und Druck in turbulenten Strömungen.

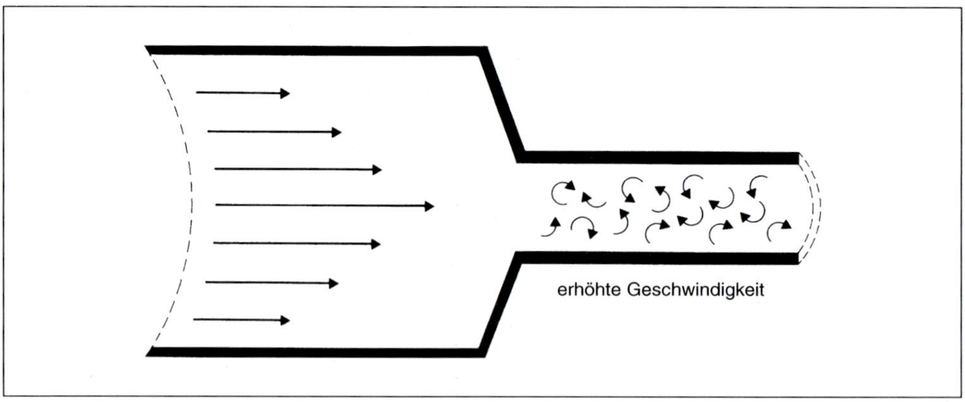

Abbildung 2.6: Auftreten turbulenter Strömungen.

bei turbulenter Strömung von der Flußgeschwindigkeit ab.

Die Faktoren, die Fluß und Druck bei turbulenten Strömungen beeinflussen, sind:

$$\dot{Q} \propto \sqrt{P} \propto \frac{1}{\sqrt{l}} \propto \frac{1}{\sqrt{\rho}}$$

$\dot{Q}$ = Fluß
P = Druck entlang der Röhre
l = Länge der Röhre
ρ = Dichte der Flüssigkeit

Eine wichtige Flüssigkeitseigenschaft bei turbulenten Strömungen ist die Dichte, die durch den griechischen Buchstabe rho (ρ) angegeben wird. Sie ist gleich der Masse, geteilt durch das Volumen (kg m^{-3}). Die Druckdifferenz, die notwendig ist, um einen bestimmten Fluß zu erzeugen, erhöht sich mit abnehmendem Durchmesser der Röhre, wobei diese Zunahme geringfügig höher ist als die bei laminarem Fluß. Sie ist dennoch nicht als einfache Potenz zum Durchmesser auszudrücken.

Für turbulente Strömungen in glatten Röhren zeigt der Widerstand ein Verhalten, das zwischen dem einer turbulenten Strömung in rauhen Röhren und dem einer laminaren Strömung liegt. Es besteht also eine gewisse Abhängigkeit sowohl von der Viskosität als auch von der Dichte. Das Verhalten turbulenter Strömungen in glatten Röhren ist komplex, eine einfache Formel für den Zusammenhang zwischen dem Druck und den anderen Einflußfaktoren besteht nicht.

2.3 Beginn turbulenter Strömungen

Wie in Abbildung 2.6 gezeigt, können turbulente Strömungen auftreten, wenn es zu einem plötzlichen Anstieg des Flusses durch eine Röhre kommt. Es gibt allerdings eine Reihe weiterer Faktoren, die den Strömungstyp beeinflussen, wie zum Beispiel die Viskosität und die Dichte der Flüssigkeit sowie der Durchmesser der Röhre. Diese Faktoren können alle in einem Index zusammengefaßt werden, der als Reynoldsche Zahl bekannt ist. Sie berechnet sich wie folgt:

$$\text{Reynoldsche Zahl} = \frac{v \rho d}{\eta}$$

Dabei ist:

v = lineare Geschwindigkeit der Flüssigkeit
ρ = Dichte
d = Durchmesser der Röhre
η = Viskosität

Empirische Messungen mit zylindrischen Röhren zeigen: Wenn die Reynoldsche Zahl den Wert 2000 übersteigt, ist die Wahrscheinlichkeit einer turbulenten Strömung hoch. Beträgt die Reynoldsche Zahl weniger als 2000, so ist der Fluß wahrscheinlich laminar.

Aus der Formel kann abgeleitet werden, daß es für eine feste Kombination von Parametern eine kritische Geschwindigkeit gibt, bei der die Reynoldsche Zahl den Wert 2000 hat. Überschreitet die Strömungsgeschwindigkeit diesen kritischen Wert, ist ein Wechsel des Strömungscharakters von laminar nach turbulent sehr wahrscheinlich. Diese kritische Geschwindigkeit gilt nur für eine bestimmte Flüssigkeit in einer bestimmten Röhre. Eine turbulente Strömung tritt oft auf an Öffnungen, scharfen Kurven oder anderen Unregelmäßigkeiten, die eine lokale Erhöhung der Geschwindigkeit und damit der Reynoldschen Zahl auf Werte über 2000 bewirken. Ein Beispiel für den Einfluß der Dichte auf das Auftreten von turbulenten

Strömungen ist die Verwendung von Helium bei respiratorischen Störungen. Helium vermindert die Dichte des eingeatmeten Gases und reduziert somit die Häufigkeit turbulenter Strömungen. Aus der Transformation turbulenter in laminare Strömungen resultiert eine erhebliche Abnahme des Flußwiderstandes und damit ein geringerer Atemwiderstand.

2.4 Klinische Aspekte von Strömungen

Wechsel zwischen laminaren und turbulenten Strömungen hängen von der Geschwindigkeit des Gases ab, die wiederum vom Flußvolumen abhängig ist und daher vom Durchmesser der Beatmungsschläuche sowie der Atemwege. Der Fluß, bei dem der Übergang stattfindet, hängt vom vorhandenen Gas ab. Abbildung 2.8 zeigt den kritischen Fluß einer typischen Anästhesiegasmischung von 60% Lachgas in Sauerstoff sowie für Luft bei einer Umgebungstemperatur von 20 °C. Das Gas wird in den Atemwegen des Patienten angefeuchtet, enthält Kohlendioxid und besitzt eine Temperatur von 30 bis 37 °C. Der Summeneffekt dieser Einflüsse ist ein Anstieg des kritischen Flusses als Folge des dominierenden Einflusses der Verminderung der Dichte durch die Erwärmung des Gases. Folglich kann der kritische Fluß des angefeuchteten und erwärmten Anästhesiegasgemisches im Patienten durchaus 10% höher sein als die für trockene Gase bei 20 °C angegebene Kurve in der Abbildung zeigt.

Der kritische Fluß (in Litern pro Minute) weist für ein typisches Anästhesiegasgemisch etwa den gleichen numerischen Wert auf wie der aktuelle Atemwegsdurchmesser in Millimetern (s.

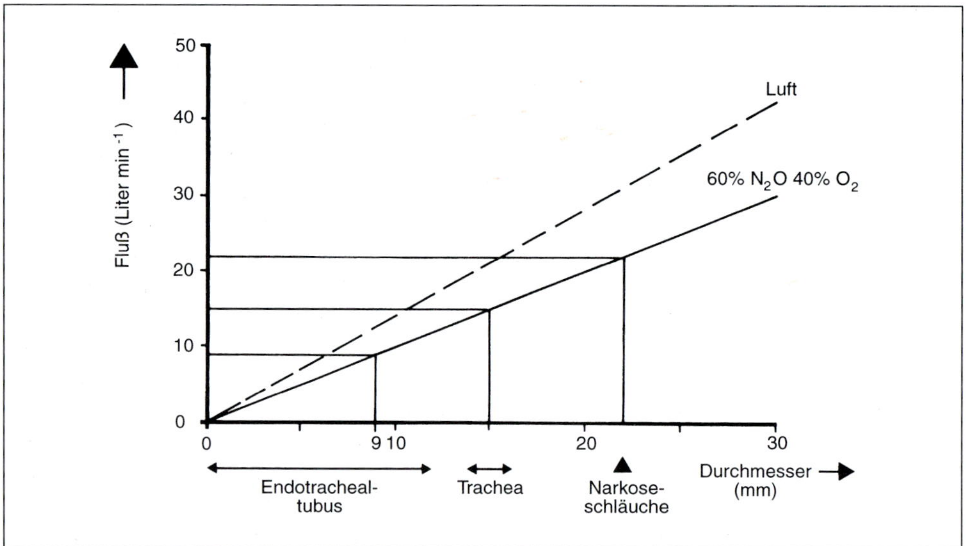

Abbildung 2.8: Kritischer Fluß in glatten Röhren für Luft und für eine Mischung von 60 % Lachgas und 40 % Sauerstoff. Die Werte sind für trockenes Gas bei 20 °C angegeben, sie wären geringfügig höher für erwärmtes und feuchtes Gas (siehe Text).

Abb. 2.8). Daher wird der Fluß eines Anästhesiegases in einem Endotrachealtubus mit einem Innendurchmesser von 9 mm bei Überschreiten einer Strömungsgeschwindigkeit von 9 Litern pro Minute turbulent ebenso wie der Fluß in einem Tubus mit 15 mm Innendurchmesser bei Flüssen über 15 l min^{-1}, während bei einem Innendurchmesser von 22 mm erst bei einem Fluß von mehr als 22 l min^{-1} turbulente Strömungen auftreten. Da die Atmung zyklisch ist mit Spitzenflüssen von 50 l min^{-1}, herrschen während des Spitzenflusses üblicherweise turbulente Strömungen vor, während die Strömungen des restlichen Atemzyklus überwiegend laminar sind. Wie in Abbildung 2.8 gezeigt, ist der kritische Fluß für Luft höher als der eines Lachgas-Sauerstoff-Gemisches, so daß laminare Strömungen eher vorherrschen, insbesondere in den größerlumigen Beatmungsschläuchen.

Obwohl die Bronchien und kleineren Atemwege der Lunge enger als die Trachea sind, ist der Luftstrom durch sie langsamer, so daß die Strömung im unteren Respirationstrakt üblicherweise laminar ist. Der in der Abbildung markierte Durchmesser von 30 mm ist in der Anästhesie relevant, da dies der Innendurchmesser von Überleitungsschläuchen und von Beatmungsschläuchen ist, wenn ein niedriger respiratorischer Widerstand benötigt wird.

Die aufgeführten Beispiele nehmen an, daß die Röhren bzw. Schläuche glatt sind. Gewellte Oberflächen von Narkoseschläuchen induzieren jedoch turbulente Strömungen bei einem niedrigeren Fluß, als dies bei glatten Schläuchen der Fall wäre. Zusätzlich erhöht jeder scharfe Knick oder Winkel die Inzidenz turbulenter Strömungen. Abbildung 2.9 zeigt als ein Beispiel die Turbulenzen am Konnektor eines Endotrachealtubus.

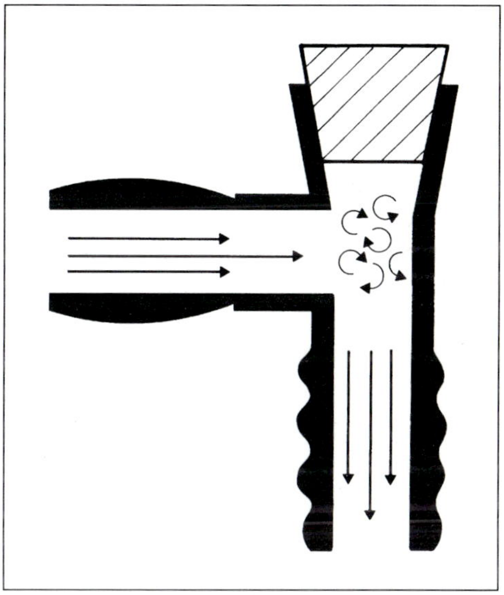

Abbildung 2.9: Turbulente Strömungen am Tubuskonnektor.

Bei ruhiger Atmung ist der Fluß im Respirationstrakt prinzipiell laminar; Sprechen, Husten oder ein tiefes Durchatmen erhöhen jedoch die Wahrscheinlichkeit turbulenter Strömungen, wenn die kritische Geschwindigkeit überschritten wird. In der Praxis können eine Reihe weiterer Faktoren die Wahrscheinlichkeit turbulenter Strömungen im Respirationstrakt erhöhen; so kann zum Beispiel eine Schleimschicht den Fluß durch Einengung der Passage beeinflussen. Ähnliche Überlegungen gelten auch für den Kreislauf, bei dem die Strömung prinzipiell laminar ist, jedoch Turbulenzen an Gefäßabgängen oder Gefäßverengungen auftreten können. Turbulenzen im Gefäßsystem führen oft zu einem Strömungsgeräusch, das durch Auskultation erfaßt werden kann.

Die Blutgefäße und Bronchien sind keine starren Röhren, sondern haben einen variablen Radius, der vom Druckgradienten über ihre Wände und vom

Tonus der elastischen und glattmuskulären Wandbestandteile abhängt. Dieser Tonus führt zu einer Wandspannung, so daß Änderungen in der Spannung über eine Veränderung des Radius den Fluß beeinflussen.

2.5 Spannung

Wie die Abbildung 2.10 zeigt, ist Spannung eine tangentiale Kraft, angegeben in Newton pro Meter, die auf eine Wandlänge A bis B wirkt. Zwischen dem Druck, ausgeübt durch die glatte Muskulatur und die elastischen Gewebe, und dem Flüssigkeitsdruck in dem Gefäß muß ein Gleichgewicht bestehen, um eine fortschreitende Aufweitung oder ein Kollabieren des Gefäßes zu verhindern. Der Druck, der durch die Spannung der glatten Muskulatur und die elastischen Gewebe erzeugt wird, kann nach dem Laplaceschen Gesetz berechnet werden. Das Laplacesche Gesetz besagt für eine Röhre:

$$\text{Druckgradient über der Wand einer Röhre} = \frac{\text{Spannung}}{\text{Radius}}$$

Die Anwendung dieses Gesetzes zeigt eine potentielle Instabilität im Radius des Gefäßes. Ein Druckabfall in einer Arteriole führt beispielsweise zu einer verminderten Aufweitung und kann so deren Radius vermindern; der glatte Muskel in der Wand hält die Spannung jedoch aufrecht, wodurch das Verhältnis von Spannung zu Radius vergrößert und der Druck über der Gefäßwand angehoben wird (Laplacesches Gesetz).

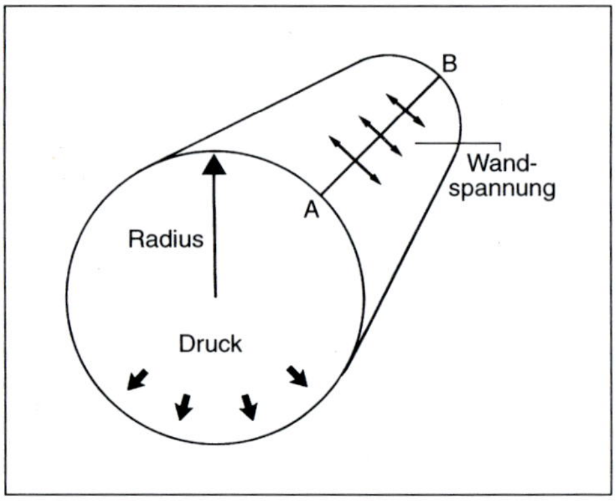

Abbildung 2.10: Zusammenhang zwischen Druck, Radius und Wandspannung in einem dehnbaren Rohr.

Instabilitäten können durch Kontraktionen oder Verschluß der Gefäße auftreten. Dies kann bei niedrigen Drücken vorkommen, die als kritischer Gefäßverschlußdruck bezeichnet werden. In ähnlicher Weise können sich auch Bronchiolen und präalveoläre Abschnitte verschließen, wenn in der Exspiration der kritische Verschlußdruck in den Atemwegen unterschritten wird. Für ein Offenhalten von Gefäßen und Bronchien ist ein exaktes Gleichgewicht zwischen dem Druck über der Wand (transmuraler Druck) und der Spannung aus elastischen Geweben und glatter Muskulatur essentiell. Zusätzlich zu dieser Spannung besteht auch eine Oberflächenspannung an Luft-Flüssigkeits-Grenzflächen (vgl. Kap. 1).

2.6 Oberflächenspannung

Die Oberflächenspannung in Alveolen und präalveolären Gängen kann zu einer potentiellen Instabilität führen. Vermindert sich der Radius während der Exspiration, steigt der transmurale Druck (Laplacesches Gesetz); dies würde zu einem Kollaps der Alveolen führen, wenn die Oberflächenspannung konstant bliebe. Im Falle der kugelförmigen Alveolen ist der durch die Oberflächenspannung erzeugte Druck doppelt so groß wie der in den röhrenförmigen Atemwegen, da zwei gekrümmte Flächen bestehen. Das Laplacesche Gesetz für eine kugelförmige oder sphärische Form ist daher:

$$\text{Druckgradient über der Wand einer Röhre} = \frac{2 \times \text{Spannung}}{\text{Radius}}$$

Der in der Alveolenauskleidung vorhandene Surfactant schützt den Patienten vor dieser Gefahr durch zwei Mechanismen: Er vermindert spürbar die Oberflächenspannung der Flüssigkeitsauskleidung der Alveolen, und er macht die Oberflächenspannung variabel, so daß sich die Spannung bei Ausdehnung der Alveole erhöht und mit schrumpfender Alveole vermindert, wodurch diese vor dem Kollabieren geschützt wird. Bei Frühgeborenen kann der Surfactant in den Alveolen noch fehlen, was zu Problemen durch Alveolenkollaps und ausbleibende Alveolenöffnung führt.

2.7 Viskosität

Zusätzlich zu den Änderungen des Gefäß- und Atemwegsdurchmessers als Folge von Wandspannungen kann auch die Viskosität der enthaltenen Flüssigkeit den Fluß beeinflussen. Im Kreislauf kann sich beispielsweise die Blutviskosität ändern, wenn der Hämoglobinwert oder der Fibrinogengehalt ansteigt. Ein Anstieg der Viskosität vermindert den Blutfluß, was einen Gefäßverschluß begünstigen kann. Die Viskosität steigt bei niedrigen Temperaturen, mit dem Alter des Patienten und durch Rauchen, während eine Behandlung mit niedermolekularen Dextranen die Viskosität vermindert.

Die Viskosität von Blut verhält sich untypisch, da Blut keine uniforme Flüssigkeit ist, sondern Zellen enthält. Dies führt zu einem Anstieg der Viskosität bei sehr niedrigen Strömungsgeschwindigkeiten, wie sie zum Beispiel in Gebieten mit intermittierender Versorgung auftreten.

Zur Messung der Viskosität werden Viskosimeter verwendet. In einem typischen Viskosimeter wird eine Blutprobe in ein konisches Probengefäß gegeben, das bei definierter Temperatur mit einer standardisierten Umdrehungsgeschwindigkeit rotiert (Abb. 2.11). Ein konisch zulaufender Zylinder hängt an einem Torsionsdraht in dem Probengefäß und wird durch die Viskosität des Blutes gezogen, wodurch ein auf dem Draht fixierter Spiegel bewegt wird. Dies ändert die Position eines Lichtstrahles auf einer Skala und ermöglicht so das Ablesen der Viskosität. Andere Viskosimeter bestimmen die Viskosität durch Messen der Zeit, die eine Flüssigkeitsprobe benötigt, um in einer vertikalen Röhre nach unten zu fließen. Die Zeit wird durch Detektion des Meniskus durch Photozellen gemessen, die Viskosität kann dann aus dieser Durchlaufzeit elektronisch berechnet werden.

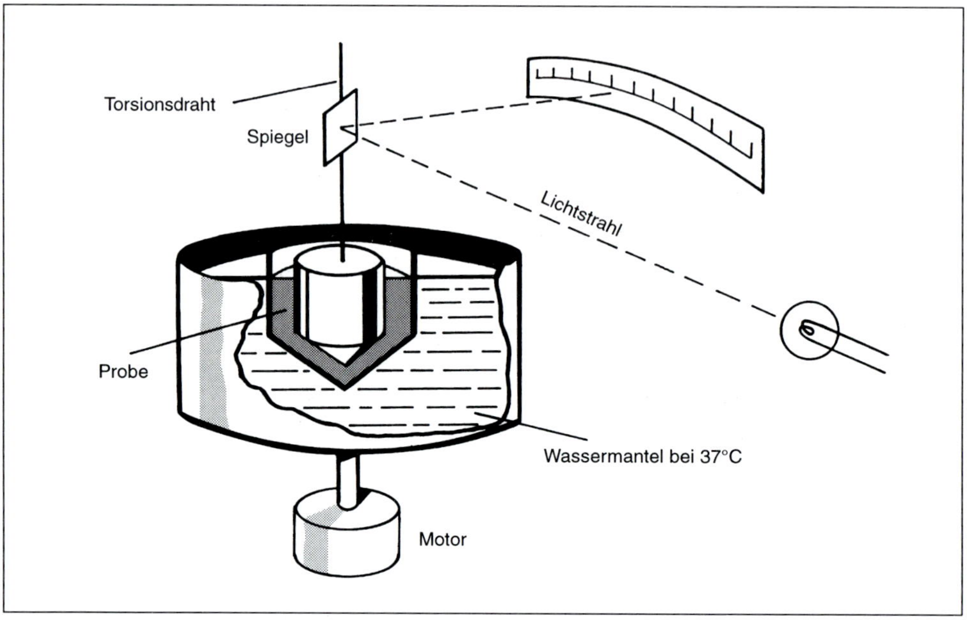

Abbildung 2.11: Viskosimeter.

2.8 Fluß durch eine Venturidüse

Bestimmte Geräte verfügen über eine Röhre mit einer Verengung, in der sich der Durchmesser allmählich vermindert, um sich dann wieder zu erweitern. Dies ist als Venturidüse bekannt und in Abbildung 2.12 dargestellt. Mißt man den Druck entlang der Röhre, stellt man fest, daß der Druck am engsten Punkt niedriger als an anderen Stellen ist, oft sogar unter dem atmosphärischen Druck liegt. Dieser Druckabfall an der Engstelle einer Röhre wird nach seinem Entdecker Bernoulli genannt und kommt in zahlreichen Geräten zur Anwendung. Der Druckabfall kommt folgendermaßen zustande: Ein fließendes Medium enthält Energie in zwei Formen: potentielle Energie, verknüpft mit dem Druck, und kinetische Energie, verknüpft mit dem Fluß. An einer Engstelle (B in Abb. 2.12) kommt es zu einer erheblichen Beschleunigung der Flüssigkeit und einem großen Zugewinn an kinetischer Energie. Eine solche Zunahme der kinetischen Energie ist nur möglich, wenn es gleichzeitig zu einer Verminderung der potentiellen Energie kommt, da die Gesamtenergie konstant bleiben muß. Folglich kommt es bei Punkt B zu einem ausgeprägten Druckabfall unter die Drücke an den Punkten A und C. Nimmt der Röhrendurchmesser wieder zu, sinkt die Flußgeschwindigkeit und mit ihr die kinetische Energie, so daß potentielle Energie und Druck wieder ansteigen. Die kinetische Energie der Flüssigkeit kann auch in Wärmeenergie durch Reibung der bewegten Flüssigkeit mit der sie umgebenden Oberfläche umgewandelt werden.

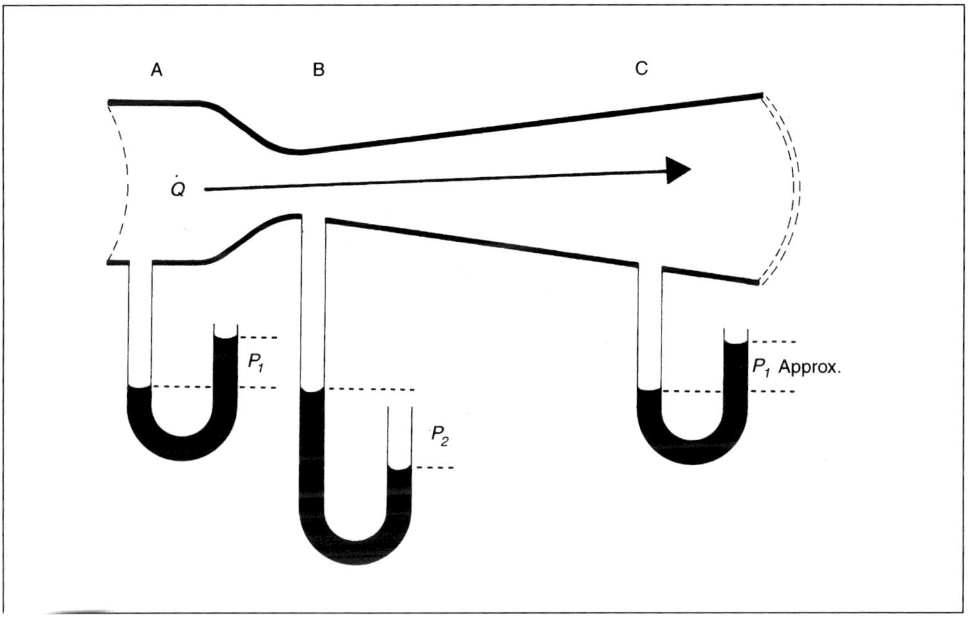

Abbildung 2.12: Venturi-Prinzip.

Soll nun dieses System effizient arbeiten, müssen die Reibungsverluste, die den Druckunterschied zwischen den Punkten A und C bewirken, klein bleiben, so daß nur ein vernachlässigbarer Anteil von Energie als Wärme verloren geht.

Betrachten wir nun was geschieht, wenn das Druckmeßgerät an Position P_2 entfernt und die Öffnung in der Röhre offen gelassen wird. Wenn der Druck an diesem Punkt unter den atmosphärischen Druck abfällt, kann Luft oder eine andere Flüssigkeit durch die seitliche Öffnung angesaugt werden. Ein solches Gerät bezeichnet man als Injektor; Abbildung 2.13 zeigt, wie eine Venturiröhre mit einem Injektor arbeitet. Die antreibende Flüssigkeit saugt also aufgrund des niedrigen Druckes an dem Punkt, an dem die Flußgeschwindigkeit am höchsten ist (nämlich der Engstelle) ihrerseits Flüssigkeit durch eine seitliche Röhre. Injektoren, die nach diesem Prinzip arbeiten, können benutzt werden, um einen Sog zu erzeugen, wobei entweder Wasser oder Gas als das treibende Medium verwendet werden kann.

Ein Vernebler ist ein weiteres Beispiel für dieses Prinzip (Abb. 2.14). Hier strömt Gas als das treibende Medium durch die zentrale Röhre, saugt Flüssigkeit aus einer seitlichen Röhre und spaltet sie in für die Inhalation geeignete Tröpfchen auf. Vernebler werden ausführlich in Kapitel 12 besprochen.

Durch einen mit Sauerstoff aus einer Flasche betriebenen Injektor kann eine kompakte Gasversorgung für Notfallzwecke aufgebaut werden. Die Verdünnung des Flaschen-Sauerstoffs mit Luft erhöht dabei das Volumen des verfügbaren Gases. Die in Abbildung 2.15 gezeigte Sauerstoffmaske bedient sich ebenfalls des Prinzips des Injektors. Entsprechend des Bernoulli-Effektes

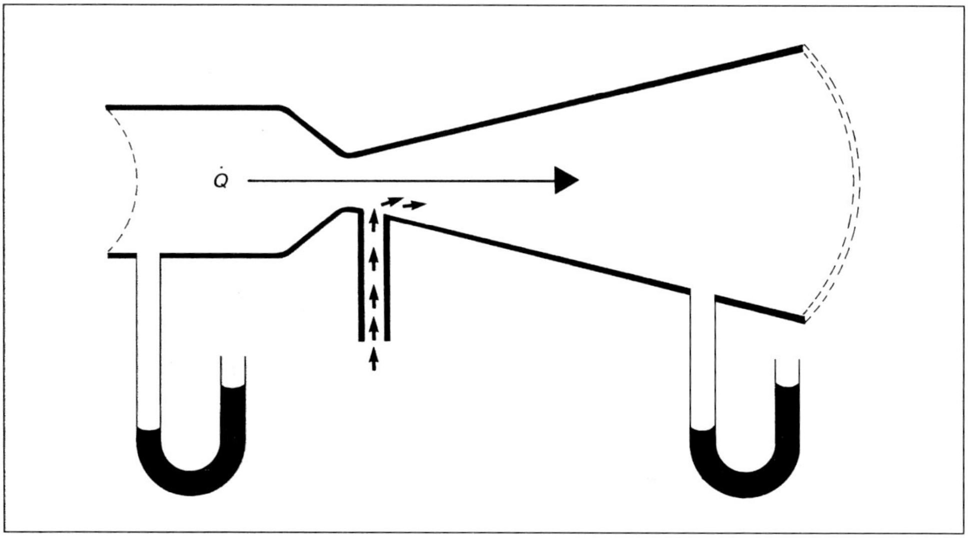

Abbildung 2.13: Ansaugen einer Flüssigkeit durch eine Venturidüse.

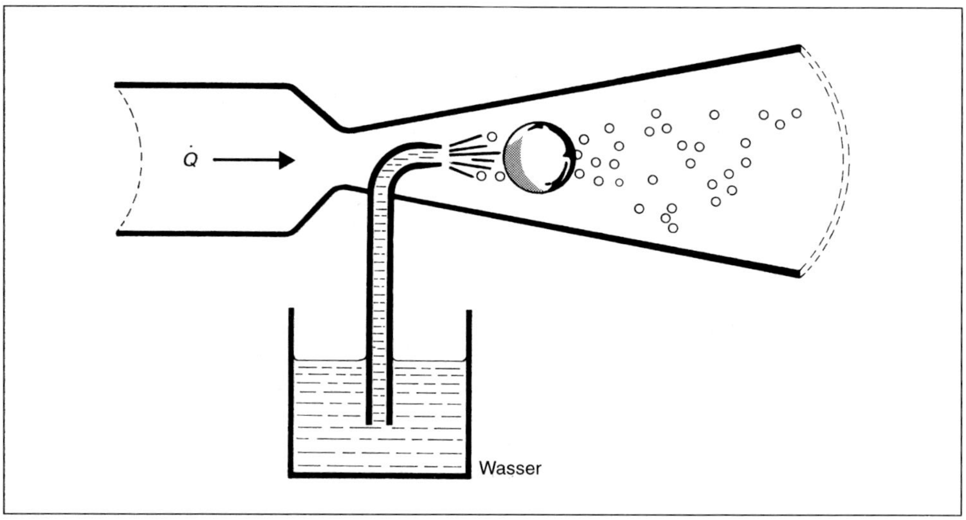

Abbildung 2.14: Prinzip eines Verneblers.

kommt es durch den Fluß des Sauerstoffs zu einer Druckerniedrigung, die Luft in den Sauerstoffstrom hineinsaugt. Es kommt jedoch noch ein weiterer Faktor hinzu. Die Reibung zwischen dem mit hoher Geschwindigkeit strömenden Sauerstoff und der Luft zieht mehr Luft mit in den Sauerstoff-Fluß, ein Effekt der als *Jet* bezeichnet wird. Dieser Injektor verdünnt also Sauerstoff mit Luft und stellt dadurch Sauerstoff in klinisch sinnvoller Konzentration zur Verfügung.

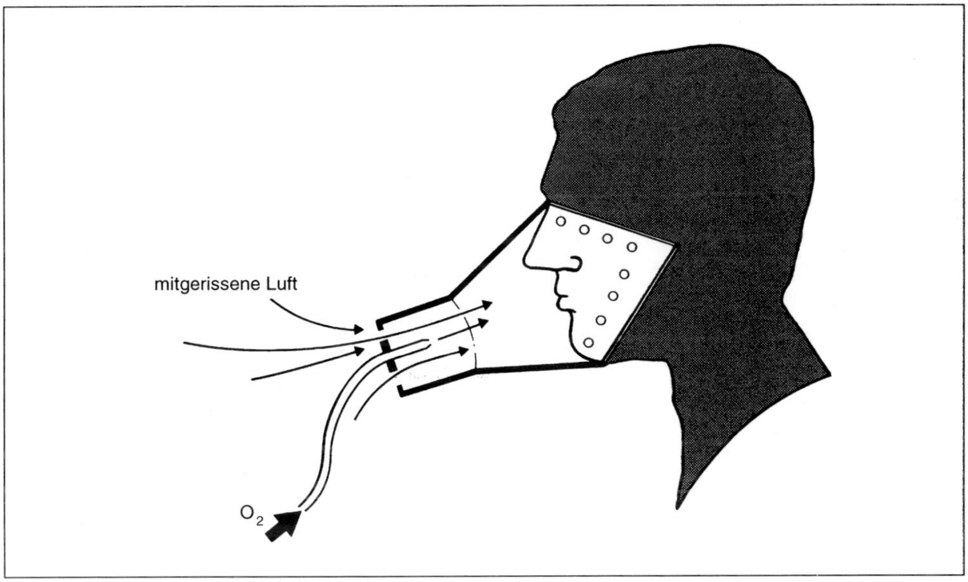

Abbildung 2.15: Venturi-Sauerstoffmaske.

Das gleiche Prinzip wird auch in anderen Geräten für Sauerstofftherapie und Inhalation angewendet.

2.9 Verdünnungsverhältnis

Das Verdünnungsverhältnis ist definiert als das Verhältnis zwischen mitgerissenem und treibendem Fluß.

$$\text{Verdünnungsverhältnis} = \frac{\text{mitgerissener Fluß}}{\text{treibender Fluß}}$$

Ein Verdünnungsverhältnis von 9 : 1 gibt an, daß 9 Liter pro Minute durch ein treibendes Gas von 1 Liter pro Minute mitgerissen werden. In der klinischen Praxis ist das Verdünnungsverhältnis nicht unbedingt konstant; so können Verengungen am Auslaß der Venturidüse zu einer Verminderung des Verdünnungsverhältnisses führen. Dies führt zu Problemen bei Injektor-betriebenen Ventilatoren, in denen Sauerstoff benutzt wird, um Luft oder Lachgas mitzureißen. In solchen Fällen führt ein Gegendruck zu einer Flußveränderung und damit zu einer Änderung der resultierenden Sauerstoffkonzentration.

2.10 Der Coanda-Effekt

Wie bereits erklärt, kommt es in Flüssigkeiten, die durch eine sich verengende Röhre fließen, zu einem Druckabfall entsprechend der Zunahme der Geschwindigkeit des Flüssigkeitsstromes.

Dieser niedrige Druck kann genutzt werden, um andere Flüssigkeiten in den Strom mitzureißen. Fließt ein solcher Strom entlang einer festen Oberfläche, wie z.B. der Wand einer weiten Röhre, kann an Stellen, wo der Strom die Wand berührt, keine Luft mitgerissen werden. Somit bleibt in diesem Gebiet eine Region niedrigen Druckes, und der Strom „haftet“ an der Wand. Abbildung 2.16 verdeutlicht diesen Effekt in einem System, in dem eine enge Röhre auf eine Y-Verbindung größerer Röhren trifft. Da der Fluß an einer Seite haftet, verteilt er sich nicht zu gleichen Teilen zwischen den beiden Auslässen, sondern strömt bevorzugt durch einen Schenkel des Ypsilons.

Dieses Verhalten wird als *Coanda-Effekt* bezeichnet; er ist von Bedeutung in der Erklärung von Fehlverteilungen von Gas in Alveolen, wo sich de Bronchiolen etwas verengen, bevor sie sich teilen. Er kann auch bestimmte Fälle von Myokardinfarkten erklären, wo vor der Aufzweigung von Koronararterien Verengungen bestehen können. In einem sol-

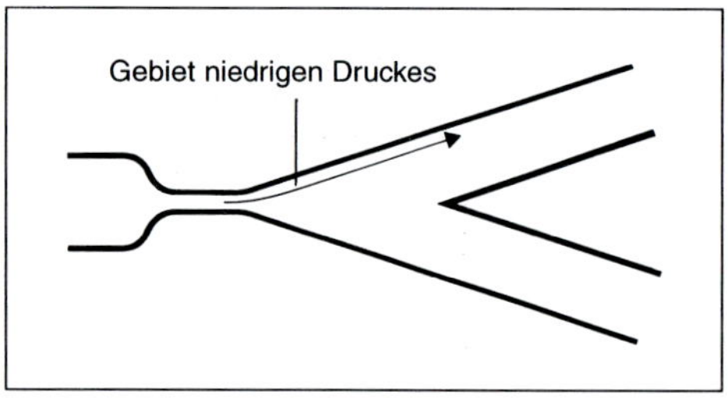

Abbildung 2.16: Schematische Darstellung des Coanda-Effektes.

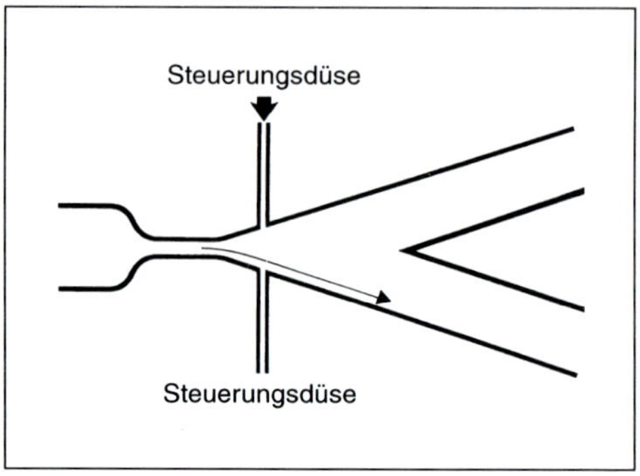

Abbildung 2.17: Ventilmechanismus auf der Basis des Coanda-Effektes.

chen Fall könnte das gesamte Blut in einen Schenkel der Koronararterie fließen, obwohl ein offensichtlich offenes Lumen zu dem anderen Ast besteht.

Ein Ventilmechanismus ohne bewegliche Teile kann erzeugt werden, wenn am Ausgang des engen Röhrenteiles zusätzliche kleinere Röhren auf jeder Seite des Hauptrohres angebracht werden (Abb. 2.17). Ein Fluß durch eine dieser seitlichen Röhren kann den Hauptstrom von einem Auslaß zum anderen schalten. Einmal umgelenkt, behält der Fluß den entsprechenden Zweig auch nach Beendigung des Schaltflusses bei. Solche Geräte sind als Flüssigkeitslogik bekannt, sie können beispielsweise in Beatmungsgeräten verwendet werden, um die Anzahl von Klappen und beweglichen Teilen zu reduzieren. Solche Beatmungsgeräte verbrauchen allerdings zusätzliches Gas, das für die Flüssigkeitslogik benötigt wird.

3 Volumen- und Flußmessungen

Volumen und Fluß stehen miteinander in enger Beziehung; durch die Messung der Passagezeit kann der Fluß berechnet werden, wenn das Volumen einer Flüssigkeit an einem bestimmten Punkt vorbeiströmt. Da Gase kompressibel sind, sind mit der Messung von Gasflüssen und Gasvolumina spezielle Probleme verbunden, die bei Flüssigkeiten nicht zu erwarten sind.

3.1 Gasvolumenmessungen

Das Benedikt-Roth-Spirometer (Abb. 3.1) findet breite Verwendung sowohl für physiologische als auch für klinische Untersuchungen. Eine leichte Glocke bewegt sich mit der Atmung des Patienten; diese Bewegung kann durch einen Stift auf einer rotierenden Trommel aufgezeichnet werden, wobei die Bewegung der Glocke durch einen Verbindungs-

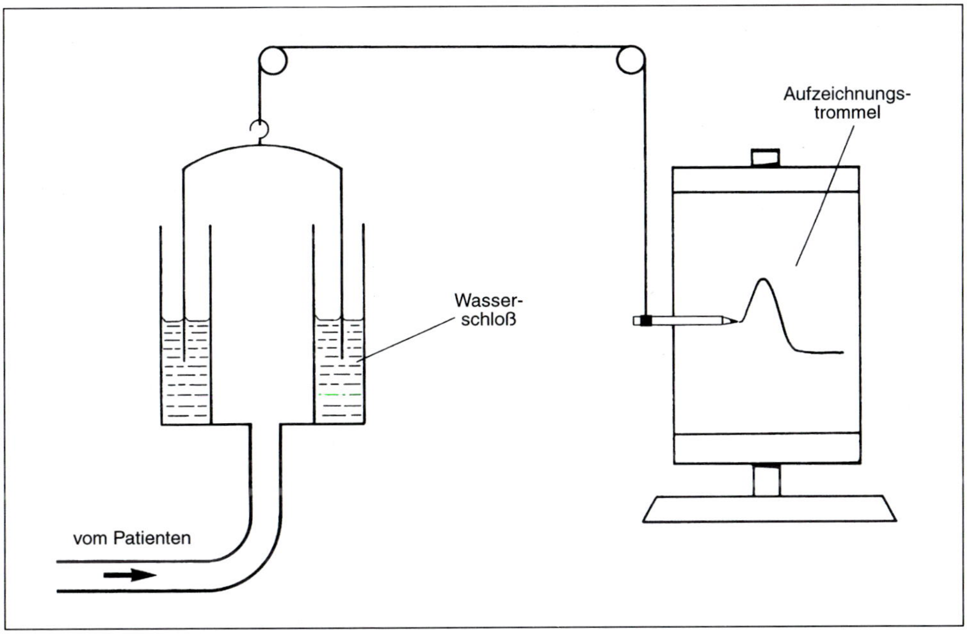

Abbildung 3.1: Benedict-Roth-Spirometer.

draht, der über 2 Rollen läuft, auf den Stift übertragen wird. Ein Wasserschloß verhindert ein Entweichen des Gases aus der Glocke. Dieses Schloß ist klein, um das Volumen des sich in Wasser lösenden Gases zu reduzieren.

Ein anderes System für Atemmessungen ist der Vitalograph; er ist besser transportabel als das Benedikt-Roth-Spirometer. Im Vitalograph (Abb. 3.2) wird

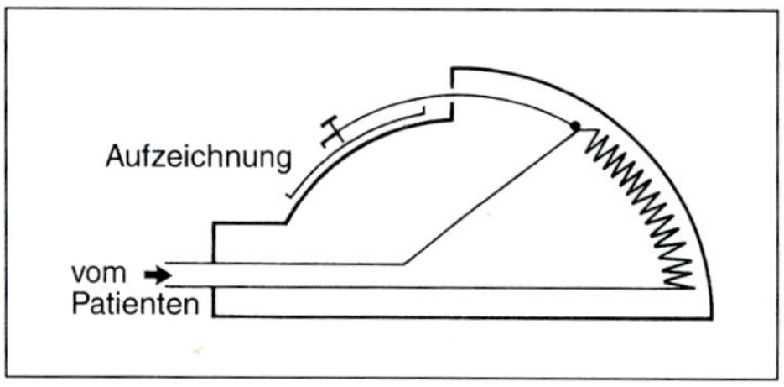

Abbildung 3.2: Prinzip des Vitalographs.

für die Gasvolumenmessung ein Balg verwendet. Die obere Platte des Balges ist drehbar gelagert, die Bewegung wird auf einen Schreiber übertragen, der seinerseits die Volumenänderungen auf ein Blatt überträgt. Das Blatt wird durch einen Motor bewegt, der in Aktion tritt, sobald sich der Balg aus seiner Ausgangsposition herausbewegt. Dies ermöglicht die Aufzeichnung von exspiratorischen Volumen-Zeit-Diagrammen.

Beide Spirometer sind geeignet, um Gasvolumina bis zu einigen Litern zu messen. In der Anästhesie müssen gelegentlich auch größere Volumina gemessen werden; in diesen Fällen kann ein Trockengasmeßgerät verwendet werden. In der Abbildung 3.3 wird die Funktionsweise eines Trockengasmeßgerätes vereinfacht dargestellt. In der gezeigten Position strömt Gas in das Kompartiment B, das den Balg komprimiert, der wiederum das Kompartiment A entleert. Mit der Kompression des Faltenbalges wird ein Arm zur Volumenaufzeichnung bewegt. Gleichzeitig verschiebt ein Stift C-C die Ventile in eine neue Position (Abb. 3.4). In dieser Position wird nun Kompartiment A gefüllt, bis es ebenfalls den Stift und den Aufzeichnungsmechanismus bewegt. Das beschriebene System ist stark vereinfacht, tatsächlich werden für ein kontinuierlich arbeitendes Meßsystem zwei dieser Mechanismen benötigt. Weiterhin ist ein Übertragungsmechanismus für die Volumenmessung notwendig.

Das kompakte Wright-Spirometer wird für die Messung von Zugvolumina

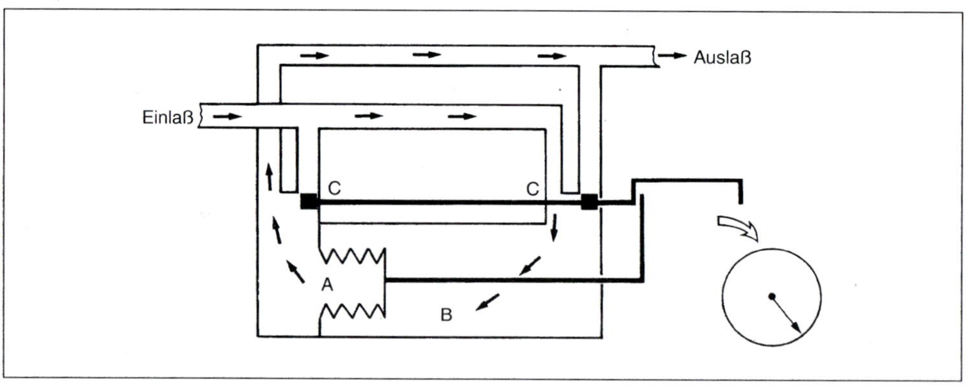

Abbildung 3.3: Funktionsprinzip einer Trockengasmeßuhr (Erläuterungen siehe Text).

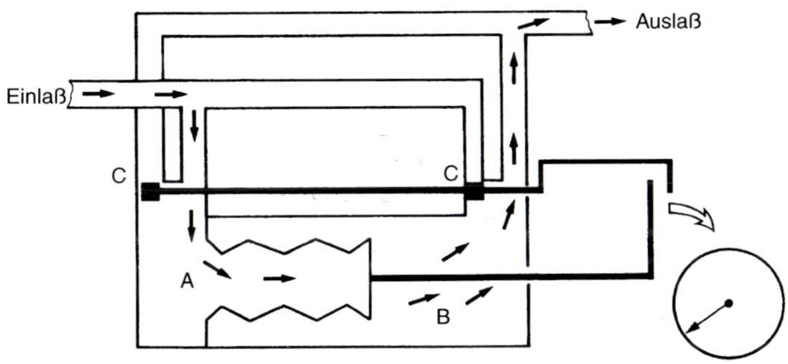

Abbildung 3.4: Trockengasmeßuhr nach der Bewegung von Stab C-C.

in der Anästhesie verwendet. Abbildung 3.5 gibt das Funktionsprinzip schematisiert wieder. Ebenso wie das Trockengasmeßgerät hat es einen Übersetzungsmechanismus, wobei die Volumenmessung allerdings durch Erfassung der kontinuierlichen Rotation eines Flügelrades erreicht wird, das sich im Gasfluß dreht. Die Schlitze dienen der Erzeugung eines zirkulären Luftflusses, der das Flügelrad dreht. Dieses dreht sich nicht, wenn sich die Flußrichtung umkehrt. Das Wright-Spirometer ist für die Messung von Zugvolumina und für die Beatmung geeicht. Seine Kalibration ist ungenau, wenn es für die Messung eines kontinuierlichen Flusses verwendet wird.

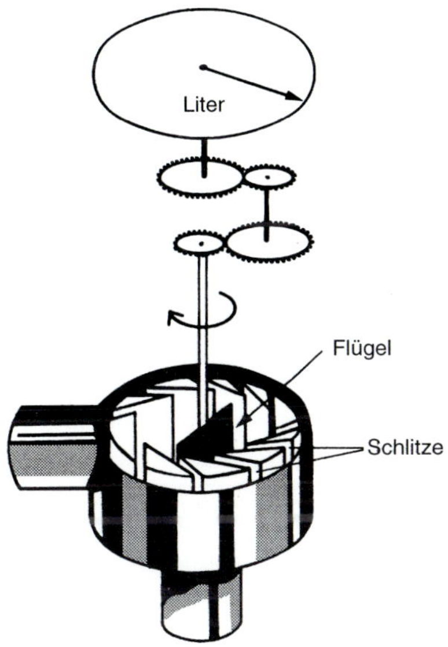

Abbildung 3.5: Wright-Spirometer.

Ein Nachteil des Wright-Spirometers ist das Fehlen eines elektrischen Ausgabesignales für Analyse und Aufzeichnung. Andere Volumen-Überwachungsgeräte verfügen über diese Möglichkeit. Abbildung 3.6 zeigt das Prinzip eines elektronischen Meßgerätes. Ebenso wie beim Wright-Spirometer beruht auch dieses Gerät auf der Bewegung eines Flügelrades, das im Luftstrom angebracht ist. Um eine spiralartige Bewegung der Luft zu erzeugen, strömt diese durch 2 Gruppen von je 6 fest montierten gewinkelten Flügeln, die auf jeder Seite des beweglichen Flügelrades angebracht sind. Das Flügelrad dreht sich abwechselnd im bzw. gegen den Uhrzeigersinn, entsprechend der Ein- und Ausatmung des Patienten. Die Bewegung

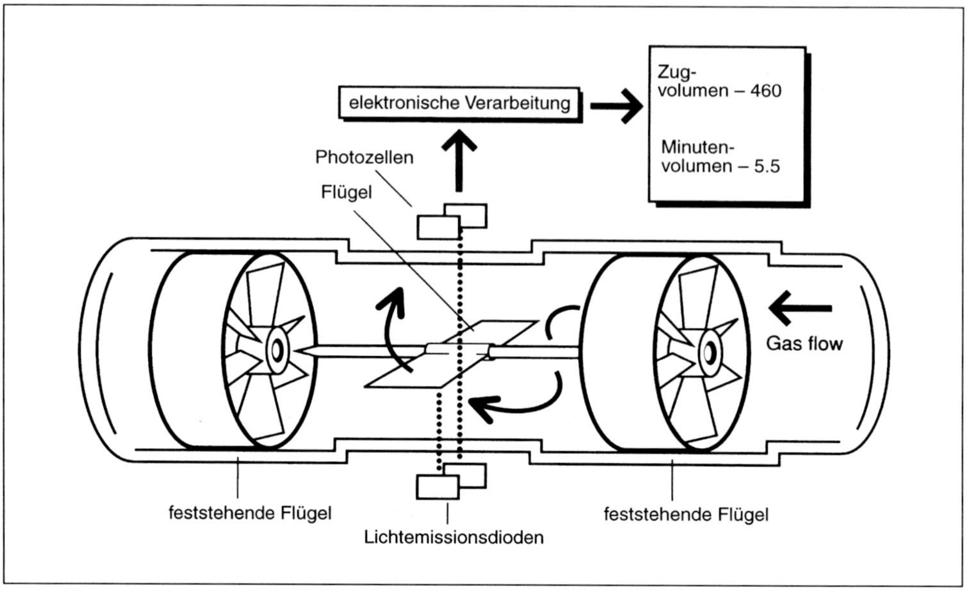

Abbildung 3.6: Elektronisches Volumenmeßgerät (Erläuterungen siehe Text).

des Flügelrades wird durch zwei Infrarotstrahlen erfaßt. Eine zugehörige Elektronik analysiert das Signal und zeigt Zug- und Minutenvolumen an.

Dieses Instrument liefert genauere Messungen als das nicht-elektrische Wright-Spirometer, da der Einfluß der Übersetzungsmechanik des Flügelrades eliminiert ist. Es erfordert allerdings eine elektrische Versorgung und ist nicht so transportabel und preisgünstig wie das einfachere Wright-Spirometer.

In der klinischen Praxis werden die mit den beschriebenen Instrumenten durchgeführten Volumenmessungen üblicherweise bei Umgebungstemperatur und -druck durchgeführt. Für Messungen für wissenschaftliche Zwecke werden die Volumina auf Standardtemperatur und -druck (STP) umgerechnet, wie in Kapitel 4 beschrieben.

3.2 Flüssigkeitsvolumenmessungen

Oft kann die Messung von Flüssigkeitsvolumina einfach durch Sammeln des Volumens in einem Meßzylinder durchgeführt werden. Für Messungen des Blutvolumens im Körper sind aufwendigere Techniken notwendig, die beispielsweise auf der Verdünnung von Indikatoren beruhen. Es ist allerdings notwendig, sowohl das Zellvolumen als auch das Plasmavolumen zu bestimmen.

3.3 Verdünnungstechniken

Für die Bestimmung des Gesamtzellvolumens werden Erythrozyten verwendet, die radioaktiv markiert sind (vgl. Kap. 24). Nehmen wir an, eine bekannte Menge dieser markierten Erythrozyten wird dem Patienten injiziert. Nach der vollständigen Vermischung mit dem Blut des Patienten kann die Konzentration der markierten Zellen aus der Radioaktivität einer Blutprobe des Patienten bestimmt werden.

$$\text{Konzentration markierter Erythrozyten} = \frac{\text{Dosis markierter Erythrozyten}}{\text{Gesamtvolumen der Erythrozyten}}$$

Daher:

$$\text{Volumen der Erythrozyten} = \frac{\text{Dosis markierter Erythrozythen}}{\text{Konzentration markierter Erythrozyten}}$$

Für die Messung des Plasmavolumens wird statt radioaktiv markierter Erythrozyten markiertes Albumin verwendet. Das Gesamtblutvolumen kann dann durch Addition des Plasma- und des Erythrozytenvolumens berechnet werden. Wird ein bekanntes Verhältnis zwischen Erythrozytenvolumen und Gesamtblutvolumen vorausgesetzt (Messung des Hämatokrit), ist die Bestimmung des Gesamtblutvolumens aus einer der beiden Meßgrößen möglich:

$$\text{Blutvolumen} = \frac{\text{Erythrozytenvolumen}}{\text{Hämatokrit}}$$

oder

$$\text{Blutvolumen} = \frac{\text{Plasmavolumen}}{1 - \text{Hämatokrit}}$$

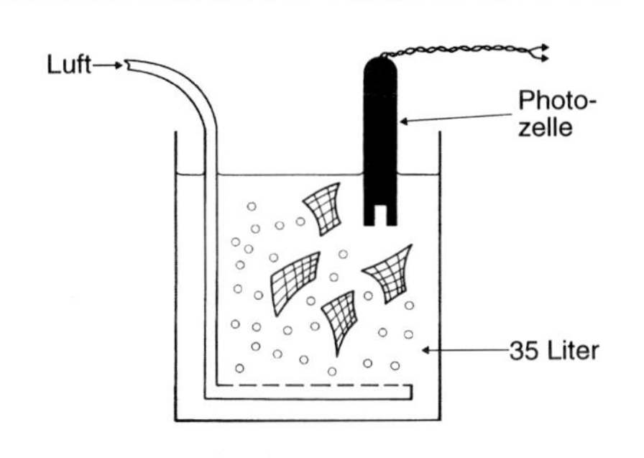

Abbildung 3.7: Anwendung einer Verdünnungstechnik in einem Waschreservoir zur Erfassung von Blutverlusten.

In der klinischen Praxis sind diesen Verdünnungstechniken Grenzen gesetzt, da zum Beispiel beim Schockpatienten Blut in schlecht perfundierten Gebieten gepoolt werden kann; eine gleichmäßige Vermischung des radioaktiven Indikators wird dann nicht mehr erreicht. Eine ähnliche Technik unter Verwendung von radioaktiv markiertem Natrium wurde zur Messung des extrazellulären Volumens benutzt.

Dieses Verdünnungsprinzip wird auch verwendet, um Blutverluste zu messen. Betrachten wir den Blutverlustmonitor in Abbildung 3.7. Ein Reservoir enthält in diesem Falle 35 Liter Wasser. Blutgetränkte Tupfer eines Patienten werden in dieses Reservoir gegeben und das Hämoglobin durch Luftblasen gleichmäßig vermischt. Ein Detektor, bestehend aus einer Lampe und einer Fotozelle, mißt die Konzentration des verdünnten Hämoglobins (Hb) im Reservoir. Wie groß ist der Blutverlust des Patienten, wenn seine Hämoglobinkonzentration 14 g/dl und die Konzentration des verdünnten Hämoglobins im Reservoir 1 g/l beträgt?

Hb-Konzentration im Reservoir

$$= \frac{\text{Hb-Gesamtmenge}}{\text{Reservoirvolumen}}$$

Daher:

Hb-Gesamtmenge im Reservoir
= Konzentration × Volumen
= $1\ g\ l^{-1} \times 35\ l$
= 35 g

Bei den blutgetränkten Tupfern gilt:

Hb-Konzentration im Blutverlust

$$= \frac{\text{Hb-Menge im Blutverlust}}{\text{Volumen des Blutverlustes}}$$

Daher:

Volumen des Blutverlustes

$$= \frac{\text{Hb-Menge}}{\text{Hb-Konzentration}}$$

$$= \frac{35\ g}{140\ g\ l^{-1}}$$

$$= 0{,}25\ l$$

In diesem Beispiel werden 2 manuelle Berechnungen durchgeführt; in der Praxis können die Rechnungen in dem Gerät elektronisch ablaufen, um eine direkte Angabe des Blutvolumenverlustes zu erhalten.

3.4 Gasflußmessungen

Anästhesisten benötigen eine kontinuierliche Anzeige des Gasflusses im Narkosegerät. Hierzu werden Gasflußmeßgeräte mit variablem Innendurchmesser, üblicherweise unter dem Handelsnamen Rotameter bekannt, verwendet. Abbildung 3.8 A zeigt ein solches Meßgerät. Ein Zylinder wird in der Mitte eines geschliffenen Glases oder einer Plastikröhre durch den Gasfluß angehoben. Mit zunehmendem Fluß wandert der Zylinder in der Röhre nach oben, und der Spalt zwischen Zylinder und Röhrenwand erweitert sich. Um den Zylinder befindet sich also ein variabler Spalt, dessen Breite vom Gasfluß abhängt. Der Druck auf den Zylinder bleibt konstant, da er eine Kraft ausübt, die der Gravitationskraft des Zylinders entspricht. Die Zunahme der Breite des ringförmigen Spaltes bei steigendem Zylinder reduziert den Flußwiderstand bei hohem Flow, so daß der Druck auf den Zylinder, trotz Zunahme des Flusses, konstant bleibt.

Kleine Schlitze am oberen Rand des Zylinders bewirken seine Rotation zentral im Gasfluß. Bei diesem Flowmetertyp wird an der Oberkante des Zylinders abgelesen. In einem Flowmeter mit variablem Spalt kommt es zu einer Mischung von turbulenten und laminaren Strömungen, so daß sowohl die Dichte als auch die Viskosität des Gases für die Eichung von Bedeutung sind (vgl. Kap. 2). Folglich ist eine sorgfältige Rekalibration notwendig, wenn ein Rotameter für ein anderes als das ursprüngliche Medium verwendet werden soll.

Die Röhre des Rotameters muß vertikal gehalten werden, um korrekte Ergebnisse zu erhalten und um eine Berührung des Zylinders mit der Wand der Röhre zu verhindern. Ein Steckenbleiben des Zylinders ist wahrscheinlicher, wenn dieser nahe dem unteren Ende der Röhre rotiert. Auch elektrostatische Aufladungen können durch Reiben des Zylinders an den Seitenwänden der Röhre entstehen, die wiederum die Wahrscheinlichkeit eines Steckenbleibens des Zylinders erhöhen. Um solche Aufladungen zu verhindern, haben einige Röhren einen

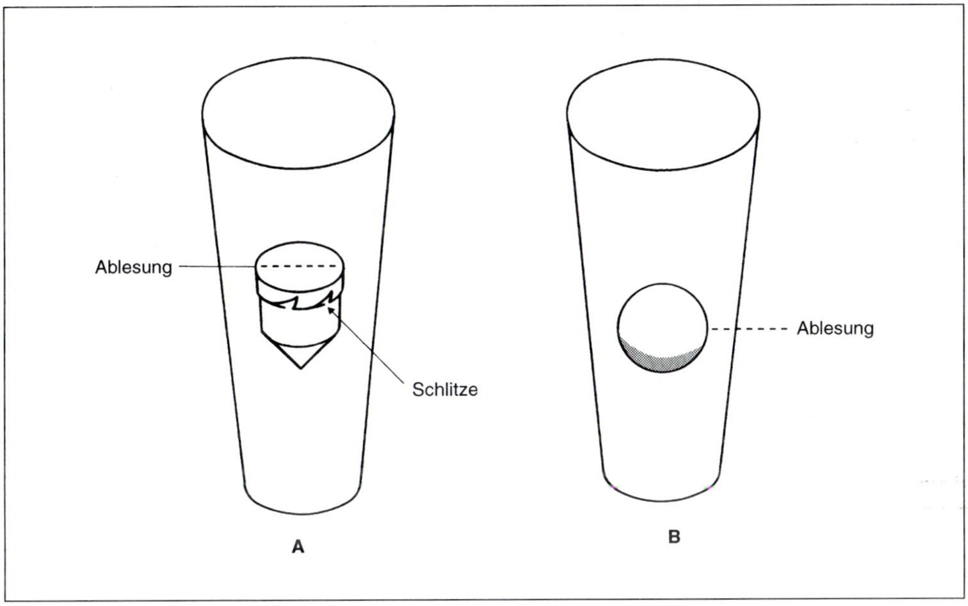

Abbildung 3.8: Geräte für Gasflußmessungen: Rotameter (A) und Kugelflußmeßgerät (B).

elektrisch leitenden Streifen auf der hinten liegenden Innenseite der Röhre, während bei anderen Röhren eine durchsichtige elektrisch leitende Beschichtung Aufladungen ableiten soll. Das Problem des Steckenbleibens ist geringer, wenn ein einfaches Kugelflußmeßgerät verwendet wird, wie in Abbildung 3.8 B gezeigt. Dies ist allerdings unter Umständen weniger genau, da keine klar definierte Ableselinie besteht. In der Praxis wird in der Mitte der Kugel abgelesen.

Die dargestellten Flowmeter (Abb. 3.8) haben eine Bohrung mit einem einfachen Konus. In der Praxis ist dieser Einlaß jedoch üblicherweise mit einem variablen Konus in spezieller Weise ausgeformt, so daß sowohl niedrige als auch hohe Flüsse gemessen werden können. Dies ist wichtig, wenn der Anästhesist das gleiche Flußmeßgerät sowohl für niedrige Flüsse in einem geschlossenen System als auch für halboffene Systeme mit hohem Fluß verwenden will. Zusätzliche Genauigkeit kann erreicht werden, wenn zwei Flowmeter, eines für niedrige und eines für hohe Flüsse, hintereinander geschaltet werden. Mit solchen Systemen können neuere Flußmeßgeräte normalerweise mit einer Genauigkeit von 2,5 % messen, während bei älteren Geräten Ungenauigkeiten von über 5 % angegeben werden.

Unter dem Flußmeßgerät befindet sich üblicherweise ein Nadelventil (Abb. 3.9). Im Nadelventil selbst befindet sich eine Spindel, die mit einer Regelschraube verbunden ist, die in den Einlaß des Flowmeters eingeschraubt ist, um die Gasversorgung des darüberliegenden Rotameters zu unterbrechen. Gasleckagen werden durch eine Stopfbuchse mit zugehöriger Mutter verhindert. Eine Stopfbuchse ist eine Scheibe aus kompressiblem Material; sie wird zusammen mit der Überwurfmutter auch

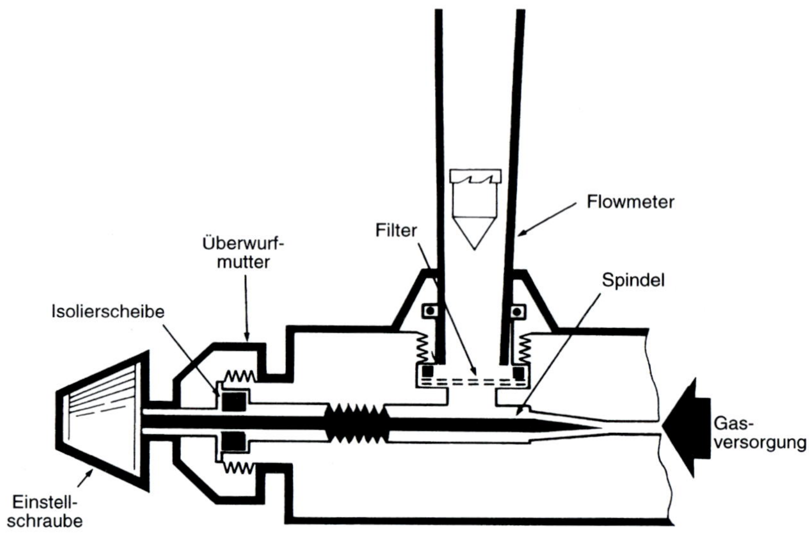

Abbildung 3.9: Funktionsweise eines Nadelventils (Erläuterungen siehe Text).

zur Abdichtung von Gasflaschen verwendet. Am Boden eines jeden Flußmeßgerätes ist ein Partikelfilter aus geflochtenem Metall angebracht.

Das Prinzip des Flusses durch das Ventil unterscheidet sich von dem in Kapitel 2 beschriebenen dahingehend, daß bei einem normalen Gasversorgungsdruck die lineare Geschwindigkeit des Gases um die Kontrollspindel herum Schallgeschwindigkeit erreicht und einen konstanten maximalen Wert beibehält. Folglich hängt der Fluß lediglich von dem Durchmesser des Kanals ab. Kleine Änderungen des aufwärtsgerichteten Gasdruckes, z.B. am Auslaß des Flowmeters, haben dagegen keinen Einfluß. Dies ist für den Anästhesisten von Vorteil, da sich der einmal eingestellte Gasfluß nicht ändert, wenn zusätzliche Geräte, wie z.B. ein Verdampfer, am Auslaß des Flowmeters angeschlossen werden – obwohl sich dabei die Position des Zylinders geringfügig ändert, wie weiter unten beschrieben.

Die Position des Gasflußmeßgerätes am Narkosegerät kann Probleme verursachen. Kommt es zu einem Leck im mittelständigen Flußmeßgerät oder in der Mitte des Blockes (Abb. 3.10 A), entweicht durch diese Undichtigkeit mehr Sauerstoff (von links) als Lachgas. Hieraus resultiert eine höhere Lachgaskonzentration, als dem Patienten zugeführt werden soll. Eine Lösung dieses Problems wäre, die Position des Sauerstoff- und des Lachgasflowmeters umzudrehen (Abb. 3.10 B). Bei einigen Narkosegeräten kommt dagegen ein getrennter Flußkanal für Sauerstoff zur Anwendung (Abb. 3.10 C). Als zusätzliche Sicherheitsmaßnahme wird mittlerweile empfohlen, daß die Zufuhr von weniger als 25 % Sauerstoff nicht möglich sein soll. Um dies zu erreichen, haben viele Narkosegeräte eine Verbin-

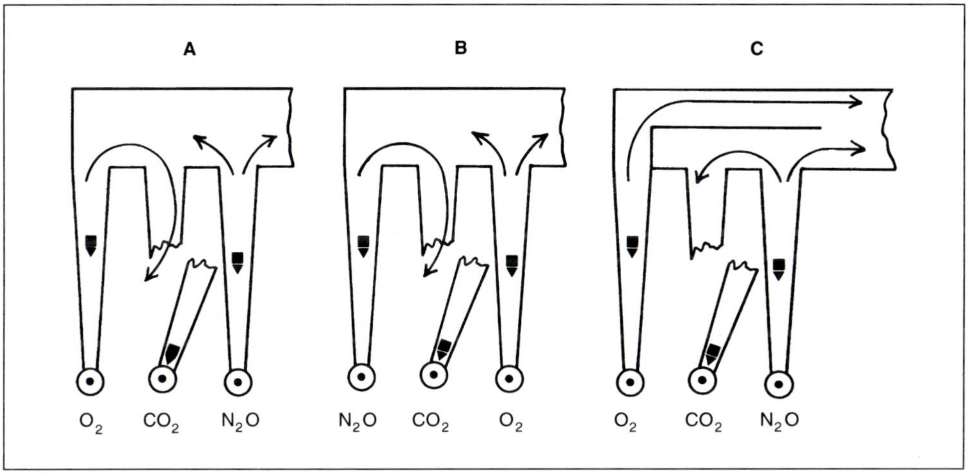

Abbildung 3.10: Risiko einer Hypoxie bei einem defekten Flowmeterblock und mögliche Maßnahmen zur Vermeidung.

dung zwischen den Flußmeßgeräten für Sauerstoff und für Lachgas, so daß bei aufgedrehter Lachgaszufuhr immer auch Sauerstoff fließt. Der gleiche Effekt kann auch durch pneumatische Mischventile erreicht werden.

Vom Auslaß der Flußmeßgeräte wird das Gas zu Verdampfern und Beatmungsgeräten weitergeleitet, was eine Druckerhöhung am Auslaß der Flußmeßgeräte bewirken kann. Eine solche Druckerhöhung beeinflußt die Eichung durch Änderungen der Dichte und Viskosität des Gases. Es kommt zu einer geringen Ungenauigkeit im angezeigten Fluß, selbst wenn eine Wiederausdehnung des Gases auf Umgebungsdruck möglich ist. Solche Flußmeßgeräte haben den Flußregulierer am Auslaß, so daß sie auf einen Arbeitsdruck von mehreren bar geeicht sind. Dies minimiert den Einfluß der relativ geringen Druckänderungen am Auslaß.

Ein weiteres Instrument, das den Fluß nach dem Prinzip des variablen Spaltes mißt, ist das Wright-Spitzenflußmeßgerät (Abb. 3.11). Hier wird das ausgeatmete Gas des Patienten direkt gegen einen beweglichen Flügel geleitet, was diesen in Rotation versetzt. Durch die Rotation des Flügels öffnet sich ein zirkulärer Spalt am Boden des Instrumentes, so daß das Gas entweichen kann. Die Rotation des Flügels wird durch die Kraft einer Spiralfeder gehemmt; ein Zeiger, der auf der Achse des Flügels angebracht ist, registriert dessen Bewegungen auf einer kalibrier-

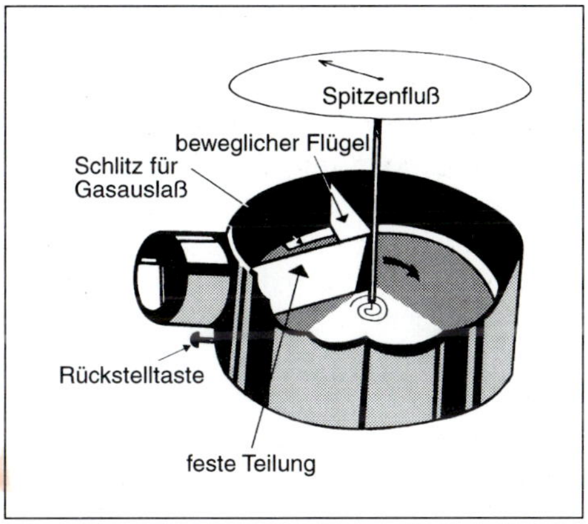

Abbildung 3.11: Wright-Spitzenflußmesser.

ten Skala. Die Kraft der Feder ist relativ konstant, und ihr Einfluß auf die Fläche des Flügels übt einen sehr geringen konstanten Druck aus, der dem konstanten Druck des Gasflusses durch den variablen Spalt entspricht. Die Breite dieses Spaltes vergrößert sich entsprechend dem Gasfluß. Bei einem Spitzenfluß erreicht der Flügel eine maximale Position, auf der er von einer Sperre festgehalten wird. Nach Ablesen der Werte kann der Flügel durch Drücken eines Knopfes wieder aus der Arretierung gelöst werden, der Zeiger kehrt auf die Null-Stellung zurück. Ein alternatives, kompakteres Spitzenflußmeßgerät hat eine zylindrische Form, die Luft entweicht hier aus einem geraden statt einem zirkulären Schlitz. Das Prinzip der variablen Öffnung bleibt allerdings erhalten. Bei Erwachsenen ist ein Spitzenfluß von 400 bis 500 l/min üblich, bei Patienten mit einem Emphysem kann dieser unter 100 l/min liegen.

Bei wissenschaftlichen Fragestellungen in der Anästhesie wird gelegentlich eine kontinuierliche Aufzeichnung des respiratorischen Volumens des Patienten und des Luftflusses benötigt. Hierfür kann ein Pneumotachograph verwendet werden (Abb. 3.12). Der Meßkopf dieses Instrumentes enthält eine netzartige Membran mit einem ausreichend großen Durchmesser, um einen laminaren Fluß durch das Netz zu gewährleisten. Das Netz wirkt wie ein Flußwiderstand, so daß der Atemstrom des Patienten einen geringen Druckabfall über der Membran erzeugt. Dieser wird durch einen Druckwandler gemessen, der die Druckänderung in ein elektrisches Signal umsetzt, das wiederum angezeigt und aufgezeichnet werden kann. (Das Wort *Wandler* beschreibt ein Gerät, das Signale einer Energieform in eine andere umsetzt.) Der Pneumotachograph kann schnelle

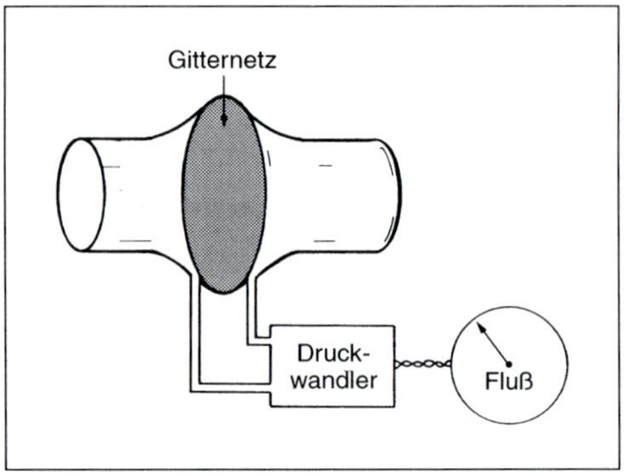

Abbildung 3.12: Pneumotachograph.

Änderungen in der Atmung des Patienten messen, ohne den Atemwiderstand nennenswert zu erhöhen. Da eine laminare Strömung von der Viskosität des Mediums und ein turbulenter Fluß von dessen Dichte abhängt, beeinträchtigen Veränderungen im Charakter des durch den Pneumotachographen strömenden Gases dessen Genauigkeit. So können z.B. Temperaturänderungen oder der Zusatz von Narkosegasen die Eichung beeinflussen. Um zumindest die mit Temperaturänderungen verbundenen Probleme zu vermeiden, werden die Meßköpfe solcher Pneumotachographen durch Heizelemente auf einer konstanten erhöhten Temperatur gehalten. Dies hat auch den Vorteil, daß Wasserdampf in der Exspirationsluft von der Kondensation auf der Netzmembran abgehalten wird. Zusätzlich zu seinem Einsatz zur Flowmessung kann der Pneumotachograph auch zur Volumenmessung durch elektronische Integration des Flusses verwendet werden (s. Kap. 25).

Ein weiteres Flußmeßgerät für Eich- oder Forschungszwecke ist das Blasenflußmeßgerät (Abb. 3.13). Hier wird eine Seifenlösung verwendet, um einen Seifenfilm am unteren Ende einer Bürette zu erzeugen. Der Gasfluß wird aufwärts

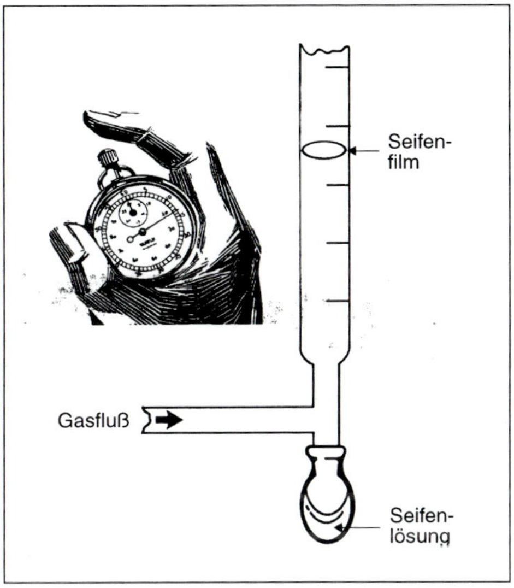

Abbildung 3.13: Blasenflußmesser.

durch diese Bürette geleitet, der Anstieg des Filmes zwischen zwei festen Punkten zeigt den Fluß an, wobei die Anstiegsgeschwindigkeit durch eine Stoppuhr erfaßt wird. Der Vorteil dieses Systems ist, daß der Film sehr leicht ist und daher den Fluß nicht behindert; außerdem ist das System unabhängig von der Zusammensetzung des fließenden Gases. Auf der anderen Seite ist das Blasenmeßgerät nur für niedrige Flüsse geeignet.

3.5 Flußmessungen in Flüssigkeiten

Die Messung von intravenösen Infusionsgeschwindigkeiten ist das verbreitetste Beispiel für die Flußmessung von Flüssigkeiten in der Anästhesie. Die Tropfen in der Tropfkammer einer Infusionslösung oder Bluttransfusion ermöglichen eine schnelle visuelle Überprüfung des Flusses. Darüber hinaus haben die Tropfen ein bestimmtes Volumen, das als Maß für die Infusionsgeschwindigkeit verwendet werden kann. Diese gewinnt man durch Multiplikation des Tropfenvolumens mit der Anzahl der Tropfen, die die Kammer in einem bestimmten Zeitintervall passieren.

Die Oberflächenspannung ist eine der bestimmenden Faktoren für den Tropfen, der sich am Ende einer Röhre bildet, durch die die Flüssigkeit langsam fließt. Während der Tropfenbildung steht die Oberflächenspannung im Gleichgewicht mit der Schwerkraft auf die Flüssigkeit in dem Tropfen; sie verhindert damit das Abtropfen vom Ende der Röhre. Mit zunehmender Größe wird das Gewicht des Tropfens jedoch zu groß, um durch die Oberflächenspannung gehalten zu werden, so daß sich der Tropfen vom Ende der Röhre löst. Das tatsächliche Volumen des Tropfens hängt von der Dichte und der Oberflächenspannung der Flüssigkeit ab, außerdem von Größe und Form der Röhre sowie von der Geschwindigkeit, mit der die Flüssigkeit durch die Röhre fließt. Dichte und Oberflächenspannung wiederum hängen von der Temperatur und der Art der Lösung oder des transfundierten Blutes ab, so daß Variationen von 20 % des nominalen Tropfenvolumens – und daher des angenommenen Flusses – möglich sind.

Es stehen Infusionspumpen zur Verfügung, die die Infusionsrate durch Zählen der Tropfen in der Tropfkammer bestimmen. Zur Überwachung einer Infusion mit hoher Genauigkeit sollte man sich darauf allerdings nicht verlassen. Infusionssets mit verschiedenen Eichungen (Tropfen pro ml) sind erhältlich; auf die korrekte Auswahl eines Sets für eine bestimmte Pumpe muß geachtet werden.

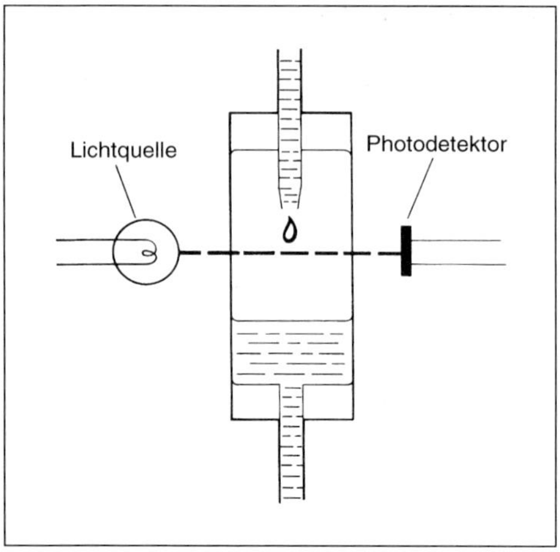

Abbildung 3.14: Tropfenzähler eines Infusionsreglers.

Die Abbildung 3.14 zeigt einen Tropfenzähler eines Infusionsüberwachungsgerätes, der auf die Tropfkammer des Infusionssets geklemmt ist. Ein Licht- oder Infrarotstrahl, erzeugt durch eine Lampe oder lichtemittierende Diode, wird durch die Kammer auf einen Detektor auf der anderen Seite der Kammer gelenkt. Die Lichtintensität auf dem Photodetektor wird mit jedem Tropfen, der den Strahl unterbricht, vermindert. So kann der Detektor die Tropfenrate zählen und die Flußgeschwindigkeit der Lösung auf einen bestimmten Wert einstellen. Diese Regulation kann z. B. durch den Druck eines Stabes gegen einen in das Gerät eingeklemmten Teil des Infusionsschlauches erreicht werden. Die Bewegung des Stabes komprimiert den Schlauch, erhöht den Flußwiderstand und erniedrigt damit die Infusionsgeschwindigkeit.

Eine zuverlässige Funktion der Tropfenzähler erfordert eine sorgfältige Positionierung, der Lichtstrahl soll sich etwa in der Mitte zwischen der tropfenbildenden Öffnung und dem Flüssigkeitsniveau der Kammer befinden. Die Flüssigkeit sollte 1/3 der Tropfenkammer einnehmen, die ihrerseits vertikal ausgerichtet sein muß, damit die Tropfen den Lichtstrahl korrekt unterbrechen können.

Das beschriebene System nutzt die Schwerkraft, um die Flüssigkeit der Tropfenkammer zuzuführen. Alternativ kann die Infusionsflüssigkeit zum Patienten gepumpt werden. Eine volumetrische Pumpe verwendet eine Einmalkassette, die eine oder mehrere Kolben und Ventile besitzt und in eine elektrisch betriebene Halterung eingesetzt ist. In diesem Falle ist das Volumen der zugeführten Flüssigkeit und ihre Flußgeschwindigkeit genau bekannt, die mit dem Tropfenzähler verbundenen Probleme können somit vermieden werden. Auch gewöhnliche Spritzen, die mit dem benötigten Medikament gefüllt sind, können in ein geeignetes motorgetriebenes Gerät eingesetzt werden, um kleine Flüssigkeitsvolumina genau zu dosieren (Perfusor®).

Mit der Einführung intravenöser Hypnotika wie Propofol und Opioide wie Alfentanil wurden spezielle Infusionspumpen für den Einsatz während der Anästhesie entwickelt. Diese Pumpen unterscheiden sich von Standardgeräten auf Normalstationen darin, daß sie auch wesentlich schnellere Infusionsraten, z. B. 1000 ml/h für Propofol, zulassen. Einige Pumpen haben elektromagnetisch kodierte Karten, die auf die Front des Gerätes über die Einstellknöpfe gesteckt werden und der Pumpe die Substanz und deren Konzentration in der verwendeten Spritze mitteilen. Sobald die Dosis in Mikrogramm/kg/min sowie das Patientengewicht eingegeben ist, wird die entsprechende Infusionsrate automatisch berechnet. Der Anästhesist ist also nicht gezwungen, eine Infusionsrate in ml/h anzugeben.

Der modernste Typ solcher Infusionssysteme für die i. v.-Anästhesie wird target-controlled infusion (TCI) genannt. Diese mikroprozessorgesteuerten Geräte enthalten ein 3-Kompartmentmodell, das Verteilung und Elimination der jeweiligen Substanz beschreibt. Die TCI-Systeme erlauben, die angestrebte Blutkonzentration, beispielsweise für Propofol, sowie ein individuelles Niveau der Anästhesietiefe für eine bestimmte Zeit anzugeben.

In Spritzenpumpen können leicht hohe Drücke erreicht werden (vgl. Kap. 1), so daß besondere Sorgfalt beim Legen des venösen Zuganges geboten ist.

Wenn der Flüssigkeitsstrom bestimmter Geräte überprüft werden soll, kann bereits ein Meßzylinder und eine Stoppuhr genügen. Ebenso wie für Gase kann ein Flußmeßgerät nach dem Prinzip der variablen Öffnung auch für Flüssigkeiten verwendet werden; solche Flowmeter können beispielsweise benutzt werden, um den Fluß durch eine künstliche Niere oder eine Herz-Lungenmaschine zu messen. Für Flußmessungen im Kreislauf werden allerdings aufwendigere Techniken benötigt, die Farbstoffverdünnung, Isotopenverdünnung und Temperaturverdünnung umfassen (s. Kap. 5), weiterhin Ultraschallmessungen (s. Kap. 13) und elektromagnetische Flußmeßgeräte (s. Kap. 14). Zusätzlich zu diesen speziellen Techniken ist insbesondere auch das Ficksche Prinzip von Bedeutung.

3.6 Das Ficksche Prinzip

Das in Abbildung 3.15 gezeigte Beispiel verdeutlicht das Prinzip der Berechnung des pulmonalen Blutflusses aus der Sauerstoffaufnahme in der Lunge. Der Pa-

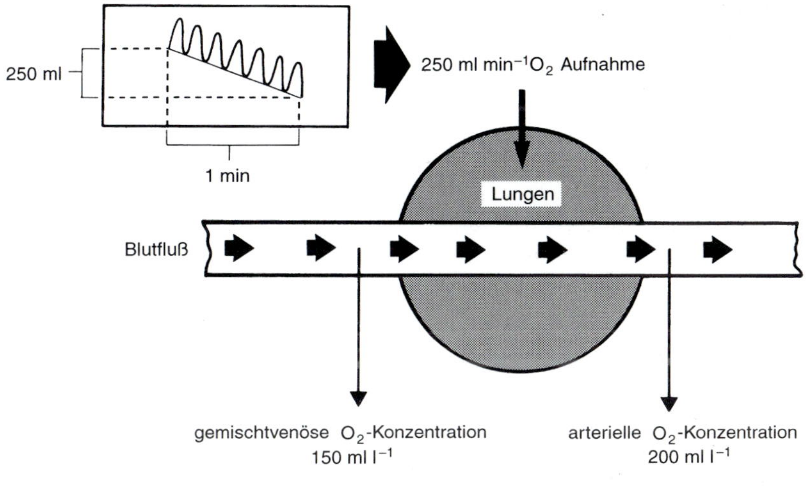

Abbildung 3.15: Ficksches Prinzip.

tient führt eine Sauerstoffrückatmung über einen CO_2-Absorber in ein Benedikt-Roth-Spirometer durch. Die Geschwindigkeit der Sauerstoffaufnahme wird durch die Steigung der aufgezeigten Kurve mit 250 ml/min angegeben. Über einen Katheter im rechten Vorhof oder in der Pulmonalarterie wird eine gemischt-venöse Blutprobe entnommen, die in der Analyse einen Sauerstoffgehalt von 150 ml/l Blut zeigt. Eine arterielle Blutprobe ergibt eine arterielle Blutsauerstoffkonzentration von 200 ml/min. Jeder Liter Blut nimmt also zusätzlich 50 ml Sauerstoff während seiner Passage durch die Lunge auf. In der Lunge werden 250 ml Sauerstoff pro Minute aufgenommen, so daß 250 dividiert durch 50, d.h. 5 Liter Blut durch die Lunge strömen müssen, um dieses Volumen aufzunehmen. In diesem Beispiel wird der Blutfluß über die Sauerstoffaufnahme in der Lunge berechnet. Alternativ dazu kann das Ficksche Prinzip auch angewendet werden, um den Blutfluß aus der pulmonalen CO_2-Abgabe und der CO_2-Konzentration in arteriellen und gemischtvenösen Blutproben zu bestimmen.

Das Ficksche Prinzip findet ebenfalls Anwendung, um den Blutfluß zu einem Organ zu messen, zu bzw. von dem ein konstanter Zu- oder Abstrom einer Substanz besteht, deren Konzentration erfaßt werden kann.

Die allgemeine Formel lautet:

$$\text{Blutfluß zum Organ} = \frac{\text{Geschwindigkeit von Zu- oder Abstrom der Substanz}}{\text{arterio-venöse Konzentrationsdifferenz der Substanz}}$$

4 Die Gasgesetze

4.1 Molekulartheorie

Wir beginnen mit einer kurzen Zusammenfassung der Molekulartheorie, da sie zum Verständnis der Gasgesetze hilfreich ist.

Alle Stoffe setzen sich aus Atomen oder Molekülen zusammen. In einem festen Stoff sind die Atome oder Moleküle üblicherweise in regelmäßiger Formation angeordnet, die als Gitter bezeichnet wird; jedes Molekül im Gitter übt Kräfte auf seine Nachbarn aus; es ist in ständiger Bewegung und schwingt um eine mittlere Position. Wird einem festen Stoff Hitze zugeführt, oszillieren die Moleküle mit einer größeren Amplitude und nehmen daher einen größeren Raum ein. Die Moleküle bewegen sich auseinander, wodurch die Kraft zwischen benachbarten Molekülen abnimmt. Schließlich sind die Kräfte nicht mehr ausreichend, um die Moleküle im Gitter zu halten, obwohl durchaus kleinere Gruppen bestehen bleiben können. Das Gitter bricht auseinander, die Substanz schmilzt und wird zur Flüssigkeit. In einer Flüssigkeit üben die Moleküle immer noch einen gewissen Einfluß aufeinander aus, die Anziehungskräfte zwischen ihnen werden als Van-der-Waals-Kräfte bezeichnet. Die Moleküle in einer Flüssigkeit haben mehr Bewegungsenergie als in einem festen Stoff, jedes von ihnen kann sich durch die gesamte Flüssigkeit bewegen. Wenn der Flüssigkeit Wärme zugeführt wird, erhält jedes Molekül zusätzliche kinetische Energie; möglicherweise können sich einige von den Van-der-Waals-Kräften befreien und sich in den freien Raum bewegen. Dieser Zustand ist der eines Gases oder eines Dampfes.

Die Abbildung 4.1 illustriert die Vorgänge an der Grenzschicht zwischen Flüssigkeit und Dampf. Moleküle auf der Oberfläche der Flüssigkeit können gelegentlich entkommen (A), umgekehrt können Moleküle des Gases in die flüssige Phase eindringen (B). Wird bei einer bestimmten Temperatur ein quantitatives Gleichgewicht zwischen den beiden Richtungen des molekularen Übergangs erreicht, bezeichnet man den Dampf über der Flüssigkeit als gesättigt.

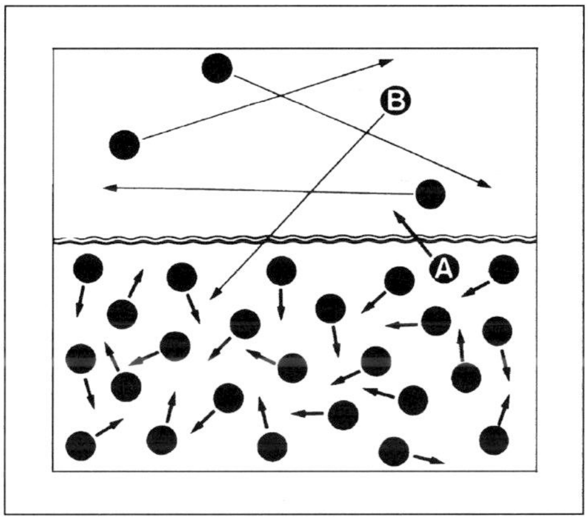

Abbildung 4.1: Grenzschicht zwischen einer Flüssigkeit und einem Gas.

Wird die Flüssigkeit bis zu ihrem Siedepunkt aufgeheizt, ist die Energie der Moleküle so groß, daß sie vollständig in die gasförmige Phase übergehen. In einem Gas stoßen die Moleküle miteinander und mit der Wand eines Behälters mit hoher Häufigkeit zusammen. Als Folge der Kollision zwischen den Molekülen des Gases und der Wand des Behälters wird auf die Wände eine Kraft ausgeübt; diese Kraft, die über eine bestimmte Fläche wirkt, ist als Druck definiert.

4.2 Die Gasgesetze

Die Abbildung 4.2 zeigt ein Gasvolumen in einer großen Spritze. Die Zusammenstöße zwischen den Molekülen und der Wand des Behälters resultieren in einem absoluten Druck P, der in diesem Beispiel den atmosphärischen Druck von 100 kPa (1 bar) beträgt. Wird diese Spritze bei einer konstanten Temperatur gehalten, besitzen die Moleküle eine definierte Bewegungsenergie und stoßen mit den Wänden des Behälters mit einer bestimmten Häufigkeit zusammen. Wird die Temperatur konstant gehalten und das Volumen des Behälters reduziert

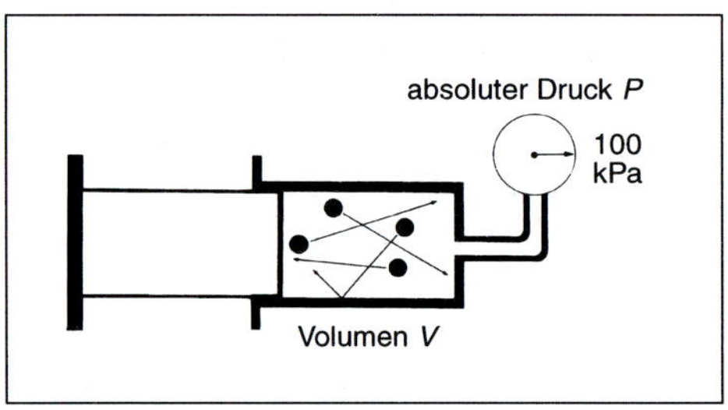

Abbildung 4.2: Spritzenmodell zur Erläuterung der Molekulartheorie.

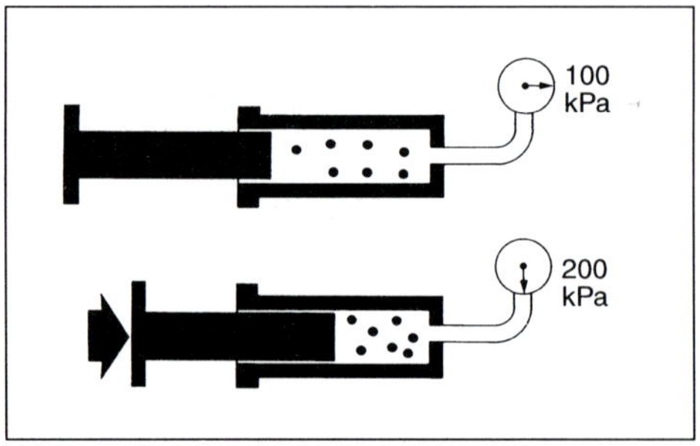

Abbildung 4.3: Auswirkung einer Volumenänderung bei konstanter Temperatur.

(Abb. 4.3), behalten die Moleküle die gleiche Bewegungsenergie; da sie sich jedoch in einem kleineren Volumen bewegen, werden sie mit einer größeren Häufigkeit mit den Wänden des Behälters zusammenstoßen. Je größer die Anzahl der Zusammenstöße ist, desto größer ist der Gasdruck in dem Behälter. Eine Halbierung des Volumens V der Spritze (Abb. 4.3) verdoppelt den absoluten Druck P von 100 auf 200 kPa.

$$V \propto \frac{1}{P}$$

$$PV = \text{konstant } (k_1)$$

Diese Zusammenhänge formuliert das erste Gesetz der idealen Gase (Boyle-Mariotte-Gesetz):

Das Boyle-Gesetz besagt, daß sich bei einer konstanten Temperatur das Volumen einer bestimmten Gasmenge umgekehrt proportional dem absoluten Druck verhält.

Abbildung 4.4 gibt ein Beispiel für die Anwendung des Boyleschen Gesetzes. Auf der linken Seite ist eine Sauerstoffflasche abgebildet, wie sie für die Sauerstofftherapie verwendet wird. Wieviel Sauerstoff ist bei atmosphärischem Druck verfügbar? Das innere Fassungs-

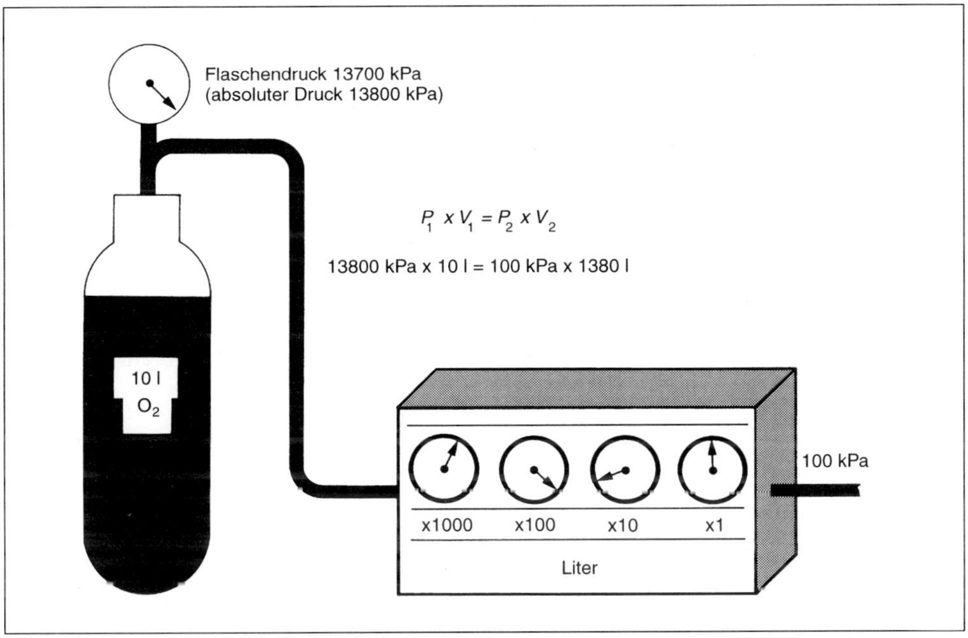

Abbildung 4.4: Anwendung des Boyleschen Gesetzes zur Berechnung des Inhaltes einer Sauerstoffflasche.

vermögen des Zylinders beträgt etwa 10 l, in gefülltem Zustand herrscht ein Druck von 137 bar oder 13 700 kPa. Ist der atmosphärische Druck 100 kPa, beträgt der vollständige oder absolute Druck des Sauerstoffs 13 800 kPa, da der absolute Druck = Manometerdruck + atmosphärischem Druck ist. Die Berechnungen sind auf der rechten Seite des Diagramms gezeigt, das Gesamtvolumen des Sauerstoffes wird mit 1380 l berechnet. Da in dem „leeren" Sauerstoffzylinder 10 l verbleiben, sind 1370 l bei Atmosphärendruck verfügbar.

Nehmen wir nun ein Gas an, das bei konstantem Druck gehalten wird (Abb. 4.5). Dies bedeutet, daß sich der Stempel der Spritze frei bewegen kann, um einen Druck von 100 kPa aufrecht zu erhalten. Wenn dem Gasvolumen Hitze zugeführt wird (unteres Diagramm), nimmt die Bewegungsenergie der Moleküle zu; dies führt zu mehr Zusammenstößen mit den Wänden des Behälters. Um die Häufigkeit von Zusammenstößen, also den Druck, konstant zu halten, muß das Volumen zunehmen. Wird die

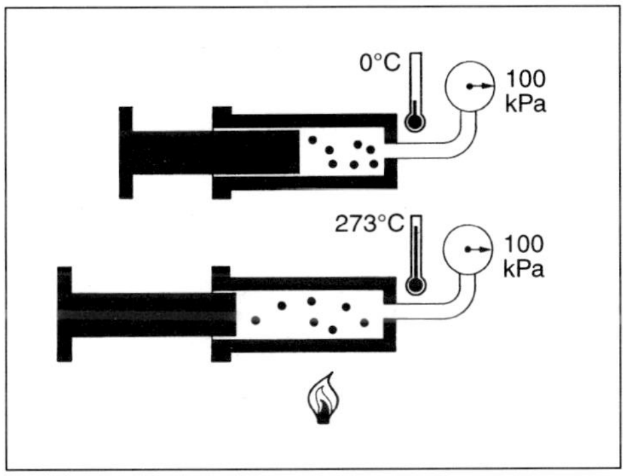

Abbildung 4.5: Auswirkung von Temperaturänderungen bei konstantem Druck.

absolute Temperatur T in der Spitze von 273 K auf 546 K verdoppelt, muß sich daher das Volumen V in der Spritze ebenfalls verdoppeln.

$$V \propto T$$

$$\frac{V}{T} = \text{konstant}$$

Dies besagt das zweite Gesetz der idealen Gase, auch als Charles-Gesetz oder Gay-Lussac-Gesetz bekannt:

Das Charles-Gesetz besagt, daß sich bei konstantem Druck das Volumen einer bestimmten Gasmenge direkt mit der absoluten Temperatur ändert.

Dieses Gesetz zeigt, daß sich Gase ausdehnen, wenn sie erhitzt werden und dadurch in ihrer Dichte abnehmen. Es bedeutet weiterhin, daß warme Luft aufsteigt und Konvektionsströme erzeugt, die im Kapitel 9 besprochen werden.

Das dritte Gasgesetz ist in Abbildung 4.6 gezeigt. Hier wird eine Spritze bei konstantem Volumen gehalten. Wenn diesem Volumen Wärme zugeführt wird, erhalten die Gasmoleküle kinetische Energie und kollidieren mit den Wänden des Behälters häufiger, was zu einem

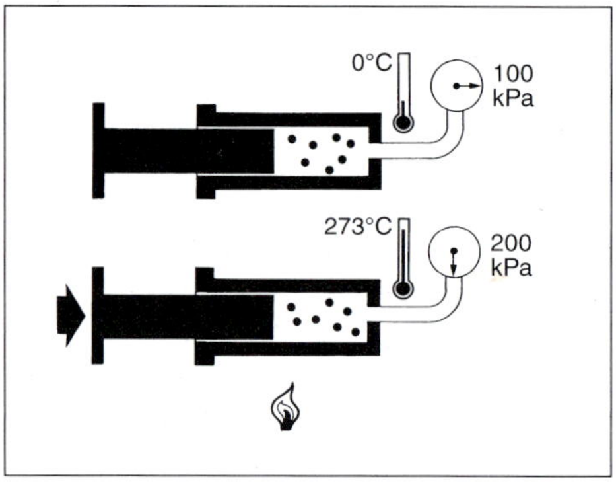

Abbildung 4.6: Auswirkung von Temperaturänderungen bei konstantem Volumen.

Druckanstieg führt. Folglich erzeugt eine Änderung in der absoluten Temperatur T bei konstantem Volumen in einem Gas eine Änderung des Druckes P.

$$P \propto T$$

$$\frac{P}{T} = \text{konstant } (k_3)$$

Das dritte Gesetz der idealen Gase besagt, daß sich bei einem konstanten Volumen der absolute Druck einer bestimmten Gasmenge direkt mit der absoluten Temperatur ändert.

Als Beispiel für dieses Gesetz stellen wir uns eine Sauerstoffflasche vor, die mit einem absoluten Druck von 138 bar bei einer Temperatur von 291 K (18 °C) gefüllt wird. Gasflaschen besitzen eine garantierte Druckbeständigkeit bis 210 bar. Besteht durch die Druckerhöhung für die Gasflasche Explosionsgefahr, wenn die Gasflasche versehentlich in einen Verbrennungsofen bei 580 K (307 °C) gelangt? Eine Verdoppelung der absoluten Temperatur verdoppelt den Druck, der Druck in der Flasche erhöht sich daher auf über 210 bar. Die Gasflasche wird wahrscheinlich explodieren, selbst wenn die hitzebedingte Beeinträchtigung des Metalls der Gasflasche vernachlässigt wird.

Ein anderes Beispiel für dieses Gesetz ist das Wasserstoffthermometer, das als Standard für wissenschaftliche Temperaturmessungen verwendet wird. Wenn ein konstantes Volumen Wasserstoff erhitzt wird, kann der Druckanstieg genau erfaßt und als Maß für den absoluten Temperaturanstieg beurteilt werden.

Da Gasvolumina durch Temperatur und Druckänderungen wesentlich beeinflußt werden, ist es wichtig, Temperatur und Druck, bei denen Volumenmessungen durchgeführt werden, genau zu spezifizieren. Darüber hinaus ist es oftmals nützlich, Meßergebnisse auf Standardtemperatur und -druck zu korrigieren. Die üblicherweise verwendete Standardtemperatur ist 273,15 K (0 °C), der Standarddruck 101,325 kPa (760 mmHg). Diese Standardbedingungen werden als STPD (standard temperature pressure dry) bezeichnet.

4.3 Adiabatische Zustandsänderungen in einem Gas

Die drei Gasgesetze beschreiben das Verhalten eines Gases, wenn eine der drei Variablen – Druck, Temperatur oder Volumen – konstant ist. Um diese Bedingungen aufrecht zu erhalten, muß dem Gas bei Änderungen Wärmeenergie zugeführt oder entzogen werden. Der Zustand eines Gases kann auch geändert werden, ohne dem Gas den Austausch von Wärmeenergie mit seiner Umgebung zu erlauben. Dies nennt man eine adiabatische Änderung. Ein Beispiel für eine solche Änderung ist die Kompression von Luft in einer Druckluftflasche. Die Temperatur der Luft steigt aufgrund der Kompression, so daß ein Kühlsystem benötigt wird (s. Kap. 21). Ein weiteres Beispiel: Wenn eine an ein Narkosegerät angeschlossene Gasflasche schnell aufgedreht wird, steigt der Gasdruck in den Verbindungsschläuchen rapide an. Dadurch wird das Gas adiabatisch komprimiert, und ein starker Temperaturanstieg kann auftreten, der sogar mit der Gefahr einer Entzündung brennbarer Gase einhergehen kann. Dehnt sich umgekehrt ein komprimiertes Gas adiabatisch aus, kommt es zur Abkühlung.

4.4 Der Kryokauter

Der Kryokauter wird für schnelles Gefrieren von Geweben in der Behandlung von Hautläsionen, in der Gynäkologie und in der Augenchirurgie verwendet. An Nerven appliziert bewirkt er lokale Degenerationen von Nervenfasern, was zu lang anhaltenden (3 bis 6 Monate), lokalen Sensibilitätsverlusten führt. Dies findet in der Schmerzbehandlung Anwendung. Die Abkühlung eines Kryokauters ist das Ergebnis eines adiabatischen Prozesses. Gas dehnt sich schnell aus einer kapillaren Röhre aus, die Folge dieser Ausdehnung ist ein Temperaturabfall. Der Kühlungseffekt leitet sich von der Tatsache ab, daß Energie benötigt wird, damit ein sich ausdehnendes Gas die Van-der-Waals-Anziehungskräfte zwischen den Gasmolekülen überwinden kann. Bei schneller Ausdehnung findet kein Wärmeaustausch zwischen dem Gas und seiner Umgebung statt, so daß die benötigte Energie von der kinetischen Energie der Gasmoleküle selbst stammt, was dann zu der Abkühlung des expandierenden Gases führt.

Die Bestandteile eines typischen Kryokauters sind in Abbildung 4.7 gezeigt. Stickoxid oder Kohlendioxid sind geeignete Gase. Das Gas fließt von der Flasche durch einen Druckregulator, der der Einstellung der Abkühlungsrate dient. Das Gas fließt weiter durch eine kapillare Röhre in den Kryokauter, dehnt sich in der Spitze des Stiftes aus

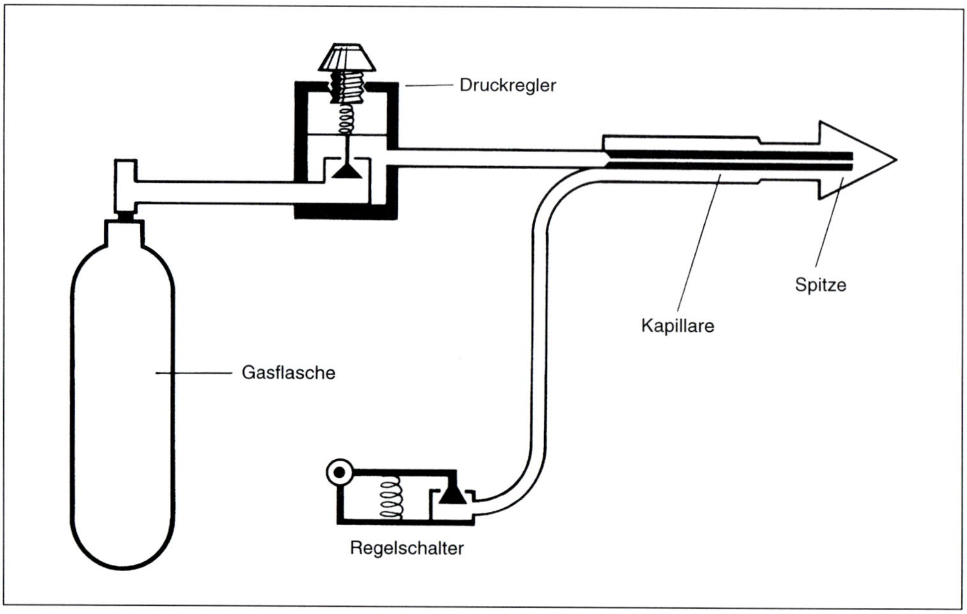

Abbildung 4.7: Prinzip des Kryokauters.

und erzeugt dadurch eine Temperatur von rund –70 °C. Über einen Hand- oder Fußschalter kann der Gasfluß durch den Stift und damit der Kühlungseffekt gesteuert werden.

4.5 Das Dalton-Gesetz der Partialdrücke

Die Abbildung 4.8 zeigt die Mischung eines Gases in einer Flasche. Der Druck in der Flasche hängt von der Häufigkeit von Kollisionen sowie von Masse und Geschwindigkeit der Gasmoleküle ab. In einer Mischung trägt jeder Molekültyp zu dem auf die Wände des Behälters wirkenden Drucks bei. Da sich jedes Molekül quasi unabhängig von seinen Nachbarn verhält, ist der Druckbeitrag eines jeden Molekültypes der gleiche, unabhängig davon, ob ein anderer Molekültyp vorhanden ist oder nicht. Dieses Phänomen wurde erstmals von John Dalton beschrieben und ist als Dalton-Gesetz der Partialdrücke bekannt.

Das Dalton-Gesetz der Partialdrücke besagt, daß in einer Mischung von Ga-

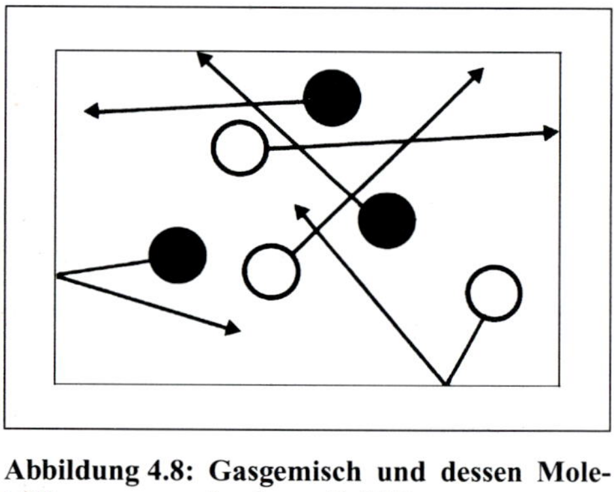

Abbildung 4.8: Gasgemisch und dessen Molekülbewegungen in einem Behälter.

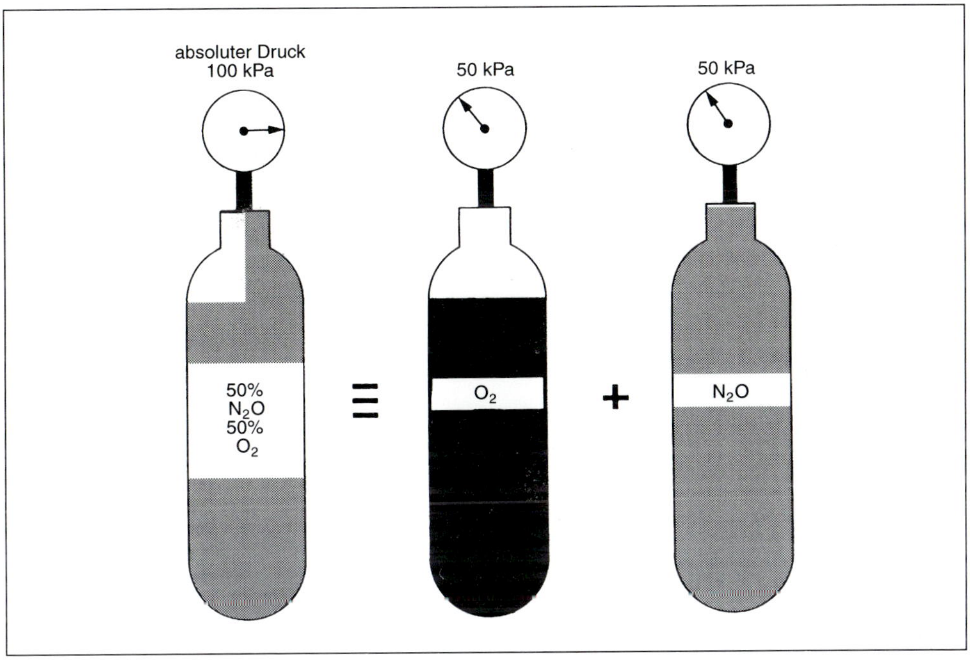

Abbildung 4.9: Anwendung des Dalton-Gesetzes auf einen Entonox-Zylinder.

sen der Druck, der durch jedes einzelne Gas ausgeübt wird, der gleiche ist wie der, den es ausüben würde, wenn es alleine in dem Behälter wäre.

In der Anästhesie sind Partialdrücke von Gasen in Gemischen häufig von Interesse.

Die Abbildung 4.9 zeigt links einen Entonox-Zylinder, der bis auf einen Umgebungsdruck von 100 kPa entleert ist. Die in der Flasche verbleibende Mischung besteht zu 50 % aus Lachgas und zu 50 % aus Sauerstoff, so daß jedes Gas die Hälfte des Zylindervolumens einnimmt. Gemäß dem Dalton-Gesetz ist der Druck, der durch das Lachgas in dem Zylinder ausgeübt wird, gleich demjenigen Druck, den das Gas ausüben würde, wenn es alleine in dem Behälter wäre.

Wenn dem allerdings so wäre, würde sich der verfügbare Raum für das Lachgas von einem halben Zylinder auf einen ganzen Zylinder vergrößern – es würde sein Volumen verdoppeln. Nach dem Boyle-Gesetz läßt sich berechnen, daß der Druck in dem Zylinder in diesem Falle von 100 kPa auf 50 kPa halbiert wäre. Diese Berechnungen zeigen, daß der Partialdruck des Lachgases 50 kPa und analog der Sauerstoffdruck ebenfalls 50 kPa beträgt. Durch Anwendung des Boyle-Gesetzes und des Dalton-Gesetzes erhält man den Partialdruck eines Gases in einer Mischung durch Multiplikation des Gesamtdruckes mit den Teilkonzentrationen des Gases.

Ein zweites Beispiel wird in der Abbildung 4.10 durch eine Flasche von Luft bei einem Umgebungsdruck von 100 kPa illustriert. Die 20,93 % Sauer-

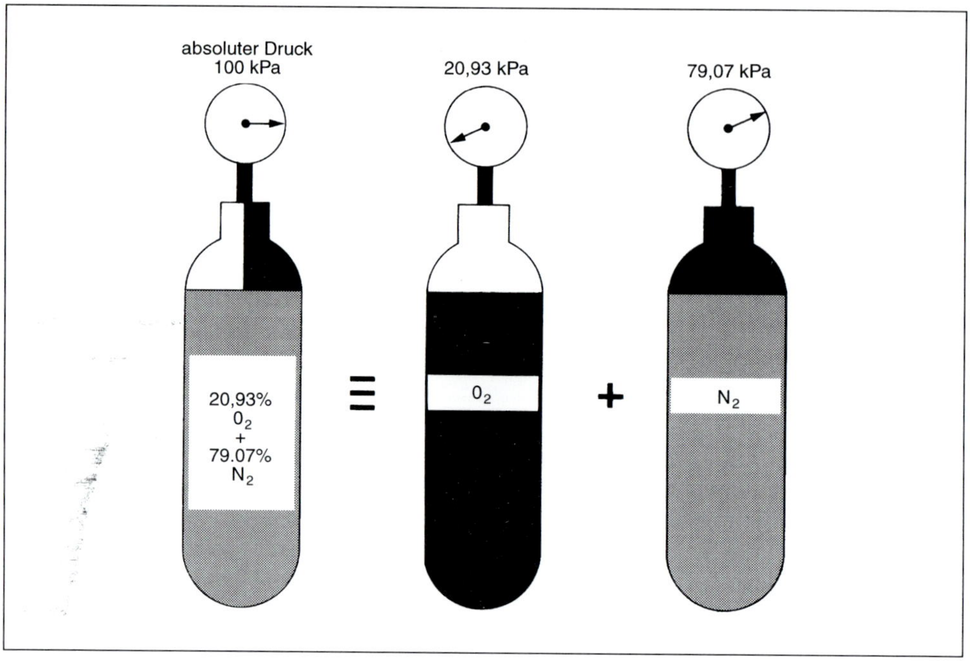

Abbildung 4.10: Anwendung des Dalton-Gesetzes auf einen Luft-Zylinder.

stoff in der Luft üben einen Druck von 20,93 kPa aus, der Stickstoffdruck beträgt 79,07 kPa. Die Berechnung kann auch auf der Basis von Millimetern Quecksilbersäule (mmHg) durchgeführt werden, wenn wir uns daran erinnern, daß ein Umgebungsdruck von 100 kPa etwa 750 mmHg entsprechen. Der Sauerstoffpartialdruck berechnet sich auf 157 mmHg, der des Stickstoffes auf 593 mmHg.

Im Falle feuchter Gase wie z.B. in den Alveolen, muß bei der Berechnung von Partialdrücken die Anwesenheit von Wasserdampf berücksichtigt werden. Nehmen wir z.B. an, ein Meßgerät zeigt eine endexspiratorische Kohlendioxidkonzentration von 5,6% an, gemessen als trockenes Gas. Der Umgebungsdruck beträgt 101,3 kPa. Um den tatsächlichen alveolären Kohlendioxidpartialdruck ($PaCo_2$) zu bestimmen, ist es nicht ausreichend, die 5,6% mit dem Umgebungsdruck zu multiplizieren, da das alveoläre Gas vollständig mit Wasserdampf gesättigt ist: Zunächst muß der Wasserdampfdruck von 6,3 kPa vom Umgebungsdruck von 101,3 kPa substrahiert werden, bevor er mit 5,6% multipliziert wird.

$$P_aCO_2 = (101{,}3 - 6{,}3) \times \frac{5{,}6}{100}\ \text{kPa}$$
$$= 5{,}3\ \text{kPa}$$

Der alveoläre CO_2-Druck ist also 5,3 kPa. Wenn die Berechnungen in mmHg durchgeführt werden, ergibt sich ein alveolärer pCO_2 von 40 mmHg. Ein weiteres Beispiel für den Effekt von Feuchtigkeit auf den Partialdruck von Gasen wird in Kapitel 19 besprochen.

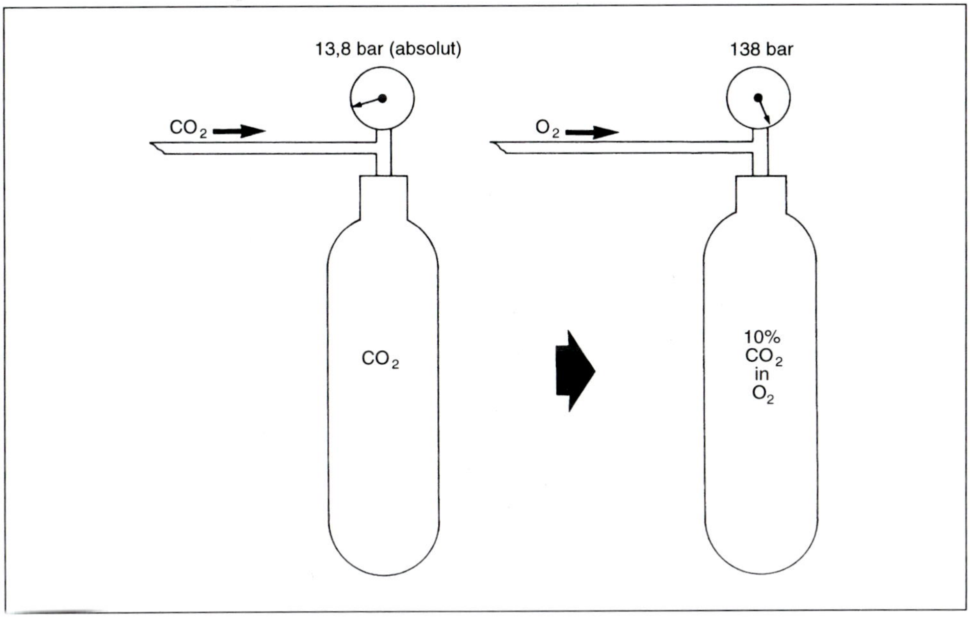

Abbildung 4.11: Das Dalton-Gesetz beim Füllen einer Gasflasche mit 10 % CO_2 in Sauerstoff.

Hersteller bedienen sich des Dalton-Gesetzes, wenn sie Gasflaschen mit Gasgemischen füllen. Abbildung 4.11 zeigt das Füllen einer Flasche zur Erzeugung von 10 % CO_2 in Sauerstoff. Die Flasche wird zunächst mit Kohlendioxid bis zu einem absoluten Druck von 13,8 bar gefüllt. Bei diesem Druck ist Kohlendioxid bei Raumtemperatur noch gasförmig. Dann wird Sauerstoff zugefügt bis zu einem absoluten Druck von 138 bar. Der prozentuale Anteil von Kohlendioxid ist dann 10 %, entsprechend dem Verhältnis der Drücke.

4.6 Das Avogadro-Gesetz

Betrachten wir die in Abbildung 4.12 gezeigte Situation. Zwei Spritzen, jede mit dem gleichen Volumen V, enthalten zwei unterschiedliche Gase, Sauerstoff und Wasserstoff, bei gleicher Temperatur. Wenn die entsprechenden Gasmoleküle jeder der beiden Spritzen so lange zugefügt werden, bis der Druck in den Spritzen gleich ist, stellt man fest, daß jede Spritze die gleiche Anzahl von Molekülen enthalten muß. Diese Tatsache der gleichen Anzahl von Molekülen wird als Avogadro-Hypothese oder Avogadro-Gesetz bezeichnet.

Die Avogadro-Hypothese besagt, daß gleiche Volumina von Gasen bei gleicher Temperatur und gleichem Druck eine gleiche Anzahl von Molekülen enthalten.

Man beachte, daß das Molekulargewicht von Sauerstoff und Wasserstoff unterschiedlich ist, die Masse der Gase in den Spritzen muß also unterschiedlich sein. Es ist daher sinnvoll, eine Gasmenge nicht als Masse anzugeben, sondern in

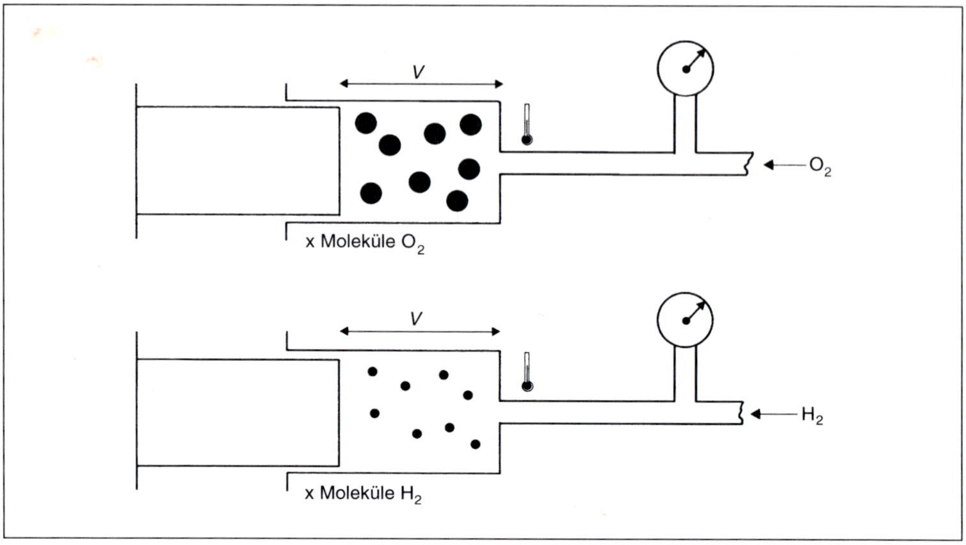

Abbildung 4.12: Gasgefüllte Spritzen mit gleichem Volumen, Druck und Temperatur enthalten die gleiche Anzahl von Molekülen.

bezug auf die Anzahl der Moleküle. Dazu dient das *Mol* (Abb. 4.13).

Ein Mol ist die Substanzmenge, die die gleiche Anzahl von Teilchen enthält wie 0,012 kg von Kohlenstoff-12 an Atomen enthält. Es ist bekannt, daß die Anzahl von Atomen in 12 g Kohlenstoff-12 bzw. die Anzahl von Teilchen in einer jeglichen Substanz $6{,}022 \times 10^{23}$ beträgt. Diese Zahl ist als *Avogadro-Zahl* bekannt. Man weiß weiterhin, daß 1 Mol eines Gases bei Standardtemperatur und Druck 22,4 l einnimmt; somit nehmen 2 g Wasserstoff oder 32 g Sauerstoff oder 44 g Kohlendioxid 22,4 l bei STPD ein.

Nehmen wir als Beispiel für das Mol und die Avogadro-Hypothese die Technik zur Eichung eines Verdampfers (Abb. 4.14). Zur Vereinfachung werden

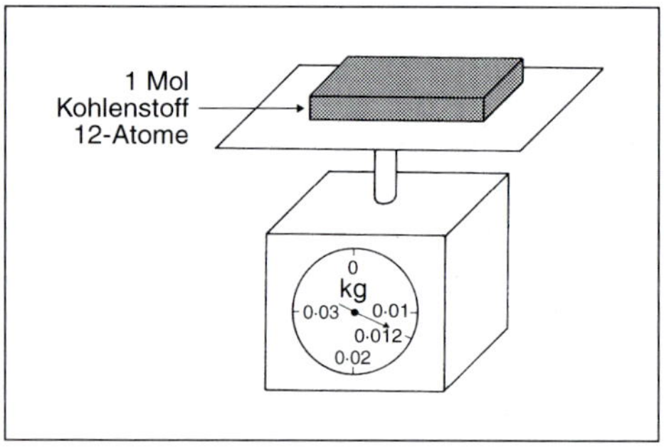

Abbildung 4.13: Das Mol.

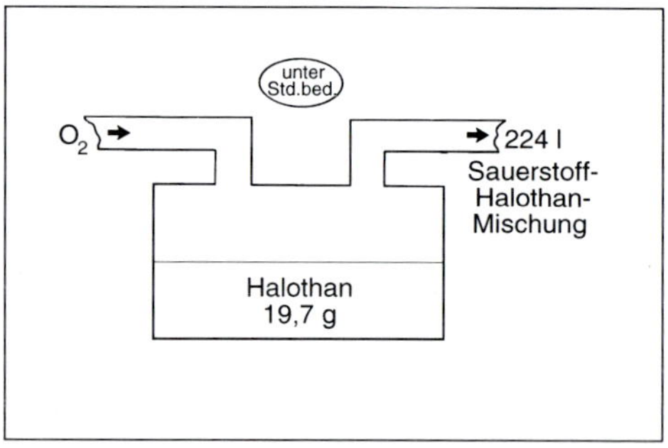

Abbildung 4.14: Anwendung der Avogadro-Hypothese für die Eichung eines Verdampfers.

alle Meßwerte unter Standardbedingungen angegeben. In der Abbildung links strömt ein stetiger Sauerstoffstrom in den Verdampfer und verdampft 19,7 g Halothan vollständig in einem Volumen von 224 l. Wie ist die mittlere prozentuale Konzentration des Halothans? Das Molekulargewicht von Halothan ist 197. Demnach entsprechen 197 g Halothan 1 Mol und würden 22,4 l bei STPD einnehmen. Die 19,7 g Halothan in dem Verdampfer entsprechen 0,1 Mol und würden 0,1 × 22,4 l oder 2,24 l einnehmen. Diese Halothanmenge wurde in unserem Beispiel in einem Volumen von 224 l verdampft, die Konzentration des Halothans beträgt also 2,24 : 224, also 1 %.

Wenn Messungen bei von STPD abweichenden Temperaturen und Drucken durchgeführt werden, müssen die entsprechenden Gasgesetze angewendet und geeignete Korrekturen durchgeführt werden. Ein sehr geringer Fehler kann dadurch auftreten, daß Halothandampf die Gasgesetze nicht in idealer Weise wie beispielsweise Wasserstoff erfüllt; die Ergebnisse stellen jedoch eine ausreichend gute Näherung dar.

Ein ähnliches Beispiel ist in der Abbildung 4.15 dargestellt. Eine gefüllte Lachgasflasche enthält üblicherweise 3,4 kg Lachgas. Das Molekulargewicht von Lachgas ist 44 g/Mol. 1 Mol entspricht 44 g. Welches Lachgasvolumen kann diesem Zylinder entnommen werden, wenn die Messungen unter Standardbedingungen durchgeführt werden? Die Berechnung ist wie folgt:

44 g (1 Mol) Lachgas nehmen unter STPD 22,4 l ein

Daher:

$$3400 \text{ g Lachgas nehmen } 22{,}4 \times \frac{3400}{44} \text{ l}$$
$$= 1730 \text{ l ein}$$

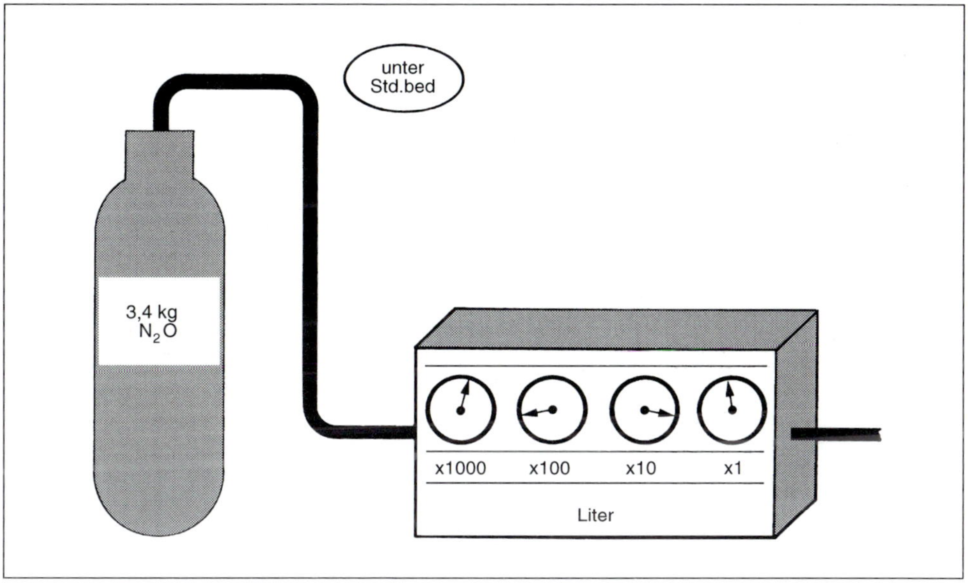

Abbildung 4.15: Berechnung des verfügbaren Lachgasvolumens in einer Gasflasche.

Das Lachgasvolumen bei STPD beträgt 1730 l, dies sind etwa 1800 l bei 15 °C.

In der Praxis wird das Gewicht des Lachgases verwendet, um die Füllung einer Flasche zu ermitteln. Das Gewicht einer leeren Lachgasflasche wird als Taragewicht bezeichnet und ist immer am oberen Ende der Flasche eingraviert. Der Lachgasgehalt kann folglich durch Wiegen des Zylinders berechnet werden.

4.7 Die universelle Gaskonstante

Das Konzept der Gesetze idealer Gase kann mit der Avogadro-Hypothese und dem Mol wie folgt kombiniert werden:

$$PV = k_1 \quad \frac{V}{T} = k_2 \qquad \frac{P}{T} = k_3$$

Daher:

$$\frac{PV}{T} = \text{konstant}$$

Man weiß, daß PV/T eine universelle Konstante darstellt, bekannt als die Universelle Gaskonstante R. Nach Umformung kann die Gleichung verallgemeinert in der Form

$$PV = nRT$$

geschrieben werden, wobei n die Anzahl der Gasmoleküle ist und größer oder kleiner als 1 sein kann.

Diese Formel findet in der anästhesiologischen Praxis in der Anzeige des Füllungszustandes einer Gasflasche Anwendung. Die Gasflasche hat ein festes Volumen. V in der Gleichung ist also konstant. R ist eine Konstante, und wenn die Gasflasche eine feste Temperatur hat, ist T ebenfalls konstant. P ist dann entsprechend der Formel direkt proportional zu n, der Anzahl der Mole. Der Druck in der Gasflasche ist demnach proportional zu der Anzahl der Mole in der Flasche und somit zur Gasmenge in der Flasche. Die Druckanzeige verhält sich daher wie eine Füllungsanzeige, vorausgesetzt, die Flasche enthält ein Gas.

4.8 Kritische Temperatur

Wir haben bisher vorausgesetzt, daß alle Gase die Gasgesetze vollständig erfüllen. In der Praxis kommt es allerdings zu geringen Abweichungen. Wasserstoff erfüllt die Gasgesetze am vollständigsten, aus diesem Grund wird das Wasserstoffthermometer für Messungen auf der internationalen Temperaturskala verwendet. Da sich ein Gas nahe seines Siedepunktes abkühlt, weicht hier sein Verhalten von den Gasgesetzen ab.

Die Abbildung 4.16 vergleicht die Füllung eines Lachgaszylinders mit der eines Sauerstoffzylinders bei einer Um-

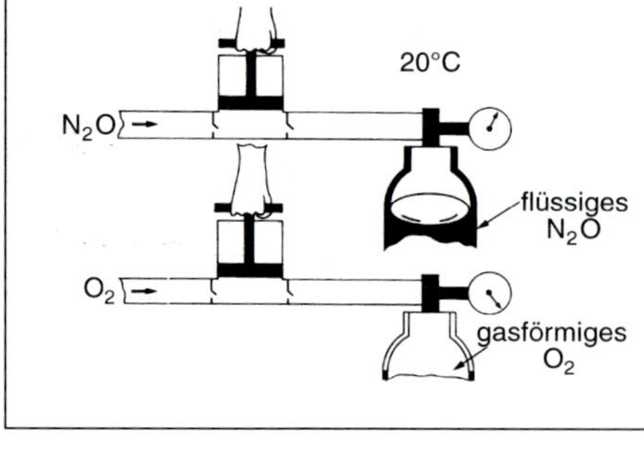

Abbildung 4.16: Füllung eines Lachgas- und eines Sauerstoffzylinders.

gebungstemperatur von 20 °C. Im oberen Bild wird Lachgas unter Druck in die Flasche gepumpt. Wenn ein bestimmter Druck erreicht wird, verflüssigt sich das Lachgas ohne weiteren Temperaturanstieg, bis die Flasche zur angestrebten Marke gefüllt ist. Im Falle von Sauerstoff (unteres Bild) zeigt der Druckmesser während der Füllung der Flasche genau an, wie voll der Zylinder ist. Auch unter Anwendung sehr hoher Drücke ist es nicht möglich, bei normaler Raumtemperatur den Sauerstoff in seine flüssige Form zu bringen. Würde die Sauerstoffflasche allerdings bei Temperaturen unter –119 °C gefüllt werden, wäre dies durchaus möglich. Mit anderen Worten: Es existiert eine kritische Temperatur für Sauerstoff von –119 °C, oberhalb der der Sauerstoff durch Druck alleine nicht verflüssigt werden kann. Bei oder unter dieser Temperatur ist eine Verflüssigung unter Druck möglich. Jedes Gas hat seine eigene kritische Temperatur.

Die kritische Temperatur ist definiert als die Temperatur, oberhalb der eine Substanz durch Druckanwendung alleine nicht verflüssigt werden kann.

Der kritische Druck ist der Dampfdruck einer Substanz bei seiner kritischen Temperatur. Die kritische Temperatur von Lachgas ist 36,5 °C. Folglich ist das Lachgas in einer Flasche gasförmig, wenn die Temperatur über 36,5 °C ansteigt, wie es in den Tropen durchaus möglich sein kann. Die Abbildung 4.17 zeigt eine Spritze voll Lachgas bei einer konstanten Temperatur *T*, die über 36,5 °C beträgt, und zeigt graphisch das Ergebnis einer Kompression der Spritze. Die Linie des Graphen gibt den Druckanstieg durch diese Volumenreduktion

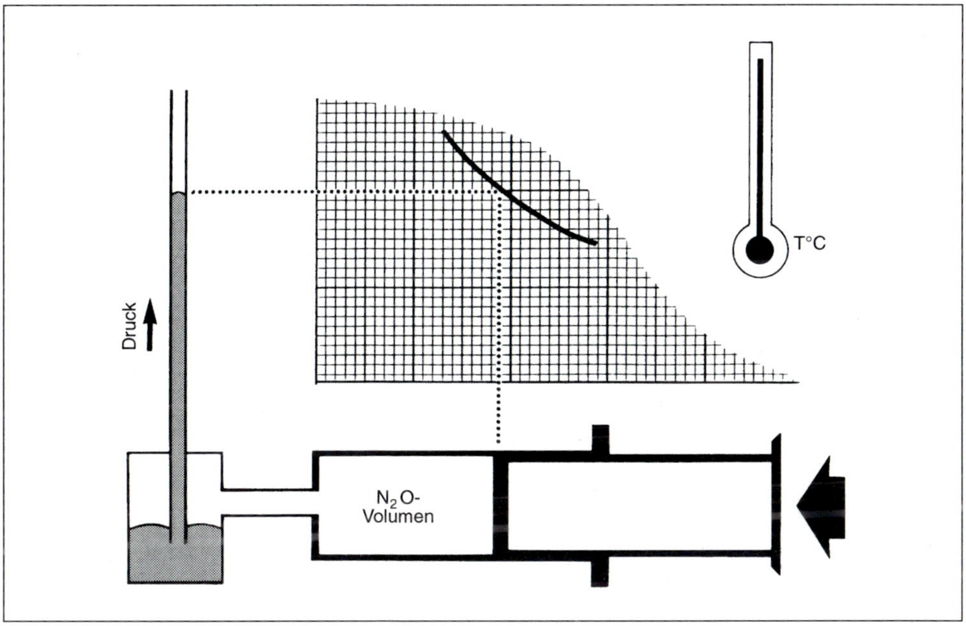

Abbildung 4.17: Darstellung des Druckes über dem Volumen für eine konstante Lachgasmenge bei konstanter Temperatur.

wieder. Eine Serie solcher Druck-Volumenkurven kann für verschiedene Temperaturen aufgenommen werden. Sie werden als *Isotherme* bezeichnet.

Die Abbildung 4.18 zeigt die Isotherme für Lachgas bei 40 °C, 36,5 °C und 20 °C. Die obere Linie zeigt die Zusammenhänge für 40 °C. Wenn das Volumen reduziert wird (im Diagramm eine Bewegung von rechts nach links), kommt es entsprechend dem Boyle-Gesetz zu einem allmählichen Anstieg des Druckes. Die resultierende Kurve ist eine rechteckkige Hyperbole. Bei der kritischen Temperatur (36,5 °C) gibt es einen kritischen Druck von 73 bar, bei dem sich das Lachgas verflüssigt. Ein Charakteristikum einer Flüssigkeit ist, daß sie relativ inkompressibel ist, so daß nach vollständiger Verflüssigung des Gases die geringste Volumenerniedrigung mit einem großen Anstieg des Druckes verbunden ist. An diesem Punkt steigt die Druck-Volumenkurve nahezu vertikal an.

Von größerem Interesse ist die untere Isotherme, die die Zusammenhänge bei einer Raumtemperatur von 20 °C wiedergibt. Wird das Lachgas in der Spritze stetig komprimiert, verflüssigt sich ein Teil bei einem Druck von 52 bar. An diesem Punkt bestehen sowohl Flüssigkeit als auch Dampf nebeneinander; eine weitere Abnahme des Volumens führt dazu, daß mehr Dampf kondensiert, während der Druck unverändert bleibt. Dies wird durch eine horizontale Druck-Volumenkurve bei 52 bar ausgedrückt – dem typischen Druck einer Lachgasflasche bei Raumtemperatur bzw. dem Sättigungsdampfdruck des Lachgases. Wenn der gesamte Lachgasdampf zu Flüssigkeit kondensiert ist, führt der Versuch einer weiteren Verminderung des Volumens zu einem schnellen Anstieg des Druckes, der durch die nahezu vertikale Linie in diesem Bereich der Graphik angedeutet ist. Man beachte, daß das Wort *Gas* in der oberen Kurve

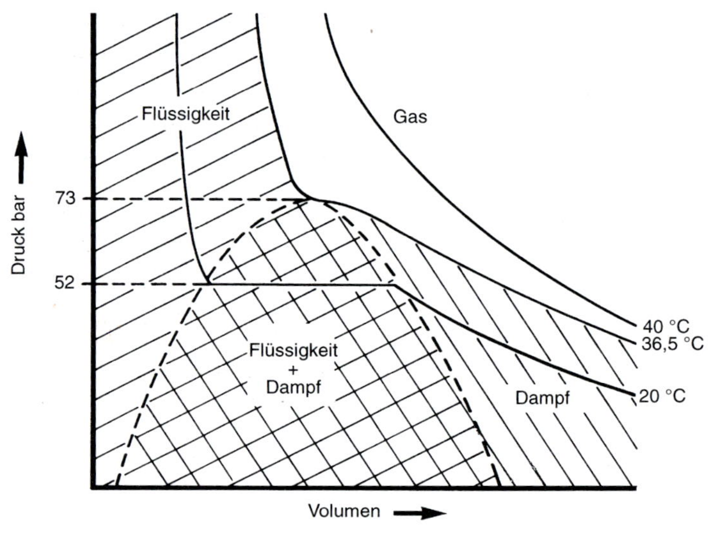

Abbildung 4.18: Isotherme von Lachgas.

verwendet wird, während in der unteren Kurve die Bezeichnung Lachgas*dampf* verwendet wird. Das Wort Gas steht korrekterweise für Substanzen oberhalb ihrer kritischen Temperatur, Dampf ist dagegen der Begriff für Substanzen unterhalb ihrer kritischen Temperatur. So sind bei normaler Raumtemperatur Sauerstoff und Stickstoff Gase, während Lachgas, CO_2, Halothan und Äther Dämpfe sind.

Betrachten wir nun den hypothetischen Fall eines Lachgaszylinders, der vollständig mit flüssigem Lachgas gefüllt ist. Eine Erhöhung der Temperatur führt zur Ausdehnung des Lachgases; im Gegensatz zu einem Gas ist die Flüssigkeit jedoch nicht kompressibel. Folglich käme es zu einem erheblichen Druckanstieg mit der Gefahr einer Explosion. Um dieses Risiko zu umgehen, stellen die Hersteller sicher, daß die Flaschen nur teilweise gefüllt sind, um ein bestimmtes Volumen von Lachgasdampf über der Flüssigkeit zu belassen. Ein Temperaturanstieg führt dann zur Ausdehnung der Flüssigkeit, die diesen Dampf komprimiert; ein Teil des Dampfes kann dann kondensieren, wodurch ein exzessiver Druckanstieg vermieden wird. In der Praxis werden Lachgasflaschen entsprechend nach ihrem Gewicht gefüllt. Für eine bestimmte Flaschengröße ist eine bestimmte Lachgasmenge festgelegt, so daß auch bei Überhitzung der Flasche keine Explosionsgefahr besteht. Die Bezeichnung *Füllungsverhältnis* wird benutzt, um anzugeben, wieviel Gas zur Füllung einer Flasche verwendet wird. Das Füllungsverhältnis ist die Masse des Gases in einer Flasche geteilt durch die Masse von Wasser, die die Flasche füllen würde. Da 1 l Wasser 1 kg wiegt, gibt das Füllungsverhältnis die Masse von Lachgas in kg geteilt durch das innere Volumen des Zylinders in Litern an. Es beträgt üblicherweise 0,65.

4.9 Pseudokritische Temperatur

Der Ausdruck „kritische Temperatur" gilt für ein einzelnes Gas. Bei einer Mischung von Gasen, wie z. B. in Entonox (50 % Lachgas, 50 % Sauerstoff) gibt es eine spezifische kritische Temperatur, bei der sich das Gas in seine Bestandteile trennt. Es handelt sich hier um ein von der kritischen Temperatur eines einzelnen Gases differentes Prinzip, so daß für solche Gasmischungen oft der Begriff „pseudokritische Temperatur" verwendet wird. Im Falle der Entonox-Flasche weiß man, daß bei einem Absinken der Flaschentemperatur unter –5,5 °C das Risiko einer Trennung der Bestandteile besteht. Eine solche Trennung ist wahrscheinlicher, wenn der Flaschendruck vor der Abkühlung mindestens 117 bar beträgt, sie ist kaum zu erwarten bei höheren oder niedrigeren Drücken. In einer zentralen Entonox-Gasversorgung ist zum Beispiel die pseudokritische Temperatur wesentlich niedriger. Sie beträgt unter –30 °C bei einem Leitungsdruck von 4,1 bar. Folglich besteht in solchen Leitungen normalerweise keine Gefahr der Trennung der Lachgas-Sauerstoff-Mischung.

5 Natürliche Exponentialfunktionen

5.1 Grundlagen exponentieller Prozesse

Die natürliche Exponentialfunktion ist eine spezielle Form nicht-linearer Veränderungen, die in der Medizin häufig auftaucht. Zum einfacheren Verständnis eines solchen Prozesses wollen wir als Beispiel das Füllen und Leeren eines Bades heranziehen. Betrachten wir zunächst das Füllen eines Bades mit senkrechten Seitenwänden, wie dies in Abbildung 5.1 dargestellt ist. Die Höhe des Wasserstandes ist ein Maß für das Volumen in dem Bad zu einer bestimmten Zeit. Der Fluß in den Behälter ist konstant. Trägt man das Volumen gegen die Zeit auf, so erhält man in dem Diagramm eine Gerade: der Zusammenhang ist linear.

Abbildung 5.2 zeigt ein Diagramm, das das Entleeren des Bades beschreibt. Anfangs entleert sich das Wasser aufgrund des hohen Wasserstandes und des damit verbundenen höheren Druckes schnell. Sinkt der Wasserstand, nimmt die Entleerungsgeschwindigkeit des Bades entsprechend ab. Trägt man das Volumen gegen die Zeit auf, ergibt sich eine Kurve, die anfangs steil verläuft und mit abnehmender Leerungsge-

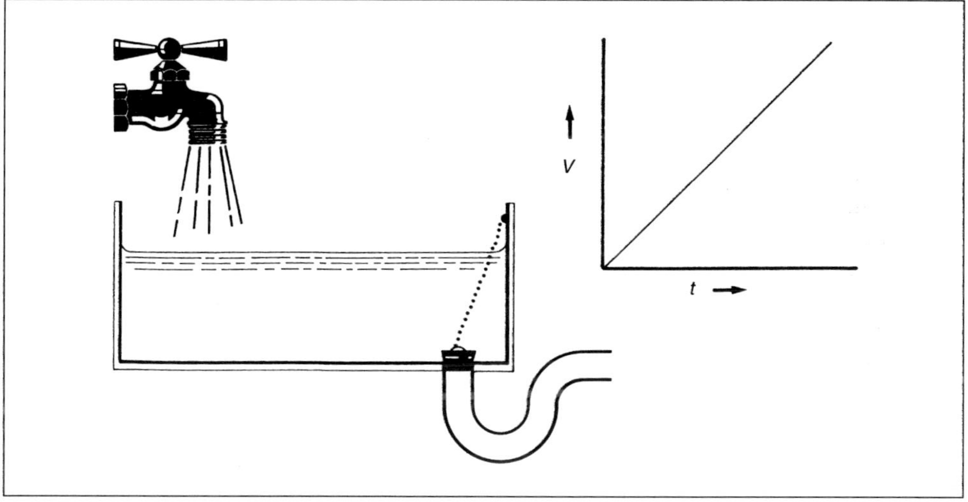

Abbildung 5.1: Füllen eines Bades. Ein konstanter Fluß ergibt einen linearen Zusammenhang zwischen Volumen *V* und Zeit *t*.

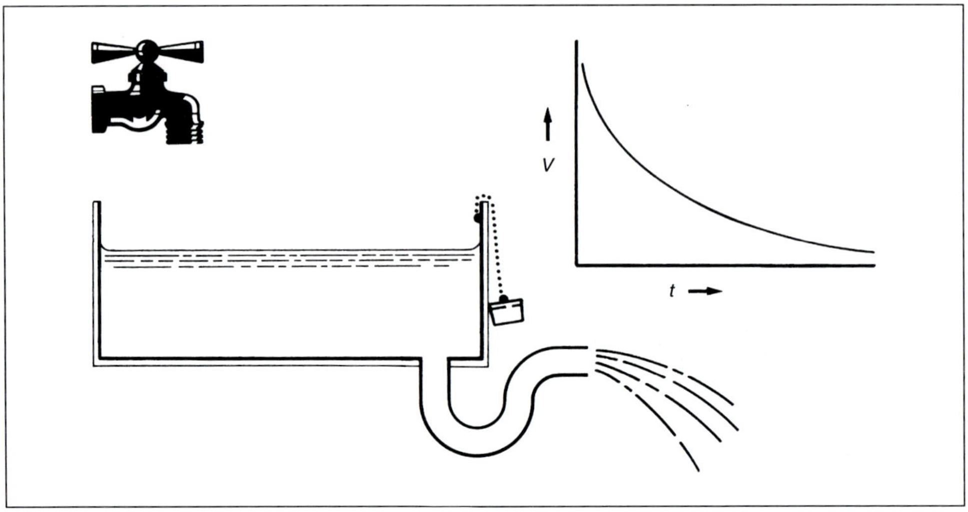

Abbildung 5.2: Entleeren eines Bades. Die Darstellung von Volumen *V* gegen die Zeit *t* ergibt eine Kurve.

schwindigkeit allmählich flacher wird. Theoretisch erreicht das Volumen niemals den Wert Null. Dieses einfache Beispiel geht davon aus, daß sich das Wasser in dem Reservoir, in das sich das Bad entleert, auf dem selben Niveau wie der Ausfluß des Bades befindet. Das Wasser in einer realen Badewanne ist dagegen einem zusätzlichen Druck ausgesetzt.

Betrachten wir nun diese Vorgänge etwas näher. Wenn die Strömung aus dem Bad als laminar angenommen wird, ist die Flußgeschwindigkeit direkt proportional zur Druckdifferenz.

$$\dot{V} \propto P$$

Auf der anderen Seite ist der Druckunterschied P direkt proportional zu V, dem Volumen des Wassers im Bad.

$$P \propto V$$

Dies ergibt sich aus den vertikalen Seitenwänden des Bades, da in diesem Falle die Höhe der Wasseroberfläche über dem Boden des Bades ein direktes Maß für dessen Volumen ist. Daraus resultiert, daß die Geschwindigkeit, mit der sich das Bad leert, proportional zum in ihm befindlichen Wasservolumen ist.

$$\dot{V} \propto V$$

Diese Tatsache ist nun dafür verantwortlich, daß sich der Prozeß exponentiell verhält. Zu jeder Zeit ist die Geschwindigkeit der Volumenänderung proportional zum aktuellen Volumen – ein Beispiel für einen r Prozeß.

Bei einem exponentiellen Prozeß ist die Geschwindigkeit der Änderung eines Parameters zu jeder Zeit proportional zum Wert des Parameters zu diesem Zeitpunkt.

In der Abbildung 5.3 wird ein relevantes Beispiel aus der Praxis der Anästhesie dargestellt. Ein Patient wird über ein Beatmungsgerät mit einem konstanten

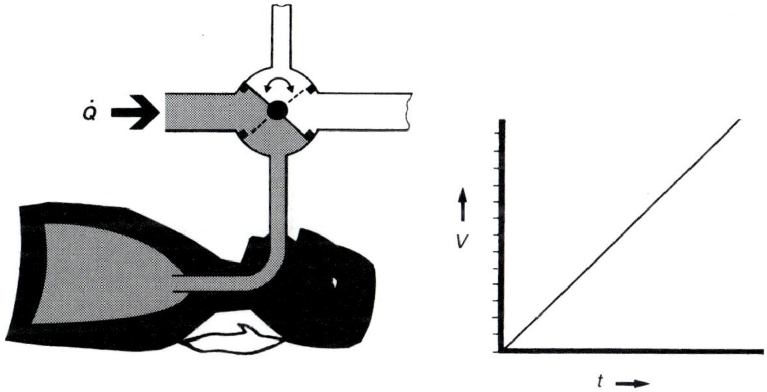

Abbildung 5.3: Darstellung von Volumen gegen die Zeit für die maschinelle Inspiration eines Patienten mit einem konstanten Fluß.

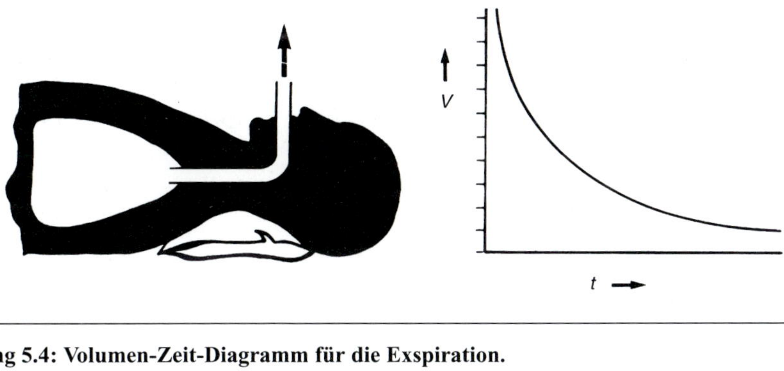

Abbildung 5.4: Volumen-Zeit-Diagramm für die Exspiration.

Flow beatmet. Die Füllungsgeschwindigkeit der Lungen ist konstant, so daß die graphische Darstellung des eingeatmeten Volumens, ebenso wie die Füllung des Bades, über der Zeit linear ist.

Die Abbildung 5.4 zeigt die Exspiration des Patienten. Sie ist direkt analog zur Leerung des Bades, die Berechnungen sind ähnlich. Die Leerungsgeschwindigkeit ist initial schnell, da die elastischen Gewebe der Lunge während der Inspiration gedehnt wurden. Die Geschwindigkeit nimmt jedoch mit zunehmender Entleerung der Lunge ab. Eine normale Ventilation vorausgesetzt, ist der Exspirationsfluß überwiegend laminar und proportional zum Druckgradienten P.

$$\dot{V} \propto P$$

(da laminarer Strömungswiderstand $= \frac{P}{\dot{V}}$)

Umgekehrt ist die Druckdifferenz P proportional zum Volumen der Lungen V. Voraussetzung ist, daß die Compliance von Lungen und Thoraxwand konstant sind. V sei das Luftvolumen in der Lunge, das die funktionelle Residualkapazität überschreitet.

$$P \propto V \text{ (da Compliance} = \frac{V}{P}\text{)}$$

Daher:

$$\dot{V} \propto V$$

Es besteht also ein direkter Zusammenhang zwischen der Entleerungsgeschwindigkeit der Lunge und dem enthaltenen Luftvolumen. Der Prozeß ist demnach exponentiell.

5.2 Auswaschkurven

Diagramme exponentieller Prozesse werden manchmal als Auswaschkurven bezeichnet. Sie können die Art, in der Medikamente oder Anästhetika durch den Blutfluß aus Geweben ausgewaschen werden, beschreiben. Um diese Vorgänge etwas genauer zu untersuchen, nehmen wir wiederum einen Behälter an, in dem das Wasser mit einer Substanz verschmutzt ist, die ausgewaschen werden muß (Abb. 5.5). Die Elimination der Verschmutzung kann zum Beispiel dadurch erreicht werden, daß man sauberes Wasser in das Gefäß fließen läßt, während Wasser mit gleicher Geschwindigkeit aus dem Bad abfließt. Auch hier müssen wir eine vereinfachende Annahme machen: Die Verschmutzung muß während des gesamten Vorganges gleichmäßig im Wasser verteilt bleiben.

Trägt man die Schmutzkonzentration gegen die Zeit auf, so erhält man eine Exponentialkurve. Bei initial hoher Schmutzkonzentration wird die Verschmutzung mit einer hohen Geschwindigkeit ausgewaschen. Mit abnehmendem Verschmutzungsgrad sinkt die Auswaschgeschwindigkeit.

Die Geschwindigkeit, mit der die Verschmutzung entfernt wird, ist gleich dem Fluß des Wassers durch das Bad multipliziert mit der Konzentration der Verschmutzung in diesem Wasser.

$$\dot{Q} \propto \dot{V} \times \text{Verschmutzungskonzentration}$$

Dabei ist

Q = Menge der Substanz im Bad

$\dot{Q}$ = Auswaschgeschwindigkeit von Q

$\dot{V}$ = Flußgeschwindigkeit des Wassers in bzw. aus dem Bad

$\dot{V}$ ist allerdings konstant, daher gilt

$$\dot{Q} \propto \text{Verschmutzungskonzentration}$$

Die aktuelle Schmutzmenge Q im Wasser ist zu jeder Zeit proportional zu seiner Konzentration, da das Bad ein konstantes Wasservolumen enthält.

$$Q \propto \text{Verschmutzungskonzentration}$$

Daher:

$$\dot{Q} \propto Q$$

Der Vorgang ist exponentiell, da die Änderungsgeschwindigkeit der Menge proportional ist zu der zum jeweiligen Zeitpunkt vorhandenen Menge. Solche Auswaschvorgänge spielen unter anderem bei der Messung des Herzzeitvolumens mit Hilfe von Indocyaningrün eine Rolle (Abb. 5.6). Eine bekannte Farbstoffmenge wird über einen Katheter in das rechte Herz injiziert. Der Wasserbehälter aus dem vorangegangenen Beispiel wird durch die Füllungsräume des Herzens

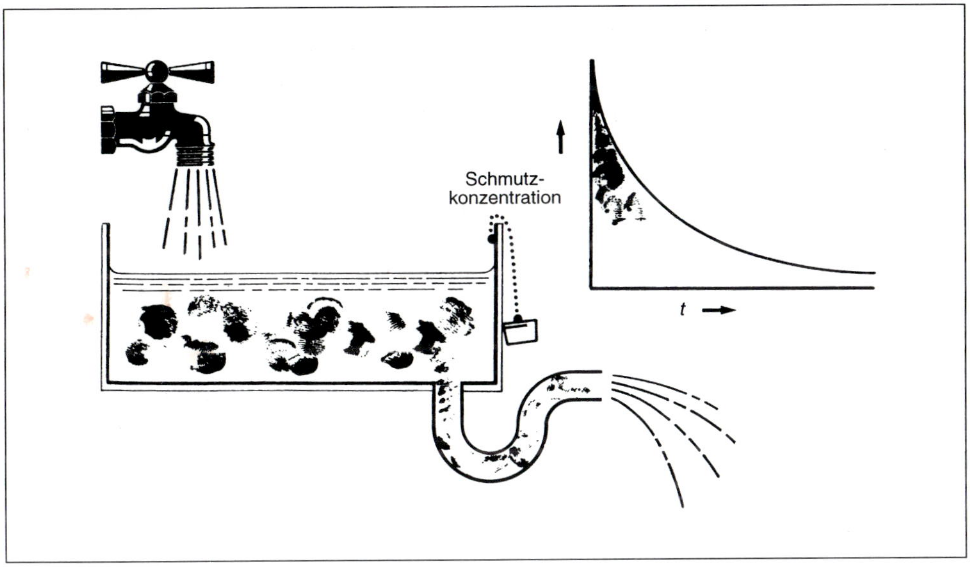

Abbildung 5.5: Auftragung der Schmutzkonzentration in einem Bad gegen die Zeit während der Auswaschung aus dem Behälter.

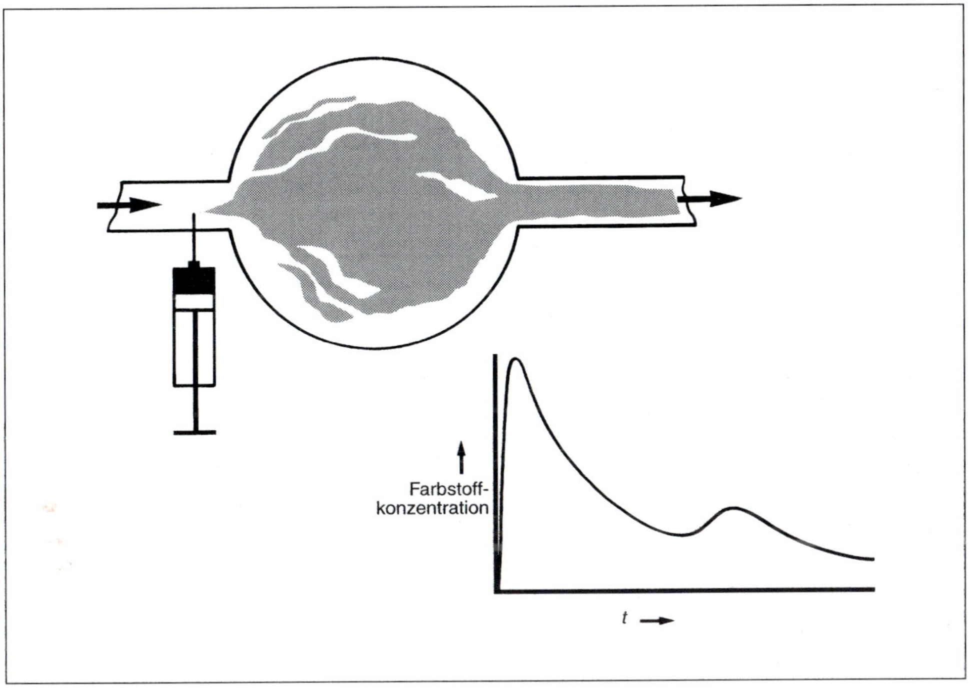

Abbildung 5.6: Messung des Herzzeitvolumens mit Hilfe einer Auswaschkurve.

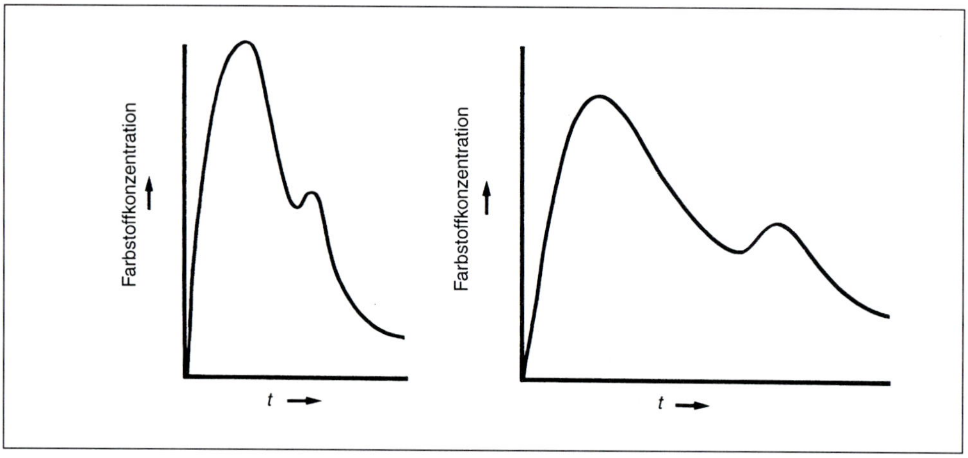

Abbildung 5.7: Auswaschkurven für ein hohes (links) und ein niedriges (rechts) Herzzeitvolumen.

und die pulmonale Zirkulation dargestellt, diese Volumina enthalten eine hohe Konzentration grünen Farbstoffes, der durch die Pumpleistung des Herzens stetig ausgewaschen wird. Um die Farbstoffkonzentration am Ausgang des Systems zu erfassen, wird die Konzentration des grünen Farbstoffes in einer peripheren Vene über spektrophotometrische Techniken gemessen. Trägt man die Farbstoffkonzentration gegen die Zeit auf, erhält man eine Kurve wie in Abbildung 5.6 gezeigt. Der erste Abfall der Kurve verläuft exponentiell; es kommt allerdings zu einem zusätzlichen Gipfel, der auf die Rezirkulation des Farbstoffes zurückzuführen ist.

Ist das Herzzeitvolumen groß, ist der Auswaschvorgang wesentlich schneller (Abb. 5.7 links), ist das Herzzeitvolumen dagegen gering, verläuft die Auswaschung des Farbstoffes langsam (Abb. 5.7 rechts). Die Rezirkulation erschwert die Analyse der Kurven; doch mit Hilfe von halblogarithmischem Papier können diese Probleme umgangen werden. Es handelt sich dabei um Papier, dessen graphische Teilung in vertikaler Richtung logarithmisch, in horizontaler Richtung dagegen linear ist (s. Kap. 25).

Wird die exponentielle Indikatorverdünnungskurve auf halblogarithmischem Papier aufgetragen, stellt sich der initiale Abfall als gerade Linie dar (Abb. 5.8). Diese Linie kann nach unten verlängert und zur Bestimmung der gepunkteten Fläche verwendet werden. Das Herzzeitvolumen ist die injizierte Farbstoffmenge, geteilt durch diese Flä-

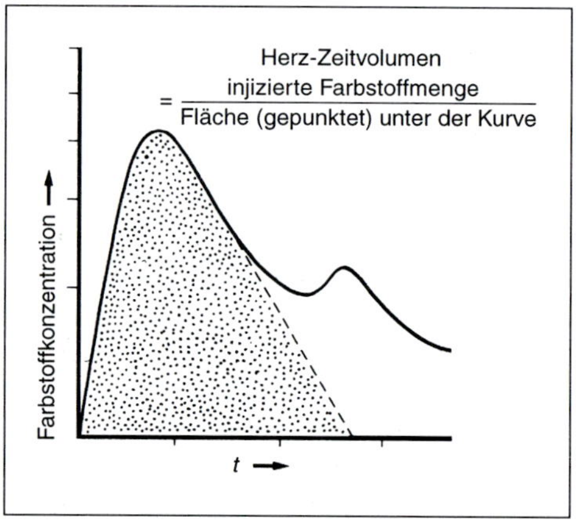

Abbildung 5.8: Darstellung einer Auswaschkurve auf halblogarithmischem Papier.

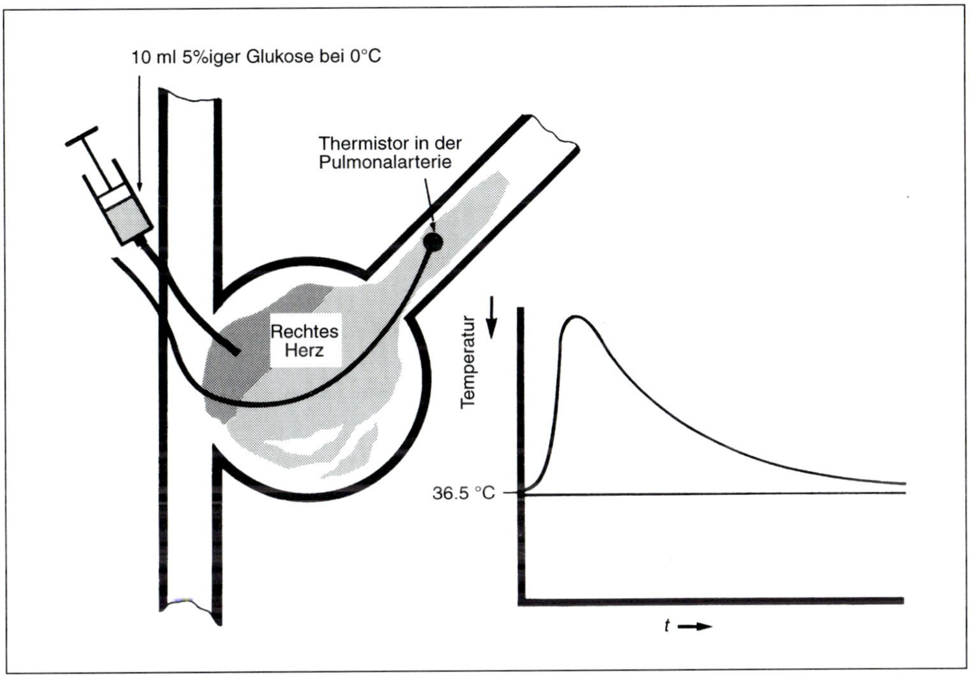

Abbildung 5.9: Temperaturverdünnungstechnik zur Messung des Herzzeitvolumens.

che. Eine logarithmische Skala hat allerdings keinen Null-Punkt, so daß in der Auswertung der Fläche die Fortsetzung der logarithmischen Kurve unter der Basislinie des Graphen mit berücksichtigt werden muß. Diese Berechnungen werden üblicherweise durch Mikroprozessoren durchgeführt, die dann direkt das Herzzeitvolumen angeben.

Statt der Farbstoffverdünnungsmethode wird für die Messung des Herzzeitvolumens üblicherweise die Temperaturverdünnungstechnik angewendet. Zwei Katheter werden über eine zentrale Vene in das rechte Herz eingeführt (Abb. 5.9). Diese Katheter können getrennt oder in Form eines Swan-Ganz-Katheters kombiniert sein. Der Injektionskatheter wird am Übergang der Vena cava superior zum rechten Ventrikel positioniert. Der Detektionskatheter dagegen wird durch das rechte Herz in die Pulmonalarterie vorgeführt, er besitzt am Ende einen Thermistor. Thermistoren sind temperatursensitive elektronische Bausteine (s. Kap. 9). 10 ml einer isotonen Lösung, deren Temperatur einige Grad Celsius unter der Körpertemperatur des Patienten liegen muß[1], werden durch den Injektionskatheter injiziert. Sie vermischt sich mit dem warmen Blut im rechten Herzen und kühlt dieses ab. Die Temperatur dieses abgekühlten Blutes wird dann während der Passage am Thermistor in der Pulmonalarterie gemessen. Trägt man die Tempe-

1 Die Autoren geben eine Temperatur von ca. 0 °C an. Dies ist bei modernen Geräten zur Herzzeitvolumen-Messung nicht mehr notwendig.

ratur gegen die Zeit auf, ergibt sich eine Auswaschkurve wie sie in Abbildung 5.9 dargestellt ist. Das Herzzeitvolumen kann aus dieser Kurve analog zur Farbstoffverdünnungstechnik berechnet werden.

Die Temperaturskala ist in der Abbildung invertiert, um die Ähnlichkeit mit der Farbstoffauswaschkurve zu verdeutlichen. Bei der Temperaturverdünnungstechnik kommt es nicht zu einer Rezirkulation, wodurch schnelle Wiederholungsmessungen möglich sind.

Ein weiteres Beispiel einer Auswaschkurve ist ein bestimmter Lungenfunktionstest, die Stickstoffauswaschkurve. Hier atmet der Patient Sauerstoff über ein Nicht-Rückatmungsventil, während das ausgeatmete Gas analysiert wird. Wie in Abbildung 5.10 gezeigt, kommt es durch die Auswaschung unter Sauerstoffatmung zu einem stetigen Abfall der Stickstoffkonzentration in der Lunge. Die endexspiratorische Stickstoffkonzentration sollte üblicherweise nach einigen Minuten unter 2,5 % abfallen. Andernfalls muß von einer ungleichen Verteilung des Gases in den Lungen ausgegangen werden.

Der radioaktive Zerfall (s. Kap. 24) stellt ebenfalls einen exponentiellen Vorgang dar. Die Geschwindigkeit des Zerfalls eines radioaktiven Isotops ist proportional zur Menge des verbleibenden Isotops – der exponentielle Charakter liegt auf der Hand.

5.3 Dauer exponentieller Prozesse

In allen bisher besprochenen Beispielen exponentieller Prozesse vermindert sich der betrachtete Parameter, man bezeichnet dies als eine negative exponentielle Funktion. Obwohl die Menge abfällt, erreicht sie tatsächlich niemals den Wert Null. Folglich ist die gesamte Zeit, die für den exponentiellen Prozeß benötigt wird, unendlich. Die Gesamtzeit ist daher für die Angabe der Dauer des Prozesses unbrauchbar. Zwei alternative Systeme werden statt dessen verwendet: die Halbwertszeit und die Zeitkonstante.

Bei der *Halbwertszeit* handelt es sich um die Zeit, die zur Reduktion einer Menge Q auf die Hälfte seines ursprünglichen Wertes vergeht (Abb. 5.11). Nach einer Halbwertszeit fällt die Menge auf die Hälfte ihres ursprünglichen Wertes ab. Nach zwei Halbwertszeiten beträgt

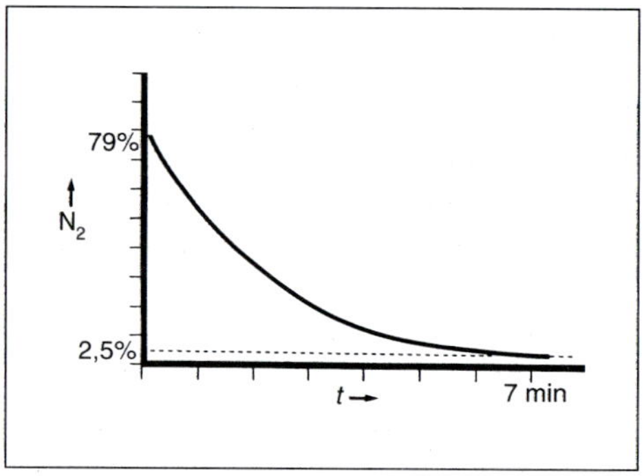

Abbildung 5.10: Auswaschkurve von Stickstoff.

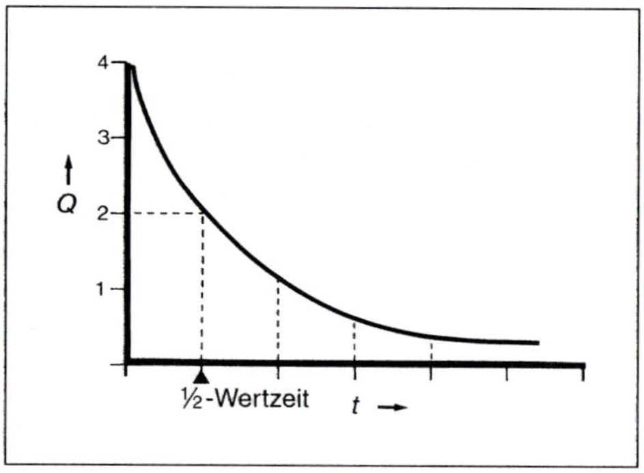

Abbildung 5.11: Prinzip der Halbwertszeit.

die Menge nur noch die Hälfte der Hälfte, d.h. 1/4 des ursprünglichen Wertes, nach drei Halbwertszeiten 1/8 usw. Halbwertszeiten werden oft zur Beschreibung der Eigenschaften radioaktiver Isotope verwendet. Besitzt ein Isotop eine Halbwertszeit von 1 Stunde, beträgt die Radioaktivität nach 1 Stunde 50% des ursprünglichen Wertes, nach 2 Stunden 25%, nach 3 Stunden 12,5% usw.

Als Alternative zur Halbwertszeit kann die Geschwindigkeit eines exponentiellen Prozesses durch seine *Zeitkonstante* angegeben werden.

Die Zeitkonstante ist die Zeit, zu der der Prozeß abgelaufen wäre, wenn die initiale Änderungsrate beibehalten worden wäre.

Sie wird angegeben durch den griechischen Buchstaben Tau (τ) wie in Abbildung 5.12 dargestellt. Nach einer Zeitkonstanten fällt die Menge Q auf 37% seines ursprünglichen Wertes ab, die Zahl von 37% läßt sich dabei aus den zugrundeliegenden mathematischen Zusammenhängen ableiten. Die Zeitkonstante ist länger als die Halbwertszeit. Zum besseren Verständnis der Zeitkonstanten betrachten wir als Beispiel die Exspiration. In diesem Falle wären 0,3 Sekunden eine typische Zeitkonstante, d.h. nach 0,3 Sekunden (1 Zeitkonstante) verbleiben lediglich 37% des Zugvolumens, nach 0,6 Sekunden (2 Zeitkonstanten) 13,5% und nach 0,9 Sekunden verbleiben lediglich 5% des Zugvolumens zur Exspiration. Nach 3 Zeitkonstanten sind also 95% der Exspiration vollzogen.

Normalerweise wird nach einer Sekunde fast das gesamte Zugvolumen ausgeatmet, eine Verlängerung der Exspirationszeit über diese Zeit hinaus wäre wenig sinnvoll. Im Falle der Exspiration kann die Zeitkonstante τ berechnet werden, wenn die Compliance C und die Resistance R der Lunge bekannt sind. Sie ergibt sich aus dem Produkt der beiden Faktoren:

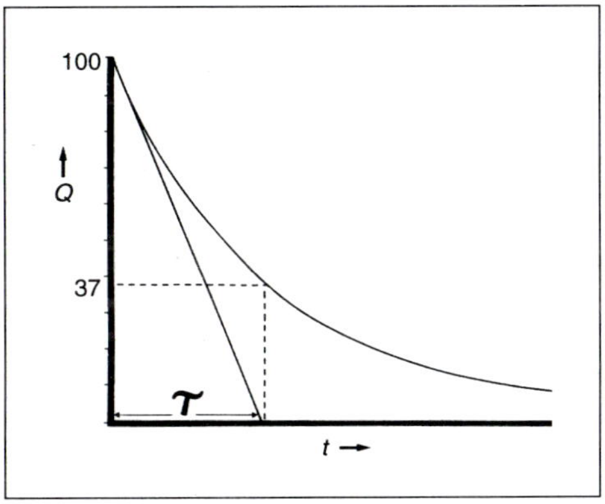

Abbildung 5.12: Prinzip der Zeitkonstanten.

$$\tau = C \times R$$

Beträgt die Compliance eines anästhesierten Patienten 0,5 l kPa^{-1} und die Resistance 0,6 kPa s l^{-1}, so beträgt das Produkt 0,3 Sekunden, also ein Wert, der bereits als Beispiel für eine exspiratorische Zeitkonstante genannt wurde. Für eine gleichmäßige Ventilation der Lunge ist eine gleiche Zeitkonstante unterschiedlicher Lungenabschnitte von größerer Bedeutung als eine gute Übereinstimmung in Resistance oder Compliance.

Zeitkonstanten haben praktische Bedeutung für einen künstlich beatmeten Patienten, da die Einstellungen für Inspirations- und Exspirationszeit zu einem gewissen Teil durch die Zeitkonstanten der Lunge des Patienten bestimmt werden. Wie in Abbildung 5.13 gezeigt, führt ein hoher Atemwegswiderstand zu einer hohen Zeitkonstante und folglich zu einer Verlängerung der für die Exspiration des Zugvolumens notwendigen Zeit. Im Falle einer niedrigen Compli-

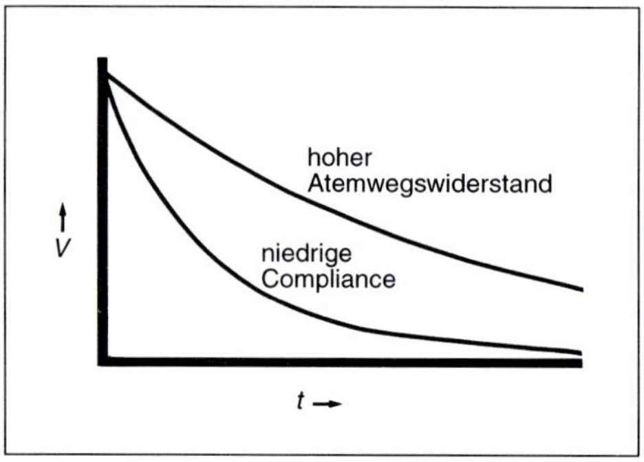

Abbildung 5.13: Darstellung des exspirierten Volumens über der Zeit bei einem Patienten mit hohem Atemwegswiderstand und einem Patienten mit niedriger Compliance.

ance ist die Zeitkonstante vermindert, eine kurze Ausatmungszeit zusammen mit einer höheren Beatmungsfrequenz ist dann ausreichend.

Im Falle einer Auswaschkurve kann mathematisch gezeigt werden, daß die Zeitkonstante gleich einem bestimmten Auswaschvolumen geteilt durch den Fluß der durchströmenden Geschwindigkeit ist.

$$\tau = \frac{\text{auszuwaschendes Volumen}}{\text{Fluß der Perfusionsflüssigkeit}}$$

Die Zeitkonstante kann aus einer Auswaschkurve ermittelt werden; wenn das Auswaschvolumen ebenfalls bekannt ist, kann der Fluß der perfundierenden Flüssigkeit berechnet werden. Umgekehrt kann das Auswaschvolumen berechnet werden, wenn die Zeitkonstante und der Perfusionsfluß bekannt sind. Viele Methoden zur Messung des Blutflusses in Organen basieren auf diesen Prinzipien. Oft werden radioaktive Isotope verwendet, um solche Messungen durchzuführen. Ein radioaktives Isotop wird in ein Organ injiziert, und die Geschwindigkeit, mit der es durch das Blut ausgewaschen wird, wird mit einem Szintillationszähler gemessen (s. Kap. 24). Daraus läßt sich die Zeitkonstante berechnen. Da die Zeitkonstante proportional zum Quotienten aus Volumen und Fluß ist, kann der Fluß bei bekanntem Volumen berechnet werden.

Der Reziprokwert der Zeitkonstanten wird als *Geschwindigkeitskonstante* bezeichnet und wird gelegentlich alternativ verwendet.

5.4 Exponentialformeln

Nachdem der exponentielle Funktionstyp beschrieben wurde, können wir uns nun den Exponentialformeln zuwenden. Das Wort „exponential" kommt von dem Exponenten oder Index und wird im folgenden hochgestellt:

fester Exponent:	variabler Exponent:
$y = x^2$	$y = k^x$

In der Gleichung $y = x^2$ ist die hochgestellte Zahl 2 der feste Exponent, die Gleichung $y = k^x$ stellt eine Funktion mit einem variablen Exponenten x dar. Letztere Gleichung ist eine Exponentialfunktion.

In der Medizin haben wir es normalerweise mit einem Typ von Exponentialfunktionen zu tun, bei dem die Änderungsgeschwindigkeit einer Menge proportional zur Menge zu diesem Zeitpunkt ist (siehe oben). Dies nennt man eine natürliche Exponentialfunktion, die Konstante k in der obigen Gleichung hat dann einen speziellen Wert von 2,718. In der Mathematik wurde dieser Zahl 2,718 das Symbol e zugeordnet. Die Exponentialformel, die die Entleerung einer Lunge beschreibt, lautet wie folgt:

$$V_t = V_0 e^{-\frac{t}{CR}}$$

V_t = Volumen nach t Sekunden
V_0 = Volumen bei 0 Sekunden
e = 2,718
C = Compliance
R = Resistance

Die Volumina V sind die Luftvolumina in der Lunge oberhalb der funktionellen Residualkapazität. In diesem Fall wird e mit $-\frac{t}{CR}$ potenziert. Der negative Exponent zeigt, daß mit zunehmender Zeit der Wert von V_t stetig abnimmt. Ein solcher negativer Exponent ist charakteristisch für eine negative Exponentialfunktion.

5.5 Der positive exponentielle Prozeß

Bisher wurden nur negative Exponenten betrachtet, es existieren jedoch auch positive exponentielle Prozesse (Abb. 5.14). In diesem Fall beschleunigt der Prozeß mit einer zunehmenden Geschwindigkeit, die Änderungsgeschwindigkeit ist allerdings zu jedem Zeitpunkt proportional zur Menge zu diesem Zeitpunkt. Ein Beispiel für eine positive exponentielle Kurve ist das Bakterienwachstum in Anwesenheit unbegrenzter Nahrungsstoffe. Auch die Vermehrung von Krebszellen folgt in einigen Fällen einem ähnlichen Muster. Eine solche Kurve wird manchmal als explosionsartig exponentiell bezeichnet, weil sich die Geschwindigkeit des Prozesses kontinuierlich beschleunigt.

Diese positiven Exponentialkurven dürfen nicht mit einem anderen Typ,

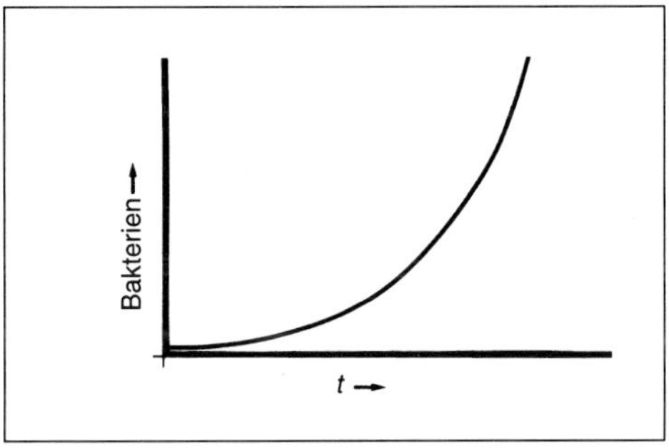

Abbildung 5.14: Positive Exponentialkurve.

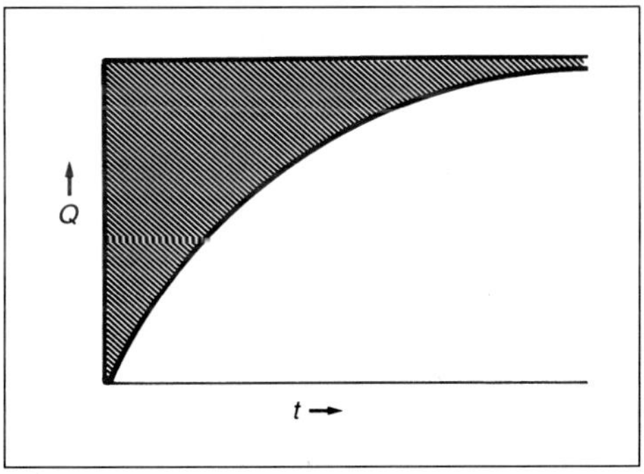

Abbildung 5.15: Aufbauende Exponentialkurve.

dem *aufbauenden Exponential,* verwechselt werden (Abb. 5.15). Diese Exponentialfunktion kommt in der Anästhesie häufiger vor als die positive Form. Hier repräsentiert die Kurve eine umgekehrte negative Exponentialfunktion. Die exponentielle Komponente des Prozesses ist die Differenz zwischen dem bisher erreichten Wert und dem theoretischen Endwert. Diese Differenz ist in Abbildung 5.15 schraffiert.

Abbildung 5.16 zeigt einen Wasserbehälter als Beispiel für einen aufbauenden exponentiellen Prozeß. Auf der rechten Seite wird dieser über seinen Abfluß durch einen konstanten Wasservorrat in einem großen Reservoir auf der linken Seite gefüllt. In diesem Fall hängt

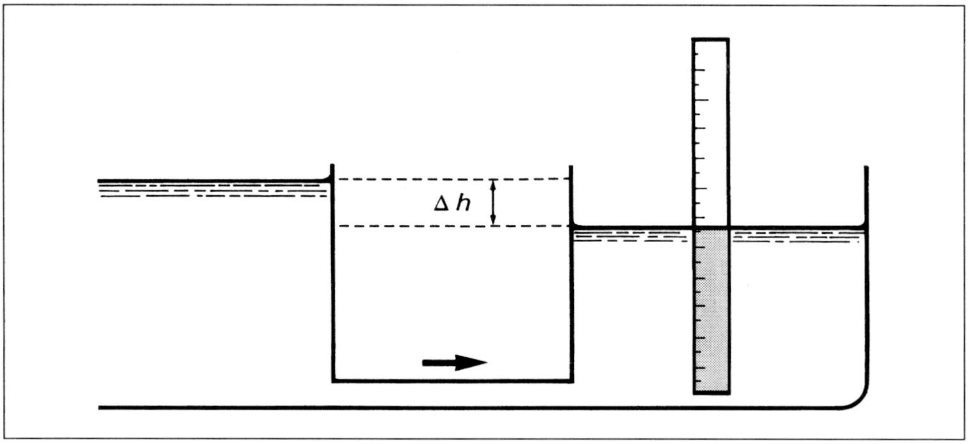

Abbildung 5.16: Analogie für den aufbauenden Exponentialprozeß.

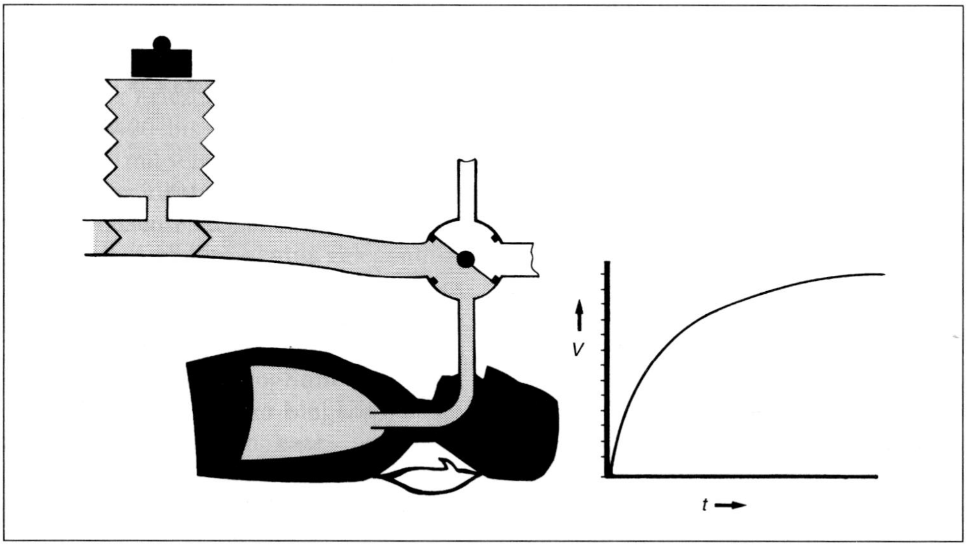

Abbildung 5.17: Insufflation der Lungen durch einen Konstantdruck-Respirator.

die Füllungsgeschwindigkeit des Bades zu jeder Zeit von der Differenz *h* zwischen der Höhe des Wassers in dem Bad und dem angenommenen endgültigen Füllungswert ab. Diese Höhe *h* repräsentiert den Druck, der benötigt wird, um das Wasser durch die Verbindungsröhre zu drücken.

Als Beispiel für eine aufbauende Exponentialfunktion in der Anästhesie wollen wir die Insufflation der Lungen mit einem druckkonstanten Beatmungsgerät betrachten (Abb. 5.17). In dem Respirator auf der linken Seite führt das Gewicht, das auf der Fläche des Balgs wirkt, zu einem konstanten Druck. In

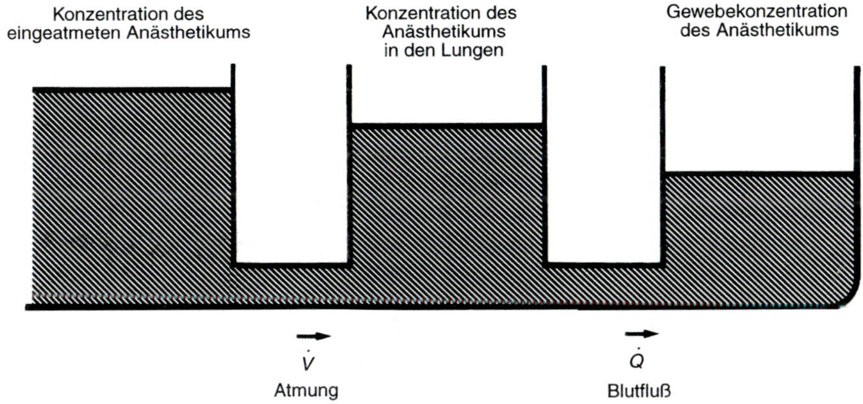

Abbildung 5.18: Eine vereinfachte Analogie für die Aufnahme eines inspirierten Anästhetikums in Lungen und Gewebe.

diesem Falle ist die Insufflation der Lunge initial schnell, wird jedoch mit zunehmender Füllung der Lungen langsamer.

Aus der Analogie mit den bereits besprochenen Auswaschkurven werden aufbauende Exponentialfunktionen manchmal auch als *Einwaschkurven* bezeichnet. Dieses Konzept ist insbesondere hilfreich für das Verständnis der Einleitung der Anästhesie. Die Kurven der Aufnahme eines Anästhetikums sind eng verwandt mit den Eliminationskurven, sie unterscheiden sich lediglich darin, daß sie invertiert sind.

Die Aufnahme eines Anästhetikums ist allerdings streng genommen nicht ein einfacher exponentieller Prozeß, sondern besteht aus vielen Exponentialfunktionen. Zunächst ist die Atmung ein Exponentialprozeß, da sie das eingeatmete Anästhetikum zu den Lungen transportiert. Ein weiterer Exponentialprozeß ist die Zirkulation, die das Anästhetikum von den Lungen zu den Geweben transportiert. Die Abbildung 5.18 verdeutlicht dies anhand der Auffüllung eines Reservoirs mit Flüssigkeit. Dies ist allerdings eine Vereinfachung, da nicht nur ein (dargestellt durch das Reservoir auf der rechten Seite), sondern zahlreiche Gewebe mit verschiedenen exponentiellen Aufnahmegeschwindigkeiten für das Anästhetikum bestehen. Die Elimination eines volatilen Anästhetikums verläuft in umgekehrter Richtung und wird ebenfalls durch mehrere Exponentialfunktionen beschrieben.

Ein komplexer Prozeß wie z. B. Aufnahme und Abgabe von Narkosegasen kann mathematisch in mehrere Komponenten zerlegt werden. Dies kann zum Beispiel durch die Auftragung des Prozesses auf halblogarithmisches Papier geschehen, bei dem eine mehrfache Exponentialfunktion wiederum eine Kurve und keine gerade Linie wie bei einer einfachen Exponentialfunktion erwarten läßt. Diese Kurve kann dann analysiert und zerlegt werden (Abb. 5.19). In diesem einfachen Beispiel erweist sich die Kurve als aus drei Exponentialprozessen (*a*, *b* und *c*) zusammengesetzt, von denen jeder eine gerade Linie ergibt. Alter-

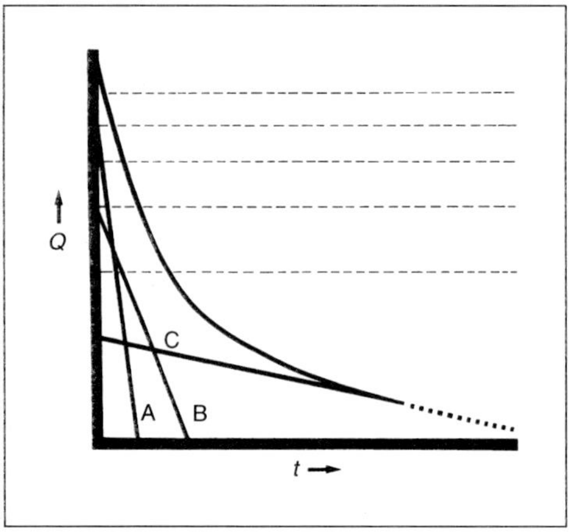

Abbildung 5.19: Auftragung der Exponentialfunktionen eines kompletten Prozesses (z. B. Aufnahme und Abgabe von Narkosegasen) auf halblogarithmisches Papier. In diesem Falle ergibt sich, daß die Kurve aus drei Exponentialprozessen besteht (A, B und C).

nativ werden zur Analyse solcher Kurven häufig Computertechniken angewendet. Andere Aspekte von Aufnahme und Abgabe von Anästhetika werden in Kapitel 6 besprochen.

Ein weiteres Beispiel für eine multiple Exponentialfunktion ist die Aufnahme eines oral zugeführten Medikamentes aus dem Darm in das Plasma und die nachfolgende Exkretion der Substanz aus der Blutbahn. In einem einfachen Modell wird angenommen, daß das Medikament zwei Kompartimente durchquert: den Darm und das Plasma. Die Geschwindigkeit, mit der das Medikament den Darm verläßt, ist proportional zur Menge der Substanz im Darm; analog ist die Geschwindigkeit, mit der die Substanz die Blutbahn verläßt, proportional zur Menge der Substanz im Plasma. Folglich fällt die Konzentration der Substanz im Darm exponentiell mit der Zeit ab. Die Situation im Blut ist allerdings komplexer, da die Substanz sowohl in die Blutbahn durch Resorption

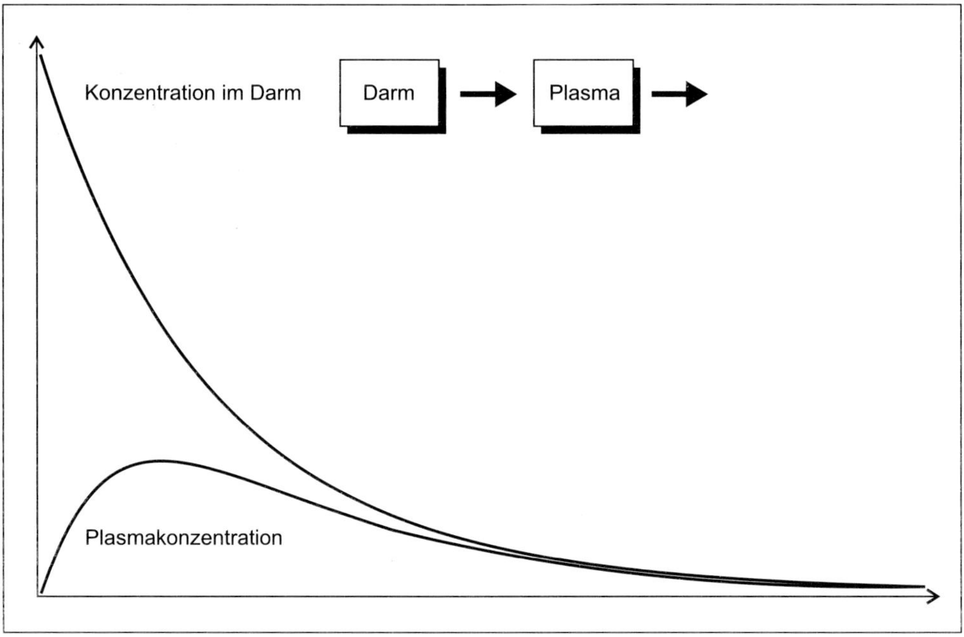

Abbildung 5.20: Absorption einer oral zugeführten Substanz (doppelte Exponentialfunktion).

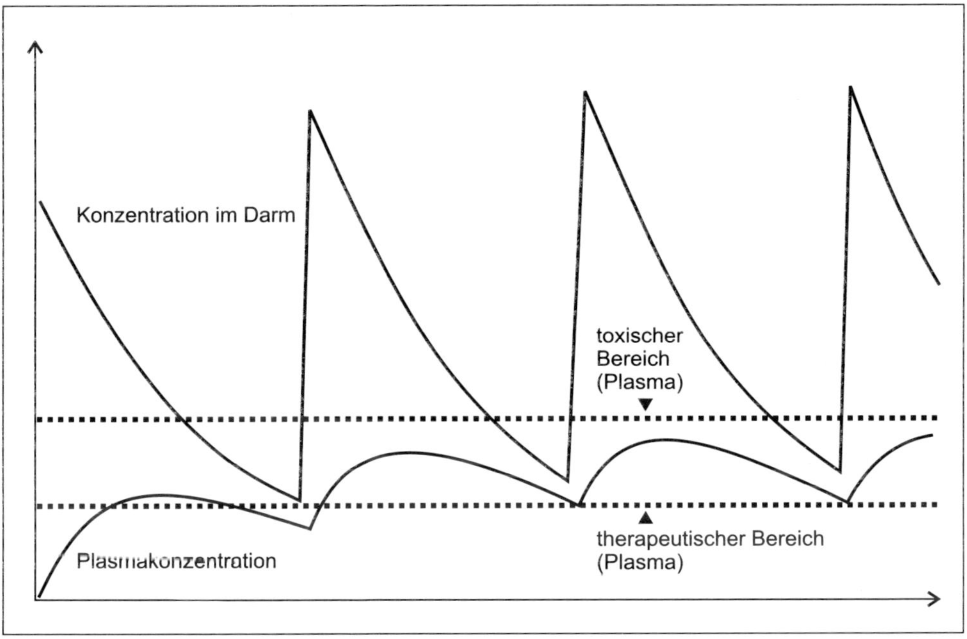

Abbildung 5.21: Änderungen der Plasmakonzentration einer Substanz bei wiederholter oraler Gabe.

aus dem Darm eintritt als auch diese durch Metabolisierung und Ausscheidung verläßt. Die Konzentration im Plasma ist daher eine Kurve, die aus zwei Exponentialkurven zusammengesetzt ist (Abb. 5.20).

Wird eine Substanz mehrfach oral zugeführt, steigt und fällt die Konzentration in Darm und Blut wie in Abbildung 5.21 gezeigt. Dosis und Frequenz der Gabe müssen so gewählt werden, daß ein Abfall der Plasmakonzentration unter die therapeutische Schwelle sowie ein Anstieg über die toxische Schwelle vermieden wird. Ein konstanterer Blutspiegel kann durch Infusion der Substanz unter Verwendung einer Spritzenpumpe erreicht werden.

6 Löslichkeit

6.1 Das Konzept der Löslichkeit

Wie in Kapitel 4 bereits erläutert, bildet sich an der Oberfläche einer Flüssigkeit ein Gleichgewicht zwischen dem Dampf der Flüssigkeit und der Flüssigkeit selbst. Der Partialdruck, der in diesem Gleichgewichtszustand durch den Dampf ausgeübt wird, wird als *Sättigungsdampfdruck* bezeichnet. In der Praxis ist meist zusätzlich zum Dampf mindestens noch ein weiteres Gas über der Flüssigkeitsoberfläche vorhanden. In Abbildung 6.1 sind Moleküle einer Flüssigkeit und deren Dampf als offene Kreise, die Moleküle eines Gases als schwarze Punkte gekennzeichnet. Ein beliebiges Gasmolekül Y über der Oberfläche dringt in die Flüssigkeit ein. Weitere Moleküle X eines in der Flüssigkeit gelösten Gases verlassen die Flüssigkeit. Ein Gleichgewicht kommt zustande, wenn gelöste Gasmoleküle die Flüssigkeit in der gleichen Häufigkeit verlassen wie andere sich lösen. In diesem Zustand bilden die Flüssigkeit und das gelöste Gas eine gesättigte Lösung. Als Beispiel wollen wir Wasser und Stickstoff betrachten.

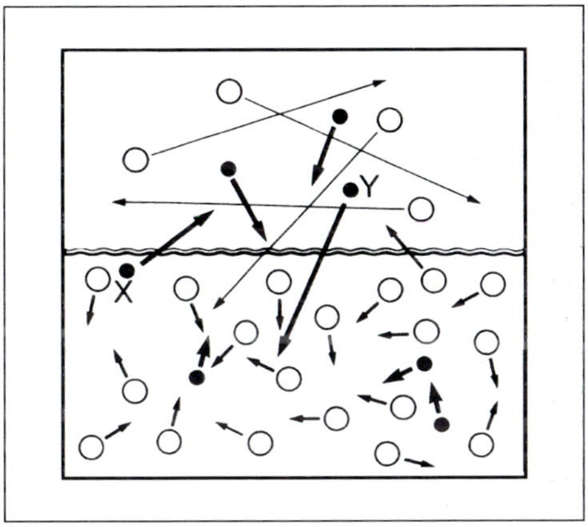

Abbildung 6.1: Molekulares Gleichgewicht an der Oberfläche einer Flüssigkeit.

Im linken Behälter der Abbildung 6.2 steht das Gas unter einem normalen atmosphärischen Druck von 100 kPa (1 bar), es befindet sich im Gleichgewicht mit der Flüssigkeit. Im rechten Behälter ist der Druck auf 200 kPa (2 bar) verdoppelt. Es befinden sich also zweimal so viele Moleküle in dem Gas über dem Wasser und folglich auch zweimal so viele in der Lösung. Die Menge des in Wasser gelösten Stickstoffs ist proportional zum Druck des Stickstoffs über der Flüssigkeit. Man beachte, daß die Temperatur in diesem Falle konstant gehalten werden muß. Dieses Prinzip ist als Henrysches Gesetz bekannt.

Das Henrysche Gesetz besagt, daß bei einer bestimmten Temperatur die Menge eines in einer bestimmten Flüssigkeit gelösten Gases direkt proportional ist zum Partialdruck des Gases, das sich im Gleichgewicht mit der Flüssigkeit befindet.

Der Effekt hoher Drücke auf die Löslichkeit von Stickstoff ist für Taucher

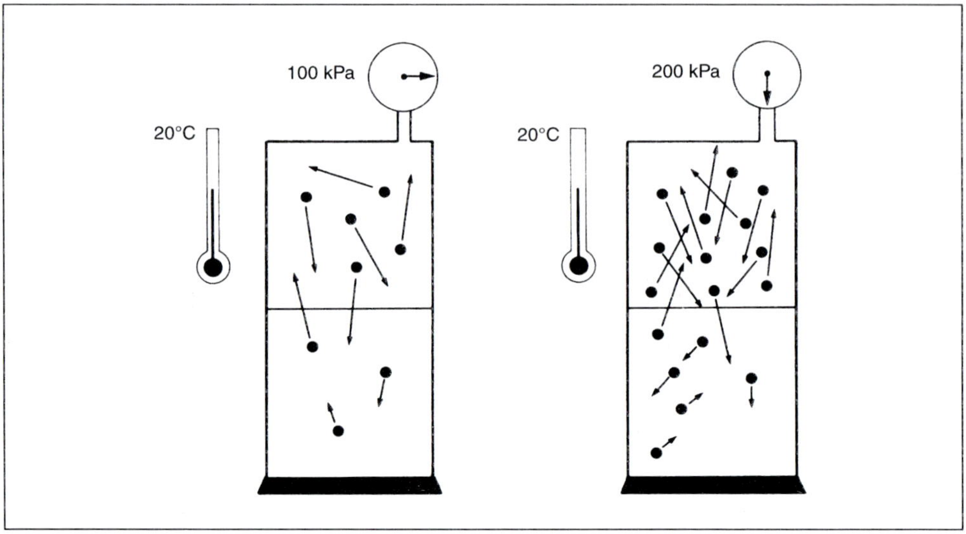

Abbildung 6.2: Einfluß des Druckes auf die gelöste Gasmenge.

von praktischer Bedeutung, da Stickstoff und andere Gase, werden sie unter Druck geatmet, im Blut und Gewebe in Lösung gehen. Erfolgt die Rückkehr zum atmosphärischen Druck zu schnell, so wird der gelöste Stickstoff als kleine Bläschen frei, was zur Dekompressions- oder Taucherkrankheit führt. Ähnliche Probleme können beim Arbeiten in Überdruckkammern entstehen, wo ebenfalls eine zu schnelle Dekompression zur Caisson-Krankheit (Taucherkrankheit) führen kann.

Das Henrysche Gesetz gilt nur, wenn die Temperatur konstant ist. Betrachten wir nun, was geschieht, wenn sich die Temperatur ändert. Abbildung 6.3 zeigt zwei Meßzylinder, von denen jeder 1 l Wasser enthält und einer Stickstoffatmosphäre ausgesetzt ist. Der linke Zylinder befindet sich bei Zimmertemperatur von 20 °C, der rechte Zylinder bei Körpertemperatur von 37 °C. Der Druck des Stickstoffs ist in beiden Fällen 100 kPa. Das Stickstoffvolumen, das sich in dem Zylinder bei Raumtemperatur löst, beträgt 0,016 l, bei Körpertemperatur beträgt es lediglich 0,014 l. Es ist eine allgemein gültige Tatsache, daß sich durch Aufwärmen einer Flüssigkeit die darin lösbare Gasmenge vermindert. In einem Kessel mit heißem Wasser kommt es durch die Erhitzung des Wassers zur Blasenbildung. In ähnlicher Weise können sich im Operationssaal in einer Infusionslösung Luftblasen bilden, wenn die Lösung einen Blutwärmer durchströmt.

Betrachten wir nun, was geschieht, wenn statt Stickstoff ein anderes Gas verwendet wird. Der linke Meßzylinder in Abbildung 6.4 enthält 1 l Wasser in einer Stickstoffatmosphäre, der rechte Zylinder die gleiche Flüssigkeit in einer reinen Lachgasatmosphäre. Im Gleichgewichtszustand ist wesentlich mehr Lachgas in dem Liter Wasser gelöst als im Falle des Stickstoffs (0,39 l Lachgas gegenüber 0,014 l Stickstoff). Unterschiedliche Gase haben also unterschiedliche Löslichkeiten.

Schließlich müssen bei der Betrachtung der Löslichkeit auch unterschiedli-

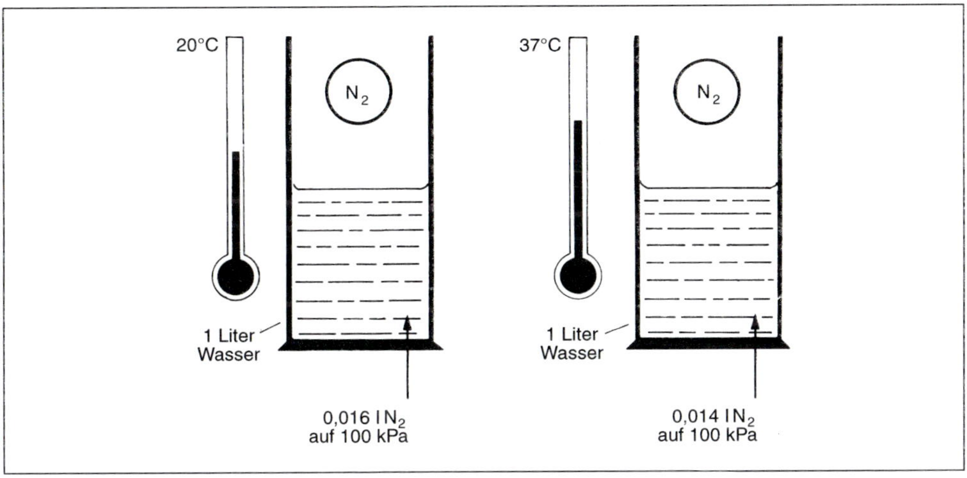

Abbildung 6.3: Einfluß der Temperatur auf die gelöste Gasmenge.

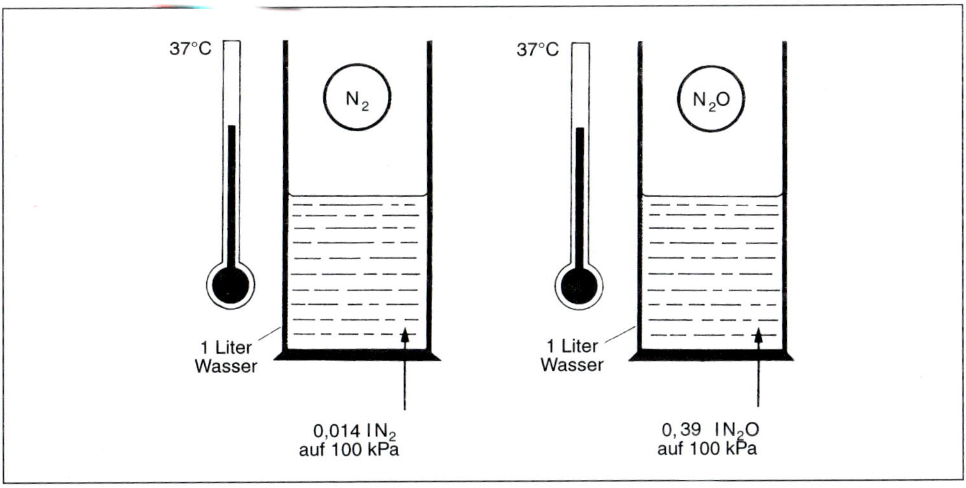

Abbildung 6.4: Einfluß des Gases auf die Löslichkeit.

che Lösungen untersucht werden. Wie in Abbildung 6.5 gezeigt, lösen sich 0,39 l Lachgas in einem Liter Wasser bei Körpertemperatur (linker Behälter), während sich unter den gleichen Bedingungen 0,47 l Lachgas in 1 l Blut lösen. Zusammenfassend läßt sich sagen, daß die Löslichkeit eines Gases vom Partialdruck, der Temperatur, dem Gas und der Flüssigkeit abhängt.

6.2 Löslichkeitskoeffizienten

Die Löslichkeit von festen Stoffen wird angegeben als Menge (Mol oder Millimol), die sich in einem Liter des Lösungsmittels löst. Für Gase erweist es

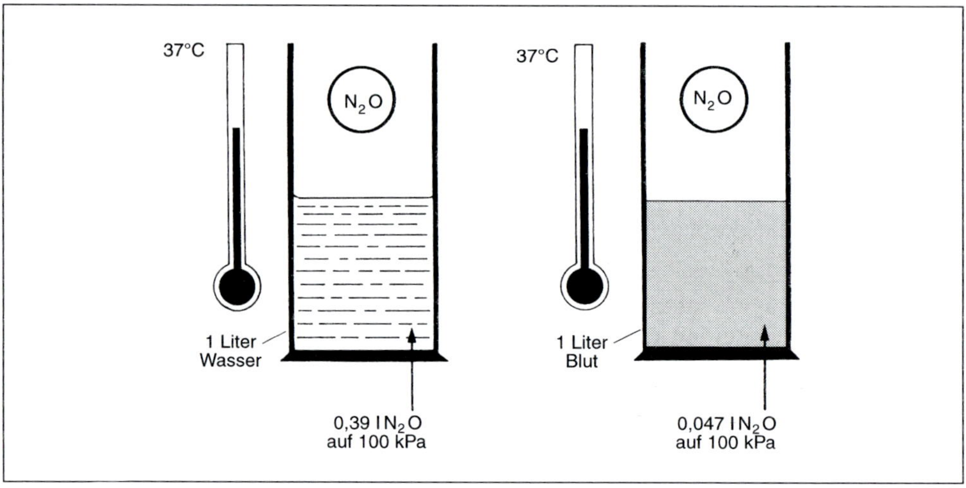

Abbildung 6.5: Einfluß der Flüssigkeit auf die Löslichkeit eines Gases.

sich in der Praxis als einfacher, die Menge als Volumen anzugeben. Eine exakte Angabe des Gasvolumens ist allerdings nur möglich, wenn Druck und Temperatur festgelegt sind. Zu wissenschaftlichen Zwecken wird das Volumen eines Gases daher normalerweise auf STP (standard temperature pressure: Temperatur 0 °C, Druck = 760 mm Hg) korrigiert. Physiker verwenden deshalb den sog. Bunsenschen Lösungskoeffizienten, der eine solche Korrektur vornimmt.

Der Bunsensche Lösungskoeffizient ist das Volumen, korrigiert auf STP, das sich in einer Volumeneinheit der Flüssigkeit bei der entsprechenden Temperatur löst, wobei der Partialdruck des Gases über der Flüssigkeit eine Atmosphäre beträgt.

Der Bunsensche Lösungskoeffizient ist üblicherweise der in wissenschaftlichen Tabellen und Nachschlagewerken zitierte Wert. In der anästhesiologischen Praxis wird allerdings der Ostwaldsche Lösungskoeffzient bevorzugt:

Der Ostwaldsche Lösungskoeffizient ist das Gasvolumen, das sich in einer Volumeneinheit der Flüssigkeit bei der betreffenden Temperatur löst.

Das Gasvolumen wird in diesem Falle nicht auf Standardtemperatur und -druck korrigiert, statt dessen wird bei bekannter Temperatur und Druck gemessen. Der praktische Vorteil des Ostwaldschen Lösungskoeffizienten ist daher seine Unabhängigkeit vom Druck. Dies zeigt die Abbildung 6.6. In dem linken Behälter herrscht ein Druck von 100 kPa (1 bar) von Stickstoff über der Oberfläche von 1 l Wasser. Bei diesem Druck löst sich ein Volumen von 0,016 l Stickstoff. Im rechten Behälter herrscht ein Stickstoffdruck von 200 kPa über der Wasseroberfläche. Entsprechend dem Henryschen Gesetz ist die gelöste Gasmenge proportional zum Druck, es löst sich also die doppelte Stickstoffmenge im Wasser auf der rechten Seite, d.h. 0,032 l bei einem Druck von 100 kPa. Wenn dieses Volumen allerdings beim Umgebungsdruck von 2 bar gemessen wird, wäre es nur

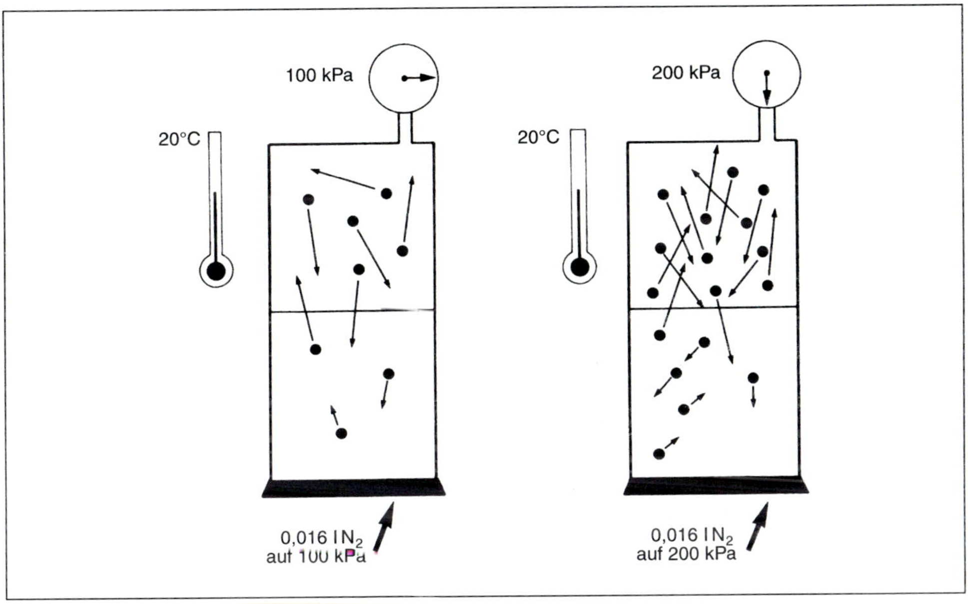

Abbildung 6.6: Unabhängigkeit des Oswaldschen Löslichkeitskoeffizienten vom Druck.

noch halb so groß, also 0,016 l (Boylesches Gesetz). Folglich bleibt das gemessene Volumen des gelösten Stickstoffs beim aktuellen Druck konstant, selbst wenn der Partialdruck des Stickstoffs halbiert und die Anzahl von Stickstoffmolekülen in der Lösung verdoppelt wird. Der Ostwaldsche Lösungskoeffizient muß daher nicht nach dem Druck korrigiert werden, da der Druck nicht das gelöste Volumen verändert, vorausgesetzt, daß das Volumen beim Umgebungsdruck gemessen wird.

6.3 Der Verteilungskoeffizient

Der Verteilungskoeffizient ist ähnlich dem Ostwaldschen Lösungskoeffizient. Zum besseren Verständnis des Verteilungskoeffizienten betrachten wir das Beispiel von Lachgas und Blut in Abbildung 6.7. Ein Volumen von 1 l Lachgas befindet sich über einem Volumen von 1 l Blut, welches gelöstes Lachgas im Gleichgewicht bei 37 °C enthält. Das Volumen des gelösten Lachgases beträgt unter diesen Bedingungen 0,47 l, der Blutgasverteilungskoeffizient für Lachgas beträgt also 0,47 zu 1.

Der Verteilungskoeffizient ist definiert als das Mengenverhältnis einer Substanz, die sich in 2 Phasen verteilt, wobei die beiden Phasen das gleiche Volumen besitzen und sich im Gleichgewicht befinden.

Ebenso wie beim Ostwaldschen Koeffizienten sollte die Temperatur angegeben werden. Darüber hinaus müssen die beiden Phasen spezifiziert werden. In Abbildung 6.7 beträgt die Temperatur 37 °C, die Phasen sind Blut und Gas. Der Lachgas-Blut-Verteilungskoeffizient be-

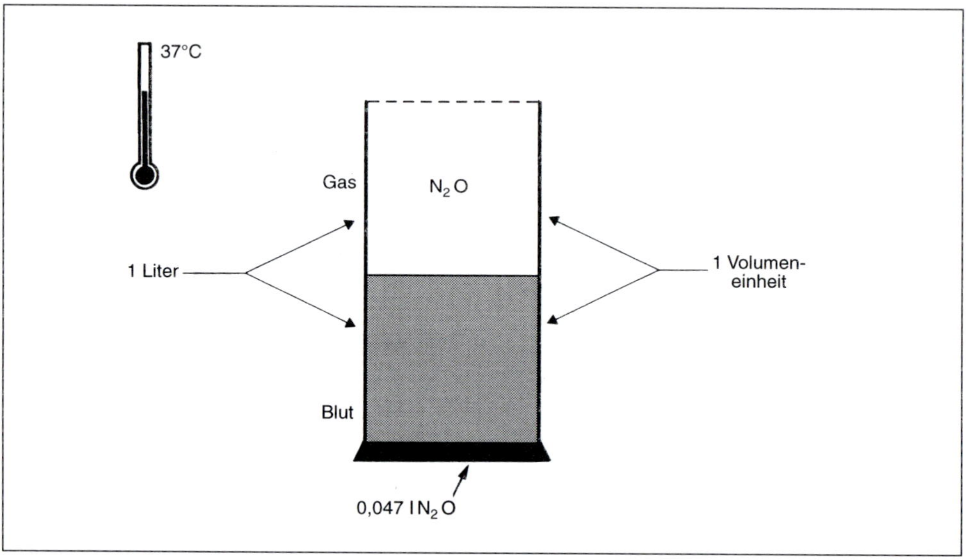

Abbildung 6.7: Verteilungskoeffizient.

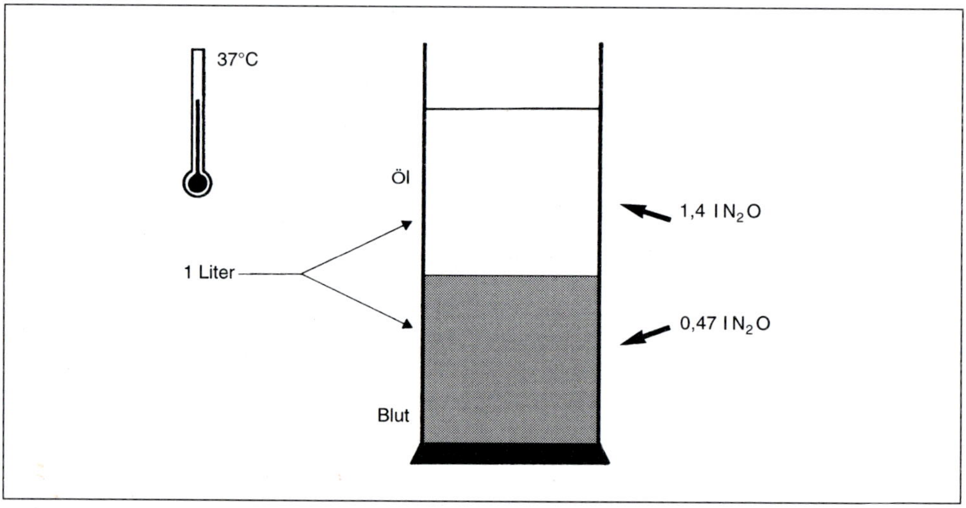

Abbildung 6.8: Anwendung des Verteilungskoeffizienten auf zwei Flüssigkeiten.

trägt 0,47, ist also gleich dem Ostwaldschen Lösungskoeffizienten. Wir müssen allerdings beachten, daß die Reihenfolge der Phasen des Verteilungskoeffizienten klar festgelegt sein muß. Definierte man beispielsweise einen Lachgas-Gasblut-Koeffizienten anstatt eines Blut-Gas-Koeffizienten, würde der Wert 2,1 statt 0,47 betragen.

Ein weiterer Unterschied zwischen dem Verteilungskoeffizienten und dem Ostwaldschen Lösungskoeffizienten ist, daß ersterer auf zwei Flüssigkeiten angewendet werden kann, beispielsweise

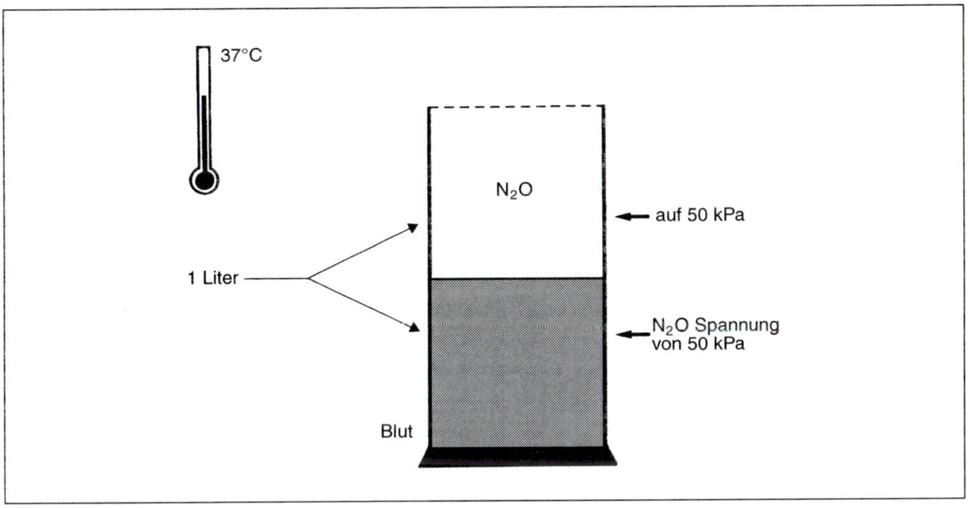

Abbildung 6.9: Spannung eines Gases.

Blut und Öl wie die Abbildung 6.8 zeigt. Im Gleichgewichtszustand gibt der Blut-Öl-Verteilungskoeffizient die Menge Lachgas wieder, die in einer Einheit Blut gegenüber einer Einheit Öl gelöst ist. In diesem Falle lösen sich 1,4 l Lachgas in 1 l Öl, verglichen mit 0,47 l in 1 l Blut. Der Blut-Öl-Verteilungskoeffizient von Lachgas beträgt also 0,47/1,4 oder 0,33. Im Falle des Verteilungskoeffizienten von Lachgas oder anderer gelöster Gase muß sich das Gas im Gleichgewicht zwischen den beiden Phasen befinden, d.h. die Gasspannung in den beiden Phasen muß gleich sein.

Für Gase in Lösung wird manchmal statt des Wortes Partialdruck das Wort *Spannung* verwendet. Die Abbildung 6.9 gibt den Druck oder Partialdruck von Lachgas in der gasförmigen Phase über Blut mit 50 kPa an. Im Gleichgewicht beträgt also die Spannung von Lachgas im Blut 50 kPa. Die Spannung eines Gases in Lösung ist der Partialdruck des Gases, das sich mit diesem im Gleichgewicht befinden würde. In der Physik wird das Wort Spannung im Zusammenhang mit Kräften mit anderer Bedeutung verwendet (Kapitel 1).

6.4 Löslichkeit und Aufnahme von Anästhetika

Betrachten wir nun einige klinische Anwendungen der Löslichkeit. Die Abbildung 6.10 zeigt drei Meßzylinder, die je 1 l Blut bei einer Temperatur von 37 °C enthalten und einer Atmosphäre von Lachgas, Halothan bzw. Äther ausgesetzt sind. Im Blut sind wesentlich mehr Äthermoleküle vorhanden, da es mit dem Wert 12 den höchsten Ostwaldschen Lösungskoeffizienten besitzt (Halothan: 2,3; Lachgas: 0,47). Wie beeinflußt nun die erhöhte Löslichkeit des Äthers die Geschwindigkeit, mit der es von der Lunge in das Blut transportiert werden kann? Da es löslicher ist, wird Äther wesentlich schneller als Halothan

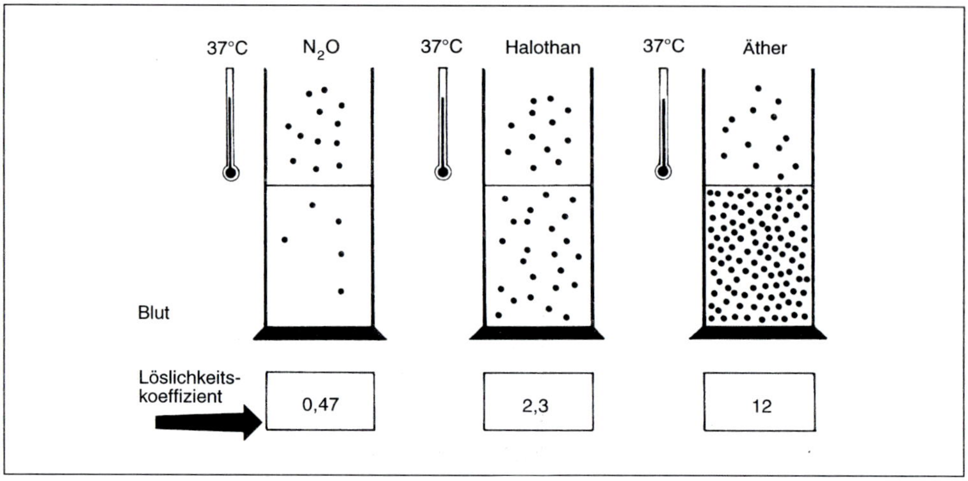

Abbildung 6.10: Löslichkeit von Anästhetika im Blut.

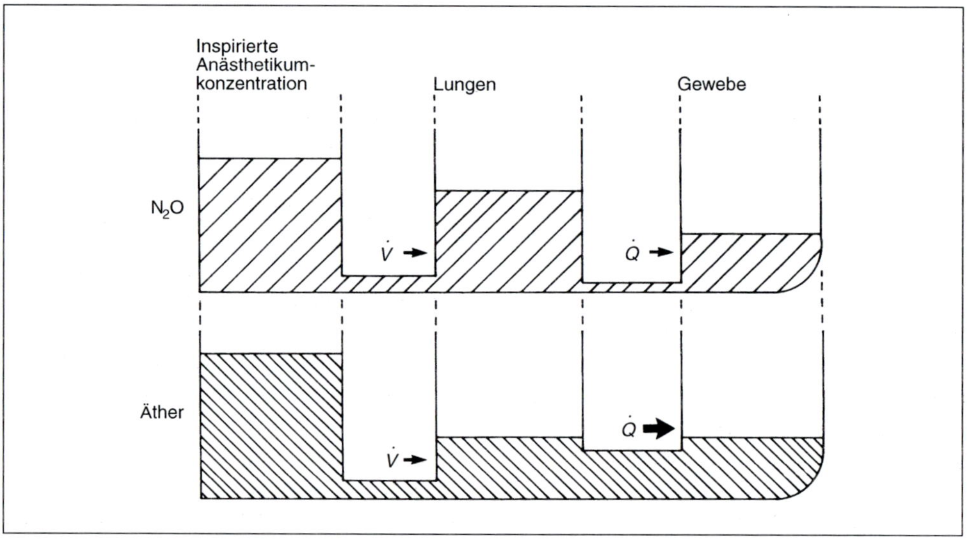

Abbildung 6.11: Vergleich der Aufnahme eines Anästhetikums mit der Füllung einer Reihe hintereinanderliegender Reservoirs.

oder Lachgas von der Lunge abtransportiert, die Konzentration von Äther in der Alveolarluft baut sich also wesentlich langsamer auf als die von weniger löslichen Anästhetika.

Die Aufnahme von Anästhetika kann durch mehrere Reservoirs dargestellt werden (vgl. Kapitel 5). Die Abbildung 6.11 zeigt ein solches System zur Verdeutlichung des Einflusses der Löslichkeit. Das linke Reservoir repräsentiert die eingeatmete Anästhetikakonzentration. Der Transport des Anästhetikums zur Lunge durch die Ventilation wird

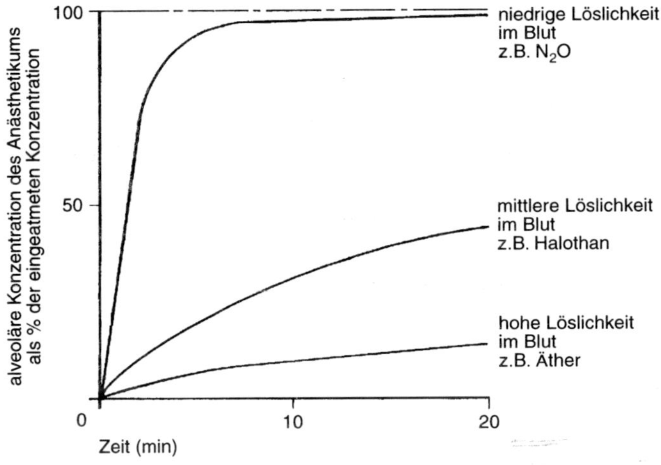

Abbildung 6.12: Darstellung der alveolären Konzentration des Anästhetikums über der Aufnahmedauer.

durch die Röhre repräsentiert, die es mit dem zweiten Reservoir verbindet. Die Ventilation wird durch $\dot{V}$ angegeben. Das zweite, zentrale Reservoir stellt die Lunge dar, d.h. die Konzentration des Anästhetikums in der Alveolarluft. Die Entfernung des Anästhetikums durch den pulmonalen Blutfluß aus diesem Reservoir wird durch die nächste Röhre dargestellt, wobei die Transportrate durch das Herzzeitvolumen als $\dot{Q}$ angegeben ist. Das rechte Reservoir repräsentiert die Gewebe.

Der obere Teil der Abbildung illustriert die Aufnahme von Lachgas. Das zentrale Reservoir stellt wieder die alveoläre Konzentration des Anästhetikums dar. Die wegführende enge Röhre zeigt, daß das Anästhetikum nur relativ langsam durch das Herzzeitvolumen transportiert werden kann, da der Löslichkeitskoeffizient von Lachgas lediglich 0,47 beträgt. Der untere Teile zeigt die Vorgänge, wenn Äther als Anästhetikum verwendet wird. Die höhere Löslichkeit von Äther im Blut bedeutet, daß das Gas sehr schnell aus der Lunge abtransportiert werden kann. Dies wird durch die weite Röhre und den hohen Wert von $\dot{Q}$ angedeutet. Die alveoläre Konzentration von Äther ist folglich nur unwesentlich höher als die Gewebekonzentration.

Trägt man die alveoläre Konzentration von Anästhetika, angegeben als Prozentsatz ihres endgültigen Wertes, gegen die Zeit auf, so erhält man eine Exponentialkurve (Abb. 6.12). Man sieht, daß lösliche Anästhetika (z.B. Äther) sehr langsam ihren endgültigen Wert erreichen, während das Gleichgewicht für Lachgas bereits nach 5 bis 10 Minuten erreicht wird. Da die Konzentrationen von Anästhetika in Blut und Hirn sehr nahe an der alveolären Konzentration liegen, kommt es im Falle von Lachgas zu einer schnellen, bei Äther dagegen zu einer relativ langsameren Anästhesieeinleitung.

Bisher wurde Lachgas als Beispiel für

eine Substanz niedriger Löslichkeit verwendet. Löslichkeit ist allerdings relativ, so ist Lachgas wesentlich löslicher als Stickstoff.

Betrachten wir die Messung des Volumens einer Gasmischung aus Lachgas, Sauerstoff und Stickstoff in einem Benedict-Roth-Spirometer. Wie in Abbildung 6.13 gezeigt, geht mehr Lachgas in Lösung über als Sauerstoff oder Stickstoff; dies könnte zu einem Fehler führen, der allerdings aufgrund des geringen Wasservolumens in dem Wasserschloß moderner Spirometer minimal ist. Ein größerer Lachgasverlust in Lösung würde einen Einfluß auf die Konzentration der anderen Gase, Sauerstoff und Stickstoff, in der Glocke des Spirometers haben – mit der Folge eines Konzentrationsanstieges von Sauerstoff und Stickstoff. Ein ähnlicher Effekt tritt in den Alveolen während der Narkoseeinleitung auf. Bei der Einatmung einer Gasmischung, die Lachgas enthält, wird das Lachgas schneller vom Blutstrom aufgenommen als Sauerstoff oder Stickstoff, so daß am Ende der Inspiration, wenn der Druck in den Alveolen gleich dem Umgebungsdruck ist, ein Nettoüberschuß von Sauerstoff und Stickstoff besteht. Dieses Phänomen wird als Second-Gas-Effekt bezeichnet und ist bei der Betrachtung der Anästhetikaaufnahme wichtig.

Ein ähnliches Phänomen tritt während der Abgabe von Lachgas am Ende einer Anästhesie auf, wenn das Gas das Blut verläßt und bei Eintritt in die Alveolen die dort bereits vorhandenen Gase verdünnt. Es kommt zu einem als Diffusionshypoxie bezeichneten Abfall der Sauerstoffkonzentration.

6.5 Fettlöslichkeit und anästhetische Potenz

Fett ist ein wichtiger Bestandteil vieler Körpergewebe, insbesondere von Zell-

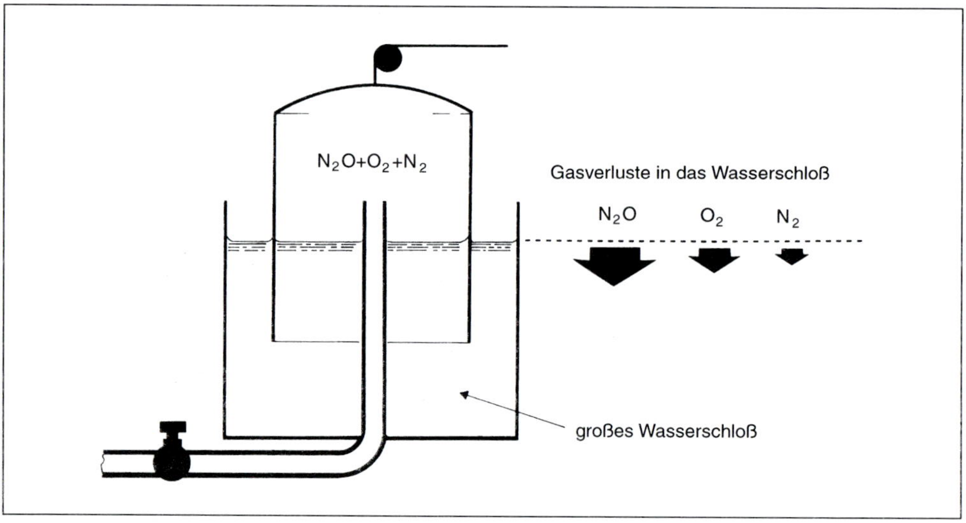

Abbildung 6.13: Möglicher Fehler bei Volumenmessungen als Folge der Löslichkeit von Gasen im Wasserschloß.

membranen und Neuronen. Fett und Öl sind sich sehr ähnlich, wobei die Löslichkeitsmessung in Öl einfacher ist. Daher wird es für diese Bestimmungen verwendet.

Die Abbildung 6.14 zeigt die relative Löslichkeit von Lachgas, Äther und Halothan in Öl. Je höher die Löslichkeit, desto größer die Anzahl der Moleküle des Anästhetikums in Öl (Punkte). Die Reihenfolge der Löslichkeit unterscheidet sich von der in Blut (s. Abb. 6.10). Lachgas löst sich weiterhin am schlechtesten, die Substanz mit der besten Löslichkeit ist nun Halothan (rechter Meßzylinder), während Äther zwischen Lachgas und Halothan einzuordnen ist.

Es ist allgemein bekannt, daß Substanzen mit der höchsten Fettlöslichkeit auch die größte Wirksamkeit als Anästhetika besitzen. Dies ist die Grundlage für die Meyer-Overton-Theorie, die in modifizierter Form in Abbildung 6.15 dargestellt ist. Die vertikale Achse des Diagramms ist die MAC (minimale alveoläre Konzentration) der Anästhetika; der MAC-Wert ist die Konzentration, bei der 50 % der Patienten auf einen chirurgischen Stimulus nicht mehr mit Bewegung reagieren. Auf der horizontalen Achse sind die Öl-Löslichkeitskoeffizienten der Anästhetika aufgetragen. Um den gesamten Bereich der Anästhetika abzudecken, wurde eine logarithmische Skala verwendet. Bei dieser Art der Auftragung fällt auf, daß die Anästhetika auf einer geraden Linie liegen; aus der negativen Steigung der Linie ist abzulesen, daß ein Anästhetikum mit einer hohen Öl-Löslichkeit einen niedrigen MAC-Wert besitzt. Mit anderen Worten: Ein Anästhetikum mit einer hohen Öl-Löslichkeit ist bereits bei niedrigen alveolären Konzentrationen wirksam, es hat eine hohe anästhetische Potenz. Anders ausgedrückt: Der MAC-Wert eines Anästhetikums hängt mit der Anzahl der in Öl gelösten Anästhetikummoleküle zusammen. Dies gilt für alle volatilen Anästhetika. Der MAC-Wert von über 100 % für Lachgas ist ein theoretischer Wert. Er basiert auf dem Partialdruck von Lachgas, wenn es als Anästhetikum in einer Überdruckkammer verwendet würde.

Um den Zusammenhang zwischen der Potenz eines Anästhetikums und sei-

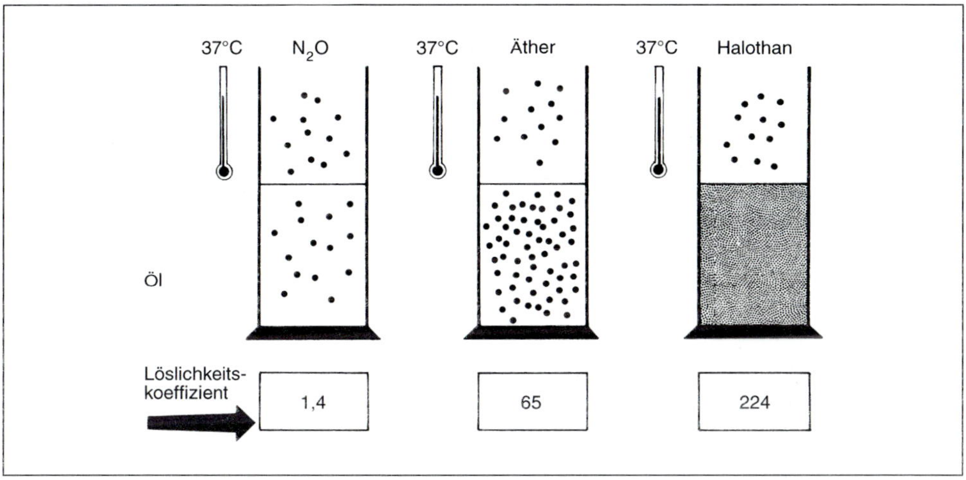

Abbildung 6.14: Löslichkeit von Anästhetika in Öl.

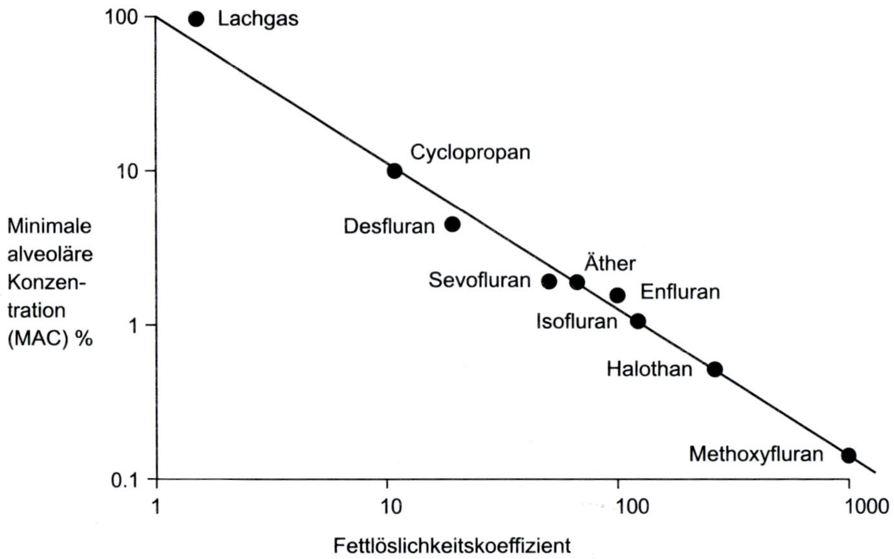

Abbildung 6.15: Graphische Darstellung der minimalen alveolären Konzentration (MAC) von Anästhetika und ihre Fettlöslichkeitskoeffizienten.

ner Löslichkeit in Öl zu erklären, nimmt man an, daß die hohe Löslichkeit eines potenten Anästhetikums verbunden ist mit einer Affinität der Moleküle des Anästhetikums zu denen der Fettsäureketten. Die zentralnervöse Wirksamkeit der Anästhetika beruht wahrscheinlich auf einer Interaktion mit der molekularen Konfiguration langer Fettsäureketten oder ähnlicher Strukturen an kritischen Stellen der Neurone oder ihrer Synapsen. Die Anlagerung der Anästhetikamoleküle an diese Molekülketten über Van der Waalssche Bindungen ist relativ locker und leicht reversibel.

Anästhetikamoleküle besitzen außerdem eine Affinität zu den langen Kohlenstoffmolekülketten in Gummi. Die Löslichkeit von Anästhetika in Gummi ändert dessen physikalische Eigenschaften, was praktische Bedeutung in der Anästhesie besitzt. Erhebliche Mengen von Anästhetika werden in Gummischläuchen des Beatmungssystems absorbiert, wobei die Menge des absorbierten Anästhetikums mit dessen Löslichkeit in Gummi zunimmt. Potente Anästhetika wie beispielsweise Halothan können in erheblichen Mengen absorbiert werden, die Größe des so aufgenommenen Volumens nimmt mit der Löslichkeit des Gases in den Schläuchen zu. Spuren dieser Anästhetika können dann zu einem späteren Zeitpunkt freigesetzt werden und zum Patienten gelangen, selbst wenn der Narkosegas-Vapor abgeschaltet ist.

Obwohl die auf diesem Wege freigesetzten Anästhesiegasmengen im allgemeinen sehr gering sind, können sie ausreichen, eine maligne Hyperthermie (MH) auszulösen. Patienten mit bekannter oder vermuteter MH-Disposition müssen daher unbedingt mit frischen, nicht kontaminierten Schläuchen versorgt werden.

7 Diffusion und Osmose

Diffusion ist der Prozeß, bei dem die Moleküle einer Substanz durch eine Schicht oder eine Oberfläche, z. B. die Oberfläche einer Flüssigkeit, hindurchdringen. In der Lunge diffundieren auf diese Weise Gase durch eine Gas-Flüssigkeitsschicht. Diffusion geschieht allerdings auch an anderen Stellen des Organismus (Abb. 7.1). Die Diffusion von Gasen im Körper durch Kompartimente ist in der Form von Schichten in einer Flasche dargestellt. Oben befindet sich das Gas in den Alveolen der Lunge, darunter die alveoläre Membran, wo das Gas in die flüssige Phase, d. h. in das Blut diffundiert. Darüber hinaus gibt es weitere Membranen, an denen Diffusionen stattfinden, und zwar zwischen dem Blut und der extrazellulären Flüssigkeit sowie der extrazellulären Flüssigkeit und der Zelle. Diese Vorgänge ermöglichen dem Gas den Übertritt von einem Kompartiment des Körpers in das nächste.

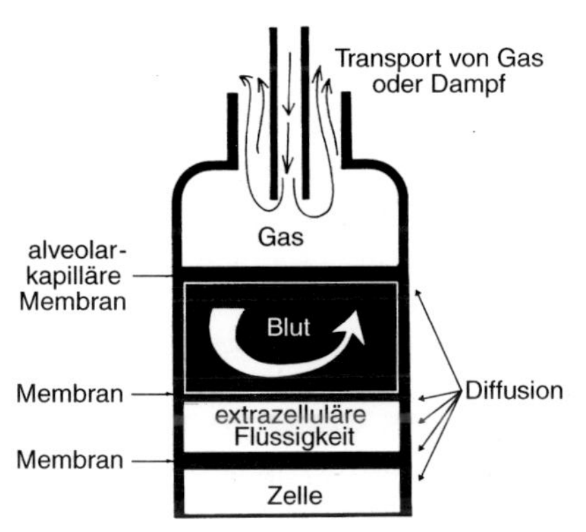

Abbildung 7.1: Einfaches Modell zur Diffusion von Gas oder Dampf im Körper.

Diffusion kann auch ohne eine Membran oder eine Gas-Flüssigkeitsbarriere stattfinden. Entweicht beispielsweise Gas aus einer defekten Leitung, verteilt sich das Gas durch Diffusion, auch wenn der Gashahn bereits zugedreht wurde.

7.1 Einflußfaktoren der Diffusionsgeschwindigkeit

Die Abbildung 7.2 zeigt ein Beispiel, in dem zwei unterschiedliche Konzentrationen einer Substanz oder eines Gases in ein Gebiet niedrigerer Konzentration diffundieren. Dies könnte z. B. das Gas der defekten Leitung aus dem obigen Beispiel sein, ein Anästhetikum, das durch eine Membran diffundiert, oder ein Gas, das in eine Flüssigkeit diffundiert. Auf der rechten Seite wurde die Konzentration gegenüber der linken Seite verdoppelt. Es findet sich eine Verdoppelung der Diffusionsgeschwindigkeit durch die Oberfläche oder Membran. Befindet sich unterhalb der Membran auch eine bestimmte Gaskonzentration, so hängt die Diffusionsgeschwindigkeit von der Konzentrations*differenz*

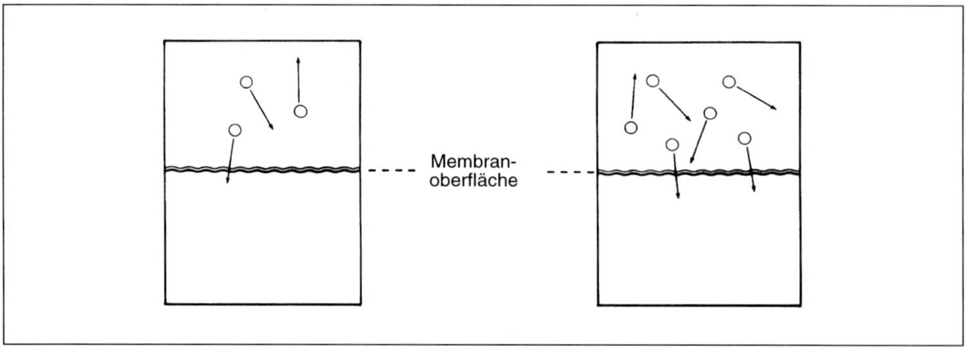

Abbildung 7.2: Einfluß der Konzentration auf die Diffusionsgeschwindigkeit.

über der Membran ab. Dieser Zusammenhang wird durch das Ficksche Diffusionsprinzip definiert:

Das Ficksche Diffusionsprinzip besagt, daß die Diffusionsgeschwindigkeit einer Substanz über eine bestimmte Fläche (wie z.B. eine Oberfläche oder eine Membran) proportional ist zum Konzentrationsgradienten.

Das Ficksche Prinzip gilt nur in einer einfachen homogenen Phase. Wenn Gase von einer Phase in eine andere übergehen – wie im Falle eines Gases, das in eine Lösung übergeht –, ist eine geringe Modifikation notwendig. Diese modifizierte Form des Gesetzes besagt, daß die Diffusionsgeschwindigkeit eines Gases durch eine Membran (oder eine Oberfläche) proportional zum Spannungsgradienten ist.

Die Spannung eines Gases in Lösungen beschreibt den Partialdruck des Gases, das mit ihr im Gleichgewicht steht (s. Kapitel 6). Das Wort Spannung wird für Gase in der gasförmigen Phase oft an Stelle des Begriffes Partialdruck verwendet. Diese modifizierte Form des Fickschen Prinzips ist für die Anästhesie relevanter als die ursprüngliche Form, da sie universell anwendbar ist. Es ist beispielsweise in klinischen Situationen von Bedeutung, in denen eine Membran oder ein Übergang zwischen Gasen, zwischen Flüssigkeiten oder zwischen Gasen und Flüssigkeiten besteht.

Die besprochenen Gesetze gelten nur für ein bestimmtes Gas und eine bestimmte Membran, da unterschiedliche Gase unterschiedliche Diffusionsgeschwindigkeiten besitzen und auch die Membranen bezüglich ihrer Diffusionskapazität differieren. Das Ficksche Diffusionsprinzip soll nun im Zusammenhang mit dem Transport eines Gases oder eines Dampfes zur Zelle betrachtet werden. In Abbildung 7.1 oben ist ein Gas gezeigt, das durch Ventilation transportiert wird. Die Transportgeschwindigkeit läßt sich durch die Multiplikation des Flusses mit der Konzentration berechnen. Wenn das Gas die alveolokapilläre Membran erreicht hat, findet Diffusion statt, wobei hier der Spannungsgradient von Bedeutung ist. Im Kreislauf findet ebenfalls ein Substanztransport statt, wobei die Geschwindigkeit gleich dem Produkt aus Fluß und Geschwindigkeit ist. Vom Blut zur Zelle bestehen allerdings zwei Membranen, die durch das extrazelluläre Flüssigkeitskompartiment getrennt sind. An diesen

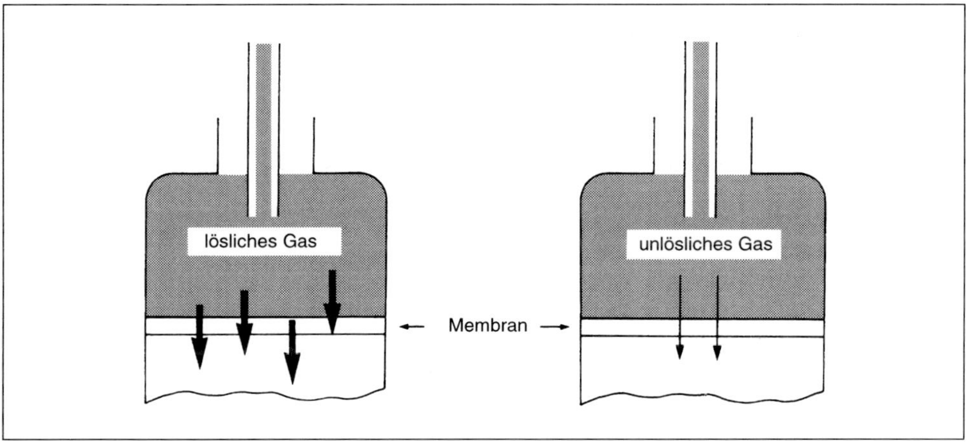

Abbildung 7.3: Diffusion durch die alveolo-kapilläre Membran.

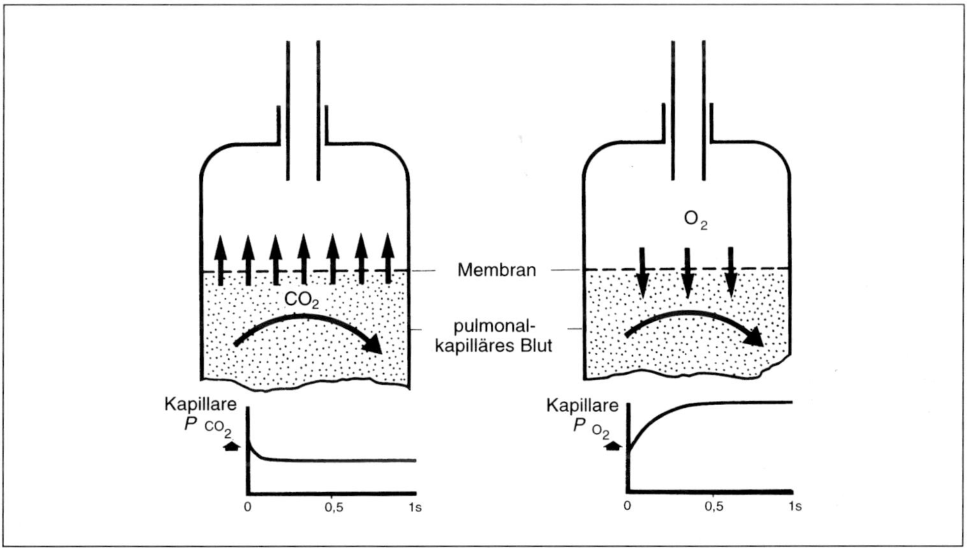

Abbildung 7.4: Diffusion von Kohlendioxid und von Sauerstoff.

Stellen findet Diffusion statt, die Geschwindigkeit wird also von den Gewebespannungsgradienten beeinflußt. Zusätzlich zur Diffusion kann der Gastransport auch durch Flüssigkeitsbewegungen in der extrazellulären Flüssigkeit, die durch Osmose zustande kommen, unterstützt werden.

Das gleiche Muster von Diffusion und Massentransport gilt umgekehrt auch für eine Substanz wie Kohlendioxid, das in der Zelle produziert und durch Ventilation ausgeschieden wird.

Betrachten wir nun die Diffusion durch die alveolo-kapilläre Membran (Abb. 7.3). Hier geht das Gas in eine flüssige Phase über und damit in Lösung. Die Diffusion des Gases hängt von der Spannung oder den Konzentrationsgradienten in der Flüssigkeit selbst ab. Je größer die Löslichkeit des Gases in der Flüssigkeit, desto größer wird der Konzentrationsgradient zwischen den Oberflächen und den tieferen Schichten der Flüssigkeit sein. Ein löslicheres Gas diffundiert daher schneller in die tieferen Schichten der Flüssigkeit. Dies hält einen Spannungsgradienten zwischen Gas und der oberen Schicht der Flüssigkeit aufrecht und steigert die Diffusionsgeschwindigkeit des Gases in die Flüssigkeit. Die Diffusion eines Gases durch eine Membran in oder aus einer Flüssigkeit ist daher proportional zu ihrer Löslichkeit in dieser Flüssigkeit.

Die Abbildung 7.4 verdeutlicht dies für Kohlendioxid und Sauerstoff. Da Kohlendioxid in Körperflüssigkeit löslicher als Sauerstoff ist, diffundiert es schneller. Die Diagramme unter den Abbildungen illustrieren die Diffusionsgeschwindigkeit durch die alveolo-kapilläre Membran für Kohlendioxid und Sauerstoff. Das Blut benötigt normalerweise 0,75 Sekunden, um die Kapillare zu passieren. Kohlendioxid äquilibriert sich dagegen in weniger als 0,1 Sekunden.

Das Sauerstoffgleichgewicht ist normalerweise innerhalb der halben Zeit, die das Blut zum Durchströmen der Kapillare benötigt, hergestellt. Diese längere Zeit für Sauerstoff ist zum einen bedingt durch seine langsamere Diffusion im Vergleich zu Kohlendioxid und zum anderen durch die Entfernung von Sauerstoffmolekülen aus dem Plasma durch die Bindung an Hämoglobin in den Erythrozyten. Wenn die Diffusionskapazität limitiert ist, tritt eine Hypoxie schneller auf als eine Hyperkapnie. Trotzdem besteht noch eine Zeitreserve für Sauerstoff zur Erreichung des Gleichgewichts, bevor das Blut die Kapillare verläßt, so daß eine mäßige Beschränkung der Diffusion normalerweise symptomlos bleibt.

Die Diffusion volatilerer Anästhetika ähnelt der von Kohlendioxid: Auch hier wird ein vollständiges Gleichgewicht in Sekundenbruchteilen erreicht, so daß die Diffusion bei der Betrachtung der Aufnahme von Anästhetika vernachlässigt werden kann (vgl. Kap. 6).

7.2 Pulmonale Diffusionskapazität und Kohlenmonoxidtransfertest

Die Diffusion durch die alveolo-kapilläre Membran wird durch bestimmte Erkrankungen beeinflußt, sie kann unter Verwendung von Kohlenmonoxid gemessen werden. Diese Meßmethode, bekannt als der *pulmonale Diffussionskapazitäts-* oder *Transfertest,* ist die nach dem Spannungsgradienten standardisierte Geschwindigkeit der Kohlenmonoxidaufnahme. Da Kohlenmonoxid sehr toxisch ist, kann es nur in Spuren verwendet werden. Ein Patient kann allerdings Konzentrationen von 0,1 % Kohlenmonoxid für eine kurze Zeit ohne Gefahr inhalieren. Da Hämoglobin eine hohe Affinität für Kohlenmonoxid besitzt, verschwinden diese Moleküle sehr schnell in den Blutzellen und werden mit dem Blutstrom abtransportiert. Folglich würde das Plasma in den Pulmonalkapillaren eine lange Zeit benötigen, um ein Gleichgewicht mit dem alveolären Gas einzustellen und eine signifikante Kohlenmonoxidspannung aufzubauen. Die Kohlenmonoxidspannung in den Lungenkapillaren während dieses Tests kann daher mit Null angenommen werden. Die Geschwindigkeit, mit der Kohlenmonoxid die Alveolen verläßt, ist daher abhängig von der Diffusionsgeschwindigkeit durch die Membran und nicht vom pulmonalen Blutfluß. Auf diese Weise wird die Aufnahmegeschwindigkeit geringer Konzentrationen von Kohlenmonoxid verwendet, um die Diffusionskapazität zu messen.

Da die Lungen eine große Diffusionsreserve besitzen, sind geringe Einschränkungen für den Patienten ohne Bedeutung. Eine Pneumektomie beispielsweise halbiert die verfügbare Membranfläche und halbiert so näherungsweise die Diffusionskapazität. Trotzdem führt der Eingriff normalerweise nicht zu ernsten Problemen. Bestimmte Erkrankungen, wie beispielsweise die Sarkoidose, die Asbestose und manchmal der systemische Lupus erythematodes, beeinträchtigen die alveolokapilläre Membran selbst und können zu einer schweren Einschränkung der Diffusionskapazität führen. Die Messung der Diffusionskapazität kann daher bei der Diagnose dieser Erkrankungen von Bedeutung sein.

Wie bereits in Abbildung 7.1 gezeigt, gibt es weitere Membranbarrieren zwischen dem Blut in den Kapillaren und der extrazellulären Flüssigkeit sowie zwischen der extrazellulären Flüssigkeit und der Zelle. Die Diffusionskapazität wird zum Beispiel durch ein interstitielles Ödem verändert, da die Ödemflüssigkeit die Diffusion von Gasen oder anderen Substanzen behindert.

7.3 Praktische Aspekte der Diffusion

Betrachten wir nun einige praktische Punkte, die die Diffusion und Anästhesiegeräte betreffen. Narkosegeräte liefern Halothandampf durch gewellte Gummischläuche; die Löslichkeit von Halothan in Gummi ist hoch, es diffundiert daher schnell in und aus dem Gummi der Schläuche. Die Gummischläuche stellen somit eine mögliche Quelle dar, aus der Halothan in die Atmosphäre des Operationssaales diffundieren kann. Wie bereits in Kapitel 6 erwähnt, kann Halothan aufgrund seiner hohen Löslichkeit in Gummi auch gespeichert bleiben, so daß Spuren der Substanz später freigesetzt werden können.

Als ein weiteres Beispiel für den Effekt von Spannungsgradienten auf die Diffusion wollen wir einen Patienten mit Dekompressionskrankheit betrachten, in dessen Gewebe sich Stickstoffblasen gebildet haben. In Abbildung 7.5 links ist eine Stickstoffblase im Gewebe innerhalb einer Kapillarschlinge dargestellt. Erhält dieser Patient nun eine Narkose mit 50% Lachgas, entwickelt sich ein Spannungsgradient mit einer arteriellen Lachgasspannung von beispielsweise 50 kPa gegenüber einer Spannung von Null innerhalb der Blase. Lachgas wird nun in die Blase diffundieren und diese dadurch vergrößern (rechtes Bild). Die Symptome werden sich entsprechend verstärken.

Dieses Problem ist nicht auf Patienten mit Dekompressionskrankheiten beschränkt, es betrifft auch solche mit abgeschlossenen Luftansammlungen an anderen Stellen, wie z.B. einem Pneu-

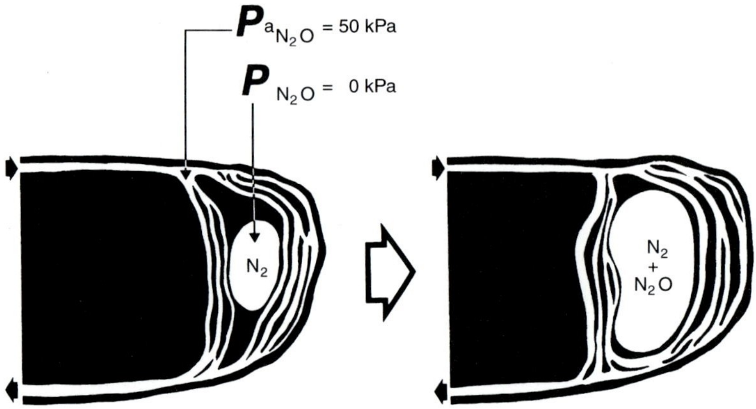

Abbildung 7.5: Einfluß von Lachgas auf die Größe von Gasblasen in Geweben.

mothorax. Auch Luft im Mittelohr dehnt sich aus, was beispielsweise zu Problemen bei Transplantaten in dieser Region führen kann.

In Abbildung 7.5 ist ein umgekehrter Gradient für Stickstoff dargestellt. Der Stickstoff wird nicht mit der gleichen Geschwindigkeit aus der Blase entfernt mit der Lachgas hineindiffundiert, da die geringere Löslichkeit von Stickstoff die Geschwindigkeit von Diffusion und Abtransport mit dem kapillären Blutstrom beschränkt.

Ein weiteres Beispiel der Lachgasdiffusion taucht regelmäßig während der Intubationsnarkose auf, wenn das Gas in den Cuff des Endotrachealtubus diffundiert und so den Druck auf die tracheale Mukosa erhöht.

7.4 Einfluß der Molekulargröße

Betrachten wir nun den Effekt unterschiedlicher Größen der Moleküle der diffundierenden Substanzen. Das linke Bild der Abbildung 7.6 zeigt eine zerbrochene Ätherflasche auf dem Fußboden. Der Ätherdampf bildet eine Schicht über dem Boden, da Äther dichter ist als Luft. Auf der rechten Seite ist eine Gasleitung zerbrochen und hat Wasserstoff in den oberen Teil des Raumes freigesetzt. Da sich bei gleicher Temperatur kleinere Moleküle schneller bewegen als große, diffundiert der Wasserstoff schneller als der Äther. Der Ätherdampf wird also länger als Schicht bestehen bleiben.

Das Verhältnis der Molekulargröße zur Diffusionsgeschwindigkeit wird durch das Grahamsche Diffusionsgesetz definiert.

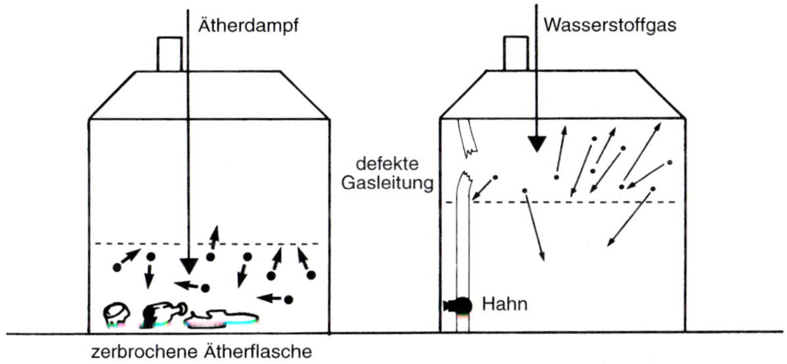

Abbildung 7.6: Einfluß der Molekülgröße auf die Diffusionsgeschwindigkeit.

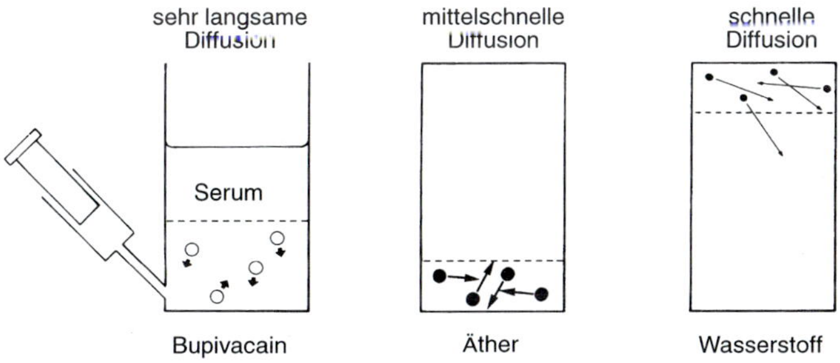

Abbildung 7.7: Die Diffusion in einer Flüssigkeit (beispielsweise Blut) ist langsamer als in Dampf oder Gas.

Das Grahamsche Diffusionsgesetz besagt, daß die Diffusionsgeschwindigkeit eines Gases umgekehrt proportional zur Quadratwurzel seines Molekulargewichtes ist.

Dieses Diffusionsgesetz ist bei komplexeren biologischen Membranen nicht exakt gültig.

Obwohl das Grahamsche Gesetz für Gase gilt, kann das Prinzip der Abhängigkeit der Diffusionsgeschwindigkeit von der Molekulargröße auch auf Flüssigkeiten angewendet werden. Bupivacain wird langsam unter eine Serumschicht injiziert, so daß es eine dünne bodenständige Schicht bildet (Abb. 7.7 links). Die Molekularbewegungen in Flüssigkeiten sind wesentlich langsamer und eingeschränkter als bei Gasen (kurze Richtungspfeile). So ist die Diffusionsgeschwindigkeit im Serum sehr gering im Vergleich zu Dämpfen oder Gasen. Wird ein Lokalanästhetikum in Gewebe verabreicht, ist es wichtig, das Anästhetikum nahe des gewünschten

Nerves zu injizieren, da die Diffusion nur eine begrenzte Durchdringung des Lokalanästhetikums in das Gewebe erlaubt. Im Falle der Zerebrospinalflüssigkeit sind auch Konvexionsströme und Gravitationseffekte von Bedeutung, die von der Dichte des Lokalanästhetikums abhängen und dazu beitragen, daß das Lokalanästhetikum die entsprechenden Nervenwurzeln erreicht.

Die wichtigsten Aspekte der Diffusion können folgendermaßen zusammengefaßt werden: Die Diffusion ist proportional zum Spannungsgradienten und da die Löslichkeit einen wesentlichen Einfluß auf den Spannungsgradienten besitzt, beeinflußt auch diese die Diffusionsgeschwindigkeit. Die Diffusion hängt also ab von der betroffenen Membran, ihrer Fläche, Dicke und ihrer Zusammensetzung. Schließlich wird Diffusion durch die Molekulargröße beeinflußt, wobei größere Moleküle langsamer diffundieren als kleine, und Flüssigkeiten langsamer diffundieren als Gase.

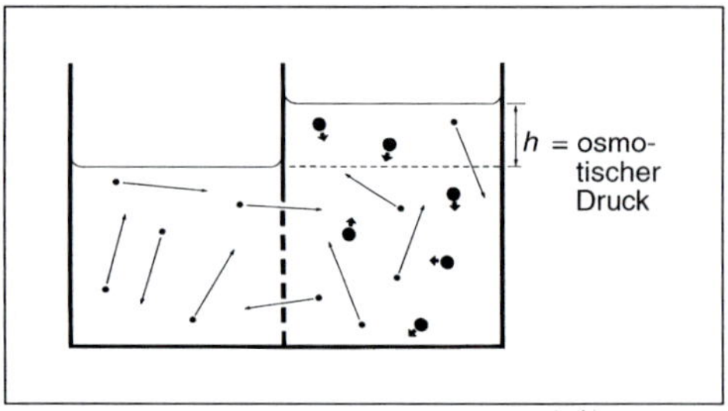

Abbildung 7.8: Prinzip der Osmose.

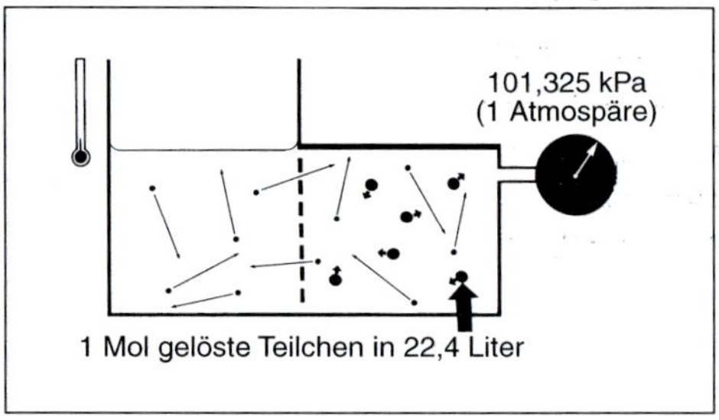

Abbildung 7.9: Ein osmotischer Druck von 101,325 kPa wird erzeugt, wenn 1 Mol Substanz in 22,4 Liter bei 0 °C gelöst wird.

7.5 Osmose

Betrachten wir nun eine Membran, die nicht für alle Moleküle durchgängig ist, d.h. eine semipermeable Membran (Abb. 7.8). Die kleinen Lösungsmittelmoleküle können die Membran schnell passieren, dagegen enthält das Kompartiment auf der rechten Seite einige große gelöste Moleküle, die nicht passieren können. In diesem Kompartiment ist die Konzentration der kleinen Lösungsmittelmoleküle durch die Anwesenheit der gelösten Substanz reduziert. Was würde mit den kleinen Molekülen geschehen, wenn das Ficksche Diffusionsgesetz angewendet wird? Sie würden von der höheren Konzentration auf der linken Seite zur niedrigeren Konzentration auf der rechten Seite diffundieren, also einen Flüssigkeitsstrom auslösen. Wenn dieser Strom lange genug anhält, würde ein Gleichgewicht erreicht. Die Höhendifferenz *h* zwischen den beiden Kompartimenten entspricht dann dem osmotischen Druck – der Druck, der genau den Effekt der gelösten Moleküle ausgleicht.

Ein anderer Weg, ein Gleichgewicht zu erreichen, ist ein geschlossenes Kompartiment, wie in Abbildung 7.9 gezeigt. Wenn das Kompartiment auf der rechten Seite ein Fassungsvermögen von 22,4 l besitzt und ein Mol gelöster Partikel bei einer Temperatur von 0 °C enthält, beträgt der osmotische Druck in diesem Kompartiment 101,325 kPa oder 1 Atmosphäre. Dies wird in dem Diagramm durch das Manometer gezeigt, das den über den Umgebungsdruck hinausgehenden Druck anzeigt. Man beachte, daß dies ähnlich dem Konzept ist, daß 1 Mol eines idealen Gases in einem Volumen von 22,4 l einen Druck von 1 Atmosphäre ausübt (s. Kapitel 4). Unter der Annahme, daß 1 Mol gelöste Substanz in dem Kompartiment vorhanden ist und daß die Membran für die gelösten Moleküle nicht permeabel ist, ist die Größe dieser Moleküle nicht relevant.

In der klinischen Praxis haben wir es mit den verschiedensten Molekülen in Plasma, Urin oder anderen Körperflüssigkeiten zu tun. Um zwischen der Molarität bestimmter Inhaltsstoffe einerseits und der Summe der Molaritäten, die den osmotischen Druck ausmachen, andererseits zu unterscheiden, wird der Begriff Osmolarität verwendet. Betrachten wir als Beispiel die Zusammensetzung der Ringer-Laktat-Lösung:

Natrium	131 mmol/l
Kalium	5 mmol/l
Calcium	2 mmol/l
Laktat*	29 mmol/l
Chlorid	111 mmol/l
Gesamt-Osmolarität	278 mosmol/l

* Unter der Annahme, daß Laktat in ionisierter Form vorliegt.

Jede Komponente liegt in einer anderen Konzentration (mmol/l) vor, es ist jedoch die Gesamtsumme der Molaritäten, die den osmotischen Druck bestimmt. Mit anderen Worten: Die Osmolarität der Lösung ist die Summe der Molaritäten der gelösten Bestandteile. Sie beträgt für Ringer-Laktat-Lösung 278 mosmol/l.

Die meisten Körperflüssigkeiten, wie z.B. Plasma, haben Osmolaritäten von ungefähr 300 mosmol/l. Mehr als 99% der Osmolarität von Plasma wird bestimmt von Elektrolyten wie Natrium, Chlorid und Bicarbonat, der Anteil der Plasmaproteine ist mit etwa 1 mmol/l dagegen sehr gering. Die meisten Infusionslösungen sind auf eine Osmolarität von etwa 300 mosmol/l eingestellt. Dies bedeutet, daß sie mit den Körperflüssigkeiten isoton sind. Wird einem Patienten eine Flüssigkeit niedrigerer Osmolarität infundiert (hypotone Lösungen), führt die Änderung des osmotischen Druckgradienten über der Zellmembran zu einer Flüssigkeitsdiffusion in die Zelle, was wiederum zu einem Anstieg des hydrostatischen Druckes in der Zelle führt.

Diese Tatsache macht man sich im Erythrozytenresistenztest für die Unterscheidung verschiedener Formen der hämolytischen Anämie zunutze. Dabei werden Erythrozyten in Elektrolytlösungen verschiedener Konzentrationen bei 20 °C inkubiert. Je geringer die Osmolarität der Lösung, desto größer ist der hydrostatische Druck, der sich in den Erythrozyten durch den Einstrom von Flüssigkeit aufbaut. Bei Osmolaritäten unter 200 mosmol/l platzen daher die roten Blutkörperchen und setzen Hämoglobin frei. Bei einigen Formen der hämolytischen Anämie sind die Erythrozyten abnorm und besitzen daher eine geringere osmotische Resistenz; sie zerplatzen also bereits bei höheren Osmolaritäten.

Der Hauptunterschied zwischen Plasma und interstitieller Flüssigkeit ist der relative Anteil von Proteinen, der in letzterer vernachlässigbar ist. Da die Membran von Blutkapillaren für Wasser und Elektrolyte, nicht aber für große Proteinmoleküle, permeabel ist, hängt der osmotische Druck zwischen Blut und extrazellulärer Flüssigkeit von den Proteinmolekülen ab. Um diesen Druck vom gesamtosmotischen Druck zu unterscheiden, wird er auch *onkotischer Druck* genannt. Obwohl Albumin und Globuline im Plasma eine sehr geringe Osmolarität von etwa 1 mosmol/l besitzen, tragen sie zu einem onkotischen Druck in den Kapillaren von etwa 3,5 kPa (26 mmHg) bei, wobei der Druck in erster Linie dem Albumin aufgrund seiner höheren molaren Konzentration zuzuschreiben ist.

Die Abbildung 7.10 zeigt eine Kapillarschlinge mit einem arteriellen Druck von 7 kPa (53 mmHg) und einem venösen Druck von nahe Null. Das Gleichgewicht der Drücke ist eng verknüpft mit dem onkotischen Druck der Plasmaproteine. Daher übersteigt am arteriellen Ende der Kapillare der hydrostatische Druck den onkotischen Druck um 3,5 kPa, was zu einem Flüssigkeitsausstrom aus der Kapillare führt. Am venösen Ende kehren sich die Druckverhältnisse um, und Gewebeflüssigkeit strömt in die Kapillare ein. Diese Druckgradienten erzeugen einen kontinuierlichen Flüssigkeitsstrom durch die Gewebe, um Sauerstoff, CO_2 und andere Substanzen zu bzw. von den Zellen wegzutransportieren. Dies ist ein wichtiger Mechanismus, da die Diffusion allein nicht in der Lage ist, gelöste Substanzen ausreichend schnell durch eine Flüssigkeit zu transportieren. (Das Beispiel ist vereinfacht, da der geringe hydrostatische und onkotische Druck der Gewebeflüssigkeit vernachlässigt wurde.)

Ein Abfall des onkotischen Drucks des Plasmas, z.B. unter 2 kPa (15 mmHg), erniedrigt den Gradienten am venösen Ende der Kapillare und kann zur Ansammlung von Gewebeflüssigkeit führen (Ödem). Die Messung des onkotischen Drucks kann daher zur Behandlung von Patienten mit pulmonalem oder Gewebeödem hilfreich sein. Das Meßinstrument ist das *Onkometer*. Eine semipermeable Membran trennt die Plasmaprobe von einer Referenzelektrolytlösung; die durch die onkotischen Mechanismen erzeugte Druckänderung wird durch einen Druckwandler gemessen (vgl. auch Abb. 7.9).

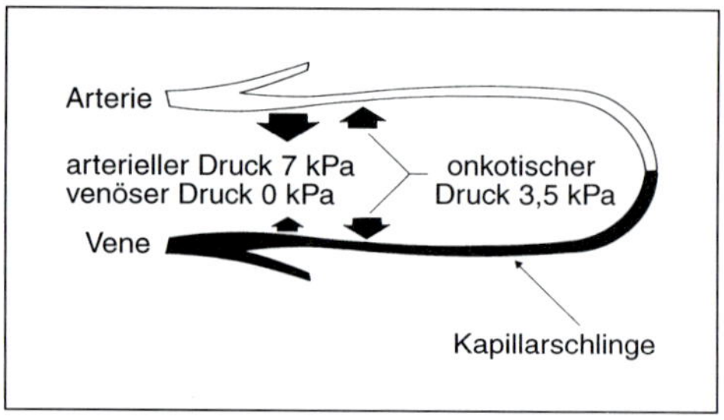

Abbildung 7.10: Druckgleichgewicht in einer Kapillarschlinge.

7.6 Osmolarität und Nierenfunktion

In der Niere wird das aus den Glomeruli stammende Ultrafiltrat durch Zellen in den renalen Tubuli konzentriert (Abb. 7.11). Die Plasmaosmolarität beträgt etwa 300 mosmol/l, so daß das Filtrat, das in die Tubuli eintritt, eine ähnliche Osmolarität aufweist. Da der Beitrag der Plasmaproteine zur Gesamtosmolarität des Plasmas vergleichsweise gering ist, ist ihr Fehlen im Filtrat ohne Bedeutung. In den Tubuli findet nun eine aktive Resorption speziell von Wasser statt. Der produzierte Urin hat eine Osmolarität von etwa 1000 mosmol/l, also den 3- bis 4fachen Wert des Plasmas.

Die relative Osmolarität von Urin zu der von Plasma ist ein zuverlässiger Parameter für die Effizienz der renalen Funktion. Wenn die Osmolarität des

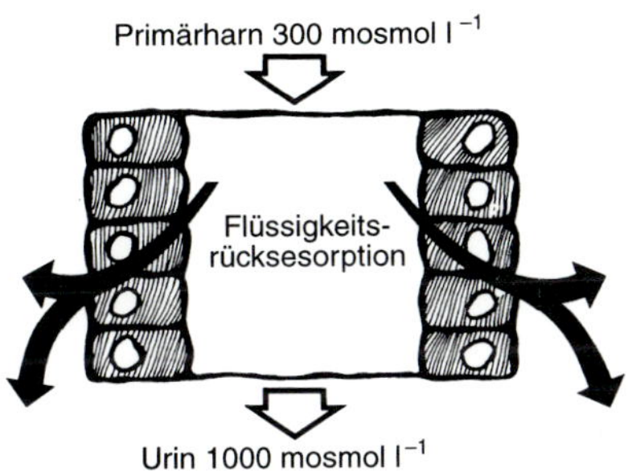

Abbildung 7.11: Osmolarität in einem Nierentubulus.

Urins auf die des Plasmas abfällt, ist dies entweder ein Zeichen einer gesteigerten Diurese oder Ausdruck einer renalen Funktionsstörung. Ein Urin-Plasma-Osmolaritätsverhältnis von wenig über 1 mit einer geringen Gesamturinproduktion legt somit eine Störung der renalen tubulären Funktion nahe.

In der Befundung von Urinosmolaritäten wird oft ein anderer Ausdruck, die Osmolalität, verwendet. Osmolalität bezieht sich auf die Anzahl von Osmolen pro kg Wasser oder einem anderen Lösungsmittel. In der wissenschaftlichen Forschung wird Osmolalität bevorzugt, weil Ungenauigkeiten aufgrund des Einflusses der Temperatur auf das Volumen der Lösung vermieden werden. Die Molarität wird in mol/l angegeben, die Molalität in mol/kg Wasser (oder ein anderes Lösungsmittel).

7.7 Messung der Osmolalität

Für die Messung der Osmolalität im Urin oder Plasma wird ein *Osmometer* verwendet (Abb. 7.12). Sein Prinzip basiert auf der Erniedrigung des Gefrierpunktes einer Lösung. Dieses Phänomen ist übrigens auch die Grundlage der winterlichen Salzstreuung im Straßenverkehr. Die Erniedrigung des Gefrierpunktes einer Lösung ist direkt proportional zu seiner Osmolalität, wobei ein Mol ei-

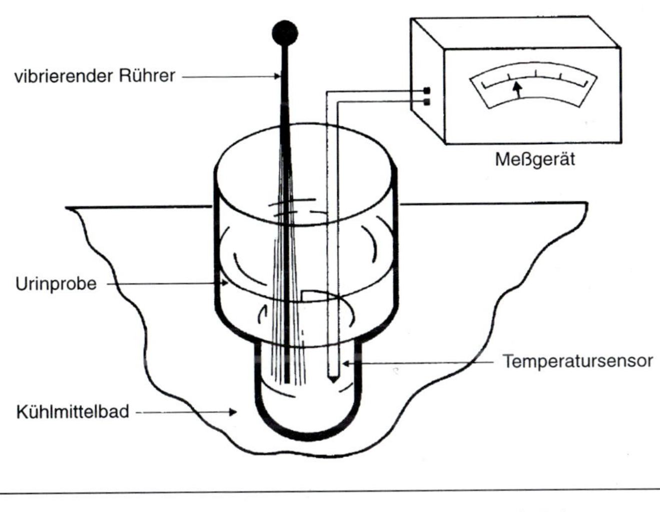

Abbildung 7.12: Osmometer nach dem Prinzip der Gefrierpunkterniedrigung.

ner Substanz in einem kg Wasser den Gefrierpunkt um 1,86 °C erniedrigt. In ähnlicher Weise ist die Erniedrigung des Gefrierpunktes des Wassers in Plasma und Urin an die Osmolalität gekoppelt.

Zwei Milliliter Urin werden in das Probenröhrchen im Kühlbad gegeben, ein Fühler mißt die Temperatur, die auf einem Meßgerät angezeigt wird (Abb. 7.12). Ein Rührer sorgt für die Durchmischung der Lösung und für ein gleichmäßiges Einsetzen des Gefriervorganges. In der Praxis kühlt der Urin unterhalb der Temperatur seines Gefrierpunktes ab, bevor tatsächlich eine Verfestigung eintritt. Ändert die Lösung ihren Aggregatzustand, dann erwärmt sich der Urin zur konstanten Gefrierpunkttemperatur auf. Dieser Wert kann abgelesen werden. Um eine Umrechnung der Gefrierpunkterniedrigung in mosmol zu vermeiden, sind moderne Instrumente so geeicht, daß die Osmolarität direkt angezeigt wird, wenn die Temperaturmessung einen konstanten Wert erreicht hat.

Die Gefrierpunkterniedrigung ist allerdings nicht der einzige Effekt einer gelösten Substanz. Die Abbildung 7.13 zeigt ein reines Lösungsmittel auf der linken Seite und eine Lösung mit einem gelösten Stoff im rechten Kompartiment. Einige Moleküle des Lösungsmittels verdampfen und tragen zur Ausbildung eines Dampfdruckes bei. Auf der rechten Seite reduzieren die großen gelösten Moleküle der Substanzen die Oberfläche, die für das Verdampfen der kleineren Lösungsmittelmoleküle zur Verfügung steht. Der gelöste Stoff reduziert daher den Dampfdruck über dem Lösungsmittel. Dieser Effekt ist als Raoulsches Gesetz bekannt.

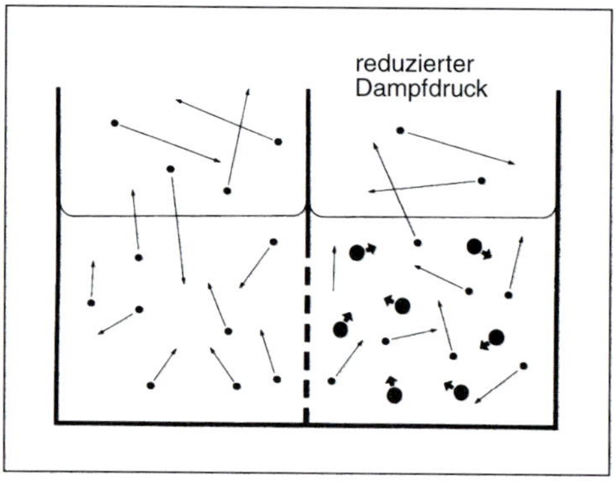

Abbildung 7.13: Raoulsches Gesetz.

Das Raoulsche Gesetz besagt, daß die Erniedrigung des Dampfdrucks eines Lösungsmittels proportional ist zur molaren Konzentration des gelösten Stoffes.

Ein Osmometer, das dieses Prinzip des Dampfdrucks durch eine gelöste Substanz nutzt, ist ebenfalls erhältlich. Gegenüber anderen Osmometern, die die Gefrierpunkterniedrigung nutzen, hat es den Vorteil, daß nur geringe Probenmengen notwendig sind, so daß es sogar für die Messung der Osmolalität des Schweißes genutzt werden kann. Die Osmolalität von Schweiß ist proportional zu seinem Gesamtelektrolytgehalt, der sich zum Beispiel ändert, wenn der Patient an zystischer Fibrose leidet.

7.8 Azeotrope

Die gelöste Substanz muß nicht unbedingt ein fester Stoff oder ein Gas sein – sie kann auch eine andere Flüssigkeit sein. Ein Beispiel für eine solche Flüssigkeit, die in einer anderen gelöst ist, ist ein Azeotrop.

Ein Azeotrop ist eine Mischung, die im gleichen Verhältnis verdampft, in dem die Volumenkonzentrationen der Komponenten in der Lösung zueinander stehen. Äther und Halothan bilden ein

Azeotrop, vorausgesetzt, daß sie im Verhältnis von einem Volumenteil Äther zu zwei Volumenteilen Halothan stehen.

Unter Verwendung der Dichte und des Molekulargewichtes von Äther und Halothan können die Massenkonzentrationen und die molaren Konzentrationen berechnet werden. Das Verhältnis der molaren Konzentrationen beträgt 1:2, der Dampfdruck wird sich entsprechend des Raoulschen Gesetzes ebenfalls in diesem Verhältnis einstellen.

	Volumenkonzentrationen	**Massenkonzentrationen**	**Molare Konzentration**
Äther	333 ml/l	236 g/l	3,19 mol/l
Halothan	667 ml/l	1240 g/l	6,3 mol/l

Dies bedeutet, daß sich die Komponenten dieses azeotropen Systems im Verhältnis von 1 Teil Äther zu 2 Teilen Halothan verhalten, daß sich folglich die relativen Volumenkonzentrationen der Flüssigkeitsmischung nicht ändern.

Azeotrope finden sich auch in anderen Mischungen. So bildet Alkohol in Wasser ein Azeotrop bei ungefähr 96% Alkohol, was zur Folge hat, daß die Herstellung einer Alkoholkonzentration von mehr als 96% durch fraktionierte Destillation nicht möglich ist.

Da die Anwesenheit einer anderen gelösten Substanz in einem Lösungsmittel dessen Dampfdruck erniedrigt und es weniger flüchtig macht, wird sein Siedepunkt angehoben.

Die Erniedrigung des Gefrierpunkts, die Erniedrigung des Dampfdrucks und die Anhebung des Siedepunkts hängen mit der Osmolarität zusammen und werden manchmal als die *kolligativen Eigenschaften* einer Lösung bezeichnet.

8 Arbeit, Energie und Leistung

8.1 Arbeit

Dieses Kapitel beschäftigt sich mit Arbeit, Energie und Leistung mit speziellem Bezug auf die Atmung und Herzarbeit. Mechanische Arbeit ist eine Energieform; andere Formen der Energie umfassen Wärmeenergie und chemische Energie. Arbeit wird geleistet bzw. Energie wird verbraucht, wenn sich der Angriffspunkt einer Kraft in Richtung der Kraftwirkung bewegt. Die SI-Einheit der Energie ist das Joule.

Ein Joule Arbeit wird geleistet, wenn eine Kraft von einem Newton seinen Angriffspunkt einen Meter in Richtung der Kraft bewegt.

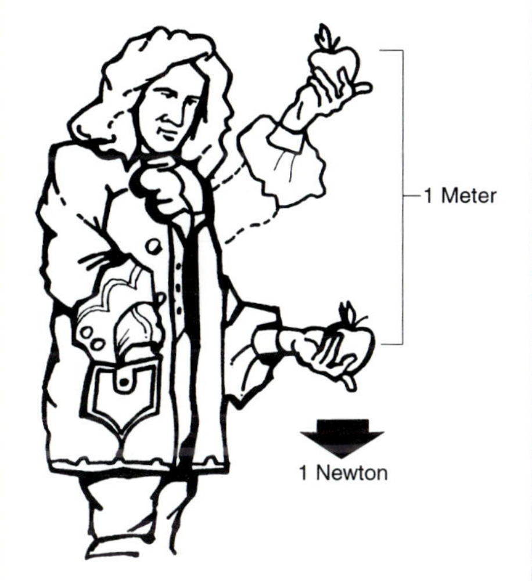

Abbildung 8.1: Die Definition des Joule.

Die Gravitationskraft auf einen Apfel mit einer Masse von 102 g ist ein Newton, d. h. wenn der Apfel einen Meter vertikal gegen die Gravitationskraft bewegt wird, wird 1 Joule Arbeit geleistet (Abb. 8.1). Die Gesamtenergie muß konstant bleiben, und die mechanische Energie, die für das Anheben des Apfels aufgewendet wird, wird in diesem Fall in potentielle Energie umgewandelt, die der zusätzlichen Höhe des Apfels entspricht.

Kräfte in unserem Körper gehen normalerweise auf muskuläre Kontraktion zurück. Die Verkürzung des Muskels multipliziert mit der mittleren ausgelösten Kraft ist die geleistete mechanische Arbeit.

8.2 Arbeit eines Beatmungsgerätes während der Inspiration

Ein Konstantdruckbeatmungsgerät (Abb. 8.2) ist ein gutes Beispiel für die Wechselwirkung zwischen der Kraft, der zurückgelegten Entfernung, dem Druck und den Volumenänderungen. In diesem Beispiel wirkt die Gravitationskraft F

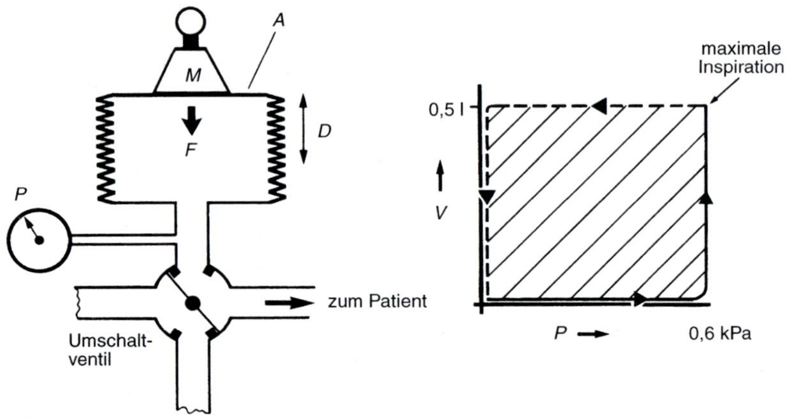

Abbildung 8.2: Inspirationsarbeit für einen idealen Konstantdruckgenerator-Respirator.

auf eine Masse M über die Fläche A mit dem Resultat eines Druckes P. Während der Abwärtsbewegung des Balgs über eine Distanz B wird ein Luftvolumen V geliefert.

$$\text{geleistete Arbeit} = F \times D$$

Es ist

$$P = \frac{F}{A}$$

und daher

$$F = PA$$

und

$$V = D \times A$$

daher

$$D = \frac{V}{A}$$

also

$$\text{geleistete Arbeit} = PA \times \frac{V}{A} = PV$$

Man sieht, daß die geleistete Arbeit das Produkt des bewegten Gasvolumens und des benötigten Druckes ist.

Im rechten Bild der Abbildung 8.2 ist das Volumendruckdiagramm der Inspiration dargestellt, die schraffierte rechteckige Fläche entspricht PV oder der geleisteten Arbeit durch den Konstantdruckrespirator in einer Inspiration. In diesem Beispiel steigt der von dem Respirator aufgebaute Druck schnell auf 0,6 kPa (6 cmH_2O) über dem atmosphärischem Druck und bleibt auf diesem Wert konstant, bis die Lungen ein Volumen von 0,5 l Luft erhalten haben. Die von dem Respirator geleistete Arbeit kann in SI-Einheiten berechnet werden, wenn der Druck in Pascal und das Volumen in Kubikmeter (1 m^3 = 10^3 l) angegeben werden:

$$\begin{aligned}\text{geleistete Arbeit} &= (0{,}6 \times 10)\ \text{Pa} \\ &\times (0{,}5 \times 10^{-3})\ \text{m}^3 \\ &= 0{,}3\ \text{J} \\ &= 300\ \text{mJ}\end{aligned}$$

Diese Inspiration erfordert daher eine Arbeit von 300 mJ.

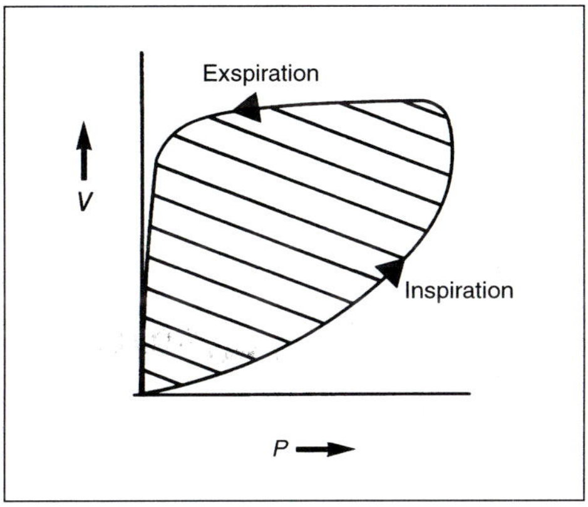

Abbildung 8.3: Druck-Volumen-Diagramm für Inspiration und Exspiration mit einem typischen Beatmungsgerät.

Während der Exspiration fällt der Druck am Respirator schnell auf atmosphärisches Niveau und bleibt bei 0, während die Luft exspiriert wird. Die gestrichelte Linie im Diagramm zeigt die Druck- und Volumenänderung während der Exspiration. Aus Gründen der Vereinfachung wurde ein Konstantdruckbeatmungsgerät gewählt, allerdings arbeiten nur wenige Respiratoren nach diesem Prinzip. Im deutschen Sprachraum kommt die BIPAP-Beatmung diesem Prinzip am nächsten.

Die meisten Respiratoren zeigen einen langsameren Druckaufbau, als in Abbildung 8.3 gezeigt. Das Prinzip, daß die von der Schleife umschlossene schraffierte Fläche die Respiratorarbeit einer Inspiration repräsentiert, bleibt allerdings gültig. In diesem Fall ist die Berechnung der Fläche komplexer und benutzt das Verfahren der Integration (siehe Kapitel 25).

8.3 Energieumwandlung

Energie kann nicht verloren gehen, sie kann allerdings von einer Form in eine andere umgewandelt werden. Während der Inspiration wird etwa die Hälfte der mechanischen Energie als potentielle Energie in den elastischen Geweben der Lunge und der Thoraxwand gespeichert. Diese Energie wird nach und nach für die Arbeit der Exspiration verwendet. Die verbleibende Hälfte der mechanischen Energie der Inspiration wird gebraucht, um die Atemwegswiderstände zu überwinden und Luft bzw. Gewebe zu bewegen.

Die Abbildung 8.4 zeigt ein Modell zum besseren Verständnis der Energieumwandlung während der Inspiration. Ein Konstantdruckbeatmungsgerät wird über ein Kreissystem an den Patienten angeschlossen. Die Patientenlungen werden durch eine Spritze dargestellt, in der die Bewegung des Stempels durch die Dehnung eines elastischen Bandes gehemmt wird. In diesem Modell repräsentiert der Stempel das Zwerchfell und das elastische Band die Elastizität des Lungengewebes und der Thoraxwand. Der Flußwiderstand der Luft in der Spritze entspricht dem Atemwegswiderstand, der Druck in der Spritze wird durch P_L angegeben. Wir nehmen an, daß der inspiratorische Druck in der Spritze den durch den Respirator gelieferten Druck P_M erreicht.

Die Gesamtarbeit, die durch den Konstantdruckrespirator für eine Inspiration aufgewendet werden muß, wird durch die eckige Fläche PV im Diagramm dargestellt (Abb. 8.5). Diese Energie kann in zwei Arten aufgeteilt werden: In

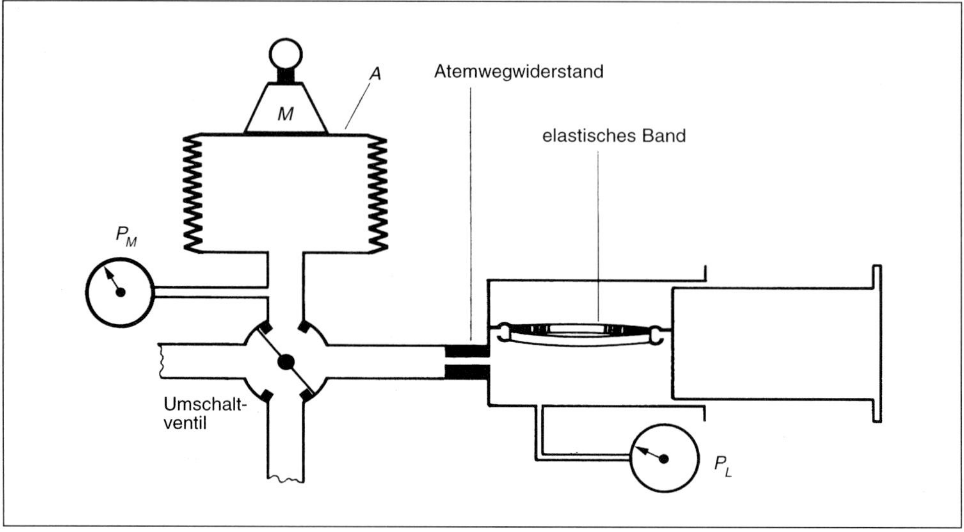

Abbildung 8.4: Einfaches Modell zur Verdeutlichung der Inspiration bei kontrollierter Beatmung. Das elastische Band repräsentiert die Elastizität der Lunge und der Thoraxwand.

Energie zur Dehnung des elastischen Bandes und in Energie zur Überwindung des Widerstandes des Luftflusses in der Spritze.

Um die für die Dehnung des elastischen Bandes benötigte Energie zu erfassen, betrachten wir nun, wie sich der Druck P_L in der Spritze ändert. Dies soll den Druckänderungen in den Alveolen entsprechen. Der durch das elastische Band erzeugte Druck entspricht zu Beginn der Inspiration dem Umgebungsdruck und erhöht sich linear mit dem Volumen, wenn die Luft in das System fließt; es ergibt sich der Kurvenabschnitt C nach D, dessen Steigung der Compliance entspricht (Abb. 8.5). Der durchschnittliche Druck ist halb so groß wie der endinspiratorische Druck *P*, die gegen das elastische Band geleistete Arbeit ist also ½ *PV* bzw. gleich der schraffierten Fläche des Volumen-Druck-Diagramms, das durch die Linie C nach D umschlossen wird. Die Differenz zwischen dieser Fläche und der Gesamtfläche *PV* entspricht der gepunkteten Fläche; sie repräsentiert die Energie, die für die Bewegung des Gases gegen die Atemwegswiderstände aufgewendet werden muß. In dem Beispiel ist zu Beginn der Inspiration P_L gleich 0, da die Spritze gegen atmosphärischen Druck offen ist. Der Respiratordruck P_M beträgt 0,6 kPa, der initiale Druckgradient

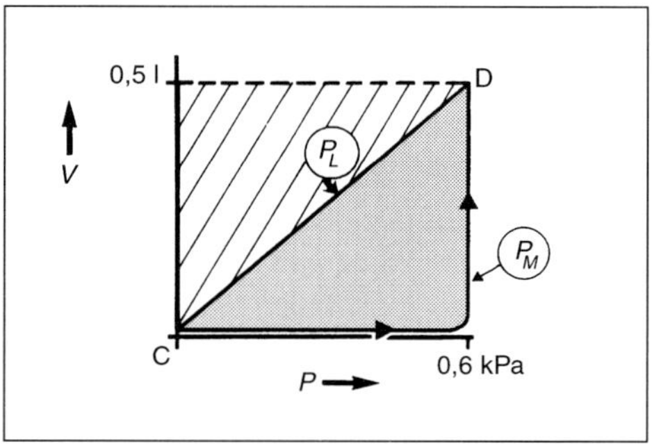

Abbildung 8.5: Diagramm der Druckänderung P_L im Lungenmodell während der Insufflation mit einem Volumen von 0,5 l. P_M entspricht dem Respiratordruck.

über den Atemwegswiderstand ist also 0,6 kPa. Dieser Gradient wird am Ende der Inspiration Null, die durchschnittliche Druckdifferenz ist also wiederum ½ *P.* Die Energie, die für die Bewegung des Gases aufgewendet werden muß, ist ½ *PV.*

8.4 Exspirationsarbeit

Das in Abbildung 8.4 dargestellte Spritzenmodell kann auch zur Verdeutlichung einer Exspiration verwendet werden. Das Steuerventil ist gegen atmosphärischen Druck offen, der Druck in der Spritze fällt linear auf Null, wenn er gegen das exspirierte Volumen aufgetragen wird. Die geleistete Arbeit ist folglich ½ *PV.* Diese wird verwendet, um in dem Modell die Atemwegswiderstände zu überwinden. Beim Patient kommen zu den Atemwegswiderständen die Gewebewiderstände der Lunge und der Thoraxwand hinzu, die in dem Modell allerdings nicht berücksichtigt sind.

8.5 Inspirationsarbeit während der Spontanatmung

Während einer ruhigen Inspiration beträgt die muskuläre Abwärtsbewegung des Zwerchfells etwa 15 mm, was zu einer Verminderung des Drucks im Thorax und der Inspiration von Luft führt. Um dies zu veranschaulichen, muß das Spritzenmodell entsprechend modifiziert werden (Abb. 8.6). Die Spritze hat nun 2 Stempel, die durch Flüssigkeit getrennt sind. Diese Flüssigkeit repräsentiert die dünne Schicht seröser Flüssigkeit in der Pleurahöhle, der rechte Stempel steht für das Diaphragma und der linke Stempel für die bewegten Lungengewebe.

Der Druck in der Pleurahöhle ist subatmosphärisch entsprechend der Elastizität des Bandes; er vermindert sich weiter als Folge der Kontraktion des Zwerchfelles, dargestellt durch die auf

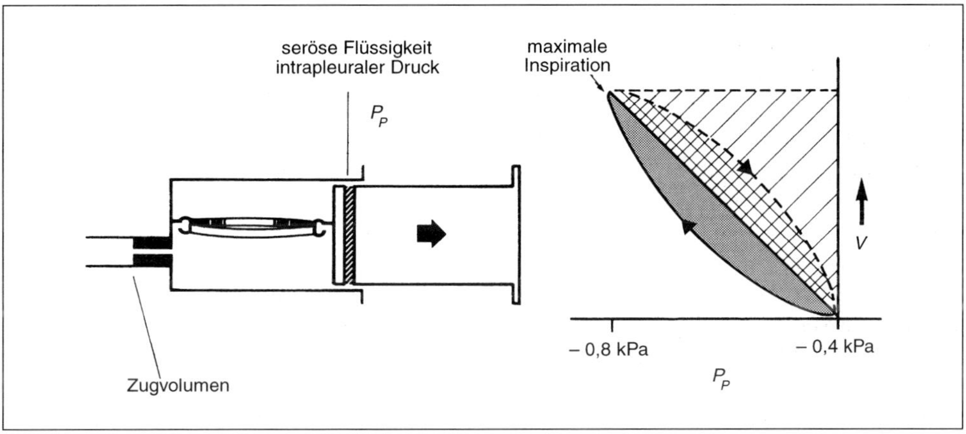

Abbildung 8.6: Modell zur Verdeutlichung der spontanen Inspiration. Der Raum zwischen den beiden Stempeln repräsentiert die Pleurahöhle.

der rechten Seite gezeigte Kraft des Stempels. Durch die Flüssigkeitskoppelung der Pleurahöhle wird diese Kraft auf die Lunge übertragen, wobei es zur Inspiration kommt. Trägt man das Volumen gegen den intrapleuralen Druck für eine typische Inspiration auf, ergibt sich die Graphik in Abbildung 8.6. Wie auch im Falle der kontrollierten Beatmung (s. Kap. 8.6) zeigt die gerasterte Fläche des Diagramms die Arbeit, die aufgewendet werden muß, um die Atemwegswiderstände zu überwinden. Das schraffierte Dreieck gibt die gespeicherte elastische Energie wieder, die für die Exspiration benötigt wird.

Werden in diesem Modell 0,5 l Luft bei einem mittleren Koppelungsdruck von 0,6 kPa eingeatmet, wird für diese Inspiration eine Arbeit von 300 mJ aufgewendet. Dieses einfache Spritzenmodell berücksichtigt nicht die Ausdehnung der Thoraxwand, die physiologischerweise 10 bis 40% zum Inspirationszugvolumen beiträgt. Diese Expansion wird durch 3 Faktoren verursacht: das Zwerchfell, das auf den unteren Rand des knöchernen Thorax wirkt, um ihn anzuheben; die Interkostalmuskeln, die die Rippen anheben, und schließlich die Skalenusmuskulatur, die die oberen Rippen des Thorax anhebt.

8.6 Messung der Inspirationsarbeit bei kontrollierter Beatmung

Bei der kontrollierten Beatmung ergibt sich aus einer Analyse der graphischen Auftragung von Atemwegsdruck und Volumenänderung die Inspirationsarbeit. Bei einem spontanatmenden Patienten ist dagegen die Gesamtarbeit der Inspiration schwieriger zu ermitteln. Zwar kann das inspirierte Volumen durch einen Pneumotachographen (siehe Kapitel 3) gemessen werden, die durch die respiratorische Muskulatur in der Thoraxwand erzeugten Drücke können jedoch nicht direkt erfaßt werden. Intrapleurale Druckänderungen reflektieren allerdings Druckänderungen, die auf die Lunge wirken; so kann der Druck im unteren Ösophagus mittels eines Ballonkatheters gemessen und als Maß für diese Druckänderungen verwendet werden. Die Abbildung 8.6 zeigt ein Druck-Volumen-Diagramm, das auf diese Art gewonnen werden könnte; die resistive und elastische Arbeit gegen Gewebe der Thoraxwand werden hier nicht gemessen. Die gerasterte Linie gibt die Exspiration wieder. Je größer der exspiratorische Widerstand ist, desto größer ist die Krümmung dieser Linie nach rechts. Die schraffierte Fläche auf der linken Seite dieser Linie repräsentiert die exspiratorische Arbeit, die gegen Atemweg- und Lungengewebewiderstände geleistet wird, während der Rest der gespeicherten Energie in der dreieckigen Fläche in Gewebewärme umgewandelt wird.

Diese Technik hat aber ihre Grenzen, da sie nicht nur die Bewegungsarbeit der Thoraxwand ausschließt, sondern auch die Ösophagusdruckmessungen von begrenzter Genauigkeit sind. Dies kommt daher, daß die Ösophagusdruckmessung nur eine Pleuraseite erfassen kann, und der Pleuraldruck entsprechend der Lage der Messung und des Patienten variiert.

Die Energie für die Kontraktion der inspiratorischen Muskulatur entstammt den energiereichen Bindungen des Adenosintriphosphats (ATP), das überwiegend in der Atmungskette aus Sauer-

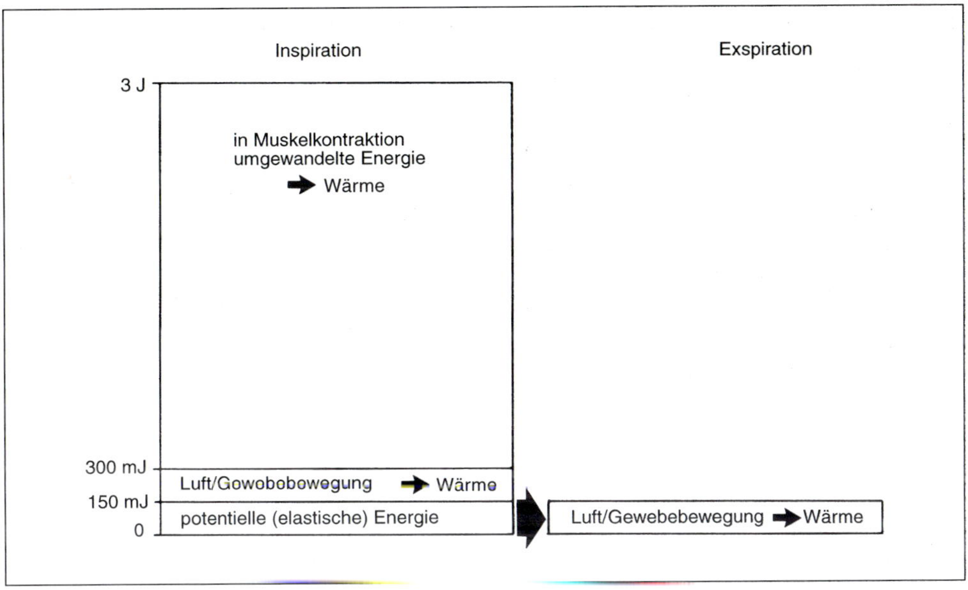

Abbildung 8.7: Energieumwandlungen bei In- und Exspiration.

stoff, Wasser und Elektronen gebildet wird.

$$O_2 + 2\,H_2O + 4\,e = 4(OH)^- + \text{Energie}$$

In der Atmungsmuskulatur werden 10 % der chemischen Energie in mechanische Energie, die restlichen 90 % in Wärme umgewandelt. Die Abbildung 8.7 faßt die Energieumwandlungen für einen typischen Atemzyklus zusammen.

8.7 Atemleistung

Leistung ist die Geschwindigkeit der Arbeit. Sie wird in Watt gemessen, wobei 1 Watt 1 Joule pro Sekunde ist.

$$W = J\,s^{-1}$$

Im vorangegangenen Beispiel wurde die Arbeit einer Inspiration mit 300 mJ angenommen. Beträgt die Atemfrequenz 60 pro Minute, läßt sich die Atemleistung wie folgt berechnen:

Mechanische Atemarbeit
= 300 mJ × 16/60 s–1
= 80 mW

8.7.1 Wirkungsgrad der Atemmuskulatur

Die Atemmuskulatur setzt lediglich 10 % der Gesamtenergie in mechanische Energie um, der Rest geht als Wärme verloren. Der tatsächliche Energiebedarf in obigem Beispiel wäre daher 10mal größer, d. h. etwa 800 mW. Da der normale Energieumsatz unter Ruhebedingungen etwa 80 Watt beträgt (siehe Kapitel 9), beträgt der Energiebedarf für die Atmung in diesem Beispiel 1 % des Gesamtstoffwechsels.

8.7.2 Wirkung des Gasflusses

Die Atemleistung hängt von der Art des Flusses in den Atemwegen ab: Druckgradienten sind bei turbulenten Strömungen größer als bei laminarem Fluß (siehe Kapitel 2). Betrachten wir beispielsweise die Energie, die für die Strömung einer Flüssigkeit durch eine Röhre benötigt wird. Das Produkt aus durchschnittlicher Druckdifferenz und bewegtem Volumen ergibt die Energie. Die Druckdifferenz einer Röhre multipliziert mit dem Flüssigkeitsfluß errechnet somit die Leistung, vorausgesetzt, die Druckdifferenz ist gering im Vergleich zum atmosphärischen Druck.

$$\text{Energie } E = P \times V$$

daher

$$\text{Leistung } \dot{E} = P \times \dot{V}$$

Im Falle laminarer Strömungen ist der Druck proportional zum Fluß:

$$P_L \propto \dot{V}_\mathrm{L}$$

daher

$$\text{Leistung bei laminarem Fluß } \dot{E}_L \propto \dot{V}_L{}^2$$

Im Falle turbulenter Strömungen ist der Druck proportional zum Quadrat des Flusses:

$$P_T \propto \dot{V}^2$$

Daher

$$\text{Leistung bei turbulentem Fluß } \dot{E}_T \propto \dot{V}_\mathrm{T}{}^3$$

Man sieht, daß die für den Flüssigkeitsfluß durch eine Röhre verbrauchte Leistung zwischen dem Quadrat und der dritten Potenz der Flußrate variiert. Diese Berechnungen sind insofern vereinfacht, als sie die kinetische Energie in der fließenden Flüssigkeit nicht berücksichtigen. Dies ist zulässig, da die kinetische Energie des normalerweise im Atmungs- und Kreislaufsystem vorherrschenden Flusses sehr klein ist.

8.7.3 Einfluß der Hyperventilation

Bei ruhiger Atmung ist der Fluß überwiegend laminar. Er wird allerdings bei zunehmender Ventilation turbulent, so daß während der Hyperventilation die Atemleistung schnell ansteigt und sich der dritten Potenz des Gasflusses nähert. Da der Gasfluß in den Atemwegen etwa proportional zum Zugvolumen ist, steigt die Atemleistung mit Hyperventilation mit einer Geschwindigkeit, die sich der dritten Potenz des Zugvolumens nähert; dies führt zu einem entsprechend hohen Sauerstoffverbrauch der Atemmuskulatur.

Bei einigen respiratorischen Erkrankungen nimmt der Sauerstoffbedarf der Atemmuskulatur während der Hyperventilation ein erhebliches Ausmaß an und überschreitet schließlich den zusätzlichen Sauerstoff, der durch die gesteigerte Ventilation transportiert wird. Eine pharmakologische Stimulation der Ventilation bringt daher bei solchen Patienten die Gefahr einer Hypoxie mit sich.

8.8 Lungencompliance und Atemwegswiderstand

Eine detaillierte Besprechung dieser Begriffe geht über den Rahmen dieses Buches hinaus. Es soll allerdings festgehalten werden, daß die Atemleistung mit der Atemfrequenz variiert und daß für jeden Patienten eine individuelle optimale Respirationsrate besteht, die von der Compliance der Lunge und vom Atemwegswiderstand abhängt.

Die Zeitkonstante für die Lunge ist das Produkt von Compliance und Resistance (siehe Kapitel 5). Patienten mit einer niedrigen Zeitkonstanten tendieren zu einer höheren Atemfrequenz, während eine hohe Zeitkonstante mit einer niedrigeren Frequenz assoziiert ist.

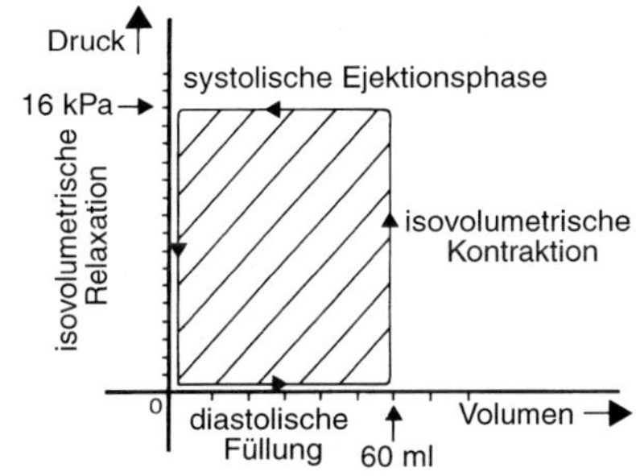

Abbildung 8.8: Graphische Darstellung von Volumen und Druck im linken Ventrikel während eines typischen kardialen Kontraktionszyklus.

8.9 Arbeit der myokardialen Kontraktion

Die Fläche eines Druck-Volumen-Diagramms des Herzens kann ebenso wie die Fläche einer Druck-Volumenschleife des Atemzyklus verwendet werden, um die Arbeit der myokardialen Kontraktion zu ermitteln. Die Abbildung 8.8 zeigt die graphische Darstellung der Volumen- und Druckänderungen im linken Ventrikel während eines Kontraktionszyklus. Die Druck- und Volumenachsen sind gegenüber der für die Ventilation verwendeten Darstellungen vertauscht, da dies die für die Physiologie des Herzens gebräuchlichere Darstellung ist. In diesem Beispiel vergrößert sich das Volumen des linken Ventrikels während der diastolischen Füllungsphase um 60 ml, der Druck während der isovolumetrischen Kontraktion steigt von 0 auf 16 kPa (0 bis 120 mmHg) an. Die systolische Ejektionsphase und die isovolumetrische Relaxation sind in der Abbildung 8.8 entsprechend bezeichnet, die Fläche der Schleife stellt die geleistete Arbeit dar.

$$\begin{aligned}\text{Geleistete Arbeit} \\ &= (16 \times 10^3)\ \text{Pa} \times (60 \times 10^{-6})\ \text{m}^3 \\ &= 960 \times 10^{-3}\ \text{J} \\ &= 960\ \text{mJ}\end{aligned}$$

Eine myokardiale Kontraktion des linken Ventrikels benötigt daher etwas weniger als 1 Joule Arbeit. Beträgt die Herzfrequenz 60 Schläge pro Minute, beträgt die Leistung des linken Herzventrikels etwa 60 Joule pro Minute, d.h. 1 Watt. Um solche Arbeitsmessungen durchzuführen, müssen kontinuierliche ventrikuläre Druckmessungen über einen intraventrikulären Herzkatheter durchgeführt werden; Volumenmessungen können über Ultraschallflußmessungen abgeleitet oder aus der Echokardiographie (siehe Kapitel 13) geschätzt werden. Weitere Techniken sind die Bewegungsangiographie und andere bildgebende Verfahren.

8.10 Herzarbeit

Das Prinzip der Leistung als Produkt aus Druckdifferenz und Fluß kann auch auf die Pumpleistung des Herzens angewendet werden. Beträgt beispielsweise der mittlere arterielle Druck 12 kPa (90 mmHg), der pulmonalvenöse Druck 0 kPa und das linksventrikuläre Auswurfvolumen 5 l/min, läßt sich die Leistung des linken Herzens aus dem Produkt aus Druck und Fluß berechnen:

$$\dot{E} = P \times \dot{V}$$

$$\begin{aligned}
&\text{Leistung des linken Herzens} \\
&= (12 \times 10^3)\ \text{Pa} \times \left(\frac{5 \times 10^{-3}}{60}\right) \text{m}^3\ \text{s}^{-1} \\
&= 1\ \text{W}
\end{aligned}$$

Die Leistung des rechten Herzens kann in ähnlicher Weise berechnet werden. Bei einem mittleren pulmonalarteriellen Druck von 2,4 kPa (18 mmHg) über dem zentralen Venendruck ergibt sich:

$$\begin{aligned}
&\text{Leistung des rechten Herzens} \\
&= (2{,}4 \times 10^3)\ \text{Pa} \times \left(\frac{5 \times 10^{-3}}{60}\right) \text{m}^3\ \text{s}^{-1} \\
&= 0{,}2\ \text{W}
\end{aligned}$$

$$\text{Gesamtherzarbeit} = 1{,}2\ \text{W}$$

Beträgt die Effektivität des Herzens 15 %, macht der myokardiale Gesamtenergiebedarf von 8 W rund 10 % eines typischen Grundumsatzes von 80 W aus. Das Herz erzeugt auch Energie, um dem Blut kinetische Energie zur Verfügung zu stellen. Dieser Anteil an der Gesamtenergie ist allerdings gering.

Die für die oben durchgeführten Berechnungen benötigten Drücke können durch eine intravasale arterielle Druckmessung und über einen pulmonalarteriellen Katheter bestimmt werden, das Herzzeitvolumen kann über eine Verdünnungstechnik oder nach dem Fickschen Prinzip ermittelt werden (siehe Kapitel 3).

Da die Leistung das Produkt aus Druck und Fluß ist, ist die Herzarbeit direkt proportional zum mittleren arteriellen Blutdruck und zum Herzzeitvolumen.

Hypertonie resultiert in einem zusätzlichen Energiebedarf bei unverändertem Herzzeitvolumen, während Hypotonie den kardialen Energiebedarf erniedrigt – wiederum ein konstantes Herzzeitvolumen vorausgesetzt. Ein hohes Herzzeitvolumen, gleich welcher Ursache (Hyperthyreose, Anämie oder körperliche Belastung), erhöht ebenfalls die Herzarbeit. Ein dauerhaft erhöhter kardialer Energiebedarf kann zur Herzinsuffizienz führen.

9 Temperatur

9.1 Temperatur und Wärme

Temperatur ist der Zustand einer Substanz, der bestimmt, ob diese Wärme an eine andere Substanz abgegeben oder von ihr aufgenommen wird. Die Energieform Wärme wird dabei von der Substanz höherer Temperatur zu der Substanz niedriger Temperatur übertragen. Diese Energie liegt in Form kinetischer Energie der Moleküle in der Substanz vor. So ist beispielsweise die Temperatur eines Gases das Maß der Geschwindigkeit der Molekülbewegung (siehe Kapitel 4).

Zwischen der Beziehung von Wärme zu Temperatur und dem Verhältnis der Menge einer gelösten Substanz und ihrer Konzentration kann eine Analogie gezogen werden. Ähnlich dem Temperaturanstieg bei Zufuhr von Wärmeenergie zu einer Substanz steigt die Konzentration einer gelösten Substanz bei Zugabe in ein Lösungsmittel. In beiden Fällen gilt, daß wenn die Substanz oder die Lösung in zwei gleiche Teile geteilt wird, jeder Teil dieselbe Temperatur oder Konzentration behalten wird, obwohl die Wärmeenergie oder die gelöste Menge jeweils halbiert ist.

9.2 Temperaturskalen

Wird einer Substanz Wärmeenergie zugeführt, steigt nicht nur deren Temperatur an, sondern es ändern sich auch ihre physikalischen Eigenschaften. So kann sich die Substanz ausdehnen oder ihren elektrischen Widerstand ändern. Solche Phänomene macht man sich bei der Temperaturmessung und der Definition von Temperaturskalen zunutze. Fahrenheit hat zur Erstellung der ersten Temperaturskala Quecksilber verwendet, eine Substanz, die sich mit Temperaturänderungen ausdehnt bzw. zusammenzieht.

Normalerweise besitzen Temperaturskalen willkürlich gewählte Fixpunkte. Ein Beispiel ist der Tripelpunkt von Wasser, d. h. die Temperatur, bei der Eis, Wasser und Wasserdampf miteinander im Gleichgewicht stehen. Im SI-System ist die Einheit der Temperatur das Kelvin (K). Es ist definiert als 1/273,16 der thermodynamischen Temperatur des Tripelpunktes von Wasser. Gebräuchlich ist auch die Celsiusskala (°C), bei der die Intervalle identisch mit denen der Kelvinskala sind. Der Zusammenhang zwischen den beiden Skalen stellt sich folgendermaßen dar:

$$\text{Temperatur (K)} = \text{Temperatur (°C)} + 273{,}15$$

Auf der Celsiusskala liegt der Tripelpunkt von Wasser demnach bei einer Temperatur von 0,01 °C.

9.3 Nichtelektrische Techniken der Temperaturmessung

Das Quecksilberthermometer ist ein zuverlässiges System, das in Labors und in der Klinik verwendet wird. Ein Vorteil für die klinische Anwendung besteht darin, daß es als Maximumthermometer gestaltet werden kann: Durch eine gekrümmte Einengung am unteren Teil der Quecksilbersäule wird diese nach Erreichen des Maximums unterbrochen (Abb. 9.1 A). Dadurch wird verhindert, daß das Quecksilber über der Verengung in die Aufweitung zurückfließt, bevor es abgelesen wurde. Durch nach unten gerichtetes Schütteln wird die Unterbrechung der Säule wieder aufgehoben. Maximumthermometer können auch durch Verwendung eines kleinen Metallstiftes über der Oberfläche des Quecksilbers hergestellt werden (Abb. 9.1 B). Wenn sich die Quecksilbersäule kontrahiert, bleibt dieser Stift auf der Höhe der Maximaltemperatur stehen.

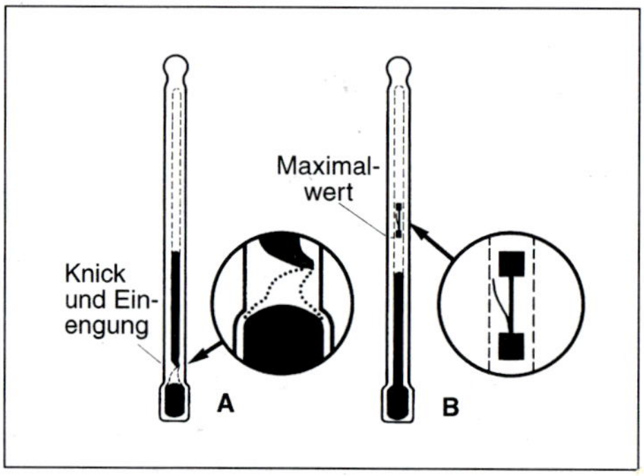

Abbildung 9.1: Temperaturmessung mit Hilfe von Maximumthermometern mit gekrümmter Einengung am unteren Teil der Quecksilbersäule (A) bzw. mit einem Metallstift über der Quecksilberoberfläche (B).

Über metallische Kontakte in der Glasröhre können Quecksilberthermometer auch als Thermostate verwendet werden. Ein Thermostat ist ein Schalter, der bei einer vorher eingestellten Temperatur schließt bzw. öffnet. Eine typische Anwendung ist die elektrische Steuerung eines Heizgerätes zur Aufrechterhaltung einer konstanten Temperatur.

Das Quecksilberthermometer hat in der klinischen Praxis zwei wesentliche Nachteile. Erstens werden zwei bis drei Minuten für den thermischen Ausgleich zwischen dem Quecksilber und seiner Umgebung benötigt, zweitens kann es wegen seiner fehlenden Flexibilität und des Bruchrisikos zu Problemen bei Messungen in Körperhöhlen und zu Verletzungen des Patienten kommen. Statt Quecksilber kann auch Alkohol im Thermometer verwendet werden. Es ist billiger und für den Einsatz bei niedrigen Temperaturen besser geeignet, da sich Quecksilber bei –39 °C verfestigt. Für hohe Temperaturen sind diese Thermometer allerdings ungeeignet, da Alkohol bei 78,5 °C siedet. Ein weiterer Nachteil ist, daß die Skala des Alkoholthermometers weniger linear als die des Quecksilberthermometers ist.

In Kreisthermometern werden entweder ein bimetallischer Streifen oder eine Bourdonuhr verwendet. Die Abbildung 9.2 zeigt ein Bimetallthermometer, bei dem das thermosensible Element, bestehend aus zwei unterschiedlichen miteinander verbundenen Metallen, spiralig aufgewickelt ist. Steigt die Temperatur an, expandieren die beiden Metalle verschieden stark, wodurch die Spirale den Zeiger im Uhrzeigersinn über eine Skala bewegt.

Die Abbildung 9.3 dagegen zeigt ein Bourdonthermometer. Dieses Instru-

Abbildung 9.2: Schematische Darstellung eines Bimetallthermometers.

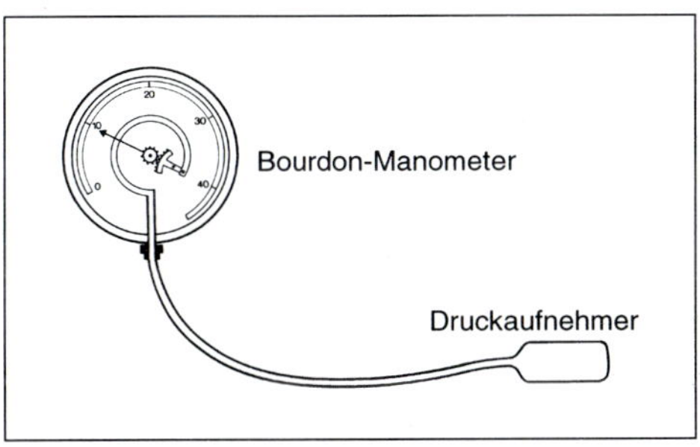

Abbildung 9.3: Beispiel für ein Bourdonthermometer.

ment ist eigentlich eine Druckmeßuhr, die mit einem Sensor verbunden ist, der eine kleine Röhre mit Quecksilber oder einer volatilen Flüssigkeit enthält. Temperaturänderungen bewirken eine Volumen- oder Druckänderung in der Flüssigkeit, die durch die Bourdonuhr erfaßt und auf einer entsprechend geeichten Temperaturskala angezeigt wird.

9.4 Elektrische Methoden der Temperaturmessung

Es gibt prinzipiell drei elektrische Techniken für die Messung von Temperaturen: das Widerstandsthermometer, der Thermistor und das Thermoelement.

Das *Widerstandsthermometer* beruht auf der Tatsache, daß der elektrische Widerstand eines Metalls linear mit der Temperatur ansteigt. Ein einfaches Widerstandsthermometer kann z. B. aus einem Platindraht-Widerstand, einer Batterie zur elektrischen Versorgung und einem entsprechend geeichten Amperemeter aufgebaut sein. Solch ein einfaches System wäre allerdings nicht sehr empfindlich. Der temperatursensitive Widerstand wird daher üblicherweise in eine Wheatstone-Brücke integriert (siehe Kapitel 14).

Ein *Thermistor* besteht üblicherweise aus einem kleinen Tropfen aus Metalloxid, dessen Widerstand – im Gegensatz zu dem des Platin-Widerstandsthermometers – mit dem Anstieg der Temperatur exponentiell fällt (Abb. 9.4). Es gibt auch spezielle Thermistoren, deren Widerstand mit der Temperatur ansteigt. Im klinisch relevanten Temperaturbereich zeigt der Thermistor größere Widerstandsänderungen als das Platin-Widerstandsthermometer und wird ebenfalls oft in einer Wheatstone-Brücke verwendet. Der Thermistor hat zusätzlich den Vorteil, daß das Metalloxidelement sehr klein hergestellt werden kann. Die Herstellung ist darüber hinaus billiger als die des Platin-Widerstandsthermometers. Allerdings bleibt die Kalibration

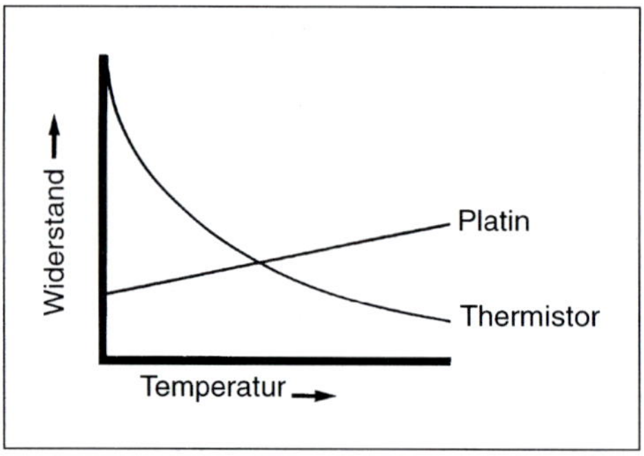

Abbildung 9.4: Gegenüberstellung der temperaturabhängigen Widerstandsänderungen für ein Platin-Widerstandsthermometer und einen Thermistor.

nicht stabil, wenn der Thermistor großen Temperaturschwankungen, z. B. im Rahmen einer Hitzesterilisation, ausgesetzt wird.

Ein weiteres System der Temperaturmessung basiert auf dem Seebeck-Effekt (Abb. 9.5). An der Verbindung zweier unterschiedlicher Metalle entsteht eine geringe Spannung, deren Größe von der Temperatur an der Verbindungsstelle abhängt. Dieser Verbindungstyp wird als *Thermoelement* bezeichnet, der aus Metallen wie Kupfer oder Konstantan bestehen kann. Konstantan ist eine Legierung von Kupfer und Nickel. Um einen

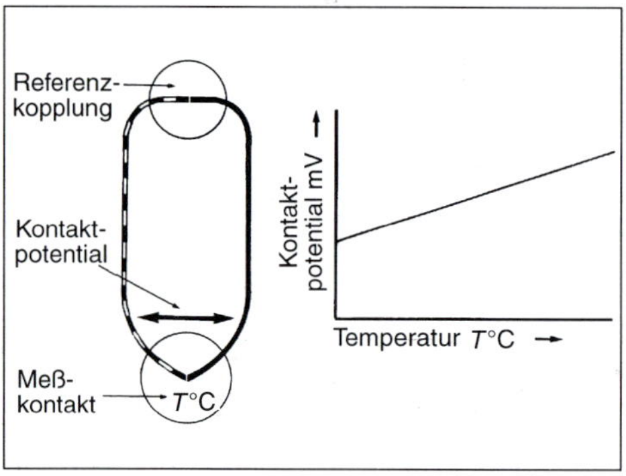

Abbildung 9.5: Seebeck-Effekt: Prinzip des Thermoelements.

vollständigen elektrischen Kreis zu erhalten, wird eine zweite Verbindung benötigt, an der sich allerdings eine weitere temperaturabhängige Spannung entwikkelt. Für ein Thermoelement, das als Thermometer verwendet werden soll, muß daher eine Koppelung (die Referenzkoppelung) bei einer konstanten Temperatur gehalten werden, während die Meßverbindung für die eigentliche Temperaturmessung verwendet wird. Alternativ können die Änderungen in der Referenztemperatur elektrisch kompensiert werden. Ein Vorteil der Thermoelemente ist ihre geringe Größe: die Meßspitze kann in Form einer Nadel hergestellt werden.

Die Antwortzeit für Temperaturmeßspitzen, die auf elektrischen Effekten basieren, hängt in erster Linie von den Abmessungen ab; sie kann sich im Bereich zwischen 0,1 und 15 Sekunden bewegen. Kleine Temperatursensoren haben eine geringere Wärmekapazität (siehe Kapitel 10) als große Sensoren und daher auch kürzere Antwortzeiten.

9.5 Klinische Anwendungen

Die Temperatur eines Patienten kann u. a. im Mund, in der Axilla oder im Rektum gemessen werden. Die Einsetzbarkeit des Quecksilberthermometers wird allerdings durch seine starre Konstruktion begrenzt.

Rektale Temperaturmessungen sind von begrenzter klinischer Bedeutung, da, abgesehen von anästhesiologischen Erwägungen, beim Säugling das Risiko einer Rektumperforation besteht. Beim Erwachsenen ist die Genauigkeit aufgrund der langsamen Temperaturäquilibration des Rektums mit der Körpertemperatur beschränkt.

Der Meßsensor eines elektrischen Thermometers kann auch an anderen Körperregionen wie Nase, Ohr oder Ösophagus plaziert werden; auch die Messung der Hauttemperatur ist möglich. Die in der Anästhesie gebräuchlichste Lokalisation ist der untere Ösophagus. Hier ist zu beachten, daß die Meßspitze des Thermometers nicht zu hoch liegt, da die Ösophagustemperatur aufgrund der Nähe zur unteren Trachea, die durch eingeatmete Luft gekühlt wird, erniedrigt sein kann. Auch das Trommelfell kann zur Messung der Körpertemperatur verwendet werden, wobei aber auf das Risiko einer Perforation hingewiesen werden muß. Mittlerweile finden jedoch Geräte zur berührungslosen Trommelfelltemperaturmessung zunehmende Verbreitung. Sie funktionieren nach dem Prinzip der Messung der abgegebenen Wärmestrahlung (siehe unten) und bieten eine Reihe theoretischer und praktischer Vorteile gegenüber den mit Thermoelementen arbeitenden elektronischen Thermometern.

Die nasale Temperatur schwankt aufgrund des Luftstroms von inspirierter und exspirierter Luft in weiten Bereichen; diese Tatsache macht man sich bei der Überwachung der Spontanatmung zunutze (Abb. 9.6 links). Die Temperaturschwankungen am Thermistor werden elektronisch verarbeitet, um die Atemfrequenz zu erfassen.

Alternativ zum Ösophagus kann am anästhesierten und endotracheal intubierten Patienten durchaus die Nase zur Messung der Körpertemperatur verwendet werden (Abb. 9.6 rechts). In diesem Falle bestehen keine Luftbewegungen, die die Nasengänge abkühlen und die Temperatur verfälschen könnten.

Hauttemperaturmessungen sind in der Anästhesie sinnvoll, da ein Abfall der Hauttemperatur in der Peripherie mit dem Grad des Schocks bei einem kri-

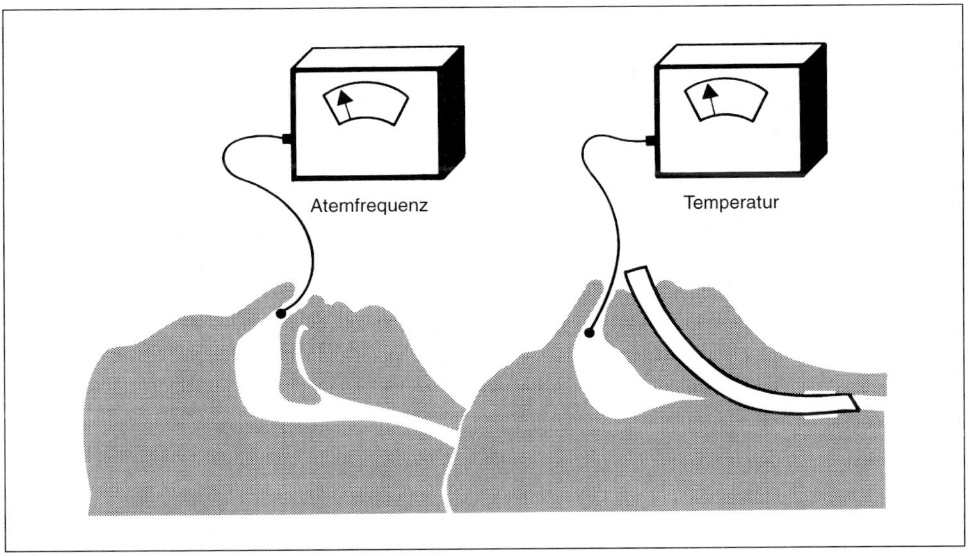

Abbildung 9.6: Messung der nasalen Temperatur zur Überwachung der Atemfrequenz oder Körpertemperatur.

tisch kranken Patienten korreliert werden kann. Ein spezielles System für die Messung von Hauttemperaturen ist die *Thermographie.* Hier wird die Strahlungswärme der Haut des Patienten von einer infrarotempfindlichen Kamera aufgenommen, wodurch man ein thermisches Bild der relativen Wärme der Haut erhält. Unterschiedliche Farben in der Thermographie zeigen Temperaturdifferenzen, die wiederum Rückschlüsse auf die zugrundeliegende Durchblutung zulassen. Über diesen Weg kann die Thermographie auch zur Erkennung von Tumoren und Gefäßanomalien verwendet werden.

9.6 Körpertemperatur

Menschen sind homöotherm und regulieren ihre Körperkerntemperatur innerhalb eines engen Bereiches (37±0,5 °C). Eine konstante Temperatur ist für den Stoffwechsel essentiell, da Temperaturschwankungen zu Geschwindigkeitsänderungen enzymatisch ablaufender Reaktionen und physiologischen Prozessen führen können. Des weiteren können eine Reihe metabolischer Prozesse nicht ablaufen, wenn die Körpertemperatur stark absinkt.

Aufgrund des zirkadianen Rhythmus finden geringe Schwankungen der Körpertemperatur auch beim Menschen statt. Diese bewegen sich in einem Bereich von etwa 0,4 °C, wobei die niedrigste Temperatur am frühen Morgen und die höchste Temperatur am späten Abend gemessen werden kann. Auch während des Menstruationszyklus der Frau treten geringe Unterschiede in der Körpertemperatur auf; so steigt die Basaltemperatur nach der Ovulation für die zweite Hälfte des Zyklus an. Körperliche Anstrengungen können ebenfalls zu

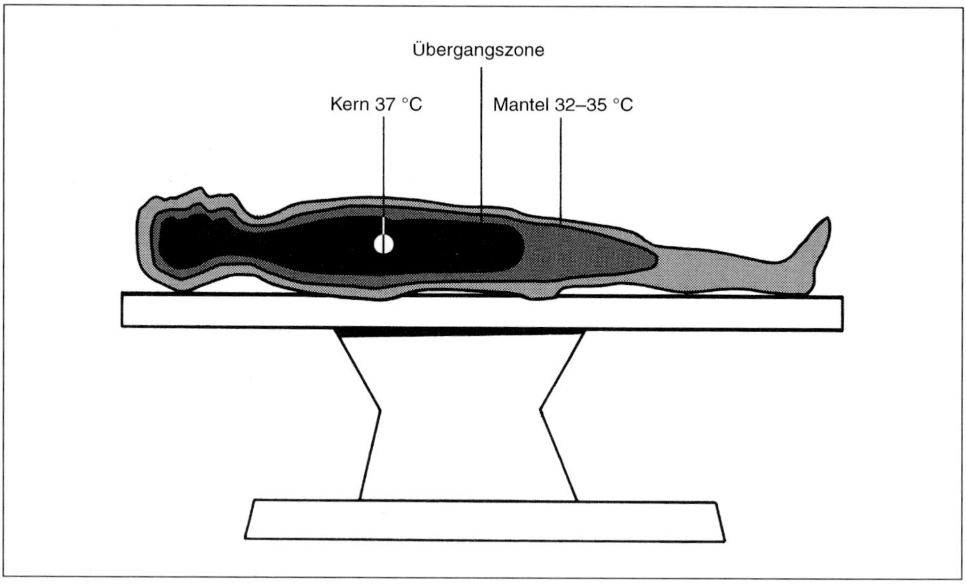

Abbildung 9.7: Kern- und Manteltemperatur des Körpers. Die Übergangszone repräsentiert eine variable Kerngröße.

einem Anstieg der Körpertemperatur führen; dieser kann bei hohem Energieumsatz durchaus 2 °C erreichen.

Wie in Abbildung 9.7 gezeigt, wird der zentrale Bereich des Körpers bei einer konstanten Temperatur gehalten, während die oberflächlichen Schichten bzw. der „Körpermantel" niedrigere und variablere Temperaturen aufweisen, die in Abhängigkeit von verschiedenen physiologischen Faktoren zwischen 32 und 35 °C betragen können. Der zentrale Bereich umfaßt das Gehirn, den Thorax und die Abdominalorgane sowie einige tieferliegende Gewebe der Extremitäten, wobei dessen Ausdehnung mit der Umgebungstemperatur variiert; dieser variierende Bereich wird durch die Übergangszone in der Abbildung 9.7 dargestellt.

Der „Mantel" ist eine Schicht mit einer variablen Dicke von etwa 2,5 cm. Die Temperatur im Körperkern hängt ab vom Gleichgewicht zwischen Wärmeproduktion im Kern und Wärmeverlust durch die oberflächlichen Schichten.

Anstatt der alleinigen Körpertemperatur kann man eine Formel anwenden, die die Körpertemperatur und eine von verschiedenen definierten Stellen gemittelte Hauttemperatur berücksichtigt:

Mittlere Temperatur des Patienten
= 0,66 × Kerntemperatur
+ 0,34 × mittlere Hauttemperatur

In dieser Formel wird angenommen, daß zwei Drittel der Wärme im Körperkern und ein Drittel in der Peripherie verteilt sind. Beträgt beispielsweise die Kerntemperatur 37 °C und die durchschnittliche Hauttemperatur 34 °C, errechnet sich eine durchschnittliche Körpertemperatur von 36 °C.

9.7 Wärmeproduktion

Die Wärmeproduktion eines Menschen wird durch den Gesamtenergieumsatz zu einer definierten Zeit bestimmt und in Watt gemessen. Bei einer durchschnittlichen Person beträgt die Wärmeproduktion unter Ruhebedingungen ungefähr 50 W pro m^2 Körperoberfläche oder etwa 80 W. Der Energieumsatz steigt als Folge von Nahrungsaufnahme, körperlicher Belastung und anderer Faktoren. Weiterhin ist die Energieumsatzrate erhöht, wenn die Körpertemperatur ansteigt. Es gibt keinen Mechanismus, durch den die Wärmeproduktion bei Bedarf reduziert werden kann, um beispielsweise eine Überhitzung auszugleichen. Im Gegensatz dazu kann die Wärmeproduktion durch Zittern gesteigert werden. Ein schwaches Zittern kann mit bloßem Auge nicht erkannt werden, es ist nur durch ein Elektromyogramm nachweisbar. Durch starkes Zittern kann die metabolische Wärmeproduktion mehr als verdoppelt, in bestimmten Situationen sogar verfünffacht werden.

Kältezittern tritt normalerweise erst dann auf, wenn die Mechanismen zur Reduktion von Wärmeverlusten bereits aktiviert sind.

9.8 Wärmeverluste

Körperwärme wird prinzipiell über 4 Wege abgegeben: Strahlung, Konvektion, Verdampfen von Wasser und Wärmeverlust durch die Atmung. Obwohl der relative Anteil dieser Mechanismen mit den äußeren Bedingungen variiert, läßt sich ihr Anteil größenordnungsmäßig wie folgt angeben:

	Wärmeverlust (Näherungswerte)
Strahlung	40%
Konvektion	30%
Verdampfungswärme	20%
Respiration	10% (8% für die Verdampfung von Wasser, 2% für die Erwärmung der Luft).

Man sieht, daß die Wärmeleitung allein für die Wärmeverluste des Körpers nicht von Bedeutung ist. Wärmeleitung ist der Prozeß, durch den Wärmeenergie über eine Substanz durch die Übertragung der Bewegungsenergie der Moleküle auf benachbarte Moleküle stattfindet. Metalle und einige Kristalle sind gute Wärmeleiter, Gase dagegen schlechte. Die Luft, die eine Person umgibt, schützt diese vor Wärmeverlusten durch Konduktion, so lange keine wesentliche Luftbewegung stattfindet.

Wärmeverluste durch Strahlung sind wichtig und können bis zu 50% des normalen Wärmeverlustes des Körpers ausmachen. Ein heißes Objekt emittiert Strahlung mit Wellenlängen überwiegend im infraroten Spektralbereich. Diese emittierte Strahlung leitet die Energie vom heißen Objekt ab und führt zu dessen Abkühlung. Wenn diese abgegebene Strahlung von einem anderen Objekt absorbiert wird, so wird dieses Objekt wärmer. Strahlung kann also Wärmeenergie zwischen zwei Objekten übertragen, die nicht in direktem Kontakt miteinander stehen. Dabei hängt die Geschwindigkeit der Wärmeübertragung von den relativen Temperaturen und von den Oberflächencharakteristika der Objekte ab.

Der menschliche Körper verhält sich nun wie ein fast perfekter Strahlungskörper. Die Wärmeverluste durch Strahlung nehmen zu, wenn der Körper von kalten Objekten umgeben ist. Die Wärmeverluste des Körpers werden dagegen vermindert durch die Aufnahme von Strahlung aus einer warmen Umgebung. In der medizinischen Praxis werden metallisch beschichtete reflektierende Kunststoffolien verwendet, um Wärmeverluste durch Strahlung zu verringern. Ihr Einsatz in Operationsräumen sollte allerdings mit größter Vorsicht erfolgen, da das Risiko von Verbrennungen und elektrischen Unfällen besteht (siehe Kapitel 16).

Konvektion ist eine weitere wichtige Ursache von Wärmeverlusten. Bei der Konvektion werden die in unmittelbarem Kontakt mit der Körperoberfläche stehenden Luftschichten durch Konduktion erwärmt, dehnen sich aus und werden weniger dicht, was wiederum zu einer Aufwärtsbewegung führt. Die resultierende Konvektion führt Wärme von dem Körper ab.

Wärmeverluste durch oberflächliche Verdampfung basieren auf dem Verlust von latenter Wärme durch die Verdampfung von Feuchtigkeit auf der Hautoberfläche (siehe Kapitel 10). Diese Art von Wärmeverlust hängt ab vom Wasserdampf-Druckgradienten zwischen Haut und Luft und von der Gesamtfläche der feuchten Haut, die der Umgebung ausgesetzt ist. Die Wärmeverluste durch Verdampfung können durch Schwitzen um das 10fache erhöht werden, weil dadurch die für die Evaporation verfügbare Feuchtigkeit auf der Hautoberfläche gesteigert wird.

Diese genannten Arten des Wärmeverlustes hängen von der Gesamtfläche der Haut ab, die der Umgebung ausgesetzt ist. Wird diese Fläche reduziert, vermindert sich der Wärmeverlust. Die Geschwindigkeit des Wärmeverlustes wird auch beeinflußt durch isolierende Schichten, die einen Widerstand gegen den Wärmeverlust aufbauen. Die Geweheschichten, die zwischen dem Körperkern und der Hautoberfläche liegen, bestehen überwiegend aus Fett, das eine isolierende und relativ gering vaskularisierte Schicht darstellt. Das Tragen von Kleidung führt nicht nur zur Reduktion der exponierten Hautfläche, sie schließt auch gewisse Luftmengen ein. Diese Luftschichten sind ein schlechter Wärmeleiter, wirken also als Isolator.

Die Atmung hat nur einen geringen Anteil an dem Gesamtwärmeverlust, wahrscheinlich weniger als 10%. Dabei kommen 8% durch Befeuchtung der eingeatmeten Luft zustande, 2% durch deren Erwärmung. Bei einem gesunden Menschen ist dieser Wärmeverlust für die physiologische Kontrolle der Temperatur ohne Bedeutung, bei einem anästhesierten Patienten können allerdings Änderungen in der Respiration zu erheblichen Wärmeverlusten führen. So kann z. B. die Inspiration trockener Gase zur Entwicklung einer intraoperativen Hypothermie beitragen (siehe Kapitel 10).

9.9 Reaktionen auf Änderungen der Umgebungstemperatur

Die physiologische Temperaturregulation wird vermittelt durch Temperaturrezeptoren in der Haut und durch einen Temperaturrezeptor im Hypothalamus, der auf die Temperatur des durchströmenden Blutes reagiert. Beide Sensortypen geben ihre Informationen an ein Thermoregulationszentrum im Hypothalamus weiter und lösen dort eine entsprechende Reflexantwort aus. Im Falle geringer Änderungen der Umgebungstemperatur kommt es zu reflektorischen Änderungen des Gefäßtonus, der die Hauttemperatur und somit die Wärmeverluste beeinflußt. Bei starker Abkühlung des Körpers kommt es zum Zittern, während starke Erwärmung reflektorisches Schwitzen und eine Vasodilatation auslöst. Die Signale vom Thermoregulationszentrum zur Hirnrinde führen zu entsprechenden Verhaltensweisen der betroffenen Person, z. B. zur Änderung der Bekleidung oder zur Anpassung des Aktivitätsniveaus.

9.10 Hypothermie

Das Thermoregulationszentrum wird durch die Anästhesie gehemmt; zahlreiche Anästhetika haben darüber hinaus einen Einfluß auf den Vasomotorentonus, der zu einer peripheren Vasodilatation führt und dadurch Wärmeverluste begünstigt. Während des chirurgischen Eingriffs ist zum einen eine größere Fläche des Patienten der Umgebungsluft ausgesetzt, zum anderen führt die moderne Klimatechnik in Operationsräumen zu verstärkten Luftbewegungen über dem Patienten. Bei längeren Operationen besteht daher das Risiko einer Hypothermie, weshalb die Kerntemperatur des Patienten überwacht und durch entsprechende Maßnahmen aufrechterhalten werden muß, beispielsweise durch Erhöhung der Raumtemperatur, durch Befeuchtung der inspiratorischen Luft (siehe Kapitel 10) und durch Erwärmung von Infusionslösungen und Bluttransfusionen.

Bei neuro- oder kardiochirurgischen Eingriffen kann bei anästhesierten Patienten eine Hypothermie absichtlich induziert werden. Die reduzierte Körpertemperatur erniedrigt den Metabolismus und dadurch den Sauerstoffbedarf des Gewebes. Der Blutfluß zu lebenswichtigen Organen kann so zeitweise unterbrochen werden, ohne das Risiko hypoxischer Schäden einzugehen. Bei einer Körpertemperatur von 30 °C verdoppelt sich die Zeit für eine risikoarme Unterbrechung der Zirkulation gegenüber einer normalen Temperatur von 37 °C. Bei einfachen hypothermen Techniken wird eine Kerntemperatur unter 30 °C vermieden, da sonst das Risiko von Kammerflimmern besteht. Bei Patienten unter extrakorporaler Zirkulation werden auch wesentlich niedrigere Temperaturen angewendet. Wird mit Hilfe dieser Technik die Körperkerntemperatur auf etwa 18 °C gesenkt, ist ein vollständiger Kreislaufstillstand auch beim Erwachsenen für bis zu einer Stunde möglich.

9.11 Fieber

Fieber ist eine Erhöhung des Sollwertes des thermoregulatorischen Zentrums, die üblicherweise durch bakterielle oder endogene Pyrogene ausgelöst wird. Temperaturen über 42 °C führen zu zerebralen Störungen und zur Beeinträchtigung der physiologischen Kontrollmechanismen für Wärmeableitung durch Schwitzen. Bei Körpertemperaturen über 45 °C wird eine Steigerung des Metabolismus induziert, die zu einem Circulus vitiosus mit weiterer Wärmeproduktion führt; dieser Verlauf ist dann in aller Regel letal. Das Problem bei diesen hohen Körpertemperaturen ist, daß die Wärmeproduktion exponentiell mit der Temperatur und damit wesentlich schneller als die Wärmeverluste ansteigt. Folglich wird eine Temperatur erreicht, bei der die Wärmeproduktion die maximalen Wärmeverluste überschreitet, die Temperatur steigt weiter an bis zum Tode des Patienten.

Eine seltene anästhesiologische Ursache für eine solch massive Temperaturerhöhung ist die maligne Hyperthermie. Sie tritt bei prädisponierten Patienten auf, die eine abnorme Reaktion auf volatile Anästhetika und depolarisierende Muskelrelaxantien aufweisen. Das Krankheitsbild ist genetisch determiniert und mit einem dramatischen Anstieg der Körpertemperatur verbunden. Dieser kommt aufgrund einer massiven Steigerung der Wärmeproduktion zustande und führt bei ausbleibender Behandlung in aller Regel zum Tode.

9.12 Thermische Verletzungen

Steigt die Temperatur der Hautoberfläche oder anderer Gewebe durch externe Wärmezufuhr auf Temperaturen um 45 °C an, besteht das Risiko von Verbrennungen und Gewebeschäden. Die tatsächlich erreichte Temperatur hängt von der Geschwindigkeit ab, mit der diese Wärme zugeführt wird und von der Geschwindigkeit, mit der diese durch den Blutfluß abtransportiert wird.

Verbrennungen sind daher wahrscheinlicher bei Patienten im Schock bzw. bei vorliegender Vasokonstriktion. Beispiele für externe Wärmequellen sind Lampen, elektrische Decken und wassergefüllte Wärmedecken (elektrische Verbrennungen siehe Kapitel 14 und Feuer siehe Kapitel 23).

10 Wärmekapazität und latente Wärme

10.1 Wärmekapazität

Die Zusammenhänge zwischen Wärme und Temperatur wurden im Kapitel 9 ausführlich besprochen. Wenn Wärme einer Substanz zugeführt wird, steigt deren Temperatur an. Umgekehrt kommt es zum Temperaturabfall, wenn einer Substanz Wärme entzogen wird. Die Wärmemenge, die notwendig ist, einen bestimmten Temperaturwechsel zu bewirken, hängt von der spezifischen Wärmekapazität einer Substanz ab.

Die spezifische Wärmekapazität ist definiert als die Wärmemenge, die benötigt wird, um die Temperatur von 1 kg einer Substanz um 1 Kelvin zu erhöhen. Die SI-Einheit der spezifischen Wärmekapazität ist J kg^{-1} K^{-1}.

Da eine Temperaturänderung von 1 Kelvin einem Grad Celsius entspricht, wird die spezifische Wärmekapazität oft mit Grad Celsius angegeben. Das Wort *spezifisch* in der oben genannten Definition bedeutet, daß die Menge als Masse ausgedrückt wird. Die spezifische Wärmekapazität wird oft mit dem Begriff *spezifische Wärme* abgekürzt, sie darf nicht verwechselt werden mit dem Ausdruck *Wärmekapazität.*

Die Wärmekapazität ist definiert als die Wärmemenge, die benötigt wird, um die Temperatur eines bestimmten Objektes um 1 Kelvin zu erhöhen. Die SI-Einheit der Wärmekapazität ist J K^{-1}.

Man erkennt, daß sich die Wärmekapazität auf ein Objekt oder eine Substanz als ganzes bezieht; sie kann folglich als das Produkt aus spezifischer Wärmekapazität und Masse berechnet werden. (Ein Beispiel für die Wärmekapazität findet sich in Kapitel 11 bei der Besprechung der Narkoseverdampfer.)

Wenn ein Objekt, wie z. B. ein Verdampfer, mehrere Komponenten aus unterschiedlichen Materialien besitzt, kann seine Wärmekapazität durch Addition der Kapazitäten der einzelnen Komponenten berechnet werden. Im Falle eines Patienten kann die spezifische Wärmekapazität eines Gewebes näherungsweise mit einem Mittelwert von 3,5 kJ kg^{-1} °C^{-1} angegeben werden. Das Produkt dieses Wertes mit dem Gewicht des Patienten gibt die Gesamtwärmekapazität an. Für einen 70 kg schweren Patienten beträgt sie etwa 245 kJ °C^{-1}.

Die Kenntnisse der Wärmekapazität vereinfachen die Berechnungen der Effekte von Änderungen der Wärmeproduktion. Betrachten wir beispielsweise einen Patienten, dessen Körpertemperatur nach einer Anästhesie auf 36 °C gesunken ist. Dieser Patient kann durch Zittern seine Wärmeproduktion von einem basalen Wert von 80 Watt auf 320 Watt vervierfachen. Dies sind zusätzlich 240 Watt oder 240 × 60 Joule pro Minute, d. h. 14,4 kJ min^{-1}. Da etwa 245 kJ benötigt werden, um seine Körpertem-

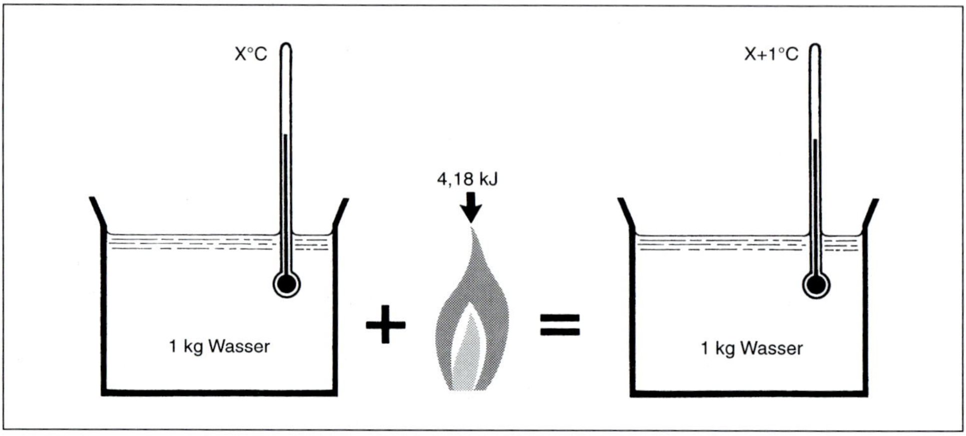

Abbildung 10.1: Die spezifische Wärme von Wasser.

peratur um 1 °C anzuheben, wird dieser Patient ca. 17 Minuten lang zittern müssen, um diese benötigte Wärme zu produzieren.

Das Prinzip des Körperwärmegehaltes wird benutzt, um den Gesamtwärmegewinn oder -verlust eines Menschen oder eines Objektes zu bestimmen. Der Körperwärmegehalt ist das Produkt der mittleren Temperatur und der Wärmekapazität. Im Falle einer Person bestehen Temperaturgradienten zwischen dem Körperkern und dem Körpermantel; folglich müssen sowohl die Kerntemperatur als auch die oberflächliche Hauttemperatur gemessen und eine mittlere Körpertemperatur berechnet werden, um den Anteil von Kern- und Mantelgewebe zu bestimmen (siehe Kapitel 9). Gelegentlich wird auch der Begriff der *thermischen Kapazität* verwendet. Dieser Begriff sollte allerdings vermieden werden, da er entweder die spezifische Wärme oder die Wärmekapazität bedeuten kann.

Wie in Abbildung 10.1 gezeigt, werden 4,18 kJ benötigt, um die Temperatur von 1 kg Wasser um 1 °C zu erhöhen. Die spezifische Wärme von Wasser ist daher 4,18 kJ $kg^{-1}\,°C^{-1}$. Im Zusammenhang mit (künstlicher) Ernährung werden häufig die Einheiten Kalorien und Kilokalorien benutzt (eine Kalorie entspricht 4,18 Joule). Die spezifische Wärme von Wasser ist also 1 kcal kg^{-1} $°C^{-1}$. Die spezifische Wärme der meisten anderen Substanzen ist geringer als die von Wasser. Die hohe spezifische Wärme von Wasser wurde früher bei Verdampfern genutzt, um durch ein Wasserbad ein Wärmereservoir zu erzeugen, das für eine gleichmäßigere Temperatur des Vapors sorgt.

In der Transfusionsmedizin begünstigen die hohe spezifische Wärme kalter Infusionslösungen und Blut die Auskühlung eines anästhesierten Patienten. Die spezifische Wärmekapazität von Blut beträgt 3,6 kJ $kg^{-1}\,°C^{-1}$. Nehmen wir an, daß 2 kg Blut (entsprechend 2 l) mit einer Temperatur von 5 °C transfundiert und im Patienten auf 35 °C erwärmt werden. Die benötigte Wärme ist

$$\begin{aligned} &2\text{ kg} \times 3{,}6\text{ kJ kg}^{-1}\,°C^{-1} \times (35–5)\,°C \\ &= (2 \times 3{,}6 \times 30)\text{ kJ} \\ &= 216\text{ kJ} \end{aligned}$$

Die Gesamtwärmekapazität eines 70 kg schweren Patienten beträgt 245 kJ $°C^{-1}$, daher wird die mittlere Patiententemperatur durch die Transfusion von 2 l ungewärmten Blutes um 1 °C abfallen. Bei einer Transfusion in dieser Größenordnung sollten daher (und auch aus anderen Gründen) Blutwärmer verwendet werden.

Gase haben eine niedrige spezifische Wärme, was in der Anästhesie von Bedeutung sein kann. Luft hat beispielsweise eine spezifische Wärme von 1,0 kJ $kg^{-1}\,°C^{-1}$ bei konstantem Druck. Da Gasmengen im allgemeinen als Volumen ausgedrückt werden, ist es gebräuchlich, die spezifische Wärme eines Gases als die Wärmemenge zu definieren, die benötigt wird, um die Temperatur einer Volumeneinheit um eine Temperatureinheit zu erwärmen, z.B. die Wärmemenge, die zur Erwärmung von 1 l Gas um 1 Kelvin (1 °C) benötigt wird. Aus der niedrigen Dichte von Gasen folgt, daß die auf diese Weise angegebene spezifische Wärme sehr niedrig ist. Die spezifische Wärme von Luft beispielsweise beträgt nur 1,2 $J\,l^{-1}\,°C^{-1}$, das ist etwa ein Tausendstel des auf die Masse bezogenen Wertes. Die praktische Bedeutung liegt darin, daß eine extrem geringe Wärmemenge benötigt bzw. verloren wird, um die Temperatur eines kleinen Gasvolumens zu ändern. Wird beispielsweise eine Zigarette geraucht, hat der brennende Tabak eine Temperatur von mehreren 100 °C. Die Luft, die über diesen brennenden Tabak gezogen wird, wird auf etwa diese Temperatur aufgeheizt. Sie fällt allerdings bis zum Eintritt in den Mund rapide ab, obwohl der Wärmeverlust in die Umgebung sehr klein ist.

Ein in der Anästhesie relevanteres Beispiel betrifft die Temperatur des Narkosegases, das dem Patienten zugeführt wird. Die Gase können entweder recht kalt sein, wenn sie direkt vom Verdampfer kommen, oder recht warm sein, wenn sie über einen beheizten Befeuchter zugeleitet werden. Während des Flusses durch die Narkoseschläuche wird nur eine minimale Wärmemenge ausgetauscht. Dies ist allerdings ausreichend, um sicherzustellen, daß die Gastemperatur nahe der Umgebungstemperatur ist, wenn das Gas den Patienten erreicht.

Normalerweise ist die für die Aufwärmung inspirierter Gase benötigte Wärmemenge aufgrund der niedrigen spezifischen Wärme von Luft relativ gering. Nehmen wir nun einen Patienten an, der über einen Endotrachealtubus mit 7 l/min beatmet wird. Wie hoch ist der Wärmeverlust? Die Temperatur in der oberen Trachea beträgt etwa 34 °C. Wenn Wärmeaustauscheffekte innerhalb des Endotrachealtubus vernachlässigt werden, kann der Temperaturanstieg der Luft 14 °C betragen, entsprechend einer Änderung der Raumtemperatur von 20 °C auf 34 °C.

Wärmeverlust durch die Erwärmung inspirierter Luft
= Fluß × spezifische Wärmekapazität × Temperaturanstieg
= $7\ l\ min^{-1} \times 1{,}2\ J\ l^{-1} \times 14\ °C$
= $118\ J\ min^{-1}$
= $1{,}96\ W\ (1\ W = 1\ J\ s^{-1})$

Laut dieser Berechnung beträgt der Wärmeverlust lediglich etwa 2 Watt, eine unbedeutende Menge im Vergleich zum Wärmeverlust des Patienten unter Ruhebedingungen von etwa 80 Watt. Folglich ist der Wärmeverlust durch die Erwärmung inspirierter Luft normalerweise ohne Bedeutung. Wenn allerdings trockene Gase inhaliert werden, wird zusätzliche Wärme benötigt, um die latente Wärme für die Befeuchtung der Luft zur Verfügung zu stellen.

10.2 Latente Wärme

Wenn sich der Aggregatzustand einer Substanz von flüssig nach dampfförmig oder von fest nach flüssig ändert, muß Wärme zugeführt werden, selbst wenn dieser Zustandswechsel bei einer konstanten Temperatur stattfindet. Bei einem Zustandswechsel von flüssig nach dampfförmig wird die benötigte Wärme als *latente Verdampfungswärme* bezeichnet. Geht ein fester Stoff in den flüssigen Zustand über, so bezeichnet man diese Wärme als *Schmelzwärme*. Eine andere Art von latenter Wärme spielt bei der Lösung in oder der Kristallisation aus einer Flüssigkeit eine Rolle. Diese wird als *Kristallisationswärme* bezeichnet. Unter diesen Formen ist die latente Verdampfungswärme die für die Anästhesie interessanteste.

Die latente Verdampfungswärme ist definiert als die Wärme, die benötigt wird, um 1 kg einer Substanz bei einer bestimmten Temperatur von einer Phase in eine andere zu überführen. Die SI-Einheit der Verdampfungswärme ist J kg^{-1}.

Wasser mit einer Temperatur von 100 °C kann daher bei einer Temperatur von 100 °C durch Zufuhr der entsprechenden latenten Wärme (2,26 MJ kg^{-1}) in Dampf überführt werden (Abb. 10.2). Man beachte, daß die Temperatur, bei der der Aggregatwechsel stattfindet, angegeben werden muß, da die latente Wärme von dieser Temperatur abhängt.

Bei Körpertemperatur werden 2,42 MJ benötigt, um 1 kg Wasser in 1 kg Wasserdampf zu überführen (Abb. 10.3); bei einer Raumtemperatur von 20 °C ist die benötigte Wärme noch höher (2,43 MJ). Je niedriger also die Temperatur, desto mehr latente Wärme wird benötigt, um eine Substanz zu verdampfen.

Die Abbildung 10.4 zeigt den Zusammenhang zwischen latenter Wärme und Wassertemperatur. Würde man das Diagramm nach rechts fortsetzen, würde die latente Wärme mit steigender Temperatur weiter abfallen und schließlich den Nullpunkt erreichen. Dies ist in der Abbildung 10.5 für die Verdampfung von

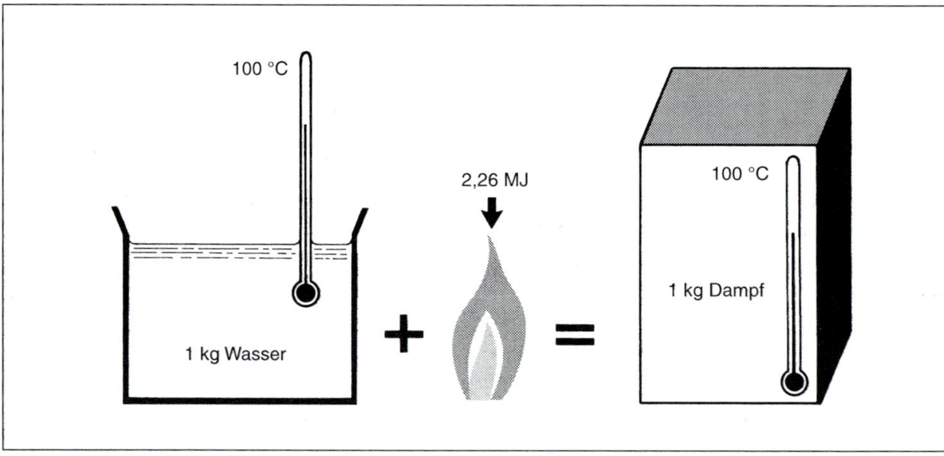

Abbildung 10.2: Die spezifische latente Wärme von Wasser bei 100 °C.

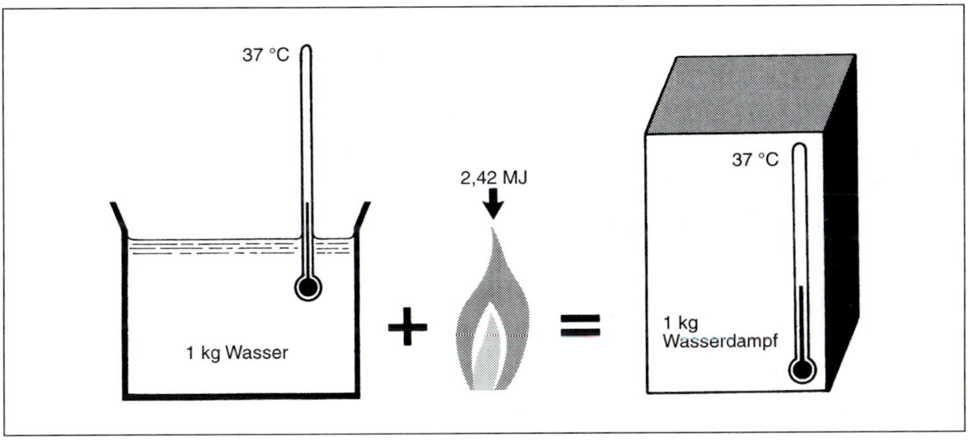

Abbildung 10.3: Die spezifische latente Wärme von Wasser bei 37 °C.

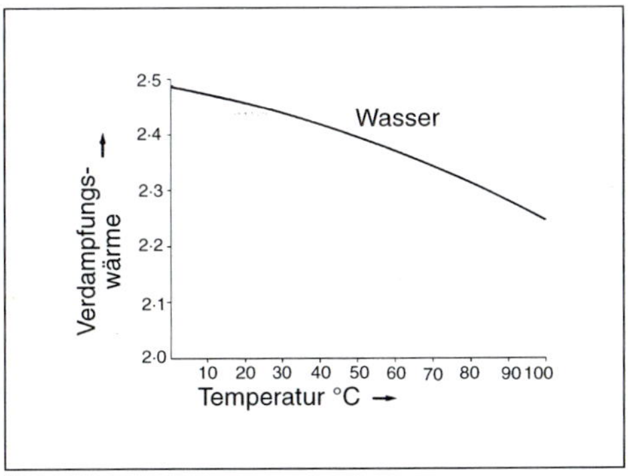

Abbildung 10.4: Diagramm der spezifischen latenten Wärme von Wasser über der Temperatur.

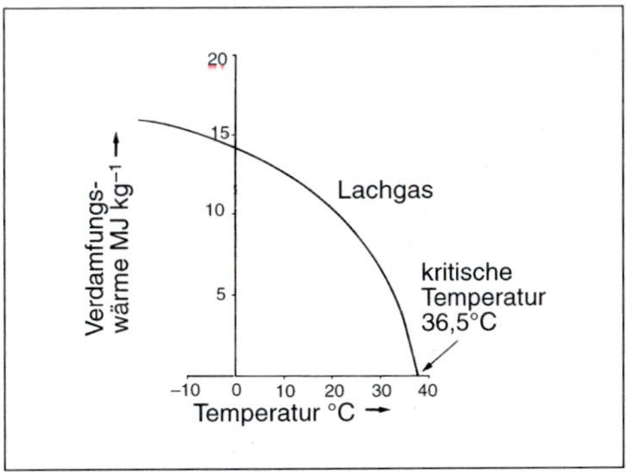

Abbildung 10.5: Diagramm der spezifischen latenten Wärme von Lachgas über der Temperatur.

Lachgas dargestellt. Die Temperatur, bei der die latente Verdampfungswärme von Lachgas Null wird, stimmt mit dessen kritischer Temperatur von 36,5 °C überein. Bei dieser sog. kritischen Temperatur wechselt die Substanz spontan von der flüssigen in die dampfförmige Form ohne Zufuhr zusätzlicher Energie. Oberhalb dieser kritischen Temperatur kann die Substanz nicht als Flüssigkeit vorliegen. Zur kritischen Temperatur siehe Kapitel 4.

10.3 Latente Wärme in der Anästhesie

Ein klinisches Beispiel für die latente Verdampfungswärme ist die Verwendung von Ethylchlorid für die Lokalanästhesie. Ethylchlorid wird als Flüssigkeit unter Druck in Glasampullen abgefüllt. Diese besitzen eine Düse, so daß ein feiner Strahl direkt auf die Haut gesprüht werden kann. Die Verdampfung des Ethylchlorids bewirkt eine starke Abkühlung der Haut, durch die die Reizleitung in den sensorischen Nerven gestört und eine ausreichende Anästhesie für die Durchführung kleiner Eingriffe, wie z.B. die Eröffnung eines Hautabszesses, erreicht werden kann.

Alle volatilen Anästhetika verlieren beim Verdampfen latente Wärme, was ein wichtiger Gesichtspunkt für die Konstruktion von Verdampfern darstellt. Wenn Gas über ein flüssiges Anästhetikum in einen Verdampfer strömt, verdampft die Flüssigkeit und entzieht der verbleibenden Flüssigkeit und den umgebenden Vaporwänden Verdampfungswärme (Abb. 10.6). Die Temperatur des verbleibenden Anästhetikums und die der Wände fällt ab. Ein Temperaturrückgang des Anästhetikums führt allerdings dazu, daß die Verdampfung des verbleibenden Anästhetikums abnimmt, der Sättigungsdampfdruck sinkt und damit die Menge des verdampften Anästhetikums reduziert wird. Zur Kontrolle der Dampfkonzentration verfügen moderne Verdampfer über eine Vorrichtung, die auf dem Prinzip eines Thermostaten beruht (siehe Kapitel 11).

Einen anderen Effekt der latenten Verdampfungswärme kann man sehen, wenn man einen Lachgaszylinder schnell entleert (Abb. 10.7). Lachgas wird in flüssiger Form aufbewahrt und vor Gebrauch in den gasförmigen Zustand überführt, wobei die dafür benötigte latente Wärme der verbleibenden Flüssigkeit und den Flaschenwänden entnommen wird. Die Temperatur der Druckflasche fällt ab, und Wasserdampf kann auf der Oberfläche des Zylinders kondensieren oder frieren. Aufgrund dieser Abkühlung fällt der Dampfdruck in dem Zylinder schnell ab, das angeschlossene Manometer zeigt falsch niedrige Druckwerte an, die sich nach Verschluß der Flasche dem ursprünglichen Wert wieder annähern (gestrichelte Linie in Abb. 10.7).

CO_2 und Cyclopropan werden ebenfalls in flüssiger Form gespeichert, in der täglichen Praxis ist der Verbrauch allerdings so gering, daß eine Abkühlung der Flaschen nicht zu bemerken ist.

Sauerstoff ist ein weiteres Beispiel für ein Gas, das aus Gründen der Wirtschaftlichkeit in flüssiger Form gespeichert werden kann. Da die kritische Temperatur von Sauerstoff –119 °C be-

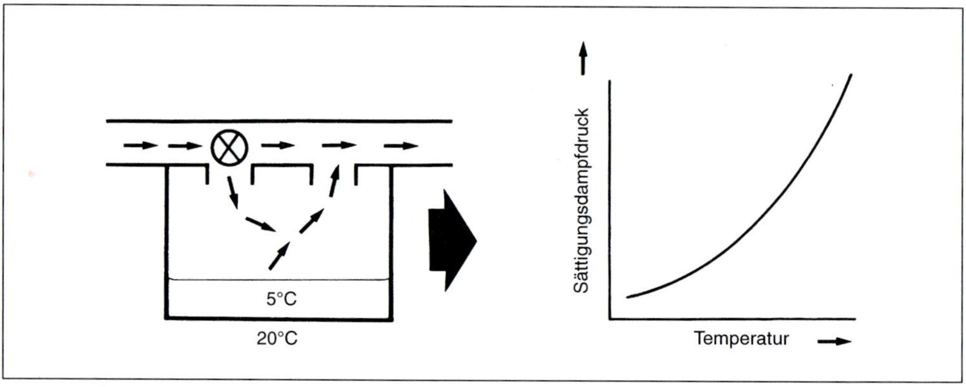

Abbildung 10.6: Effekt der latenten Wärme in einem Verdampfer.

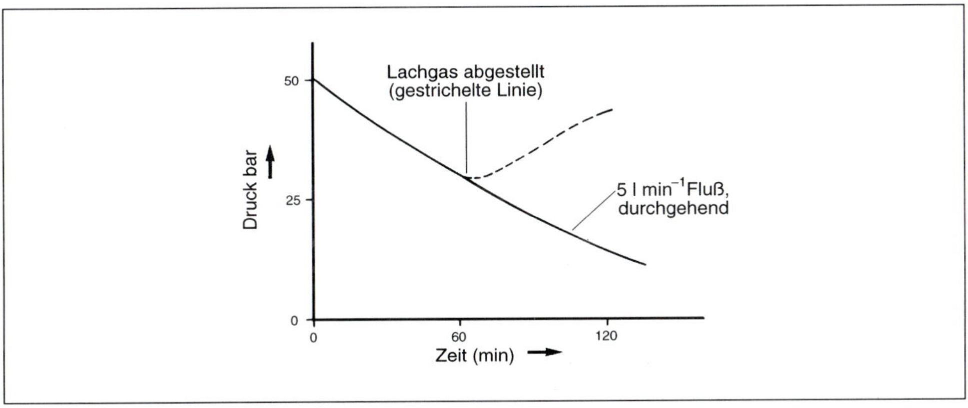

Abbildung 10.7: Druckänderungen in einer 900 l Lachgasflasche, die mit 5 l/min entleert wird. Der Druck baut sich wieder auf, wenn die Flasche wieder verschlossen wird (gestrichelte Linie).

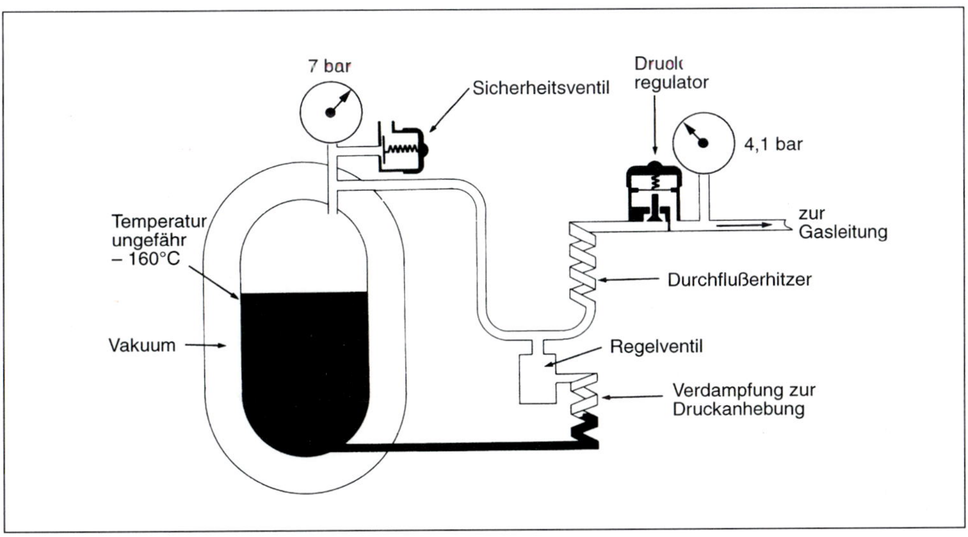

Abbildung 10.8: Darstellung einer zentralen Sauerstoffversorgungseinheit.

trägt und er oberhalb dieser Temperatur nicht mehr in flüssiger Form vorliegt, wird der flüssige Sauerstoff in speziellen Speichergefäßen bei einer Temperatur von etwa –160 °C gehalten. Die Gefäße müssen über eine entspechend dimensionierte Vakuumflasche verfügen, die diese niedrige Temperatur aufrechterhalten kann (Abb. 10.8). Der Druck in dem Gefäß wird normalerweise um 7 bar gehalten; dies entspricht dem Dampfdruck von Sauerstoff bei –160 °C. Wird dem Speichergefäß Sauerstoff entnommen, ist das Gas sehr kalt und muß durch einen spiralförmigen Hochleistungserhitzer geleitet werden (Abb. 10.8). Das Gas passiert anschließend einen Druckregulator, der den Leitungsdruck bei etwa 4,1 bar hält. Fließt Sauerstoff mit hoher Geschwindigkeit, so sinkt die Temperatur des flüssigen Sauerstoffs aufgrund des Entzugs latenter Wärme ab, gleichzeitig fällt der Dampfdruck. Zur Lösung dieses technischen Problems wird eine zusätzliche Wärmequelle benötigt, die durch einen drucksteigernden Verdampfer realisiert wird. Ein Regelventil überwacht den Druck im Speichergefäß und kontrolliert den Fluß des flüssigen Sauerstoffs zu dem Druckausgleichsverdampfer – je geringer der Druck, desto höher der Fluß. In dem Verdampfer wird der Sauerstoff erwärmt und entsprechend dem Druck in der Versorgungsleitung verdampft.

Für das Vorratssystem wird keine Kühleinheit verwendet, da der flüssige Sauerstoff aufgrund der Wirkung des Vakuumbehälters und dem Verlust an Verdampfungswärme durch die Sauerstoffverdampfung kalt bleibt. Wird allerdings kein Sauerstoff verbraucht, wird die Temperatur des Speichergefäßes langsam ansteigen, bis nach etwa 1 Woche überschüssiger Sauerstoff durch den steigenden Druck über ein Sicherheitsventil ausströmt. Die Verdampfung dieses flüssigen Sauerstoffs reduziert dann wieder Temperatur und Druck im Behälter.

10.4 Latente Wärme und Wärmeverluste beim Patienten

Wir haben bereits die Wärmeverluste durch Erwärmung inspirierter Luft besprochen, nicht aber die Wärmeverluste durch deren Befeuchtung. Erreicht eingeatmetes Gas die Trachea, beträgt dessen Feuchtigkeit etwa 34 mg Wasserdampf pro Liter Gas; dieses Wasser stammt aus der Verdampfung auf den mukösen Oberflächen des Respirationstraktes. Nehmen wir nun an, daß eine Person vollständig trockenes Gas mit 7 l/min atmet.

Feuchtigkeit in der oberen Trachea
$= 34\ \mathrm{mg\ l^{-1}}$

Gesamtwasserbedarf für die Befeuchtung des inspiratorischen Gases
$= 7\ \mathrm{l\ min^{-1}} \times 34\ \mathrm{mg\ l^{-1}}$
$= 0{,}238\ \mathrm{g\ min^{-1}}$

Gesamtbedarf an latenter Wärme
= spezifische latente Wärme für die Verdampfung bei 37 °C × Wassermenge
$= 2{,}42\ \mathrm{MJ\ kg^{-1}} \times 0{,}000238\ \mathrm{kg^{-1}\ min^{-1}}$
$= 576\ \mathrm{J\ min^{-1}}$
$= 9{,}6\ \mathrm{W}$

Spezifische Wärme zur Erwärmung der inspirierten Luft (wie oben berechnet)
$= 2{,}0\ \mathrm{W}$

Gesamtwärmeverluste der Atmung
$= 11{,}6\ \mathrm{W}$

Wie aus diesen Berechnungen hervorgeht, ist der Wärmeverlust durch die Befeuchtung der Luft wesentlich größer als der Verlust durch die Erwärmung der trockenen Luft. Der Gesamtwärmeverlust durch die Respiration von etwa 12 Watt entspricht 15% des gesamten Grundwärmeverlustes von etwa 80 Watt.

Im vorherigen Kapitel wurde von einem Wärmeverlust durch Respiration von 10% gesprochen. In der Anästhesie sind jedoch die inspirierten Gase üblicherweise trocken, so daß über diesen

Weg größere Wärmeverluste auftreten als unter normalen Bedingungen. Diese Wärmeverluste tragen zu dem Problem der Hypothermie während der Anästhesie bei, insbesondere bei kleinen Kindern. Sie können durch Anfeuchtung des inspirierten Gases und durch Verwendung eines Anästhesiekreissystems vermindert werden.

Alte geschlossene Anästhesiesysteme mit dem Waters-Kanister erlaubten ebenfalls eine effiziente Aufrechterhaltung von Wärme und Feuchtigkeit des Patienten, sie wurden sogar für die Durchführung einer kontrollierten Hyperthermie verwendet. Bei dieser Technik wurde der Patient über das Waters-System anästhesiert, während Wärmeverluste durch Lagerung des Patienten in einem Wachsbad blockiert wurden. Über diesen Weg kann die Patiententemperatur, z. B. im Rahmen einer Krebstherapie, angehoben werden.

11 Verdampfer

Ein Verdampfer ist ein Gerät zur Zufuhr klinisch sinnvoller Anästhesiegaskonzentrationen zu einem Trägergasstrom. Der Sättigungsdampfdruck des volatilen Anästhetikums bei Raumtemperatur ist viele Male größer als für die Anästhesie erforderlich, so daß ein Verdampfer ein durch die Kammer durchströmendes Gas mit dem enthaltenen gesättigten Dampf vermischt und so ein Gas mit der geeigneten Konzentration zur Verfügung stellt. Dies wird erreicht, indem der Gasfluß zum Verdampfer in zwei Teilströme aufgeteilt wird (Abb. 11.1). Ein Teil durchfließt die das Anästhetikum enthaltende Kammer, der zweite Strom wird an dieser Kammer vorbeigeleitet. Die beiden Ströme werden schließlich vereint und dem Patienten zugeführt.

Der Gasstrom durch den Verdampfer kann auf zweierlei Weise erzeugt werden. Entweder wird das Gas durch einen vor dem Verdampfer aufgebauten Druck, z. B. aus den Rotametern, durch den Verdampfer hindurchgedrückt. Dies bezeichnet man als Plenumverdampfer. Alternativ kann ein negativer Druck hinter dem Verdampfer das Gas durch diesen hindurchsaugen. Man spricht dann von einem Sogverdampfer (Abb. 11.2), bei dem der negative Druck entweder durch die Atembewegung des Patienten oder auf mechanischem Wege erzeugt werden kann. Der Plenumtyp soll zunächst besprochen werden.

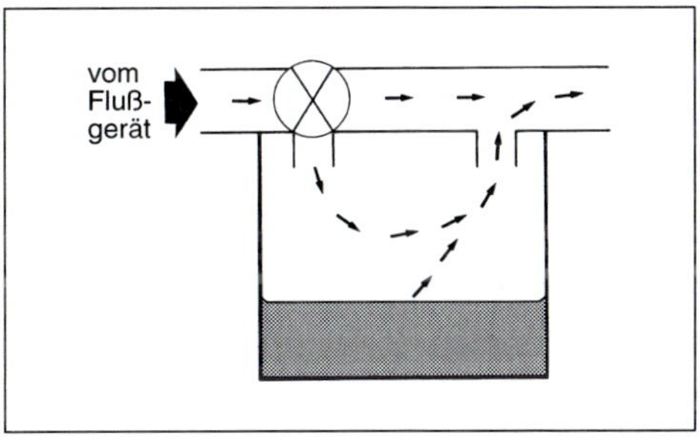

Abbildung 11.1: Prinzip eines Plenumverdampfers.

11.1 Die Boylesche Flasche

Einer der ersten und einfachsten Plenumverdampfer ist die Boylesche Flasche (Abb. 11.3). Das flüssige Anästhetikum befindet sich in einer Gasflasche, der Anteil des die Kammer durchströmenden Gases relativ zum Bypass-Strom wird durch ein Rotationsventil gesteuert. In Abbildung 11.3 ist dieses Ventil offen, in diesem Falle strömt das gesamte Gas direkt über die Oberfläche des Anästhetikums. Wird der Steuerhebel nach unten bewegt, fließt ein Teil des Gases durch den Bypasskanal. Auf diese Weise kann der Teil des Gases, der die Verdampferkammer durchströmt, variiert werden. Bei diesem Verdampfer ist der Sättigungsgrad des Gases, das die Kammer verläßt, in hohem Maße Flow-abhängig, wobei die Konzentration bei niedrigen Flüssen höher ist. Um dieses

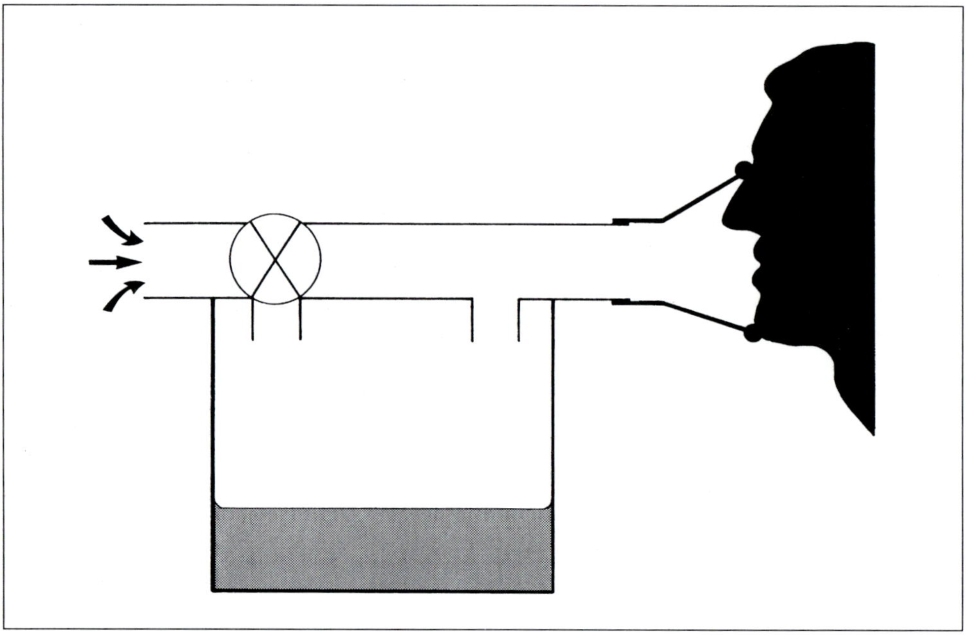

Abbildung 11.2: Prinzip des Sogverdampfers.

Problem zu umgehen, wird der Verdampfer mit einer Kappe ausgestattet, die den Gasstrom näher an die Oberfläche der Flüssigkeit heranführen kann, oder das Gas ähnlich einer Sprudelflasche durch die Flüssigkeit hindurchlenkt. Dieser Verdampfer hat also den Nachteil, daß eine zweite Steuerung für den Betrieb benötigt wird. Sie ist insbesondere zur Einleitung der Anästhesie zum Erreichen höherer Konzentrationen eines Narkosegases (z.B. Äther) notwendig. Wird die Boylesche Flasche für andere Anästhetika verwendet, bei denen hohe Konzentrationen gefährlich sind, wird die Kappe in die höchstmögliche Position gebracht.

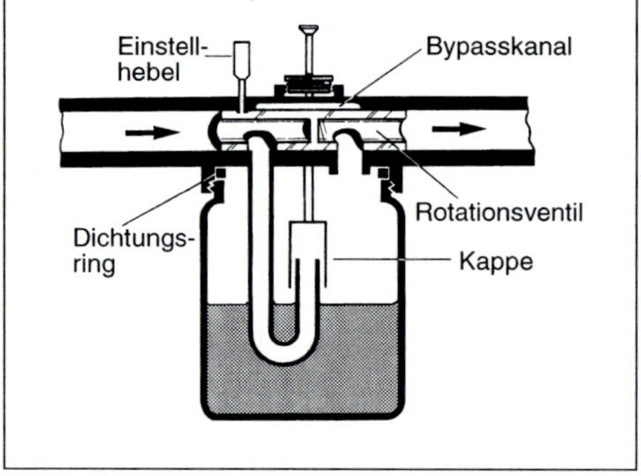

Abbildung 11.3: Die Boylesche Flasche.

Dieser einfache Plenumverdampfer hat noch ein weiteres Problem, das bereits in Kapitel 10 näher besprochen wurde: Wenn das Anästhetikum verdampft wird, entzieht es dem verbleibenden flüssigen Anästhetikum und der Wand des Verdampfers latente Verdampfungswärme. Die Temperatur und dadurch der Sättigungsdampfdruck des Anästhetikums fallen ab. Die Konzentration des Anästhetikums aus dem Verdampfer nimmt demnach ab, wenn keine

Gegenregulation stattfindet. Weil der Ausstrom der Boyleschen Flasche so variabel ist, kann dieser nicht kalibriert werden.

Die Probleme der Fluß- und Temperaturabhängigkeit von Verdampfern sind zu einem großen Teil durch modernere Entwicklungen gelöst. Diese Verdampfer sind normalerweise für ein spezifisches Anästhetikum entwickelt und kalibriert.

11.2 Flußabhängigkeit

Das Problem der Flußabhängigkeit ist zu lösen, wenn das gesamte Gas, das die Verdampferkammer verläßt, bei allen Flußraten vollständig gesättigt ist. Die endgültige Konzentration des Anästhesiedampfes, der vom Verdampfer geliefert wird, kann dann durch die Einstellung des Aufteilungsverhältnisses zwischen Kammer und Bypassstrom justiert werden.

Die Abbildung 11.4 zeigt einen Halothanverdampfer bei einer Raumtemperatur von 20 °C. Der Sättigungsdampfdruck von Halothan beträgt bei dieser Temperatur 32 kPa. Wenn der Umgebungsdruck 100 kPa, d.h. 1 bar beträgt,

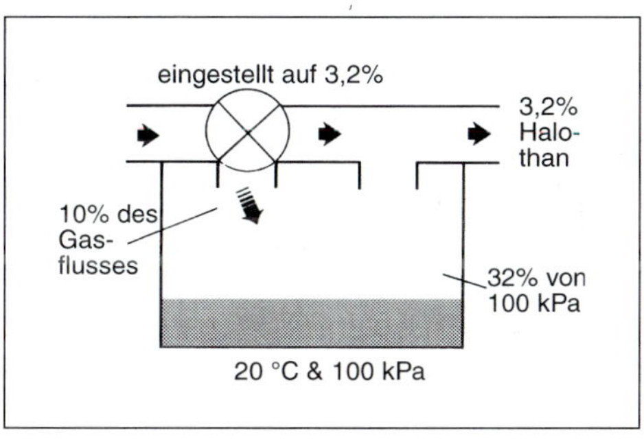

Abbildung 11.4: Funktionsprinzip eines Halothanverdampfers bei 20 °C.

ist die Konzentration des Dampfes in der Verdampferkammer 32 % – ein Beispiel für das Daltonsche Gesetz der Partialdrücke. Wird das Ventil so eingestellt, daß 10 % des einströmenden Gases durch die Kammer und 90 % durch den Bypasskanal fließen, ist die resultierende Halothankonzentration 3,2 %. Die Konzentration bleibt gleich, wenn die Temperatur konstant bleibt und die Oberfläche des flüssigen Halothans in der Kammer groß genug ist, um den Sättigungsdampfdruck aufrechtzuerhalten.

Der Sättigungsdampfdruck eines Anästhetikums wie Halothan ist wesentlich höher als für die Aufrechterhaltung einer Anästhesie notwendig. Tritt ein Funktionsfehler auf (z. B. am Einstellventil), kann ein unbeabsichtigt hoher Anteil des Gases durch die Verdampferkammer strömen, so daß das Risiko einer Überdosierung mit tödlichem Ausgang besteht. Eine zuverlässige Funktion des Ventils und der übrigen Teile ist daher aus Gründen der Sicherheit absolut unverzichtbar.

Um vollständige Sättigung zu erreichen, muß eine große Fläche innerhalb der Kammer für die Verdampfung zur Verfügung stehen. Eine Methode, dies zu erreichen ist, einen metallenen oder gewebten Docht in die Kammer einzubringen, dessen eines Ende in die Anästhesieflüssigkeit eintaucht während das andere Ende in die Kammer hineinragt (Abb. 11.5 A). Die Oberflächenspannung zwischen dem flüssigen Anästhetikum und den kapillaren Kanälen in dem Docht zieht das Anästhetikum nach oben und vergrößert die Oberfläche des Anästhetikums, was eine effiziente Verdampfung unterstützt. Diese Methode wird in vielen modernen Verdampfern angewendet.

Eine Alternative ist in Abbildung 11.5 B gezeigt, in der das Gas durch das

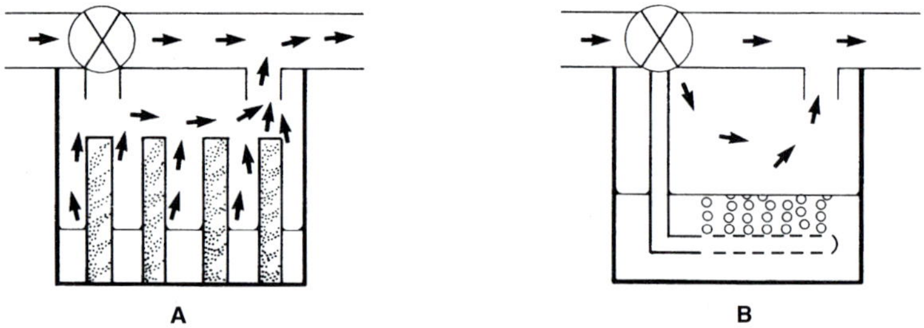

Abbildung 11.5: Zwei Methoden zum Erreichen einer vollständigen Gassättigung in der Verdampferkammer. (A) Verwendung von Dochten. (B) Blasenbildung durch poröses Glas oder Metall.

flüssige Anästhetikum über eine Scheibe porösen Glases oder Metalles hindurchströmt. Hierdurch wird eine große Anzahl von Blasen mit einer entsprechend großen Gesamtoberfläche erzeugt. Dieses System wird in den Kupferverdampfern verwendet.

Trotz der Sicherstellung einer vollständigen Dampfsättigung in der Verdampferkammer können Situationen auftreten, die den Ausstrom des Verdampfers beeinflussen. Das Aufteilungsverhältnis in einem Verdampfer hängt ab von den relativen Flußwiderständen der Gase, die durch die Verdampferkammer bzw. den Bypasskanal strömen. Diese Widerstände hängen wiederum davon ab, ob die Strömung laminar, turbulent oder eine Mischung aus beiden ist sowie von den physikalischen Eigenschaften des Gases (z. B. Viskosität). Die Flußabhängigkeit ist üblicherweise am ungünstigsten bei niedrigen Flüssen, z. B. unter einem Liter pro Minute, so daß bei Verwendung dieser Flußraten entsprechende Herstellerangaben berücksichtigt werden müssen. Weiterhin muß darauf geachtet werden, daß die Bedingungen, unter denen der Verdampfer kalibriert wird, den normalen klinischen Einsatzbedingungen entsprechen. Ein Verdampfer, der mit durchströmendem Sauerstoff geeicht wurde, wird im allgemeinen eine geringfügig andere Auslaßkonzentration aufweisen, als wenn er mit einem Sauerstoff-Lachgas-Gemisch betrieben wird. Die Kupferverdampfer vermeiden diese Probleme durch Verwendung eines Flowmeters, das den Gasfluß durch die Verdampferkammer steuert.

11.3 Temperaturregulation

Das Glas der Boyleschen Flasche und ähnlicher einfacher Verdampfer ist ein schlechter Wärmeleiter und verhindert eine effektive Wärmeleitung aus der Umgebung. Fortschrittlichere Verdampfertypen bestehen aus Metall, das eine gute thermische Leitfähigkeit besitzt und die Fortleitung von Umgebungswärme in die Verdampferkammer erlaubt. Zusätzlich wirkt das Metall selbst als Wärmereservoir, das Temperaturänderungen verzögert und reduziert, da sich die Wärmekapazität des Metalls zu der des Anästhetikums in dem Verdamp-

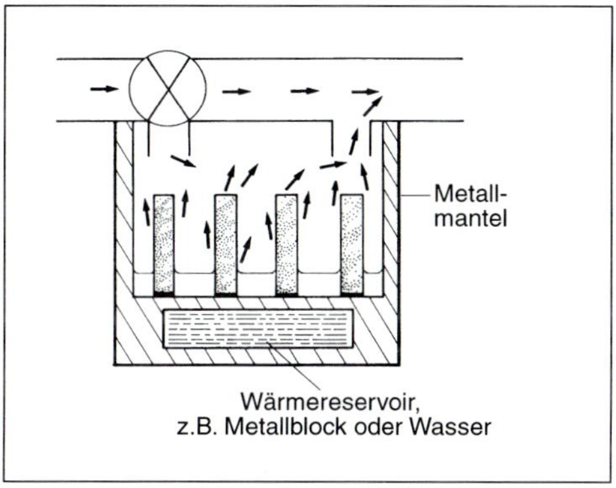

Abbildung 11.6: Teilweise Temperaturkompensation in einem Verdampfer durch Verwendung eines Metallmantels und eines Wärmereservoirs.

fer hinzuaddiert (Abb. 11.6). Betrachten wir beispielsweise einen Halothanverdampfer aus Kupfer mit einem Gewicht von 5 kg, der 200 ml Halothan enthält.

Wärmekapazität von Halothan
= Volumen × Dichte
× spezifische Wärmekapazität
= 200 ml × 1,87 g ml^{-1}
× 0,8 J g^{-1} K^{-1}
= 299 J K^{-1}

Wärmekapazität von Kupfer
= 5000 g × 0,39 J g^{-1} K^{-1}
= 1950 J K^{-1}

Gesamtwärmekapazität
= 299 + 1950 J K^{-1}
= 2249 J K^{-1}

Obwohl die spezifische Wärme von Kupfer nicht so hoch ist wie die von Halothan, ist Kupfer dichter; die große Masse in einem typischen Verdampfer leistet damit einen wichtigen Beitrag zur Wärmekapazität.

Wasser hat eine höhere spezifische Wärmekapazität und kann ebenfalls als Wärmereservoir verwendet werden. Das Prinzip des Wasserreservoirs ist nicht neu, bereits die Boylesche Flasche ist von einem Wasserbad umgeben. Enthält die Boylesche Flasche 200 ml Äther und das Wasserreservoir ebenfalls 200 ml, ist die Berechnung wie folgt:

Wärmekapazität von Äther
= Volumen × Dichte
× spezifische Wärmekapazität
= 200 ml × 0,71 g ml^{-1}
× 2,2 J g^{-1} K^{-1}
= 312 JK^{-1}

Wärmekapazität von Wasser
= 200 ml × 1 g ml^{-1} × 4,18 J g^{-1} K^{-1}
= 836 J K^{-1}

Gesamtwärmekapazität (ausschließlich Glas der Verdampferflasche)
= 312 + 836 J K^{-1}
= 1148 J K^{-1}

In der Praxis ist die Wärmeleitfähigkeit von Glas nicht so hoch wie die von Metall, was den temperaturstabilisierenden Effekt des Wasserbades limitiert. Die Verwendung von Wärmereservoirs reduziert zwar die Geschwindigkeit von Temperaturschwankungen, kann diese allerdings nicht vollständig verhindern.

11.4 Temperaturkompensation

Den Zusammenhang zwischen Temperatur und Sättigungsdampfdruck von Halothan gibt die Abbildung 11.7 wieder. Wie oben bereits erwähnt, beträgt der Sättigungsdampfdruck bei 20 °C 32 kPa, bei niedrigeren Temperaturen ist dieser Wert allerdings geringer. Die Abgabekonzentration des Verdampfers fällt daher ab, wenn das Aufteilungsverhältnis des Gases nicht so geändert wird,

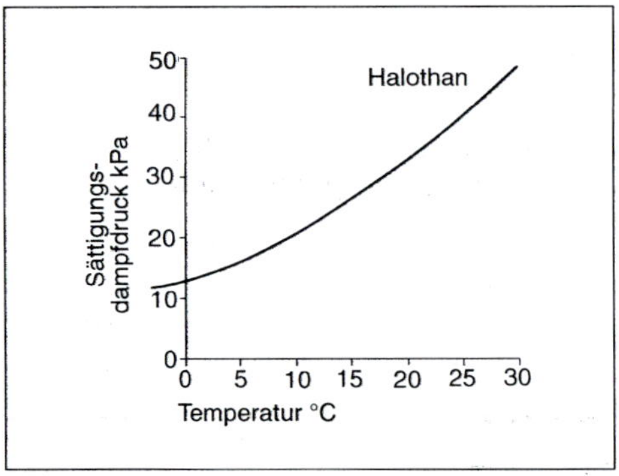

Abbildung 11.7: Zusammenhang zwischen Temperatur und Sättigungsdampfdruck von Halothan.

daß mehr Gas durch die Verdampferkammer strömt. Diese Nachregulierung ist notwendig, um eine konstante Konzentration zu gewährleisten; sie kann manuell oder automatisch erfolgen. In älteren Modellen des Dräger-Halothanverdampfers wurde dies manuell durchgeführt. Ein Thermometer zeigte die Temperatur in der Verdampferkammer an, an einer Skala am Einstellknopf konnte der Anästhesist die prozentuale Halothankonzentration bei einer bestimmten Verdampfertemperatur ablesen. Diese Methode lieferte genaue Konzentrationen. Der Kupferverdampfer hat ebenfalls ein System für eine manuelle Justierung, hier waren allerdings die beiden Gasströme durch den Bypass und durch die Verdampferkammer komplett getrennt und wurden durch separate Flowmeter eingestellt. Die Temperatur in dem Verdampfer wurde gemessen, und die Flußraten durch den Verdampfer wurden entsprechend einer Eichkurve eingestellt, um die gewünschte endgültige Konzentration zu erhalten.

Die meisten Verdampfer enthalten heute eine temperaturgesteuerte Klappe, die das Aufteilungsverhältnis automatisch reguliert. Die Abbildung 11.8 zeigt verschiedene Regelsysteme, die auf den Fluß durch den Verdampfer wirken. In anderen Verdampfern wirken sie auch auf den Bypasskanal. Ein Beispiel für ein Temperaturregulationsventil enthält einen Metallstreifen (Abb. 11.8 A). Dieser besteht aus zwei Metallen mit unterschiedlichen Wärmeausdehnungskoeffizienten, die miteinander verbunden sind. Ändert sich die Temperatur, ändert sich auch die Krümmung dieses Streifens. Der Bimetallstreifen kann als Ventil eingesetzt werden, er findet sich beispielsweise in Fluotec- und PAC-Verdampfern ebenso wie in Tekotat- und Cardiff-Inhalatoren. Eine weitere Methode beruht auf einem kleinen flexiblen Balg (Abb. 11.8 B), der eine Flüssigkeit mit

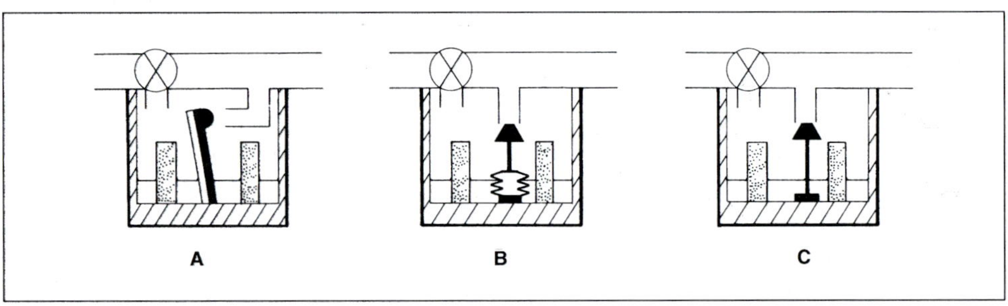

Abbildung 11.8: Temperaturregulierte Ventile für die automatische Flußjustierung durch die Verdampferkammer, basierend auf einem Bimetallstreifen (A), einem Balg (B) und einem Metallstab (C).

einem hohen Expansionskoeffizienten enthält. Ändert sich die Temperatur, expandiert oder kontrahiert sich der Balg und öffnet bzw. schließt dadurch ein Ventil. Diese Methode wird im EMO-, Abingdon- und Ohio-Verdampfer angewendet. Im Dräger-Vapor–19 wirkt die Ausdehnung eines Metallstabes in ähnlicher Weise, um über die Variation einer Öffnung den Fluß in die Verdampferkammer entsprechend der Temperatur zu regulieren (Abb. 11.8 C).

Die mit der Temperaturabhängigkeit des Dampfdrucks verbundenen Probleme können vermieden werden, wenn flüssiges Anästhetikum direkt in den Gasstrom eingebracht wird, wie z. B. im Siemensverdampfer (Abb. 11.9). Das Anästhetikum wird durch eine feine Düse in den Gasstrom gespritzt. Die Zufuhrgeschwindigkeit hängt ab von der Druckdifferenz über der Düse zwischen P_1 und P_2, die durch ein Drosselventil eingestellt wird. Erhöht sich der Fluß durch den Verdampfer, steigt der Druck P_1 und damit die Druckdifferenz $P_1 - P_2$ an, so daß mehr Anästhetikum zugeführt und damit die Konzentration aufrechterhalten wird. Auf diese Weise bleibt die Konzentration des abgegebenen Gasgemisches trotz Flußänderungen konstant.

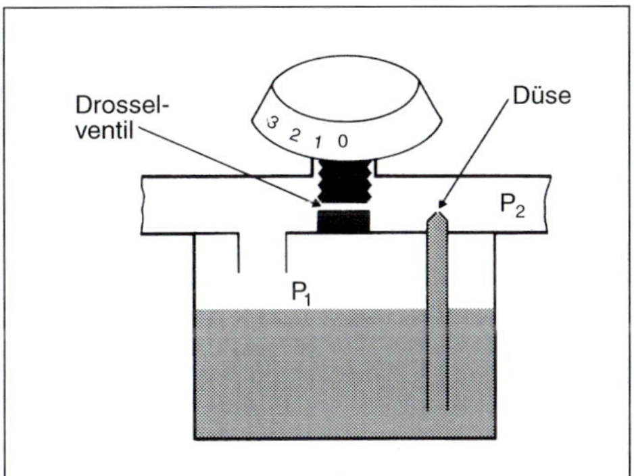

Abbildung 11.9: Schematische Darstellung des Siemensverdampfers.

Das Ventil wird auf den prozentualen Wert des gelieferten Anästhetikums geeicht.

11.5 Einfluß des Drucks auf den Verdampfer

Die Eichung einiger Verdampfer ist bei intermittierender positiver Druckbeatmung (IPPV) ungenau; der Verdampfer kann unter Umständen erhöhte Anästhetikumkonzentrationen abgeben; insbesondere wenn ein niedriger Fluß zusammen mit IPPV in einem geschlossenen System verwendet wird.

Während IPPV wird Gas mit einer konstanten Geschwindigkeit, die durch die Rotameter des Narkosegerätes eingestellt ist, dem Verdampfer zugeführt. Mit dem Beatmungszyklus kann es allerdings zu einer intermittierenden Druckerhöhung am Auslaß des Verdampfers kommen. Ist das Volumen der Verdampferkammer größer als das des Bypasskanals, kann bei fallendem Gegendruck vom Ventilator Gas aus Einlaß und Auslaß der Verdampferkammer herausexpandieren. Dadurch strömt mit Anästhetikum beladenes Gas in den Bypasskanal und erhöht die Ausgangskonzentration des Verdampfers.

Dieser Effekt kann durch eine Reihe unterschiedlicher Maßnahmen vermieden werden. Zunächst kann ein Überdruckventil hinter dem Verdampfer eingefügt werden, um sicherzustellen, daß der Druck im Verdampfer konstant und größer als der Respiratordruck ist. Weiterhin kann der Verdampfer so konstruiert werden, daß die Volumina von

Bypasskanal und Verdampferkammer gleich sind. In diesem Fall ist der Dekompressionseffekt in beiden Wegen gleich, es kommt nicht zum retrograden Fluß. Schließlich kann ein langer Einlaßschlauch zur Verdampferkammer eingefügt werden, so daß der retrograde Fluß aus der Verdampferkammer den Bypasskanal nicht erreicht.

Ein weiteres druckabhängiges Problem bei Verdampfern besteht darin, daß flüssiges Anästhetikum in den Beatmungskreis fließen kann. Diese Komplikation wird durch die Konstruktion moderner Verdampfer vermieden.

11.6 Einsatz bei Überdruck

Narkosegasverdampfer werden gelegentlich bei variierenden atmosphärischen Drücken eingesetzt. Betrachten wir diese Situation mit einem auf 1% eingestellten Halothanverdampfer (Abb. 11.10 A). Der atmosphärische Umgebungsdruck beträgt 100 kPa (1 bar), der Halothanpartialdruck am Auslaß des Verdampfers ist 1%, d.h. 1 kPa. Bei Raumtemperatur beträgt der Sättigungsdampfdruck von Halothan 32 kPa oder 32% des atmosphärischen Drucks.

Betrachten wir nun was geschieht, wenn dieser Verdampfer mit der gleichen Einstellung in einer Druckkammer bei 200 kPa betrieben wird (Abb. 11.10 B). Der Sättigungsdampfdruck ist unabhängig vom Umgebungsdruck; er beträgt daher weiterhin 32 kPa, dies entspricht nun allerdings nur noch 16% des atmosphärischen Drucks von 200 kPa. Das Aufteilungsverhältnis ist ebenfalls unverändert, so daß durch eine Halbierung der prozentualen Halothankonzentration im Verdampfer auch eine Halbierung der Ausgangskonzentration bei einem Umgebungsdruck von 200 kPa auftritt. Der Verdampfer liefert nun 0,5%

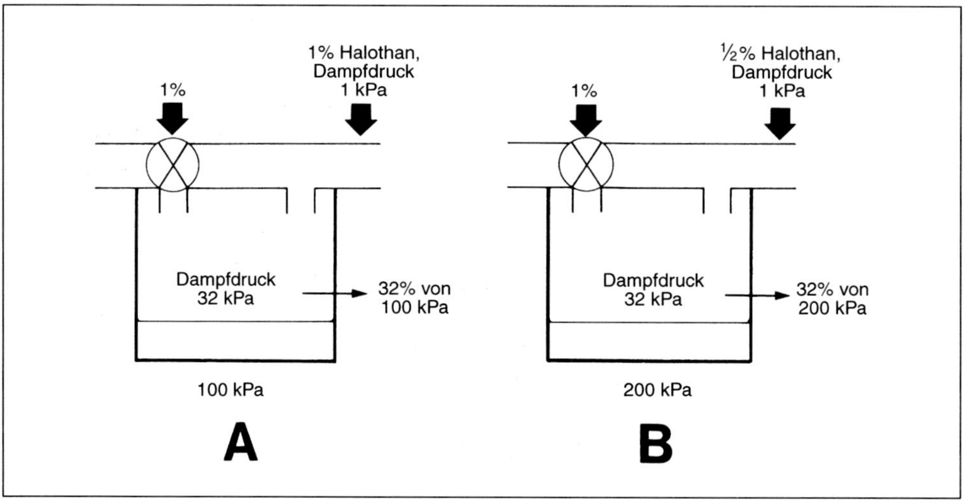

Abbildung 11.10: Der Effekt von unterschiedlichen Drücken auf die Funktion eines Halothanverdampfers. (A) Bei einem Druck von 100 kPa beträgt der Sättigungsdruck 32 kPa oder 32% des atmosphärischen Drucks. (B) Bei einem Druck von 200 kPa halbiert sich die prozentuale Konzentration, der Partialdruck bleibt allerdings unverändert.

Halothan bei 200 kPa, was in einem Halothanpartialdruck von 1 kPa resultiert – dem gleichen wie zuvor. Da die Anästhesietiefe in erster Linie vom Partialdruck eines Anästhesiegases, dagegen weniger von seiner prozentualen Konzentration abhängt, kann ein Verdampfer normalerweise mit der üblichen Einstellung bei unterschiedlichen atmosphärischen Drücken betrieben werden.

11.7 Positionierung und Kontrollmechanismen von Verdampfern

Im Narkosegerät sollte der Verdampfer zwischen dem Rotameterblock und dem Sauerstoff-Flush plaziert werden (Abb. 11.11), es besteht dann keine Gefahr, daß der hohe Sauerstofffluß durch den Verdampfer hindurchströmen kann. Kommt es zu einer Unterbrechung der Sauerstoffzufuhr, ist diese ebenfalls jenseits des Verdampfers. Das Einstellrad des Verdampfers sollte so standardisiert sein, daß die Aus-Stellung durch Drehen im Uhrzeigersinn erreicht wird. Wenn der Verdampfer in der Aus-Stellung ist, sollten sowohl Ein- als auch Auslaß der Verdampferkammer verschlossen sein, um eine Kontamination des Gases von den Rotametern mit Spuren von Anästhetika zu vermeiden.

11.8 Verwendung parallel angebrachter Verdampfer

Wenn zwei Verdampfer am Narkosegerät parallel angebracht sind, kann der

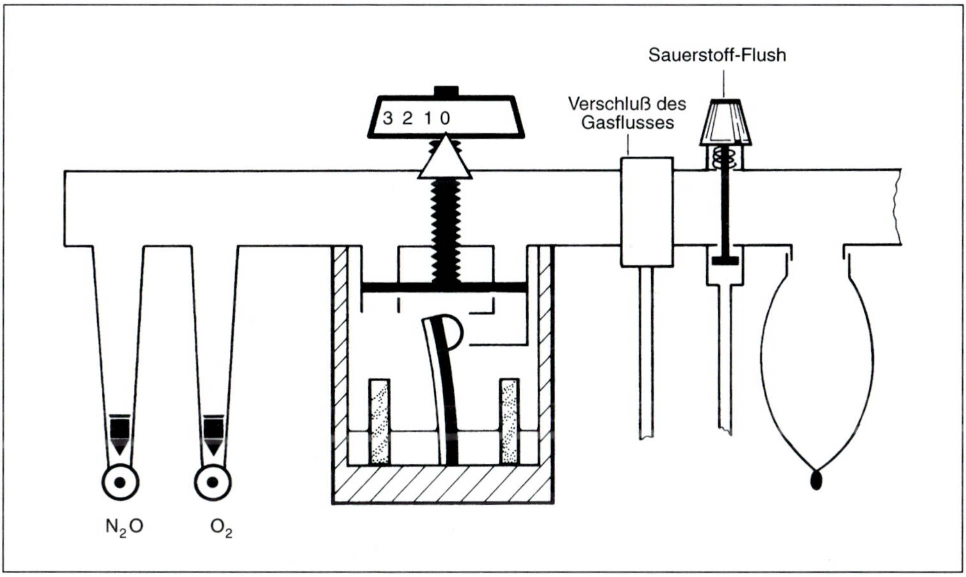

Abbildung 11.11: Aufbau und Plazierung des Verdampfers im Narkosegerät.

eine durch den Dampf des anderen kontaminiert werden. Um dieses Problem zu lösen, verwenden viele Hersteller einen Sicherheitsmechanismus, der verhindert, daß beide Verdampfer gleichzeitig betrieben werden können. In älteren Narkosegeräten ohne diese Sicherheitsvorrichtung konnte eine einfache Boylesche Flasche in der zweiten Position eingesetzt werden, da diese einfach gereinigt und kontaminierendes Anästhetikum verworfen werden konnte.

11.9 Ansaugverdampfer

Die für den Plenumverdampfer beschriebenen Funktionsprinzipien sind auch auf den Ansaugverdampfer anwendbar. Die internen Flußwiderstände des Ansaugverdampfers müssen allerdings sehr niedrig sein, um einen zusätzlichen Widerstand gegen die Atmung des Patienten zu vermeiden. Werden solche Verdampfer kalibriert, müssen sie ihre Genauigkeit über einen weiten Ventilationsbereich halten. Ein Beispiel für die Schwierigkeit, dieses zu erreichen, sind die speziellen Oxyfloran- oder Trichlorethylen-Ansaugverdampfer in der Geburtshilfe. Während der Wehen neigen die Patientinnen zur Hyperventilation, was bei alten Modellen von Ansaugverdampfern zu Ungenauigkeiten führte. Heute sind Ansaugverdampfer in der Anästhesie wenig gebräuchlich, einige Typen (EMO, OMV = Oxford Miniature Vaporizer, PAC/Cyprane) werden allerdings in tragbaren Anästhesiegeräten verwendet. Da sie keine Gasversorgung aus Druckflaschen benötigen, sind sie ideal für den außerklinischen Einsatz bei Notfällen, in Katastrophenfällen oder in abgelegenen Gebieten.

Der EMO-Verdampfer kompensiert die Temperatur nach dem Balgprinzip. Er ist schwerer als vergleichbare Verdampfer, da er ein Wasserreservoir zur thermischen Stabilisierung besitzt. Er wurde für den Betrieb mit Äther entwikkelt. Da Äther weniger atemdepressiv ist als Halothan, arbeitet dieser Verdampfer unter Bedingungen, in denen Sauerstoff nicht verfügbar ist, sicherer. Der EMO-Verdampfer ist allerdings für den Einsatz mit einem kontinuierlichen Fluß weniger geeignet, da dann die prozentuale Konzentration des angegebenen Anästhetikums niedriger ist, als es angezeigt wird.

Der OMV ist sehr kompakt, besitzt ein kleines Wasserreservoir, verfügt allerdings über keinen Temperaturkompensationsmechanismus. Er ist für den Betrieb mit Halothan, Trichlorethylen oder Enfluran gedacht, und wird vor allem in einem System mit Sauerstoffsupplementierung eingesetzt. Er kann mit kontinuierlichem oder intermittierendem Fluß oder mit einer Ansaugtechnik verwendet werden. Bei dem Triservice-Verdampfer, einer speziellen Entwicklung des OMV, enthält das Wärmeausgleichsreservoir ein Frostschutzmittel, so daß es bei niedrigen Temperaturen nicht beschädigt wird und auch unter winterlichen Bedingungen funktioniert.

Die PAC-Verdampferserie kompensiert die Temperatur mit einem Bimetallstreifen. Ihre Zuverlässigkeit wird durch Schütteln, Kippen und Stürzen nicht beeinträchtigt – ein Vorteil für den Einsatz außerhalb der Klinik. Die Verdampfer werden individuell für das benötigte Anästhetikum kalibriert und können sowohl als Plenum- als auch als Ansaugsystem verwendet werden.

Ansaugverdampfer wurden auch im

Anästhesiekreissystem mit CO_2-Absorbern verwendet. Hier ist allerdings eine sorgfältige Überwachung der Anästhetikumkonzentration notwendig, da es zur kumulativen Überdosierung kommen kann, insbesondere unter intermittierender Überdruckbeatmung. Auch eine Kontamination mit Wasserdampf kann die Zuverlässigkeit der Verdampfer beeinträchtigen.

11.10 Pflege von Verdampfern

Die meisten Hersteller empfehlen eine jährliche Überwachung der Verdampfer, die Kalibration kann allerdings bei Bedarf mit einem Refraktometer (siehe Kapitel 13) überprüft werden. Im Falle von Halothan und einigen anderen Anästhetika wird empfohlen, den Verdampfer in regelmäßigen Abständen zu entleeren und wieder zu füllen, um eine Akkumulation von Konservierungsstoffen wie Thymol in der Verdampferkammer zu vermeiden. Es muß darauf geachtet werden, daß geeichte Verdampfer nur mit dem entsprechenden Anästhetikum gefüllt werden. Um eine versehentliche Füllung mit einem falschen Anästhetikum zu vermeiden, werden spezielle Systeme mit Füllungsschläuchen und Adapterkappen verwendet, die nur an entsprechende Verdampfer und Anästhetikaflaschen passen.

12 Befeuchtung

Das Interesse des Anästhesisten an der Befeuchtung konzentriert sich in erster Linie auf den Patienten, und hier insbesondere bei Überbrückung der normalen Befeuchtungsmechanismen in Nase und Mund, z. B. durch eine Tracheotomie oder einen Endotrachealtubus. Neben der Befeuchtung zur Vermeidung eines Austrocknens der trachealen Mukosa können auch Wärmeverluste reduziert (siehe Kapitel 10) und die Häufigkeit von Husten und reflektorischem Atemanhalten während einer Inhalationseinleitung vermindert werden.

Die Befeuchtung spielt auch im Operationssaal eine Rolle, weil zu hohe Feuchte als unangenehm empfunden wird, während zu niedrige Feuchte die Bildung statischer Aufladungen mit dem Risiko der Entzündung entflammbarer Substanzen begünstigt.

12.1 Einheiten der Feuchte

Feuchte kann auf zweierlei Weise ausgedrückt werden. Die erste ist die *absolute* Feuchte.

Die absolute Feuchte ist die Masse des Wasserdampfes, die in einem bestimmten Luftvolumen vorhanden ist. Sie wird üblicherweise als mg l^{-1} oder g m^{-3} ausgedrückt, wobei die numerischen Werte dieser beiden Einheiten gleich sind.

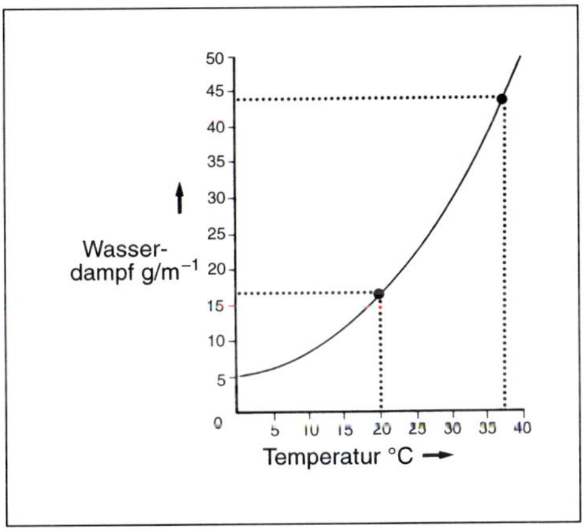

Abbildung 12.1: Gesättigte Luftfeuchte bei verschiedenen Temperaturen.

Die maximale Wasserdampfmenge, die in einem bestimmten Luftvolumen enthalten sein kann, wird durch die Temperatur bestimmt. Wie in Abbildung 12.1 gezeigt, steigt die Wassermenge, die als Dampf aufgenommen werden kann, mit steigender Temperatur. Vollständig gesättigte Luft enthält bei 20 °C etwa 17 g m^{-3} absolute Feuchte, während bei 37 °C 44 g m^{-3} vorhanden sind.

Die zweite Möglichkeit, die Feuchte zu messen, ist eine vergleichende Methode: die *relative* Feuchte.

Die relative Feuchte ist das Verhältnis der Wasserdampfmenge in einem bestimmten Luftvolumen zu der Menge, die benötigt wird, um dieses Luftvolumen bei derselben Temperatur vollständig zu sättigen. Sie wird üblicherweise als Prozentzahl ausgedrückt.

Aus Abbildung 12.1 ist zu ersehen, daß ein Kubikmeter Luft bei 20 °C und einer Sättigung von 100 % etwa 17 g Wasser enthält. Wird die Luft auf 37 °C erwärmt, ist die Wasserdampfmenge oder die absolute Feuchte dieselbe; die relative Feuchte beträgt allerdings nur noch 39 %, da bei 37 °C 1 m^3 Luft 44 g Wasserdampf bei vollständiger Sättigung enthält. Aus dem Verhältnis von 17 zu 44 errechnet sich ein Wert von 39 %.

Betrachten wir noch einmal die Definition der relativen Feuchte:

$$\text{Relative Feuchte} = \frac{\text{vorhandene Masse, } M_V}{\text{zu sättigende Masse, } M_S}$$

Aus den Gasgesetzen (siehe Kapitel 4) gilt:

$$n = \frac{PV}{\mathrm{R}T}$$

Und:

$$M \propto n$$

Dabei ist n = Anzahl der Mole
P = absoluter Druck
V = Volumen
R = universelle Gaskonstante
T = absolute Temperatur

Deshalb:

$$\text{Relative Feuchte} = \frac{\dfrac{P_V}{\mathrm{R}T}}{\dfrac{P_S V}{\mathrm{R}T}}$$

Wenn V, R und T konstant sind, gilt deshalb:sg

$$\text{Relative Feuchte} = \frac{P_V}{P_S} = \frac{\text{tatsächlicher Dampfdruck}}{\text{Sättigungsdampfdruck}}$$

Man sieht, daß die relative Feuchte auch als Verhältnis von Dampfdrücken ausgedrückt werden kann.

12.2 Messung der Feuchte

Die meisten Instrumente messen die Feuchte als relative Feuchte, beispielsweise ein Haarhygrometer (Abb. 12.2). Dieses Gerät kann z. B. an der Wand eines Operationssaales angebracht sein und zeigt die relative Feuchte direkt an. Diese Instrumente nutzen die Tatsache, daß ein Haar mit steigender Feuchte länger wird. Die Haarlänge wird auf einen Zeiger übertragen, der die Feuchte auf einer Skala anzeigt. Diese Instrumente haben den Vorteil eines sehr einfachen Funktionsprinzips und sind ausreichend genau für einen Feuchtigkeitsbereich zwischen 30 und 90 %. Nach einem ähnlichen Prinzip kann auch mit einer Membran die Feuchte gemessen werden.

Ein anderes Instrument zur Messung der relativen Feuchte ist das Feucht- und

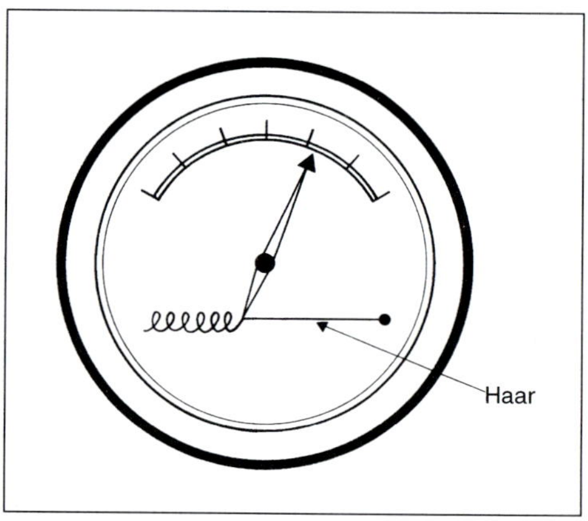

Abbildung 12.2: Haarhygrometer.

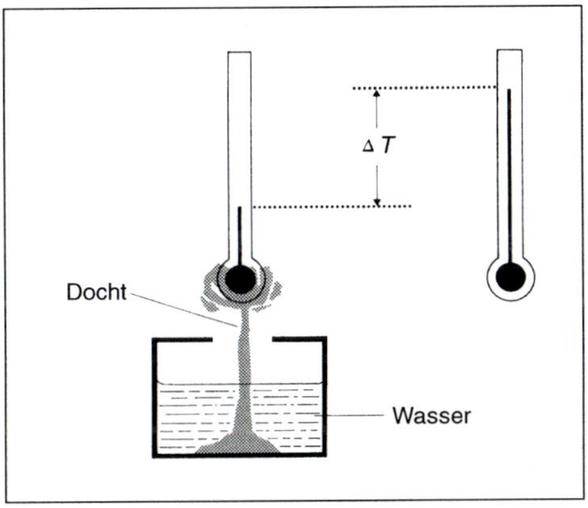

Abbildung 12.3: Feucht- und Trockenhygrometer.

Trockenhygrometer (Abb. 12.3), das aus zwei Thermometern besteht. Die Temperatur des Quecksilbers in der rechten Röhre ist im Gleichgewicht mit seiner Umgebung und zeigt die tatsächliche Umgebungstemperatur an. Das linke Thermometer dagegen zeigt eine niedrigere Temperatur an; dies ist Folge des Kühlungseffektes der Verdampfung von Wasser aus einem Docht und der daraus resultierenden Verdampfungskälte. Die Temperaturdifferenz (ΔT) zwischen den beiden Thermometern hängt mit der Verdampfung von Wasser zusammen, die wiederum von der Umgebungsfeuchte abhängig ist. Unter Verwendung spezieller Tabellen ist es möglich, aus dieser Temperaturdifferenz die relative Feuchte abzulesen. Es ist zu beachten, daß in der Nähe des feuchtgehaltenen Thermometers eine ausreichende Luftbewegung stattfinden muß, um eine lokale Erhöhung der Feuchte zu vermeiden; genaue Instrumente verfügen daher über einen kontrollierten Luftfluß über die Thermometer.

Ein genaueres Instrument für die Feuchtigkeitsmessung ist das Regnaultsche Hygrometer (Abb. 12.4). Es besteht aus einer silbernen Röhre, die Äther enthält. Zur Messung wird ein Luftstrom durch den Äther geblasen, der diesen abkühlt und so eine Kondensation auf der blanken äußeren Oberfläche der Röhre begünstigt. Die Temperatur, bei der eine

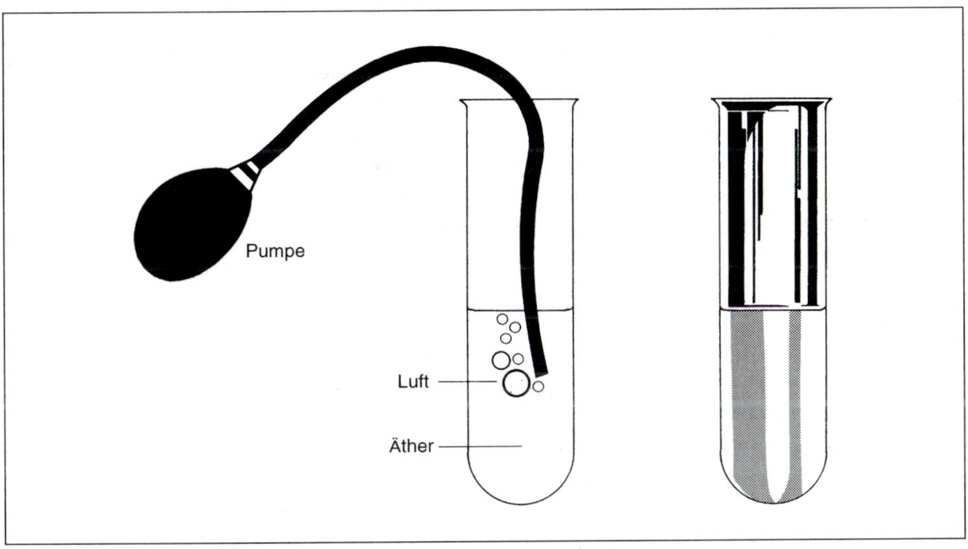

Abbildung 12.4: Regnaultsches Hygrometer.

Kondensation beginnt, kann bestimmt werden und wird als Taupunkt bezeichnet. Der Taupunkt repräsentiert die Temperatur, bei der die Umgebungsluft vollständig gesättigt ist. Die relative Feuchte kann aus dem Taupunkt wie folgt abgeleitet werden:

$$\text{Relative Feuchte} = \frac{\text{tatsächlicher Dampfdruck}}{\text{SDD bei dieser Temperatur}} = \frac{\text{SDD am Taupunkt}}{\text{SDD bei Umgebungstemperatur}}$$

(SDD = Sättigungsdampfdruck)

Bei Kenntnis des Taupunkts und des Sättigungsdampfdrucks, der aus Tabellen abgelesen werden kann, ist es möglich sowohl die relative als auch die absolute Feuchte bei der entsprechenden Temperatur zu berechnen.

Die absolute Feuchte kann auch durch spezielle Wandler gemessen werden, von denen in erster Linie zwei Typen im Gebrauch sind, die auf der Änderung des elektrischen Widerstandes oder der Kapazität einer Substanz durch Absorption von Wasserdampf aus der Atmosphäre basieren. Auch ein Massenspektrometer (siehe Kapitel 20) oder eine Lichtabsorptionstechnik (Bestimmung der Absorption von ultraviolettem Licht durch vorhandenen Wasserdampf) können zur Messung der Feuchte verwendet werden.

12.3 Klinische Aspekte der Feuchte

Atmet ein Patient durch die Nase, wird die inspirierte Luft erwärmt und mit Wasserdampf gesättigt, bevor sie in die Trachea gelangt. Wenn das Anfeuchten von Luft durch die Nase durch einen endotrachealen Tubus oder durch ein Tracheostoma ausgeschaltet wird, erreicht trockene Luft die Trachea. Die in der Trachea vorhandenen Sekrete können dann trocken und zäh werden und im Extremfall Borken bilden, die den Respirationstrakt verlegen. Die Sekretionen selbst können vom Patienten schwerer abgehustet bzw. durch den Anästhesisten nur schwer abgesaugt werden. Auch die Zilien werden in ihrer Funktion durch trockene Gase gestört oder geschädigt, die darüber hinaus aufgrund der Verluste latenter Wärme von der Mukosa einen kühlenden Effekt haben, wenn zur Anfeuchtung trockener Inspirationsluft Feuchte verdampft wird. Dies wiederum hemmt die ziliare Aktivität weiter. Werden die Zilien eine längere Zeit trockenen Gasen ausgesetzt, so werden sie zerstört und das Epithel der Trachea keratinisiert. Diese Effekte können insbesondere bei Patienten unter Langzeitintensivtherapie auftreten. Routinemäßige Befeuchtung wird allerdings auch für die inhalierten Gase in der Anästhesie empfohlen. Normalerweise ist die Luft beim Eintreten in die obere Trachea zu 34 g m^{-3} mit Wasserdampf gesättigt, d. h., sie ist bei dieser Temperatur nahezu vollständig gesättigt. Dies garantiert ein ausreichendes Feuchtigkeitsniveau, wenn angefeuchtete inspirierte Luft bei Patienten, deren oberer Respirationstrakt ausgeschaltet ist, angewendet wird.

Es gibt zwei Methoden, um die Inspirationsluft künstlich anzufeuchten. Die erste besteht in der Anfeuchtung der Umgebung, die zweite in der Anfeuchtung der inspiratorischen Gase. Die Anhebung der gesamten Umgebungsfeuchtigkeit findet in Sauerstoffzelten und Säuglingsinkubatoren statt. In der Anästhesie werden dagegen üblicherweise Befeuchter angewendet, die nur die inspiratorischen Gase anfeuchten.

12.4 Befeuchter

Die einfachste Methode zur Befeuchtung inspirierter Gase ist die Instillation von Wassertröpfchen direkt in die Trachea; dies ist allerdings auch die ineffektivste Technik und ist für einen routinemäßigen Einsatz nicht geeignet.

Klimatisierungsfilter (heat and moisture exchanger, HME) stellen eine weitere einfache, aber effektive Technik für die Befeuchtung dar (Abb. 12.5). Dieser Filter hat einen Einlaß und einen Auslaß, die mit einem dazwischenliegenden Gitter aus Metall oder einem anderen Material zusammengeschraubt werden. Wenn das exspirierte warme und angefeuchtete Gas das Gitter passiert, wird das Gas abgekühlt und das Wasser kondensiert, während das Gitter gleichzeitig durch die latente Wärme des kondensierenden Wassers und durch das ausgeatmete Gas selbst erwärmt wird. Während der Inspiration kehrt sich dieser Vorgang um, die Feuchte verdampft wieder und befeuchtet das Inspirationsgas, und das in der Exspiration angewärmte Gitter erwärmt seinerseits das inspirierte Gas. Da diese Art der Konservierung von Feuchte auch in der Nase abläuft, werden diese Befeuchter auch als „künstliche Nase“ bezeichnet. Auch der Name „Kondensationsbefeuchter“ findet gelegentlich Verwendung. Die Effizienz des Befeuchters hängt von der Umgebungstemperatur ab; bei höherer Umgebungstemperatur kommt es zu nur geringen Temperaturänderungen am Gitter und zu einer vernachlässigbaren Kondensation. Unter optimalen Bedingungen können moderne HME allerdings eine inspiratorische Gasfeuchte von über 25 g m^{-3} erreichen.

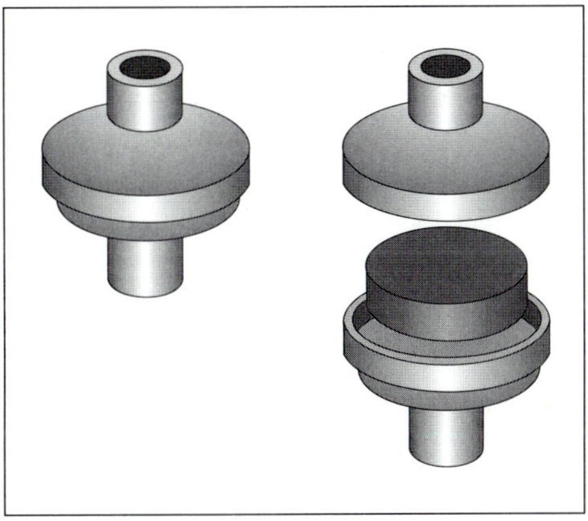

Abbildung 12.5: Aufbau eines Klimatisierungsfilters (heat and moisture exchanger, HME).

Bei höheren Minutenvolumina ist der HME weniger effizient. Ein weiteres großes Problem besteht darin, daß sich Sekret auf der Membran niederschlägt, wenn der Patient hustet. Dies erhöht den Atemwiderstand und das Risiko von bakteriellen Infektionen. Die Hersteller empfehlen daher einen regelmäßigen Wechsel der Klimatisierungsfilter.

Eine Variante des HME enthält zusätzlich einen Bakterienfilter; dieser Filter wird als Heat and Moisture Exchanging Filter (HMEF) bezeichnet und zur hygienischen Trennung des Patienten vom Beatmungssystem eingesetzt.

Ein weiteres Anfeuchtungssystem verwendet ein Wasserbad. In seiner einfachsten Form besteht dieses System aus trockenen Gasen, die durch nicht temperiertes Wasser hindurchströmen. Diese Systeme weisen zwei große Nachteile auf. Erstens ist es aufgrund der großen Blasen nicht sehr ergiebig, auch wenn das Gas zur Reduktion der Blasengröße

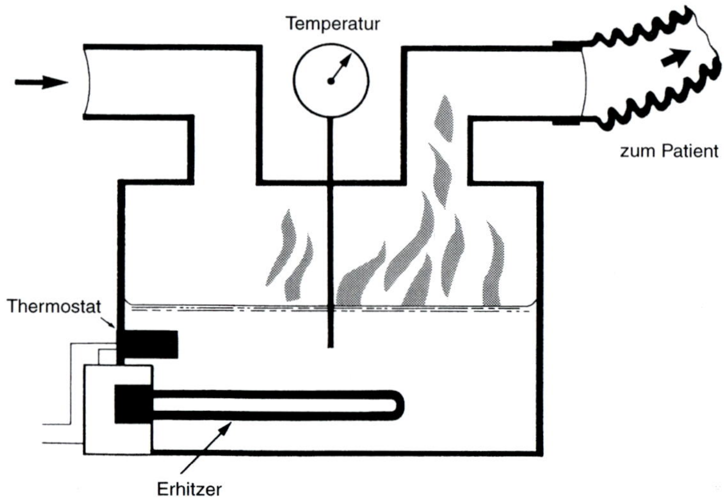

Abbildung 12.6: Wasserbadbefeuchter.

durch poröses Glas geleitet wird. Das zweite Problem ist der Verlust von Wärme durch Verdampfungswärme, was zu einer Abkühlung des Wassers führt, was wiederum die verfügbare Feuchte reduziert. Dieses Problem der Abkühlung wurde durch den Einsatz von elektrischen Wärmern beseitigt (Abb. 12.6). Hier kann über die Einstellung der Wasserbadtemperatur die dem Gasstrom zugeführte Wasserdampfmenge reguliert werden. Die Arbeitstemperatur der Befeuchter hängt ab von der benötigten Feuchte beim Patienten und dem Temperaturabfall entlang der Schläuche. Sie beträgt normalerweise etwa 40 bis 45 °C; manchmal werden auch höhere Temperaturen bis zu 60 °C verwendet, um bakterielles Wachstum zu verhindern. Bei zu hohen Temperaturen besteht die Gefahr einer thermischen Verletzung des Patienten. Dieses Risiko ist bei beatmeten Patienten noch größer, insbesondere wenn sich durch einen Gerätefehler der Fluß durch den Befeuchter plötzlich erhöht.

Atmet der Patient kontinuierlich vollständig gesättigtes Gas bei Körpertemperatur ein, wird ein Wärmeverlust über den Respirationstrakt durch Erwärmung und Befeuchtung der inspirierten Luft weitgehend verhindert. Wärme kann dem Patienten allerdings zusätzlich zugeführt werden, so daß in Situationen, in denen andere physiologische Mechanismen des Wärmeverlustes gestört sind, eine Hyperthermie – insbesondere bei kleinen Kindern – auftreten kann.

Um eine Überhitzung des Befeuchters zu verhindern, ist ein Thermostat, üblicherweise ein Bimetallthermostat, integriert (siehe Abb. 12.6). Überschreitet das Wasser eine bestimmte Temperatur, unterbricht der Thermostat automatisch die Stromzufuhr zum Erhitzer. Moderne Befeuchter verfügen meist über einen zweiten Thermostaten in Reserve, der sowohl im Falle des Versagens

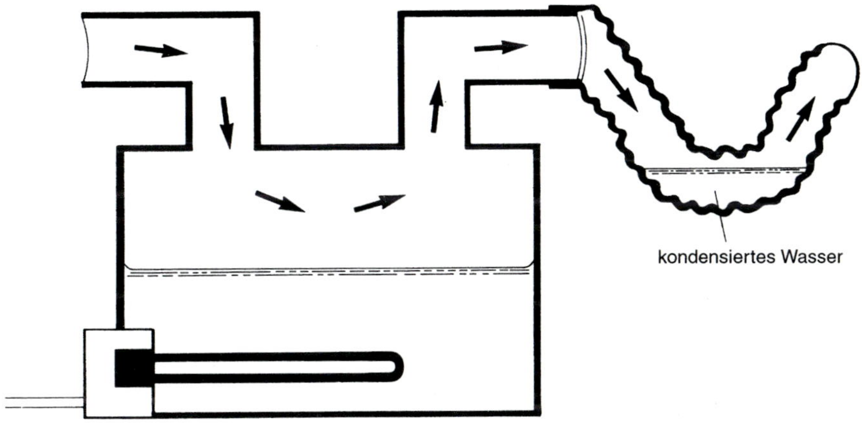

Abbildung 12.7: Kondensation von Wasser aus einem Wasserbadbefeuchter in einem Schlauchschenkel.

des ersten dessen Funktion übernimmt als auch als Thermometer zur Anzeige der Befeuchtertemperatur dient.

Ein potentielles Problem bei Befeuchtern ist in der Abbildung 12.7 gezeigt. Das verdampfte Wasser kann in einem gekrümmten Schlauchteil kondensieren und dadurch den Gasfluß zum Patienten unterbrechen; eine solche Ansammlung heißen Wassers kann unter Umständen in das Atemwegssystem des Patienten gedrückt werden. Es ist daher sicherzustellen, daß das kondensierte Wasser zurück in den Befeuchter oder in eine Wasserfalle fließen kann.

Die Abbildung 12.8 zeigt einen Kaskadenbefeuchter, eine weitere Variante eines Wasserbadverdampfers. In diesem Kaskadenbefeuchter strömen Gasblasen durch eine perforierte Membran am Boden einer weiten Röhre, wodurch ein Schaum erzeugt wird, der dann durch die Röhre aufwärts strömt. Diese große Oberfläche des Gases, die mit Wasser in Kontakt steht, stellt sicher, daß die Luft vollständig befeuchtet wird. Der Thermistor, der am Konnektor zum Patienten angebracht ist, überwacht die Temperatur des gelieferten Gases und kontrolliert das Wärmeelement im Wasserbad, um eine optimale Temperatur aufrechtzuerhalten und jegliches Risiko einer Verbrennung des Patienten auszuschließen. Dies ermöglicht eine sichere und genauere Kontrolle, als es bei ausschließlicher Überwachung der Wasserbadtemperatur möglich ist. Da die Gase vollständig gesättigt sind, zeigt die Temperatur beim Patienten auch die absolute Feuchte an diesem Punkt an.

Eine alternative Technik zur Erzeugung von Wasserdampf ist der Hochtemperaturverdampfer (Abb. 12.9). Hier wird Wasser verdampft, indem es auf ein auf 100 °C aufgeheiztes elektrisches Heizelement tropft, wobei die hohe Temperatur zusätzlich weitgehend sterile Verhältnisse sicherstellt. Das System umfaßt auch eine Wasserfalle, die überflüssiges Wasser aufhängt. In einer Variante dieses Gerätes werden kleine gepulste Wasservolumina einem Wärme-

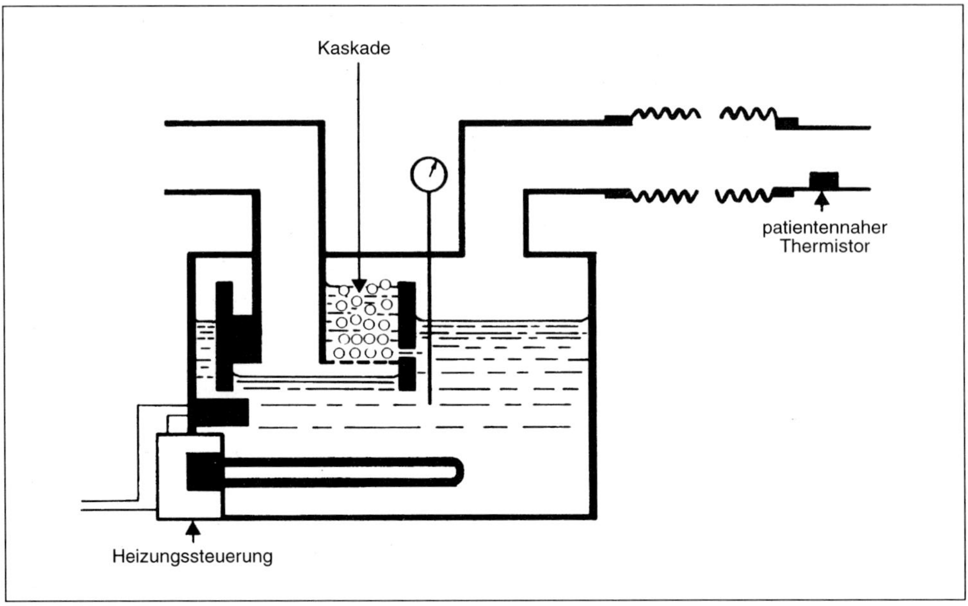

Abbildung 12.8: Kaskadenbefeuchter.

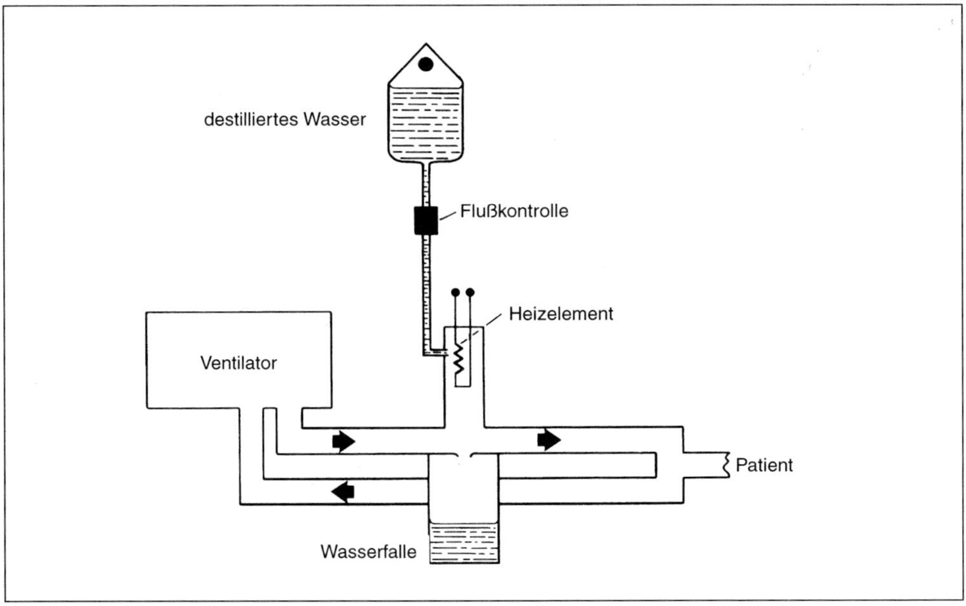

Abbildung 12.9: Hochtemperaturverdampfer.

element zugeführt, das bei einer Temperatur von 250 °C arbeitet. Befeuchter mit solch heißen Elementen sind allerdings für den Betrieb mit Anästhesiegasen oder volatilen Medikamenten wenig geeignet, da die hohe Temperatur chemische Veränderungen bewirken kann. Die von diesen Befeuchtern gelieferte Wasserdampfmenge muß entsprechend des Atemminutenvolumens und der benötigten Feuchte reguliert werden, ein Thermistor am Patientenkonnektor kann diese Regulation unterstützen und das Risiko von Verbrennungen vermeiden.

12.5 Vernebler

Der Vernebler ist eine weitere Form des Befeuchters. Er kann gasgetrieben oder mittels Ultraschall funktionieren. Der gasgetriebene Vernebler arbeitet nach dem Prinzip des Bernoulli-Effektes (siehe Kapitel 2). Ein Gasfluß hoher Geschwindigkeit bewirkt einen Druckabfall am Ende einer Röhre, durch den Wasser in die Röhre hineingesogen und vernebelt wird (Abb. 12.10). Das Wasser wird durch den schnellfließenden Gasstrom in einem Nebel von Tröpfchen unterschiedlicher Größe aufgespalten. Trifft der Gasstrom einen Widerstand, werden größere Tröpfchen abgelenkt oder in kleinere Tröpfchen aufgespalten. Da ein Teil des Wassers der Tröpfchen verdampft und latente Wärme absorbiert, kommt es im Befeuchter zu einem Temperaturabfall; seine Effektivität kann daher durch Zufuhr von Wärme gesteigert werden. Ein weiteres Problem dieses Verneblertyps besteht darin, daß ein Gegendruck das Verdünnungsverhältnis beeinflussen kann und so die Effizienz des Systems beeinträchtigt.

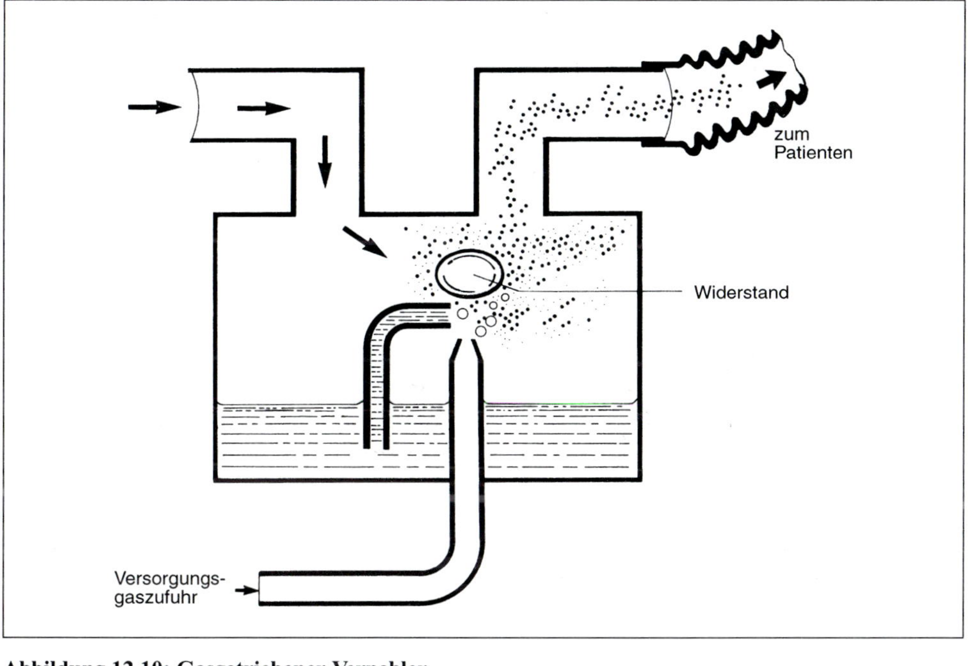

Abbildung 12.10: Gasgetriebener Vernebler.

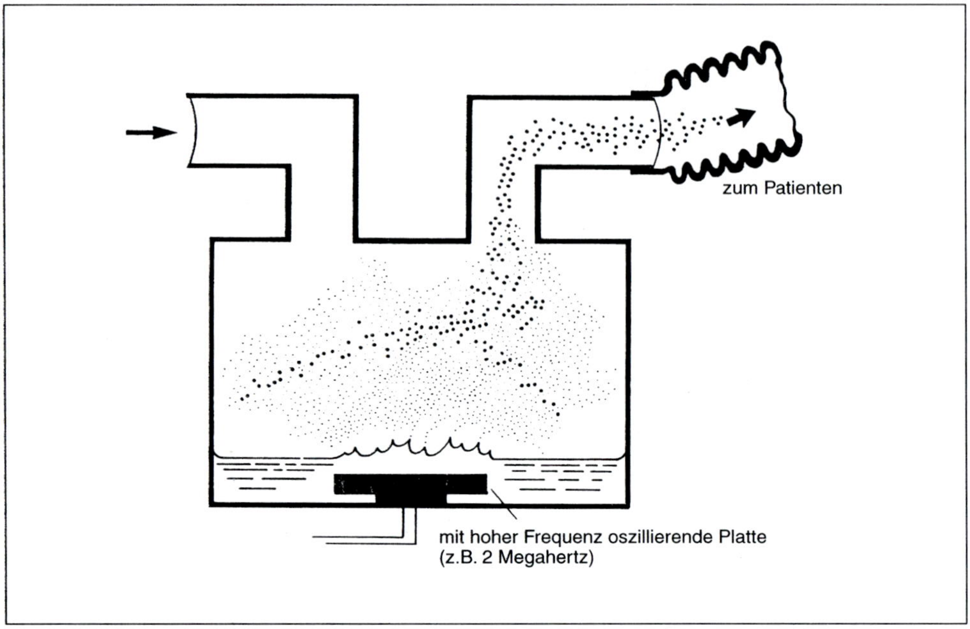

Abbildung 12.11: Ultraschallvernebler.

In der Ultraschallvariante des Verneblers werden Wassertröpfchen durch eine vibrierende Oberfläche erzeugt (Abb. 12.11). Das Wasser kann entweder auf die vibrierende Oberfläche tropfen oder aus einem über der Oberfläche liegenden Wasserbad stammen. Die Vibrationsfrequenz beträgt üblicherweise einige Megahertz, wodurch extrem kleine Tröpfchen erzeugt werden.

12.6 Tröpfchengröße

Die Größe der Tröpfchen, die durch einen Vernebler erzeugt werden, ist von großer klinischer Bedeutung. Es ist bekannt, daß Tröpfchen über 20 μm, die nicht im Vernebler selbst schon ausgelenkt werden, sich im anschließenden System abscheiden und entweder in den Beatmungsschläuchen oder im oberen Respirationstrakt Wasseransammlungen bilden. Bei einer Größe von 5 µm geschieht diese Abscheidung in der Trachea, während Tröpfchen von 1 µm oder kleiner in die Alveolen gelangen und sich dort niederschlagen. Tröpfchen mit einer Größe unter 1 µm sind ideal, da sie zum einen stabil sind und zum anderen ein- und wieder ausgeatmet werden können. Ultraschallvernebler besitzen bezüglich der Erzeugung dieser Wassertröpfchengröße eine hohe Effizienz. Geringfügig größere Tröpfchengrößen können ebenfalls sinnvoll sein, um Sekretionen in der Trachea zu lösen.

Durch die Zufuhr von Tröpfchen zum inspirierten Gas ist es relativ einfach, ein Feuchtigkeitsniveau zu erreichen, das einer relativen Feuchte von deutlich über 100% entspricht, so daß es – insbesondere bei Kindern – relativ schnell

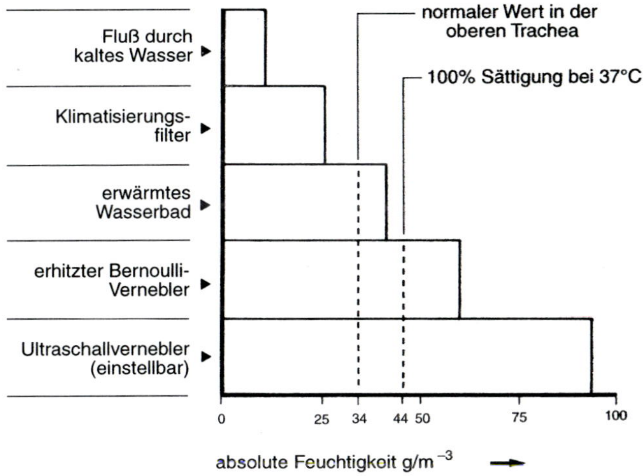

Abbildung 12.12: Effizienz von Befeuchtern. Die exakten Werte hängen vom verwendeten Modell ab.

geschehen kann, daß der Patient zuviel Wasser erhält. Zusätzlich zu diesem Problem der Wasserintoxikation kann bei zu hohen Feuchtigkeiten eine Hypoxie entstehen. Diese Hypoxie kann durch pulmonale Shunts über ein gestörtes Ventilations-Perfusionsverhältnis bei nicht ventilierten Alveolen verursacht werden. Sie kann allerdings auch Folge eines erhöhten Atemwiderstandes sein. Dies beruht auf einer Durchmesserverengung der Atemwege durch den Wasserfilm oder einer Wellenbildung in diesem Film. Die inspirierten Tröpfchen können auch die Dichte des Gases erhöhen und durch diese Widerstandserhöhung zu turbulenten Strömungen führen. Ein weiterer wichtiger Punkt ist, daß kleine Tröpfchen stabil sind und beim Überbrücken großer Entfernungen eine potentielle Quelle von Kreuzinfektionen darstellen, insbesondere dann, wenn ein Befeuchter kontaminiert ist. Lösungen, die in einem Befeuchter verwendet werden sollen, müssen steril sein, der Befeuchter selbst muß frei von bakteriellen oder chemischen Verunreinigungen sein.

12.7 Relative Effizienz von Befeuchtern

Ein Diagramm der näherungsweisen Effizienz der verschiedenen Befeuchter ist in Abbildung 12.12 gezeigt; um die Angabe der spezifischen Temperatur zu umgehen, werden die absoluten Feuchtigkeiten angegeben. Vertikale gepunktete Linien bei 34 g m^{-3} markieren das normale Niveau der Feuchte in der oberen Trachea, bei 44 g m^{-3} ist bei 37 °C eine vollständige Sättigung erreicht.

Ein nicht beheizter Befeuchter ist nicht sehr effizient. Der Klimatisierungsfilter ist wirksamer, muß allerdings häufig ausgewechselt werden.

Ein Wasserbadbefeuchter und ein geheizter Bernoulli-Vernebler liefern eine Feuchte, die sich im physiologischen Bereich bewegt. Der Ultraschallvernebler ist die effektivste Methode, dem Inspirationsgas Wasser zuzuführen, ist aber auch recht teuer. Seine Ergiebigkeit kann eine spezielle Überwachung notwendig machen, um eine Überdosierung zu vermeiden. Schließlich muß man unabhängig vom Typ des verwendeten Befeuchters das Problem der Kreuzinfektionen immer im Auge behalten.

13 Sinuswellen und Wellenformen

13.1 Die Sinuswelle

In der Medizin gibt es eine Reihe biologischer Prozesse, die in zyklischer Form ablaufen, beispielsweise die Atmung und der Herzschlag. Untersucht man diese Vorgänge etwas näher, ist ein komplexes Wellenmuster zu erkennen. Die Abbildung 13.1 zeigt die Aufzeichnung eines arteriellen Drucks, eines Elektrokardiogramms (EKG) und eines Elektroenzephalogramms (EEG). Sie zeigt auch unterschiedliche Typen einfacher Wellenformen, beispielsweise die Sinuswelle, das Sägezahnmuster und das Rechteckmuster. Die Sinuswelle ist von besonderer Bedeutung, da es möglich ist, jegliche andere Wellenform durch Kombination verschiedener Sinuswellen zu erzeugen. Wellenbewegungen treten bei Schallwellen als Druckschwankungen und bei elektromagnetischer Strahlung (z. B. Licht) als Schwankungen in elektrischen und magnetischen Feldern auf.

Die Abbildung 13.2 gibt zwei Beispiele für die Erzeugung von Sinuswellen wieder. Auf der rechten Seite erzeugt die Bewegung einer Schleife in einem elektrischen Generator einen sinusförmigen elektrischen Strom. Dieser ist als Wechselstrom bekannt und wird im Kapitel 14 besprochen. Sinuswellen können

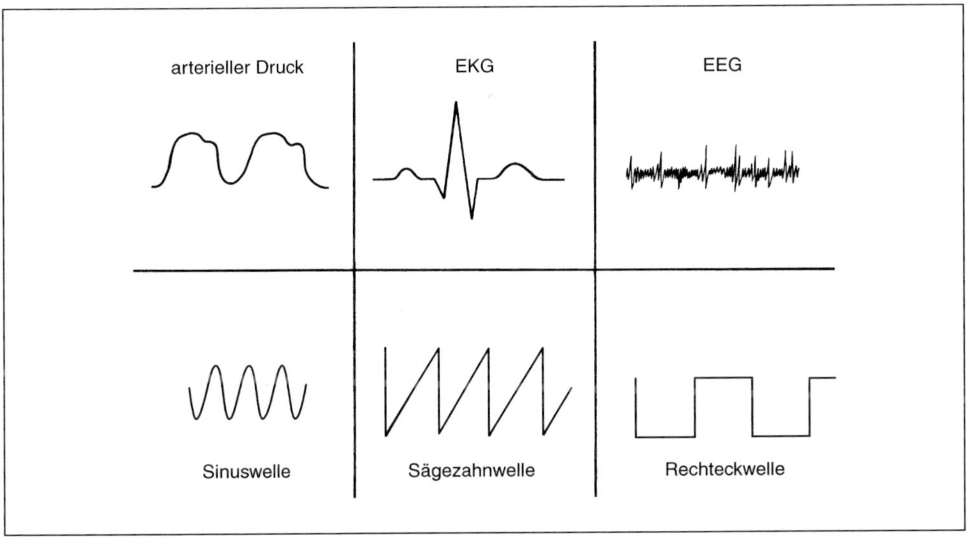

Abbildung 13.1: Verschiedene Wellenformen.

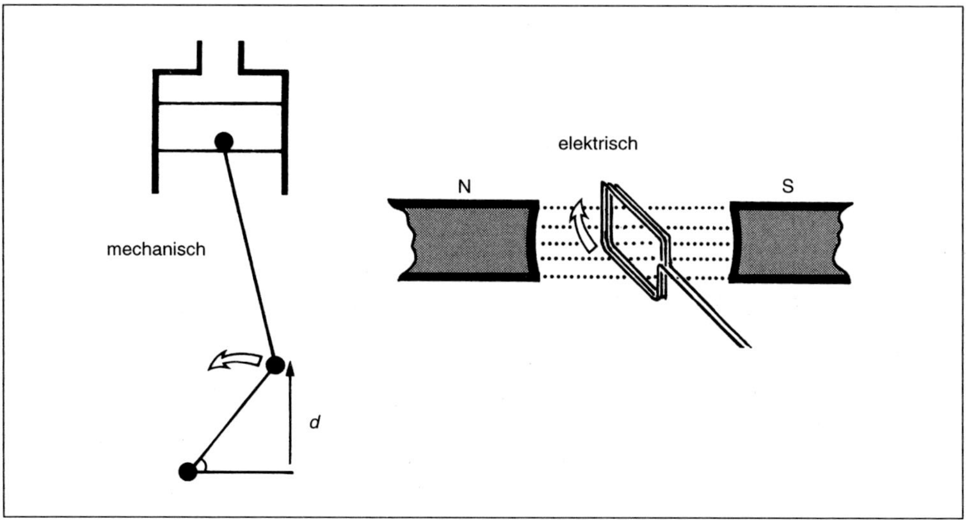

Abbildung 13.2: Erzeugung von Sinuswellen.

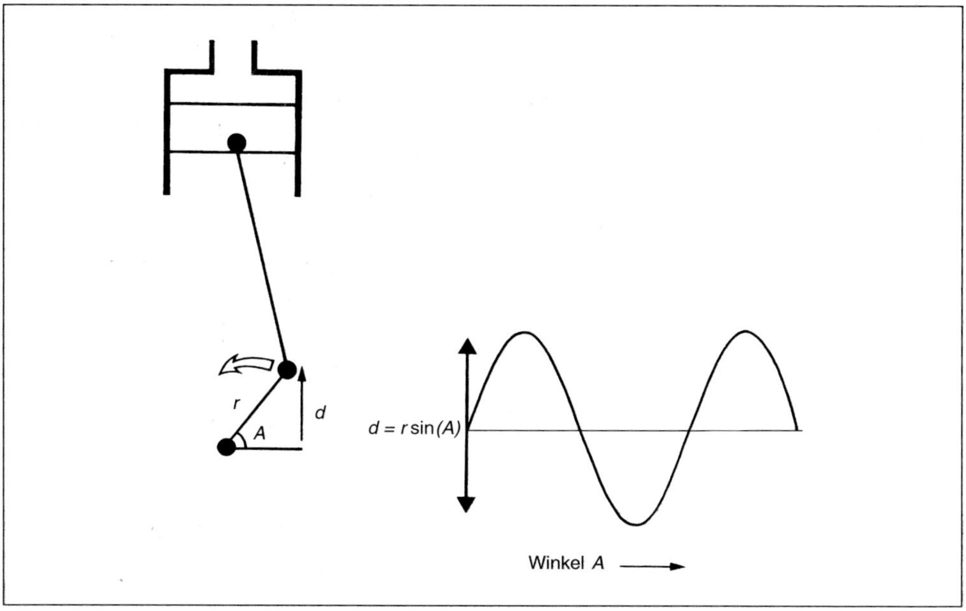

Abbildung 13.3: Beschreibung der Sinuswelle.

aber auch mechanisch erzeugt werden, wobei das zugrundeliegende Prinzip in beiden Fällen das gleiche ist. Der linke Teil der Abbildung 13.2 zeigt eine Pumpe, deren Kolben durch die Bewegung einer Kurbelwelle auf und nieder bewegt wird. Im unteren Teil erzeugt die Rotation der Kurbelwelle eine vertikale

Verschiebung *d*; trägt man die vertikale Bewegung der Kurbelwelle gegen die Zeit auf, erhält man eine Sinuskurve.

Die vertikale Auslenkung *d* und der Winkel der Kurbelwelle *A* bilden ein rechtwinkliges Dreieck, in dem die Kurbelwelle mit der festen Länge *r* die Hypotenuse darstellt (Abb. 13.3). Der Sinus des Winkels *A* ist gleich *d* dividiert durch *r*, so daß unabhängig von der Position der Kurbel der Abstand *d* gleich *r* sin(*A*) ist. Der Winkel *A* hat zu jedem Zeitpunkt einen unterschiedlichen Wert, da sich die Kurbel mit einer konstanten Geschwindigkeit dreht; es läßt sich ein Diagramm erstellen, in dem die Bewegung *d* auf der vertikalen und der Winkel *A* auf der horizontalen Achse zu den verschiedenen Zeitpunkten dargestellt sind. Dieser Graph ergibt eine Sinuswelle (Abb. 13.3 rechts).

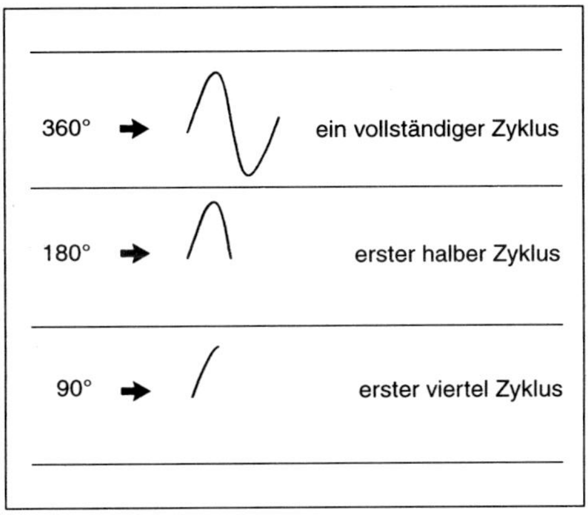

Abbildung 13.4: Phasen einer Sinuswelle.

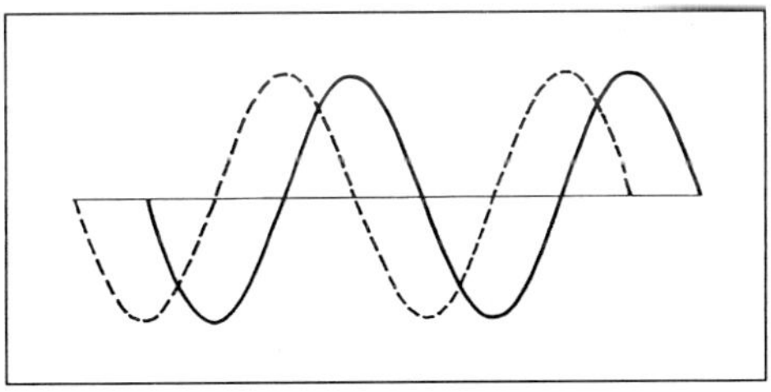

Abbildung 13.5: Die beiden Sinuswellen haben eine Phasendifferenz von 90°.

13.2 Charakteristika der Sinuswelle

13.2.1 Phase

Die unterschiedlichen Winkel von *A* entlang der Horizontalachse sollen als die Phase einer Sinuswelle bezeichnet werden. Eine vollständige Umdrehung der Kurbelwelle resultiert in einem vollständigen Zyklus im Diagramm, d.h., 360° entsprechen einer vollständigen Umdrehung (Abb. 13.4). Eine Rotation der Kurbel um 180° ist ein halber Zyklus, 90° ist das Viertel eines Zyklus. Vergleicht man zwei sinusförmige Bewegungen, kann die relative Verschiebung einer Welle gegen die andere als die Anzahl von Winkelgraden angegeben werden, durch die sich die beiden Wellen entlang der Horizontalachse unterscheiden (Abb. 13.5). In dem Beispiel differieren die beiden Sinuswellen um exakt einen viertel Zyklus oder 90°, man spricht von einer Phasendifferenz von 90°.

13.2.2 Wellenlänge und Amplitude

Betrachten wir nun die Sinuswelle in der Abbildung 13.6. Die Wellenlänge ist die Strecke zwischen zwei korrespondierenden Punkten in aufeinanderfolgenden Zyklen, z. B. der Abstand zwischen zwei Gipfeln bzw. zwei Tälern oder der Abstand zwischen zwei Punkten, an denen

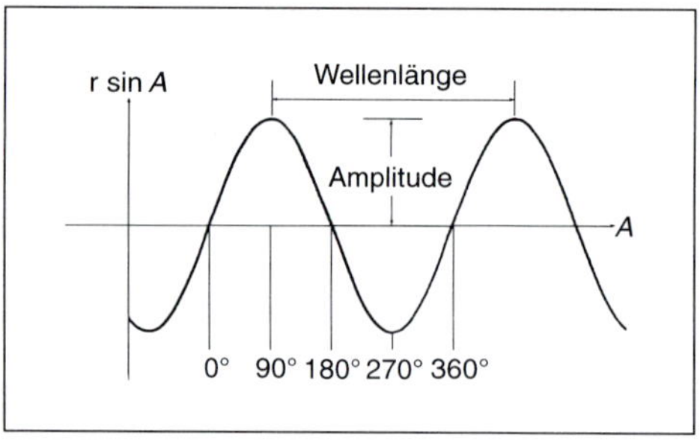

Abbildung 13.6: Darstellung von Wellenlänge und Amplitude.

die Wellenbewegung die Horizontalachse in der gleichen Richtung schneidet. Die maximale Auslenkung der Welle von der Horizontalachse wird als *Amplitude* bezeichnet. Im Falle von Schallwellen entspricht eine große Amplitude einem lauten, eine kleine Amplitude einem leisen Geräusch; das Licht einer großen Amplitude ist hell, das einer kleinen Amplitude dunkel.

13.2.3 Frequenz, Periode und Geschwindigkeit

Die Frequenz einer Wellenlänge wird angegeben durch die Anzahl kompletter Zyklen, die in einer Sekunde ablaufen;

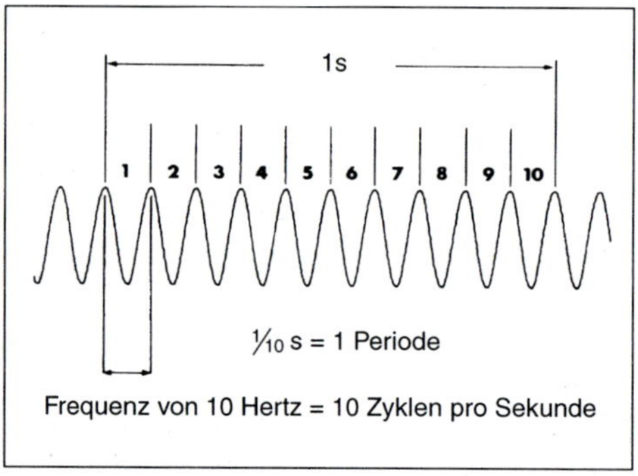

Abbildung 13.7: Periode und Frequenz.

im SI-System wird die Meßeinheit für Zyklen pro Sekunde *Hertz* genannt, sie wird durch das Symbol Hz bezeichnet. In der Abbildung 13.7 hat die Welle eine Frequenz von 10 Zyklen pro Sekunde oder 10 Hz; da 10 komplette Zyklen in einer Sekunde ablaufen, beträgt die Zeit für jeden Zyklus 1/10 einer Sekunde. Die Zeit, die ein kompletter Zyklus benötigt, wird angegeben als die *Periode* der Wellenbewegung und ist der Reziprokwert der Frequenz.

$$T = \frac{1}{f}$$

Dabei ist T = Periode
f = Frequenz

Betrachten wir nun die Geschwindigkeit einer Wellenbewegung:

$$\text{Geschwindigkeit} = \text{Frequenz} \times \text{Wellenlänge}$$

Die Frequenz der oben genannten Welle beträgt 10 Hz. Bei einer Wellenlänge von einem Meter beträgt die Geschwindigkeit der Wellenbewegung 10 m/s. Verschiedene Wellenbewegungen haben verschiedene Geschwindigkeiten; so hat der Schall eine Geschwindigkeit von 330 m s^{-1} in Luft. Ist die Geschwindigkeit konstant, stehen Frequenz und Wellenlänge in einem festen Verhältnis: je höher die Frequenz, desto kürzer die Wellenlänge und umgekehrt. Schallwellen verschiedener Frequenzen werden vom Ohr als unterschiedliche Tonhöhen wahrgenommen – eine Schallwelle mit einer hohen Frequenz hat z.B. eine kurze Wellenlänge und einen hohen Klang. Dagegen hat eine Schallwelle mit niedriger Frequenz eine lange Wellenlänge und einen tiefen Klang.

Das Verhalten von Licht kann ebenfalls im Sinne einer Wellenbewegung erklärt werden. Eine Lichtwelle mit einer

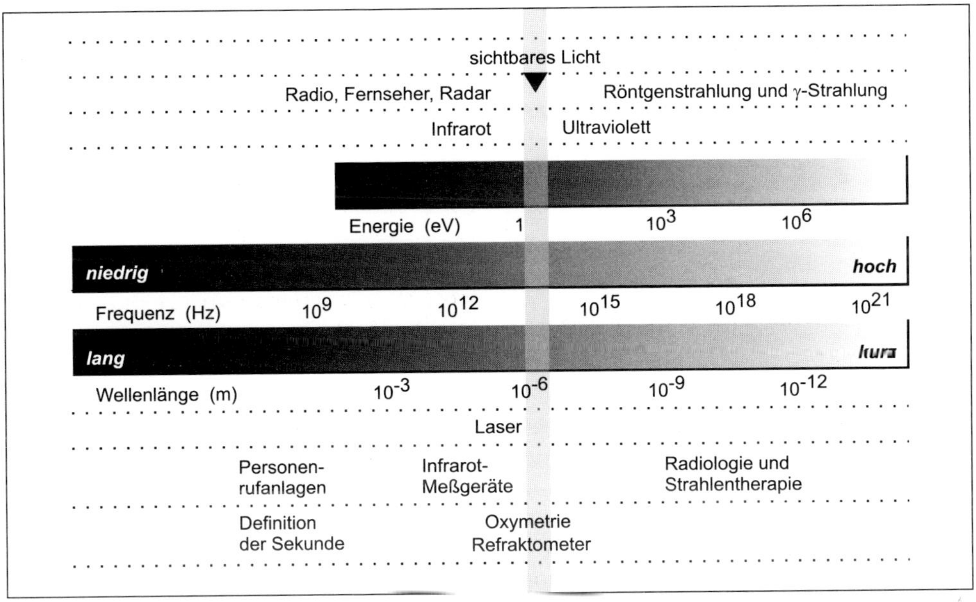

Abbildung 13.8: Überblick über das elektronenmagnetische Spektrum.

hohen Frequenz und einer kurzen Wellenlänge erscheint blau, während eine mit einer niedrigen Frequenz und langer Wellenlänge rot erscheint. Das sichtbare Licht ist ein kleiner Anteil des elektromagnetischen Spektrums, das auch Radiowellen, infrarote und ultraviolette Strahlung, Röntgen- und γ-Strahlen umfaßt (Abb. 13.8). Die Geschwindigkeit elektromagnetischer Strahlung ist für alle Frequenzen im Vakuum konstant und beträgt 3×10^8 m s^{-1}. In festen Stoffen und Flüssigkeiten ist die Geschwindigkeit langsamer, in Gasen, wie z.B. Luft, ist die Reduktion der Geschwindigkeit allerdings sehr gering. Die Wellenlänge kann als der Reziprokwert der Frequenz angenommen werden. Es ist üblich, elektromagnetische Wellen als unterschiedliche Ausschnitte des Spektrums in unterschiedlicher Weise zu beschreiben. Radiowellen werden bis 109 Hz (1 GHz) als Frequenz angegeben, infrarote, sichtbare und ultraviolette Strahlung als Wellenlänge, üblicherweise in Mikrometer oder Nanometer. Für Röntgen- und γ-Strahlung wird eine energetische Einheit, das Elektronenvolt (eV) verwendet (siehe Anhang), wobei die Energie einer Welle gleich ist einer Konstanten mal seiner Frequenz. Klinisch relevante Röntgen- und γ-Strahlung haben Energien im Bereich von keV bis MeV.

Elektromagnetische Strahlungen finden in der Medizin verschiedene Anwendungen. Sowohl das „Piepser“-System, die drahtlose Personenrufanlage, als auch die drahtlose medizinische Überwachung durch Telemetrie verwenden Radiowellen.

Gase können elektromagnetische Strahlungen absorbieren. Diese Tatsache macht man sich zur Infrarotmessung von Kohlendioxid und Lachgas zunutze. Sie können aber auch elektromagnetische

Strahlung emittieren, wenn sie entsprechend angeregt werden, z. B. durch Beschuß mit Elektronen; die Wellenlänge der emittierten Strahlung ist charakteristisch für das Gas. Im SI-System ist die Sekunde definiert als Strahlungsfrequenz, die durch Cäsium-33-Atome emittiert wird.

Infrarotstrahlung wird auch in der Thermographie als bildgebendes Verfahren verwendet. In der Radiologie, in der Strahlentherapie und der Nuklearmedizin sind Röntgen- und γ-Strahlung unverzichtbar. Aber auch sichtbares Licht wird in vielen medizinischen Instrumenten verwendet, z. B. im Oxymeter zur Messung der Sauerstoffsättigung im Blut (siehe Kapitel 18) und in der Refraktometrie, die ebenfalls später besprochen wird. Die Laser (siehe Kapitel 24) verwenden Licht sowohl im sichtbaren als auch im infraroten Wellenlängenbereich.

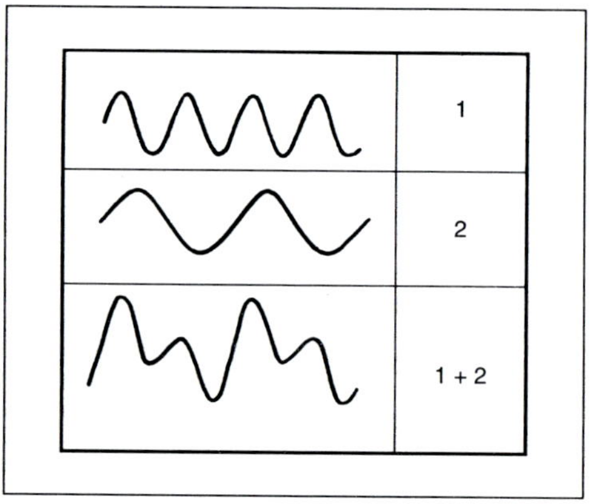

Abbildung 13.9: Addition von Sinuswellen unterschiedlicher Frequenzen und Amplituden.

13.3 Das Frequenzspektrum

Die Abbildung 13.9 zeigt das Ergebnis der Addition zweier Sinuswellen mit unterschiedlichen Frequenzen, Amplituden und Phasenverhältnissen. Man sieht, daß die resultierende Wellenform keine Sinuswelle mehr ist, sondern in diesem Falle eher der Wellenform einer arteriellen Druckkurve ähnelt. Man erhält dieses Ergebnis durch einfache Addition der Amplitude der beiden Einzelwellen zu jedem Zeitpunkt des Schwingungszyklus.

Die Addition eines ganzen Bereiches von Sinuswellen mit unterschiedlichen Frequenzen kann in sehr komplexen Wellenformen resultieren; Abbildung 13.10 zeigt zum Beispiel, wie eine EKG-ähnliche Kurve durch Addition eines großen Frequenzbereiches erzeugt werden kann. Der Bereich dieser Frequenzen ist wichtig in der Konstruktion und der Anwendung von Überwachungsgeräten und kann durch ein Frequenzspektrum beschrieben werden. In einem solchen Spektrum (Abb. 13.11) setzt sich das EKG aus einem Wellenlängenbereich zwischen 0,5 und 100 Hz zusammen, während ein EEG-Signal einen kleineren Frequenzbereich aufweist. Die langsamen Wellen eines EEG liegen bei 1 bis 5 Hz, während die schnelleren β-Wellen im Bereich von 15 bis 60 Hz liegen. Im Elektromyogramm (EMG) treten scharfe Spitzen auf, die Komponenten hoher Frequenz darstellen.

Jegliche Wellenform kann unabhängig von ihrer Komplexität durch Addition verschiedener geeigneter Sinuswellen erzeugt werden. Das mathematische Verfahren zur Umkehr dieses Vorganges, also zur Zerlegung komplexer Wellenformen in einer Serie einfacher Sinuswellenformen, wird *Fourier-Analyse* genannt. Als wichtigste Punkte kann

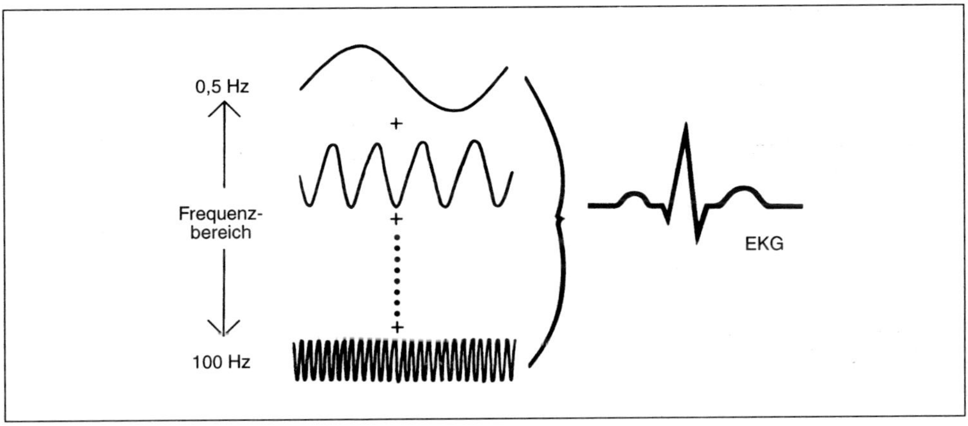

Abbildung 13.10: Frequenzanteile des EKG.

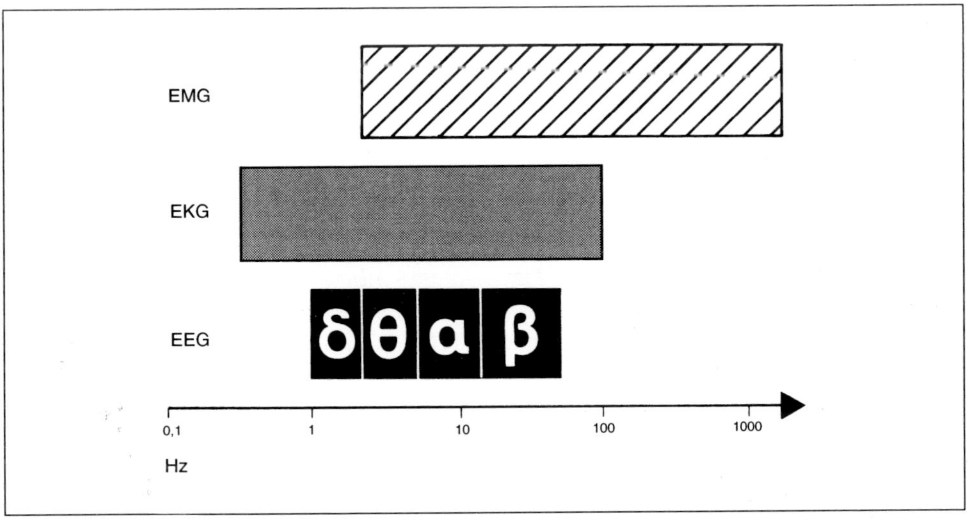

Abbildung 13.11: Frequenzverteilung dreier biologischer elektrischer Signale.

man sich merken, daß erstens jedes komplexe Wellenmuster in eine große Anzahl von Sinuswellenkomponenten zerlegt werden kann und zweitens Wellenmuster, die scharfe Spitzen aufweisen, Komponenten hoher Frequenz besitzen, während glatte und gerundete Wellenformen aus einem begrenzteren Frequenzbereich bestehen.

13.4 Der Doppler-Effekt

Ein Beispiel für den Doppler-Effekt ist die Änderung der Tonfrequenz, die von einem sich schnell bewegenden Fahrzeug ausgesandt wird, wenn es den Beobachter passiert. Wie bereits erwähnt, ist die Änderung der Tonhöhe eines Klanges Ausdruck einer Frequenzänderung. Betrachten wir nun diese Vorgänge etwas näher. Schallwellen sind Bereiche höheren und niedrigeren Drucks in der Luft, die sich mit einer konstanten Geschwindigkeit bewegen. Eine in Ruhe befindliche Tonquelle sendet Tonwellen einer bestimmten Frequenz aus (Abb. 13.12 oben). Der Abstand zwischen Regionen hohen und niedrigen Drucks hängt auch von der Wellenlänge und damit von der Frequenz ab. Nehmen wir nun an, daß diese Quelle weiterhin dieselbe Frequenz emittiert, sich aber auf den Beobachter zubewegt (Abb. 13.12 unten). In dem Zeitintervall zwischen der Erzeugung zweier Bereiche hohen Drucks hat sich die Quelle vorwärts bewegt, so daß sich jede dieser Regionen näher zur vorhergehenden befindet. Folglich wird die Wellenlänge dieses Tones kürzer. Aufgrund der Relation zwischen Wellenlänge und Frequenz nimmt das Ohr des Beobachters diese kürzere Wellenlängen als Anstieg der Frequenz wahr. Die Tonhöhe ist also

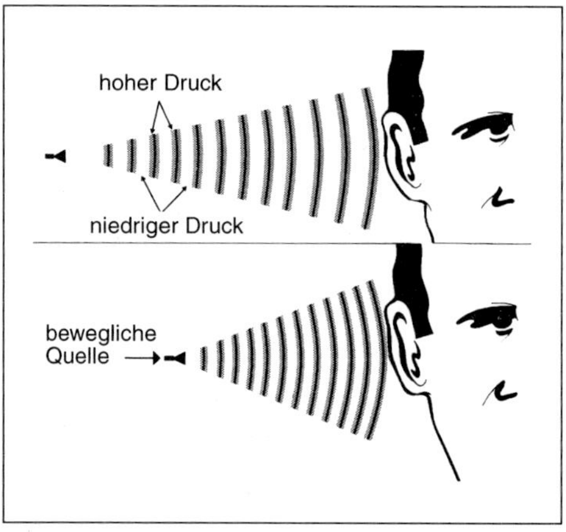

Abbildung 13.12: Der Doppler-Effekt.

höher. Bewegt sich umgekehrt eine Tonquelle vom Beobachter weg, registriert dieser durch Abfall der Frequenz einen niedrigeren Ton. Diese Frequenzänderungen machen den Doppler-Effekt aus.

Der Doppler-Effekt findet in der Medizin zahlreiche Anwendungen. Eine davon ist der Ultraschallblutflußdetektor (Abb. 13.13). Ultraschall ist ein Klang von sehr hoher Frequenz, der jenseits des menschlichen Hörbereiches liegt; diese Schallwellen durchdringen Körpergewebe allerdings sehr gut. Mit diesen Geräten werden Ultraschallwellen von einem oszillierenden Kristall ausgesandt, bewegen sich entlang einer Arterie und werden von den roten Blutzellen reflektiert. Eine Empfangseinheit, die in den bleistiftgroßen Kopf des Gerätes integriert ist, nimmt die Klangwellen auf; wegen der Bewegung der roten Blutzellen erfahren diese Wellen einen Doppler-Effekt. Diese Frequenzänderungen werden elektronisch erfaßt und stehen in Beziehung zur Geschwindigkeit. Die Eichung dieser Geräte für quantitative Blutflußmessungen ist schwierig, die Technik kann jedoch zumindest den Blutfluß in einer Arterie erkennen und wird daher beispielsweise verwendet, um den Erfolg von arteriellen Gefäßoperationen, insbesondere der Extremitäten, zu erfassen. Da das menschliche Ohr diese Ultraschallfrequenzen nicht wahrnehmen kann, enthalten die Geräte ein System, um einen hörbaren Klang zu erzeugen, der die Flußgeschwindigkeit wiedergibt. Wird der Detektor mit einem Aufzeichnungsgerät verwendet, ergibt die Auswertung zusätzliche Informationen zum Flußmuster in der Arterie.

Das Gerät zur Messung des Herzzeitvolumens beruht auf dem gleichen Funktionsprinzip und verwendet ebenfalls einen Detektor, der die Blutgeschwindigkeit im Aortenbogen mißt.

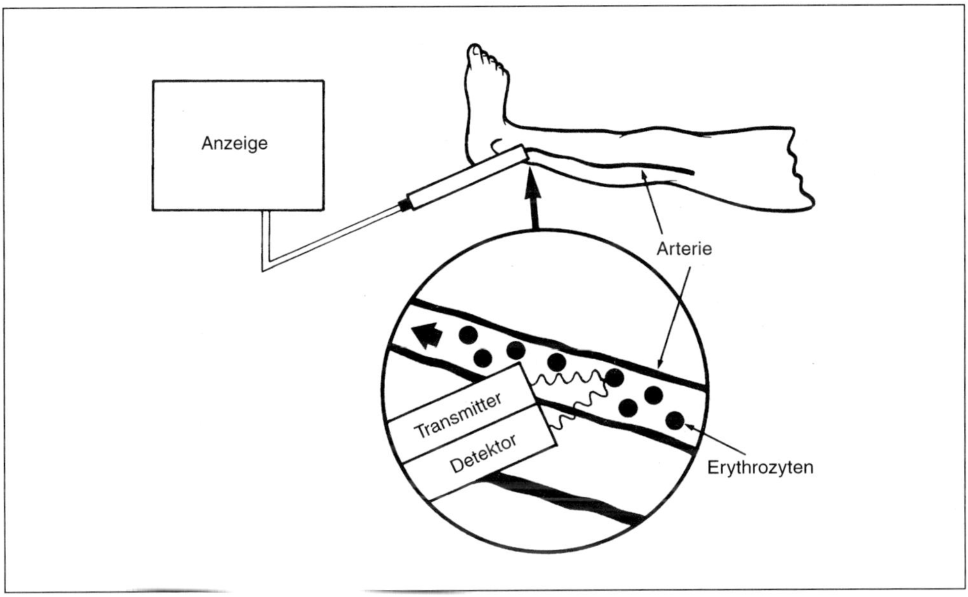

Abbildung 13.13: Funktionsprinzip eines Ultraschallflußdetektors.

Auch zur Überwachung der fetalen Herzfrequenz in der Geburtshilfe wird ein ähnlicher Gerätetyp verwendet (Abb. 13.14). Hier wird der Schall nach Reflektion am sich bewegenden fetalen Herzen erfaßt. Das Gerät besteht aus einem emittierenden Kristall und einem Wandler (Transducer), die auf der Bauchdecke getrennt angebracht werden (Abb. 13.14) oder in Form eines einzelnen piezoelektrischen Kristalls für beide Funktionen zusammengefaßt sein können. Mit Hilfe dieses Gerätes werden Änderungen in der fetalen Herzfrequenz während der Wehen sehr schnell und wesentlich genauer erfaßt, als dies mit der Methode der Auskultation möglich wäre. Die Methode kann auch verwendet werden, um die fetale Herzfrequenz in der frühen Schwangerschaft zu messen.

Der Ultraschall kann auch zur Abbildung von Körperstrukturen verwendet werden, da die Wellen an Begrenzungen und Übergängen zwischen Gebieten unterschiedlicher Dichte reflektiert werden. In diesem Falle wird derselbe Transducer zum Ausstrahlen und zum Empfangen der Ultraschallwellen verwendet; die Messung der Tiefe einer Begrenzung oder eines Dichtewechsels wird nicht durch den Doppler-Effekt,

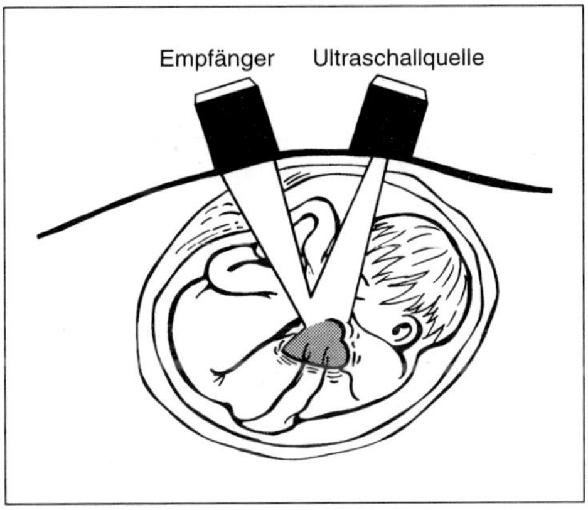

Abbildung 13.14: Meßprinzip eines fetalen Herzfrequenzmonitors.

sondern durch die Zeit gemessen, die die Ultraschallwelle zwischen der Aussendung und dem Empfang am Transducer benötigt. Der Transducer kann durch einen kleinen Motor hin und her bewegt werden, so daß der Ultraschallstrahl einen Körpersektor erfaßt und den Querschnitt einer Körperregion zeigt. Alternativ kann ein Transducer aus vielen einzelnen Kristallen bestehen, die in einer Reihe angeordnet sind und ebenfalls den Querschnitt einer Körperregion abbilden. Beispiele für die Anwendung der Ultraschalltechnik finden sich in Geburtshilfe und Gynäkologie, in der Kardiologie (Echokardiogramm) und in der Urologie.

Wird der Körper Ultraschallwellen ausgesetzt, wird ein Teil der Energie im Gewebe absorbiert. Geräte zur Ultraschalltherapie erzeugen Ultraschallwellen hoher Intensität, sie werden in der Physiotherapie zur lokalen Wärmebehandlung eingesetzt. Grundsätzlich besteht beim Einsatz von Ultraschall eine Grenze, bis zu der die Schallenergie ohne unerwünschte Effekte, d. h. einem erheblichen Temperaturanstieg, vom Gewebe aufgenommen werden kann. Beim Einsatz sehr hoher Energien kann der Druck in der Schallwelle während des Minimums auf Null abfallen; dies kann wiederum zur Bildung und Wiederauflösung von Blasen im Gewebe führen – ein potentiell gewebezerstörender Prozeß, der als *Kavitation* bezeichnet wird.

13.5 Interferenz

Betrachten wir nun die Überlagerung von zwei oder mehr Sinuswellen. Die Abbildung 13.15 zeigt auf der linken Seite das Ergebnis der Addition zweier Sinuswellen, die die gleiche Frequenz, Amplitude und Phase haben. Die resultierende Sinuswelle hat eine erheblich größere Amplitude. Sind diese zwei Sinuswellen allerdings um 180° phasenverschoben, hat die resultierende Sinuswelle eine Amplitude von Null und erscheint als gerade Linie (Abb. 13.15 rechts). Diese Interaktion zweier Sinuswellen wird *Interferenz* genannt, die resultierende Welle hängt von der Phase der zwei Wellenbewegungen ab, die interferieren. Dieses Phänomen wird in optischen Geräten zur Analyse verschiedener Gase oder Dämpfe eingesetzt.

Ein Beispiel dafür ist das Refraktometer, manchmal auch Interferometer genannt, das die Konzentration von Halothan in Sauerstoff zur Überprüfung der Funktionsfähigkeit eines Verdampfers messen kann. Zwei Lichtstrahlen passieren das Refraktometer, einer durch eine Probenkammer und ein weiterer durch eine Referenzkammer (Abb. 13.16). Betrachten wir nun was geschieht, wenn sich diese beiden Strahlen überlagern. Entweder sie kommen mit gleicher Phase an, was zu einer Verstärkung der Amplitude und einer größeren Helligkeit des Signals führt, oder sie addieren sich mit einer Phasenverschiebung, was dann zu einer verminderten Amplitude und Helligkeit führt. In jedem Falle resultiert ein Gitter heller und dunkler Linien (Abb. 13.16). Nehmen wir an, die Referenzkammer bleibt unverändert und eine unbekannte Konzentration einer Gasprobe wird in die Probenkammer gegeben. Dies reduziert die Geschwindigkeit des durchstrahlenden Lichtes und ändert das Phasenverhältnis bei Rekombination der beiden Strahlen. Es kommt zu einer Verschiebung des Linienmusters, die durch eine spezielle Optik beobachtet werden kann. Die Verschiebung einer

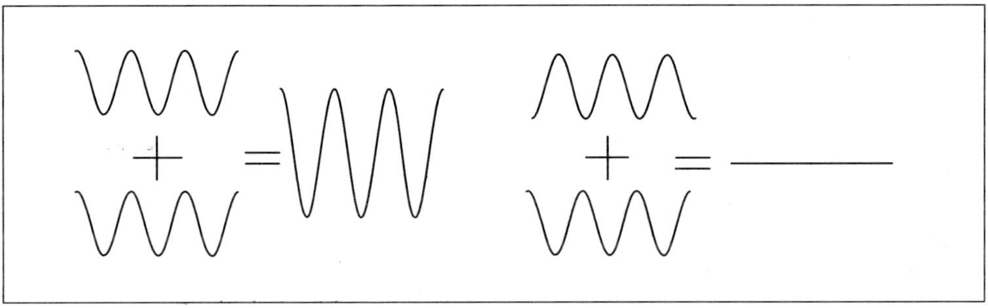

Abbildung 13.15: Überlagerung von Sinuswellen gleicher Frequenz und Amplitude.

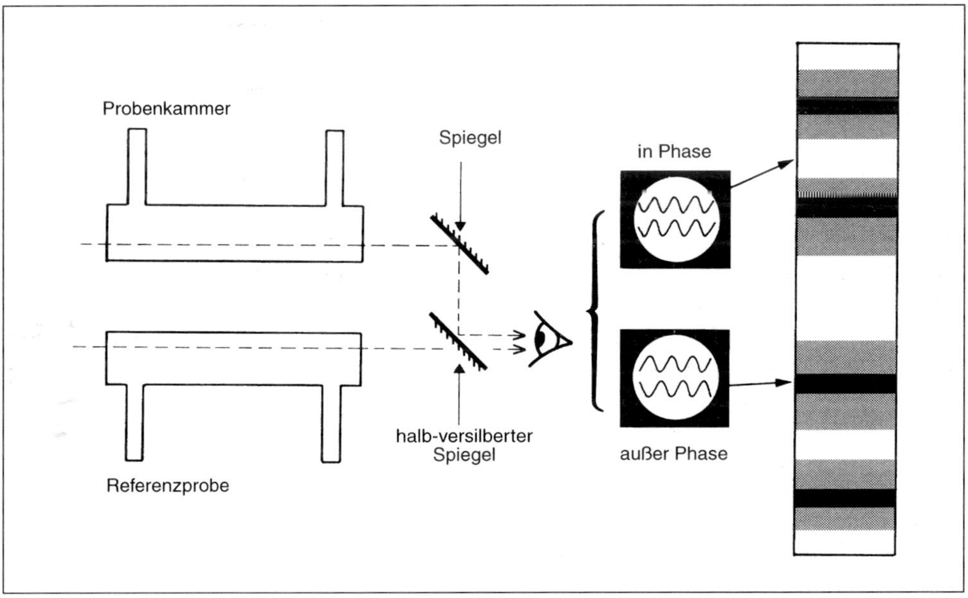

Abbildung 13.16: Prinzip des Refraktometers.

bestimmten Bande ist direkt proportional zur Konzentration des Gases in der Probenkammer.

Kleine tragbare Refraktometer werden in der Anästhesie verwendet, es stehen allerdings auch empfindlichere Versionen zur Verfügung. Das Refraktometer ist nicht spezifisch und kann zur Messung der Konzentration einer Reihe unterschiedlicher Gase verwendet werden. Es ist allerdings nicht zur Identifizierung von Gasgemischen geeignet, so daß deren Zusammensetzung bekannt sein muß. Wird beispielsweise ein Refraktometer verwendet, um die Zuverlässigkeit eines Verdampfers zu überprüfen, ist die Refraktometereichung mit Hilfe einer Halothan-Sauerstoff-Mischung nicht identisch mit der für eine Mischung von Halothan in Lachgas und Sauerstoff.

13.6 Interferenzfilter

Das Phänomen der Interferenz wird in Interferenzfiltern verwendet, einem optischen Baustein, der aus einem Spektrum eine bestimmte Wellenlänge isolieren kann.

Elektromagnetische Strahlung wird teilweise reflektiert, wenn sie auf die Grenzfläche zwischen zwei Medien trifft. Die transmittierten und reflektierten Anteile hängen ab von den Eigenschaften der Medien, der Wellenlänge der Strahlung und dem Einfallswinkel. Ein Interferenzfilter ist ein Block eines Materials, das für die bestimmte Strahlung transparent ist, und der mit einer sehr dünnen Schicht eines anderen transparenten Materials beschichtet ist. Ein Teil der Strahlung, die diese Beschichtung passiert, wird an beiden Oberflächen reflektiert und vereinigt sich mit Strahlen, die den Block auf geradem Wege passiert haben. Die Strahlung, die zweimal reflektiert wurde, interferiert mit der nicht reflektierten Strahlung, wobei diese beiden Strahlen nur dann in Phase sind, wenn die Wellenlänge ein Vielfaches der doppelten Dicke der Beschichtung ist. Das heißt: nur Strahlung mit einem Mehrfachen der zweifachen Beschichtungsdicke kann mit geringer Abschwächung passieren. Bei anderen Wellenlängen sind die beiden Strahlen phasenverschoben, und die Intensität der durchgelassenen Strahlung wird reduziert. Strahlung, die eine dünne transparente Beschichtung dieses Typs passiert, wird also gefiltert. Man nennt diese Komponente einen *Interferenzfilter.* Diese Filter können z. B. dafür verwendet werden, um das in Infrarot-Analysatoren (siehe Kapitel 19) benötigte Licht zu erhalten.

14 Elektrizität

14.1 Statische Elektrizität und elektrisches Potential

Das Wort Elektrizität leitet sich ab von „élektron", dem griechischen Wort für Bernstein. Wie bei allen Elementen besteht das Bernsteinatom aus einem positiven Kern, der von negativ geladenen Elektronen umgeben ist. Durch Reiben von Bernstein gegen ein anderes Material können Elektronen übertragen werden, so daß die eine Substanz einen Überschuß, die andere ein Defizit erhält. Dieses Phänomen kann auch bei anderen Substanzen auftreten, z. B. Plastik und Gummi, und wird als *statische Elektrizität* bezeichnet. Statische Elektrizität ist allerdings nicht der einzige Grund, der zu einem Elektronenüberschuß führen kann. Ein Elektronenüberschuß tritt auch als Ergebnis chemischer Reaktionen in Batterien und in biologischen Geweben auf. Die Elektronen in dem Objekt mit relativem Überschuß besitzen dann die gleiche potentielle Energie, wie die Höhe eines Objektes seine potentielle Energie bestimmt. Man spricht von einem elektrischen Potential zwischen dem Objekt mit dem Elektronenüberschuß und dem mit dem relativen Elektronendefizit.

14.2 Leiter, Isolatoren und Halbleiter

Unter dem Einfluß einer Potentialdifferenz (oder eines wechselnden magnetischen Feldes, siehe unten) können Elektronen von einem Atom zum anderen wechseln; die Bewegung solcher Elektronen durch eine Substanz ist ein elektrischer Strom. Substanzen können entsprechend ihrer Fähigkeit Elektronen zu leiten, in Leiter, Isolatoren oder Halbleiter eingeteilt werden.

Leiter sind üblicherweise Metalle, obwohl andere Substanzen wie Kohlenstoff ebenfalls gute Leiter sind. Die äußeren Elektronen von Metallatomen sind nur lose gebunden und können sich leicht unter dem Einfluß eines elektrischen Potentials durch das Metall fortbewegen. Einige Flüssigkeiten wie Elektrolyt- und Körperflüssigkeiten können ebenfalls Elektrizität leiten, da sie positiv und negativ geladene Ionen enthalten, die sich unter dem Einfluß eines elektrischen Potentials leicht bewegen. Bei Isolatoren sind die Elektronen fest gebunden und können sich daher normalerweise nicht bewegen und keinen elektrischen Strom erzeugen.

Halbleiter werden in Bausteinen wie Thermistoren, Transistoren und Dioden verwendet. Die Leitfähigkeit von Halbleitern liegt zwischen der von Leitern und Isolatoren. In einem Halbleiter sind die äußeren Elektronen weniger fest an die Atome gebunden wie in Isolatoren. Durch Übertragung einer geringen zusätzlichen Energie an ein solches Elektron kann es sich von dem Atom, an das es gebunden ist, lösen und dadurch Elektrizität leiten. In einem Thermistor ist Wärme die Energiequelle, wobei mit steigender Temperatur sich mehr Elektronen lösen und die Leitfähigkeit steigt. Der Thermistor kann zur Messung von Temperaturen geeicht werden (siehe Kapitel 9). Auf der anderen Seite kann übermäßige Wärme einen gegenteiligen Effekt auf die Zuverlässigkeit von anästhesiologischen Überwachungsgeräten haben, die Halbleiter enthalten. Ein Photodetektor ist ein spezieller Typ eines Halbleiters in Form eines Widerstandes, einer Diode oder eines Transistors. Wenn Strahlung auf den Detektor trifft, wird ein Teil der Strahlungsenergie durch Elektronen in dem Material aufgenommen; sie sind dann in der Lage, sich freier durch das Material zu bewegen. Der Photodetektor ist mit einem elektronischen Schaltkreis verbunden, in dem die energiereichen Elektronen ein Signal erzeugen, wenn Licht auf den Sensor fällt.

14.3 Magnetische Felder

Ein Leiter, der von einem konstanten Fluß durchströmt wird, übt auf einen anderen stromführenden Leiter eine Kraft aus. Diese Eigenschaft wird als *Magnetismus* bezeichnet. Einige Substanzen, z.B. Eisen, können Magnetismus aufweisen, obwohl offensichtlich kein Strom durch sie fließt. In diesem Falle ist der Magnetismus das Ergebnis der Summe vieler kleiner Ströme, die durch die Bewegung von um ihre Kerne kreisenden Elektronen gebildet werden. Der Bereich, in dem ein Magnet oder ein stromführender Leiter eine Wirkung ausübt, wird als *magnetisches Feld* bezeichnet. Ein wechselndes magnetisches Feld induziert einen Elektronenfluß in einem Leiter und erzeugt so einen elektrischen Strom.

Wird ein elektrischer Leiter in Form einer Spule aufgewickelt, erzeugt ein durchfließender Strom ein magnetisches Feld, dessen Maximum im Kern der Spule lokalisiert ist. Die Stärke dieses Magnetfeldes kann erhöht werden, wenn ein Stück eines geeigneten magnetischen Materials in die Spule eingebracht wird (z.B. Eisen). Materialien mit dieser Eigenschaft werden als *ferromagnetisch* bezeichnet. Eine weitere Eigenschaft ferromagnetischer Materialien ist, daß sie in magnetische Felder hineingezogen werden.

Der Begriff der *magnetischen Feldstärke* wird zur Beschreibung der Leistung eines magnetischen Feldes in Vakuum verwendet. Dagegen bezeichnet der Begriff *magnetischer Fluß* das magnetische Feld in einem Material. Dieser magnetische Fluß kann, wie oben ausgeführt, größer sein als die ursprüngliche magnetische Feldstärke. Im allgemeinen wird der magnetische Fluß über die magnetische Feldstärke in ferromagnetischen Materialien wesentlich erhöht, in weniger ferromagnetischen Substanzen gering erhöht und in diamagnetischen Materialien abgeschwächt.

Die Einheit des magnetischen Flusses ist das Weber (Wb); es bezeichnet den Fluß, der in einer einfachen Schleife eine Spannung von 1 Volt erzeugt, wenn er innerhalb einer Sekunde auf Null abfällt. Die Einheit der magnetischen Flußdichte ist das Tesla (T), es entspricht 1 Wb/m^2. Die magnetische Flußdichte, die das Magnetfeld der Erde in Luft erzeugt, beträgt etwa 60 μT, ein Dauermagnet kann durchaus eine Flußdichte von 1 T besitzen.

14.4 Gleichstrom und Wechselstrom

Der Begriff *Gleichstrom* beschreibt einen steten Fluß von Elektronen entlang eines Drahtes oder Leiters in eine Richtung (Abb. 14.1). Gleichstromquellen sind beispielsweise Thermoelemente (siehe Kapitel 9) und Batterien. In einer Batterie wird chemische Energie durch eine chemische Reaktion in elektrische Energie umgewandelt. In einer nicht wieder aufladbaren Batterie ist die chemische Reaktion nicht reversibel, in einem Akkumulator ist diese chemische Reaktion durch einen entgegengesetzt gerichteten elektrischen Strom umkehrbar. Wiederaufladbare Batterien werden in vielen tragbaren Geräten verwendet, die dadurch auch ohne Stromanschluß einsetzbar sind. In diesen Geräten ist üblicherweise ein Batterie-Ladegerät enthalten, so daß die Batterien über den Stromanschluß wieder aufgeladen werden können und jeder Zeit zur Verfügung stehen. Normale Batterien sollten nicht anstelle wiederaufladbarer Batterien verwendet werden, wenn dies nicht ausdrücklich angegeben ist. Der Versuch, eine normale Batterie wieder aufzuladen, führt zur Gasbildung und zur Zerstörung der Zelle; im ungünstigsten Fall kann es zu einer Explosion kommen.

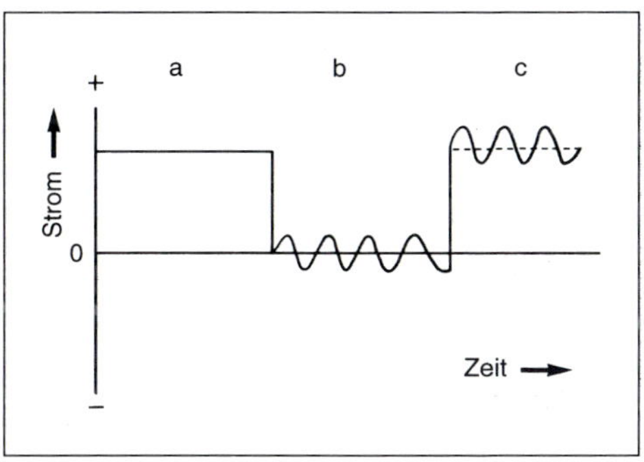

Abbildung 14.1: Diagramm des Stroms über der Zeit für Gleichstrom (a), Wechselstrom (b) sowie eine kombinierte Form (c).

Der Begriff *Wechselstrom* beschreibt einen Elektronenfluß, der zuerst in die eine und dann in die entgegengesetzte Richtung fließt. Das Diagramm eines Wechselstroms über der Zeit kann eine Sinuswelle darstellen, obwohl auch komplexere Formen möglich sind (siehe Kapitel 13). Ein Strom, der keinen konstanten Wert aufweist, in dem aber die *mittlere* Elektronenbewegung in eine bestimmte Richtung weist, kann als Wechselstromkomponente eines Gleichstroms beschrieben werden (Abb. 14.1 c).

14.5 Messung von Strom und Spannung

Das Ampere (A) ist die SI-Einheit des Stroms. Es repräsentiert einen Fluß von $6{,}24 \times 10^{18}$ Elektronen s^{-1} durch einen bestimmten Punkt und ist definiert durch die elektromagnetische Kraft, die mit einem elektrischen Strom assoziiert ist. Wie oben erwähnt, befindet sich um jeden von elektrischem Strom durchflossenen Leiter ein magnetisches Feld.

Wird ein Draht, durch den auch ein elektrischer Strom fließt, in ein magnetisches Feld gebracht, entsteht eine Kraft, die auf diesen Draht in eine Richtung wirkt, die senkrecht sowohl zum elektrischen Strom als auch zum magnetischen Feld steht.

Die Wechselwirkung zwischen einem elektrischen Strom und einem magnetischen Feld ist das Funktionsprinzip von Instrumenten wie beispielsweise dem Galvanometer (Abb. 14.2). In einem Galvanometer ist eine Drahtspule in einem magnetischen Feld auf einer drehbaren Achse angebracht. Der zu messende Strom durchfließt diese Spule, wobei die Wechselwirkung zwischen dem elektrischen Strom und dem magnetischen Feld eine Rotationsbewegung der Spule bewirkt. Der Rotationskraft auf die Spule wird durch eine Spiralfeder entgegengewirkt (im Bild unten). Die Auslenkung der Spule ist proportional zum durchströmenden elektrischen Strom und wird durch einen Zeiger angezeigt, der sich über eine Skala bewegt. Viele Zeigerinstrumente und Aufzeichnungsgeräte, die in anästhesiologischen Geräten verwendet werden, basieren auf dem Prinzip eines Galvanometers.

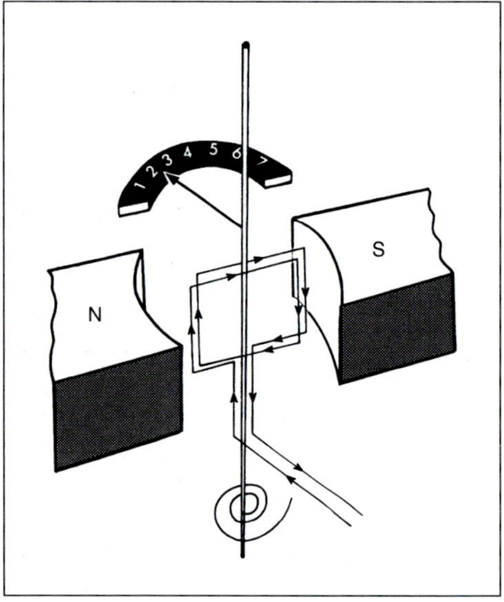

Abbildung 14.2: Prinzip eines Galvanometers.

14.6 Das elektromagnetische Flowmeter

Das elektromagnetische Flowmeter ist ein weiteres Beispiel für die Anwendung des elektromagnetischen Effektes. Bewegt sich ein Leiter durch ein magnetisches Feld, entwickelt sich ein elektrisches Potential, dessen Größe proportional zur Bewegungsgeschwindigkeit des Leiters durch das magnetische Feld ist. Da Blut ein guter elektrischer Leiter ist, kann dieses Prinzip zur Messung von Blutflußgeschwindigkeiten verwendet werden. Betrachten wir nun die Arterie in Abbildung 14.3, die in einem magnetischen Feld liegt, das durch die beiden Spulen A und B erzeugt wird; die Richtung des Feldes ist senkrecht zum Blutfluß ausgerichtet. Der Blutfluß bildet einen beweglichen Leiter, und das entstehende Potential steht senkrecht zur Richtung von Fluß und magnetischem Feld, d. h., es baut sich über die gegenüberliegenden Wände der Arterien auf. Dieses Potential kann durch die Elektroden C und D gemessen werden, die die gegenüberliegenden Seiten der Arterienwand berühren.

Ein elektromagnetisches Flowmeter besteht aus einem *C*-förmigen Sensor, der aus einer Spule zur Erzeugung des magnetischen Feldes und zwei weiteren zur Messung des durch den Blutfluß in-

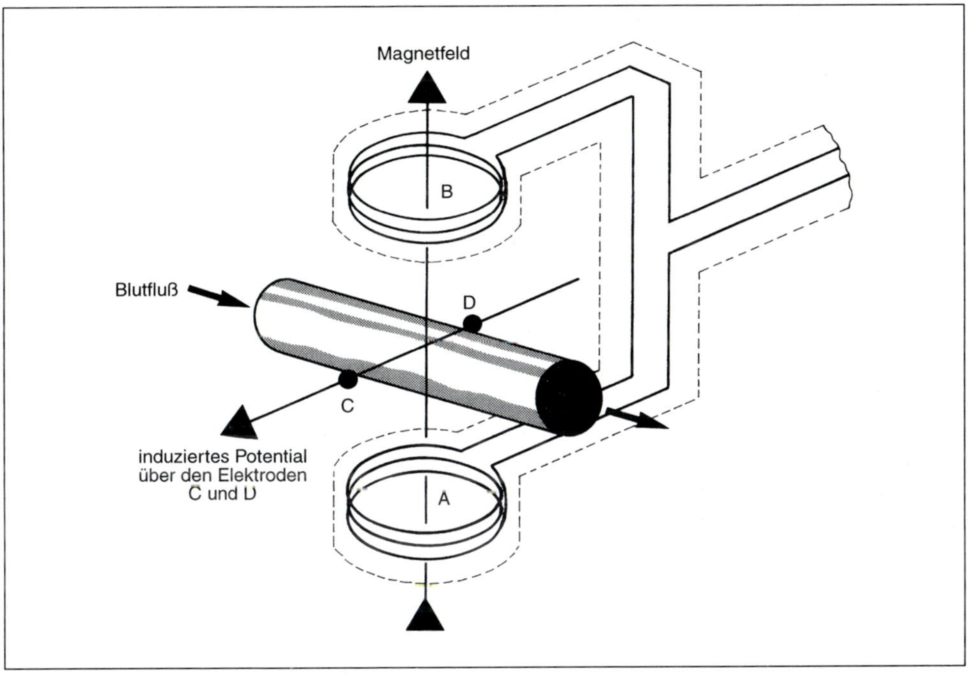

Abbildung 14.3: Prinzip des elektromagnetischen Blutflußmeßgerätes.

duzierten Potentials besteht. Obwohl das Potential proportional zur Geschwindigkeit ist, mit der sich das Blut bewegt, variiert die Geschwindigkeit des Blutes mit dem Durchmesser des Blutgefäßes, so daß das elektromagnetische Flowmeter eine mittlere Geschwindigkeit mißt. Es ist wichtig, daß das Flowmeter mit demselben Flußtyp geeicht ist, der in dem Gefäß vorhanden ist, an dem die Messungen durchgeführt werden sollen.

In der Praxis wird statt eines konstanten magnetischen Feldes ein Wechselfeld verwendet und die Wechselkomponente des Potentials gemessen. Dies verbessert die Stabilität der gemessenen Werte.

14.7 Stromfluß, Energieproduktion und das Volt

Wenn Strom fließt, wird Wärme und manchmal Lichtenergie produziert. Die Geschwindigkeit, mit der diese Energie erzeugt wird, hängt von den äußeren Umständen ab. Im Falle einer mit Gleichstrom betriebenen Notfallbeleuchtung in einem OP-Saal (Abb. 14.4) kann die Energieproduktion durch Wärme und Licht z. B. 96 W oder 96 J s^{-1} betragen. Um einen elektrischen Stromfluß durch die Leuchtbirne zu erzeugen, muß eine Potentialdifferenz vorhanden sein. Die Einheit der Potentialdifferenz

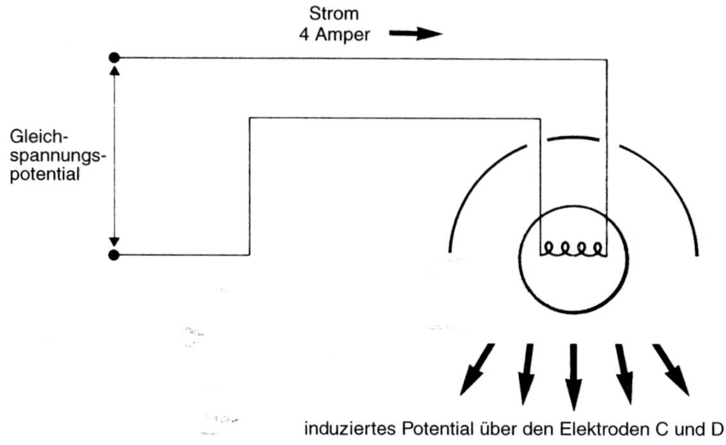

Abbildung 14.4: Potential am Beispiel einer mit Gleichstrom bertriebenen Lampe.

ist das Volt. Sie basiert auf der Energieproduktion und dem Stromfluß.

Das Volt ist definiert als die Potentialdifferenz, die einen Strom von einem Ampere in einer Substanz erzeugt, wenn der Energieverbrauch ein Watt beträgt.

Mit anderen Worten:

$$\text{Potentialdifferenz in Volt (V)} = \frac{\text{Leistung in Watt (W)}}{\text{Stromfluß in Ampere (A)}}$$

In dem in Abbildung 14.4 gezeigten Beispiel:

$$\begin{aligned}\text{Potentialdifferenz} &= \frac{96\ \text{W}}{4\ \text{A}} \\ &= 24\ \text{V}\end{aligned}$$

Eine andere, auf der elektrischen Ladung basierende Definition des Volt wird manchmal in Verbindung mit dem später beschriebenen Defibrillator verwendet.

14.8 Wärmeproduktion und Wechselstromgeräte

Neben ihrer Verwendung zur Definition des Potentials wird die Wärmeproduktion aus elektrischem Strom auch als Basis für vergleichbare Wechselstrommeßeinheiten verwendet. In Abbildung 14.5 ist auf der linken Seite eine Potentialdifferenz über einem mit elektrischem Strom betriebenen Gerät dargestellt. Ein Diagramm des Stromflusses wäre ähnlich.

Als Maß für die Größe einer Sinuswelle wird normalerweise die Amplitude verwendet (siehe Kapitel 13), im Falle des Wechselstroms ergibt sich allerdings bei Verwendung dieser einfachen Methode ein Problem. Ein Wechselstrom mit einer maximalen Amplitude von einem Ampere hat einen geringeren Heiz-

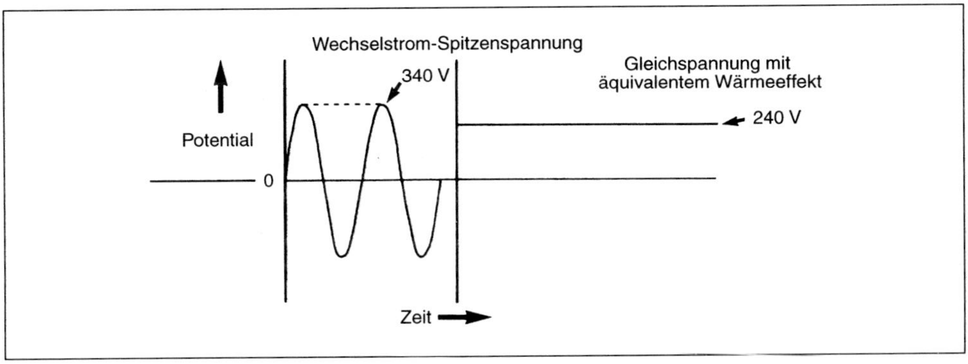

Abbildung 14.5: Beziehungen zwischen Wechselstrom und Gleichstrom mit äquivalentem Wärmeeffekt.

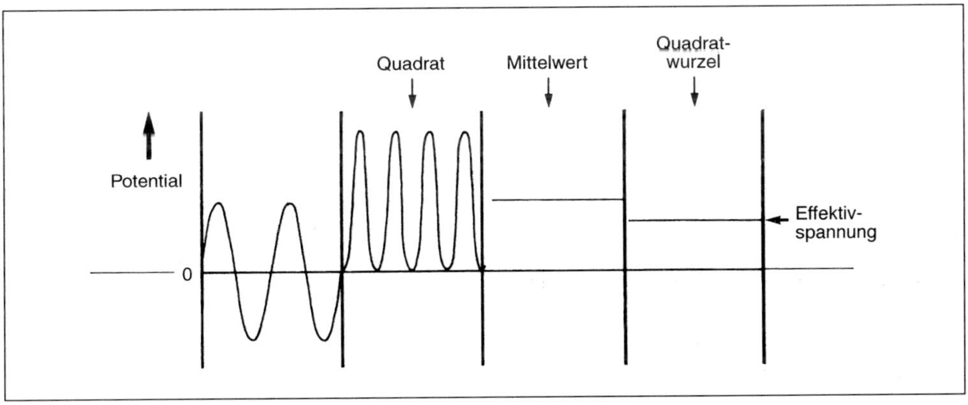

Abbildung 14.6: Ableitung der Effektivspannung.

effekt als ein konstanter Gleichstrom von einem Ampere, da im Falle des Wechselstroms der Spitzenfluß nur für einen kurzen Zeitabschnitt vorhanden ist. Betrachtet man Elektrizität unter kommerziellem Gesichtspunkt, sind vor allem Wärme- und Energieproduktion von Interesse. Es sind daher Einheiten notwendig, um den Strom und die Spannungswerte einer Wechselstromquelle mit denen des Gleichstroms so in Verbindung zu bringen, daß der Heizeffekt vergleichbar ist. Das hierfür verwendete Maß ist der sogenannte Effektivwert oder die Effektivspannung (engl. RMS = root mean square).

Eine Effektivspannung von 240 Volt[1] hat einen identischen Heizeffekt wie eine Gleichspannung von 240 Volt, wenn sie auf den gleichen Widerstand wirkt; die Spitzenspannung beträgt allerdings 340 Volt. Die genaueren Zusammenhänge der Effektivwerte überschreiten den Rahmen dieses Buches, die Abbildung 14.6 zeigt allerdings die Bedeutung dieses Begriffs. Quadriert man alle Werte der Sinuswelle, werden alle

1 Die Autoren wählen dieses Beispiel, weil es der Netzspannung in Großbritannien entspricht.

Amplituden in positive Zahlen umgewandelt. Nimmt man von diesen nun den Mittelwert, erhält man einen Wert, der mit der Amplitude der Welle in Zusammenhang steht. Zieht man dann die Quadratwurzel aus dieser Zahl, erhält man den äquivalenten Gleichstromwert.

14.9 Wärmeproduktion und Sicherungen

Der schnelle Anstieg der Wärmeproduktion bei zunehmendem elektrischen Strom wird bei der Funktion von Sicherungen angewendet. Ursprünglich ist eine Sicherung ein Draht, dessen Durchmesser so gewählt ist, daß er sich bei Überschreiten des Stroms über einen bestimmten Wert schnell erhitzt, schmilzt und damit den Strom unterbricht. Sicherungen sind in Stromkreisen und in elektrischen Geräten integriert, so daß bei Auftreten eines Fehlers, bei dem der Strom höher als zulässig ist, das Sicherungselement schmilzt und den Stromkreis unterbricht. Für die Sicherheit elektrischer Geräte ist es äußerst wichtig, daß die korrekte Sicherung verwendet wird.

14.10 Elektrische Verbrennungen

Ein Stromschlag aus einer normalen Netzspannung besitzt ein hohes Risiko, ein Kammerflimmern des Herzens auszulösen (siehe Kapitel 16). Manchmal durchfließt der Strom nur eine Extremität einer Person, was zu einer lokalen Erhitzung und Verbrennung führt. Wird beispielsweise eine Hochspannungsquelle berührt, können an den Fingerspitzen, wo sich der Strom auf eine kleine Fläche konzentriert, Verbrennungen auftreten. Der Stromfluß pro Flächeneinheit wird als Stromdichte bezeichnet; je größer die Stromdichte, desto größer der Erhitzungseffekt.

14.11 Chirurgische Diathermie

Das Prinzip der Stromdichte ist wichtig, da es die Steuerung des Wärmeeffektes der Diathermie erklärt. Die Passage von Gleichstrom oder Wechselstrom einer niedrigen Frequenz durch den Körper kann physikalische Sensationen und Muskelkontraktionen auslösen und birgt das Risiko des Auslösens eines Kammerflimmerns. Diese Effekte nehmen ab, wenn die Frequenz des Stroms steigt; so sind die Effekte bei Frequenzen über 1 kHz gering und vernachlässigbar bei Frequenzen über 1 MHz. Wärmeeffekte und Verbrennungen können allerdings bei allen Frequenzen gleichermaßen auftreten. Ein Diathermiegerät wird verwendet, um einen Strom mit einer hohen Frequenz – üblicherweise 1 MHz – durch den Körper zu leiten, um durch lokales Erhitzen von Körpergeweben zu schneiden und zu koagulieren.

Das Ausmaß der erreichten Verbrennung hängt von der Stromdichte ab. Bei Diathermiegeräten bestehen zwei Verbindungen zu dem Patienten: die Neutralelektrode und die aktive oder Schnei-

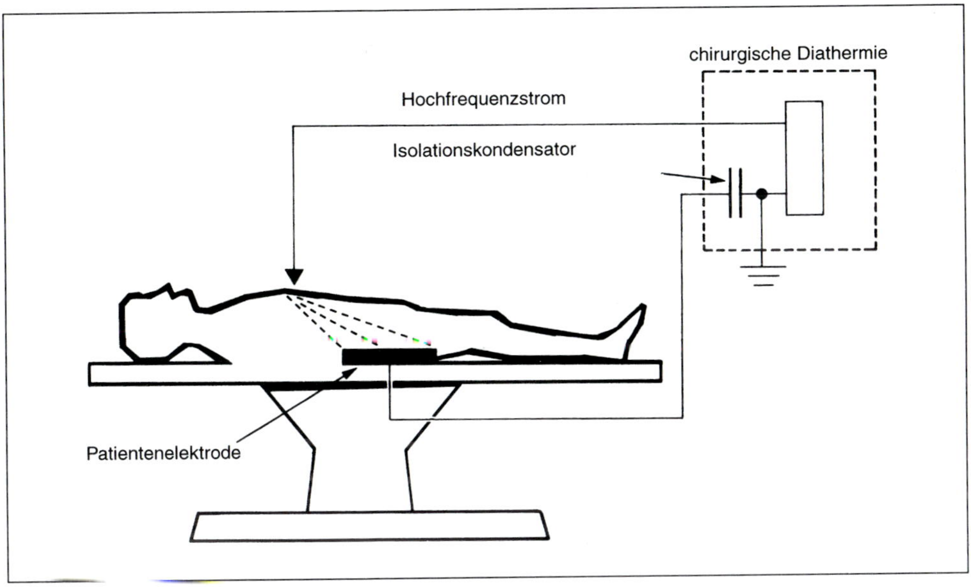

Abbildung 14.7: Prinzip eines Diathermiegerätes.

deelektrode, die durch den Chirurgen benutzt wird (Abb. 14.7). Der gleiche Strom fließt durch beide Verbindungen; da in der Schneideelektrode der Strom jedoch durch eine sehr kleine Fläche geleitet wird, kommt es an dieser Stelle zur lokalen Erhitzung und zu Verbrennungen. An der Neutralelektrode kommt es dagegen zu keinen Verbrennungen, da der Strom durch eine sehr große Fläche fließt, wobei es aber sehr wichtig ist, daß die gesamte Fläche der Neutralelektrode mit dem Patienten in Kontakt bleibt. Wird aus irgendwelchen Gründen die Kontaktfläche reduziert, erhöht sich die Stromdichte an der Neutralelektrode, was zu Verbrennungen führen kann. Löst sich die Neutralelektrode komplett von dem Patienten ab oder ist die Elektrode nicht richtig mit dem Patienten verbunden, kann der Diathermiestrom durch jeden Punkt, an dem der Patient ein geerdetes metallisches Objekt berührt, abfließen. Unter diesen Umständen können Verbrennungen auftreten, wenn z. B. die Hand des Patienten den OP-Tisch berührt. Das Verwenden eines Isolationskompensators (Abb. 14.7) im Stromkreis erhöht die Sicherheit des Diathermiegerätes (siehe Kapitel 16).

Die sogenannte bipolare Diathermie benötigt keine Patientenelektrode. Der elektrische Strom fließt hier von einem Schenkel einer speziellen Pinzette durch das Gewebe und zurück durch den anderen Schenkel der Pinzette. Da mit bipolaren Elektroden keine höheren Leistungen übertragen werden können, werden sie beispielsweise in der Neurochirurgie verwendet, um den Strom auf einen engen Bereich zu begrenzen und so unnötige Gewebeschäden zu vermeiden.

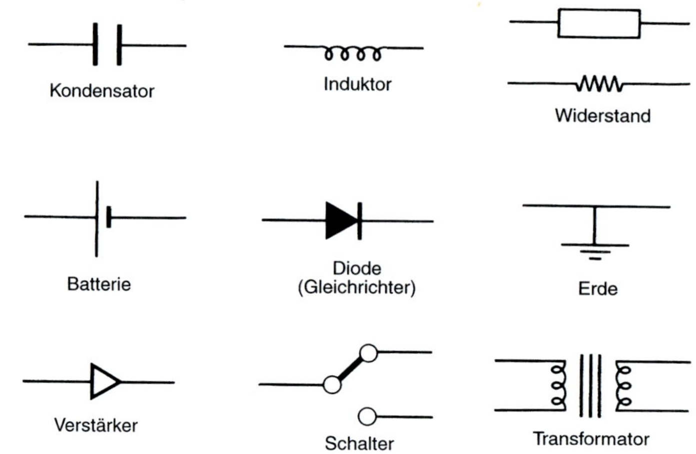

Abbildung 14.8: Elektrische Symbole.

14.12 Eigenschaften elektrischer Bausteine

Es gibt eine Reihe von Standardsymbolen für elektrische Komponenten (Abb. 14.8). Der Kondensator, der Induktor (oder auch „Spule") und der Widerstand werden im folgenden genauer beschrieben.

14.13 Kapazität und elektrische Ladung

Die Kapazität ist ein Maß für die Fähigkeit eines Objektes, eine elektrische Ladung zu halten. Ladung ist dabei ein Maß für die Elektrizitätsmenge. Die SI-Einheit der Ladung ist das Coulomb (C).

Das Coulomb ist die Menge elektrischer Ladung, die durch einen Punkt fließt, wenn ein Strom von einem Ampere für eine Sekunde fließt.

$$\text{Coulomb (C)} = \text{Ampere (A)} \times \text{Sekunde (s)}$$

Das Coulomb entspricht einem elektrischen Äquivalent von $6{,}24 \times 10^{18}$ Elektronen; es ist daher offensichtlich, daß das Elektron eine zu kleine Einheit ist, um ein praktikables Maß für die Ladung darzustellen.

14.14 Der Defibrillator

Der Defibrillator, der zur Behandlung von schweren Arrhythmien verwendet wird, ist ein Beispiel für ein Gerät, in

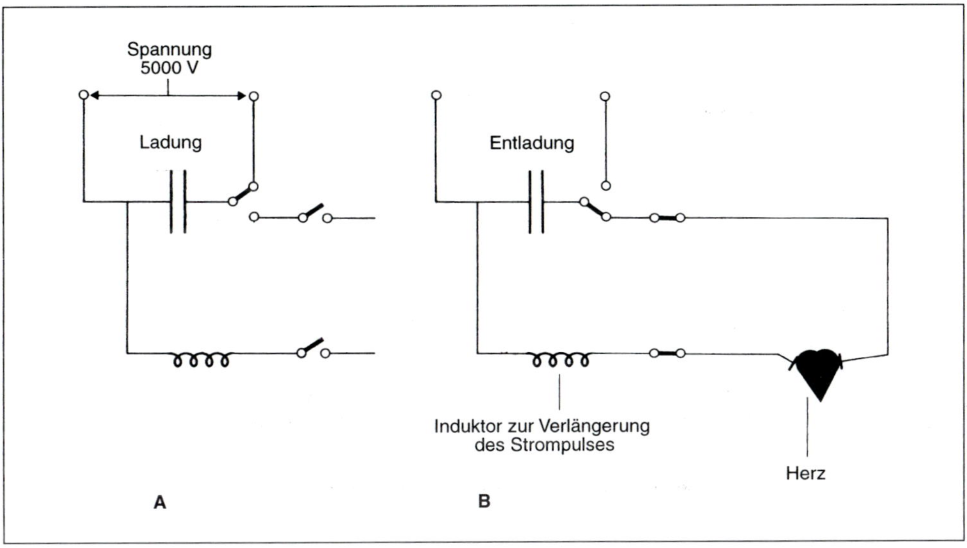

Abbildung 14.9: Prinzip eines Defibrillators.

dem elektrische Ladung gespeichert und auf kontrolliertem Wege abgegeben wird. Die zentrale Komponente für die Speicherung von Ladung ist der Kondensator (Abb. 14.9), der aus zwei durch einen Isolator getrennte Platten besteht. In Abbildung 14.9 A wird ein Potential von 5000 Volt an die beiden Platten des Kondensators angeschlossen. Dies führt zur Speicherung von Elektronen entsprechend einer Ladung von 160 mC.

Defibrillatoren werden nach der gespeicherten Energiemenge eingestellt, die sowohl von der Ladung als auch vom Potential abhängt. Dies läßt sich wie folgt zeigen:

$$\text{Potential (V)} = \frac{\text{Leistung (W)}}{\text{Strom (A)}}$$

aber

Leistung = Energie (J) pro Sekunde

und

Strom (A) = Ladung (C) pro Sekunde

daher:

$$V = \frac{J\,s^{-1}}{C\,s^{-1}} = \frac{J}{C}$$

und daher:

$$J = CV$$

Die verfügbare Energie ist proportional dem Produkt aus Ladung und Spannung, die abgegebene Energie bei einer festen Ladung ändert sich daher mit der Spannung. Dies bedeutet, daß die gespeicherte Energie nur halb so groß ist wie die aus dem initialen Spitzenpotential (V) berechnete.

Gespeicherte Energie (J)
= ½ × gespeicherte Ladung (C)
× Spannung (V)

Im Beispiel:

Energie = ½ × 160 mC × 5000 V
= 400 J

Zur Behandlung von Kammerflimmern werden Elektroden auf der Brust des Patienten angebracht, und zwar neben dem Sternum und über der Herzspitze. Die im Kondensator gespeicherte Energie wird dann über einen Schalter als ein Strompuls durch Brust und Herz des Patienten geleitet (Abb. 14.9 B). Dieser Strompuls, der z. B. 35 Ampere für 3 Millisekunden betragen kann, führt zu einer synchronen Kontraktion des Herzmuskels mit einer anschließenden Refraktärperiode, der dann ein normaler oder nahezu normaler Rhythmus folgen kann. In der Praxis ist im Ausgang des Defibrillators ein Induktor eingefügt, der sicherstellt, daß der elektrische Impuls eine optimale Form und Dauer hat.

Wenn der Defibrillator entladen ist, absorbiert der Induktor einen Teil der gespeicherten Energie, so daß sie nicht vollständig an den Patienten abgegeben wird. Da jedoch die an den Patienten abgegebene Energie den klinischen Effekt bestimmt, sind moderne Defibrillatoren nach der abgegebenen statt der gespeicherten Energie geeicht. Die maximale Energie beträgt normalerweise 360 J. Defibrillatoren können auch auf niedrigere Werte, normalerweise 100 J, eingestellt werden, die für den Einsatz mit internen kardialen Elektroden bei Patienten mit geöffnetem Thorax benötigt werden. Sie besitzen weiterhin die Möglichkeit zur Synchronisation für die Behandlung von bestimmten Rhythmusstörungen. Wenn der Defibrillator im synchronisierten Modus betrieben wird, muß die Energie zu einem ganz bestimmten Zeitpunkt im Herzzyklus, z. B. unmittelbar nach dem QRS-Komplex, abgegeben werden. Wird dieser Zeitpunkt nicht eingehalten, kann ein Kammerflimmern ausgelöst werden.

Die Fähigkeit, Ladung zu speichern, ist nicht auf einen Kondensator beschränkt; eine sog. *elektrostatische Ladung* kann sich auf der Oberfläche eines jeden von seiner Umgebung isolierten Objektes aufbauen. Bei einem Rotameter (siehe Kapitel 3) kann Reibung zur Ableitung von Elektronen von der Oberfläche der an der Wand rotierenden Kugel führen. Die resultierende gegensätzliche elektrische Ladung auf Wand und Kugel kann über Anziehungskräfte zum Steckenbleiben der Kugel führen. In ähnlicher Weise können auch Isolatoren Ladungen diesen Typs auf ihrer Oberfläche aufbauen mit dem Risiko von Entladungen, die in Anwesenheit entflammbarer Substanzen gefährlich werden können (siehe Kapitel 23).

14.15 Kapazität und Interferenz

Ein Kondensator kann Elektronen nicht direkt über die Lücke zwischen den beiden Platten leiten. Wird an einen ungeladenen Kondensator Gleichstrom angelegt, wird zunächst ein bestimmter Fluß zur Aufladung der Kondensatorplatten fließen, bei vollständiger Aufladung des Kondensators wird dieser allerdings zum Stillstand kommen. Ein Wechselstrom wird von einem Kondensator jedoch weitergeleitet, da der Kondensator ständig geladen und entladen wird, was zu einem Stromfluß führt. In der anästhesiologischen Praxis kann diese Fähigkeit elektrischer Wechselspannungen, Lükken zu überbrücken, erklären, warum elektrische Interferenzen in einem EKG sichtbar werden.

Betrachten wir die in Abbildung 14.10 dargestellte Situation, in der eine OP-Beleuchtung vom Patienten durch

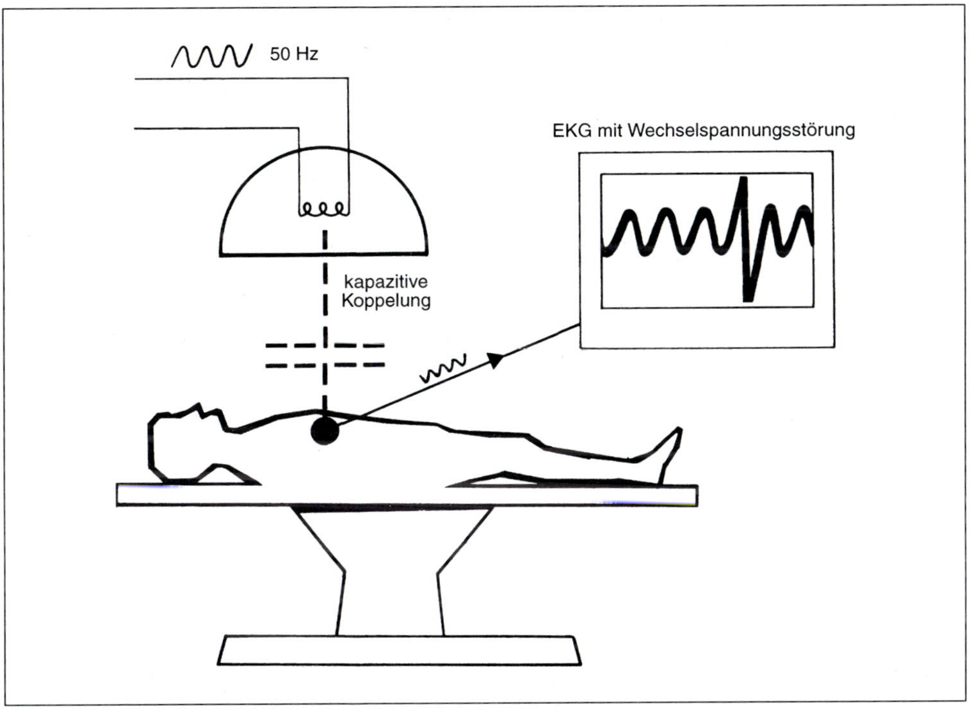

Abbildung 14.10: Interferenz auf einem EKG durch Kapazität.

Luft getrennt ist. Netzspannung einer Frequenz von 50 Hz passiert die Lampe. Der Patient auf dem Tisch, obwohl nicht direkt mit dem Licht verbunden, wirkt als eine Platte eines Kondensators, das elektrische Licht stellt die andere Platte dar. Ein geringer Strom mit der Netzfrequenz fließt von der Lampe zum Patienten und bewirkt eine 50-Hz-Spannung, die im EKG erscheint. Diese Interferenz kann so stark sein, daß die EKG-Kurve nicht mehr beurteilt werden kann.

Kapazitive Effekte werden auch als Funktionsprinzip einiger Druckwandler verwendet. In diesem Falle führt eine Auslenkung der Wandlermembran durch Druck zu Änderungen im eingebauten Kondensator des Wandlers.

14.16 Induktion und Interferenz

Induktion basiert auf elektromagnetischen Effekten und kann ebenfalls zu Störungen biologischer elektrischer Signale führen. Ein Induktor ist typischerweise eine Drahtspule. Viele Komponenten elektrischer Geräte haben Drahtspulen, die von starken magnetischen Feldern umgeben sind, beispielsweise der Transformator in mit einer Netzspannung betriebenen Geräten (Abb. 14.11). Das in dieser Abbildung durch einen Transformator erzeugte magnetische Feld in der Nähe elektrischer Geräte induziert einen elektrischen Strom

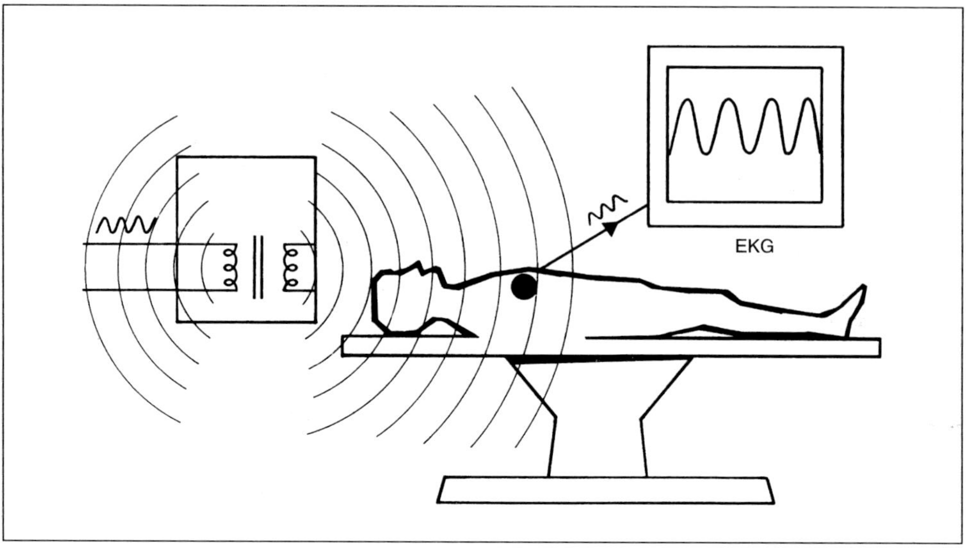

Abbildung 14.11: Störungen des EKG durch Induktion.

in den EKG-Kabeln; diese Quelle von Störungen, manchmal auch induktive Kopplung genannt, kann zu Interferenzen mit der EKG-Ableitung führen. Solche Störungen durch induktive Kopplungen und kapazitive Effekte können durch Filter reduziert werden.

Isolierte Monitorleitungen sind von einer Schicht geflochtenen Metalls umgeben, das geerdet ist, so daß Interferenzströme in dieser Metallabschirmung und nicht in den Leitungen induziert werden. Die Abschirmungsschicht wird von einer weiteren Isolationsschicht umgeben.

Störspannungsabstand

In der Praxis enthält jegliche elektrische Welle oder Signal eine bestimmte Menge von Störungen aus kapazitiven und induktiven Effekten sowie aus anderen Quellen. Diese Störungen bezeichnet man als *Rauschen* in Anlehnung an die Akustik, in der Rauschen als unerwünschtes Geräusch verschiedener Frequenzen bezeichnet wird. Ob Rauschen tatsächlich ein praktisches Problem ist, hängt von seiner Stärke in Relation zum untersuchten Signal ab, was als Rauschabstand bezeichnet wird. In Abbildung 14.12 links ist eine EKG-Kurve mit einem hohen Rauschabstand gezeigt, während auf der rechten Seite eine ähnliche Kurve mit einem niedrigen Rauschabstand zu sehen ist. Der Rauschabstand wird verbessert, wenn das Rauschen durch Elimination seines Ursprungs oder durch die Verwendung von Diffe-

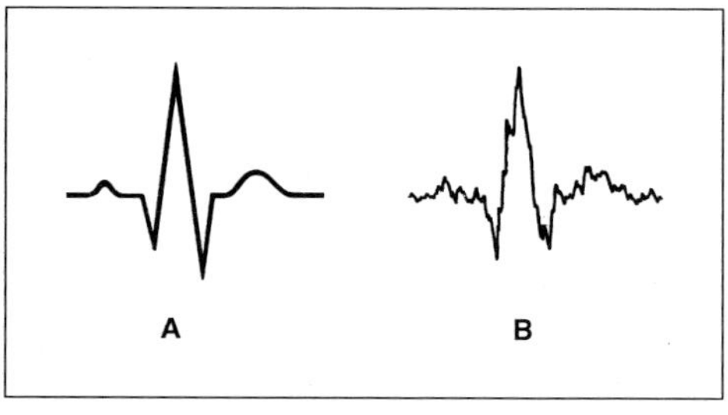

Abbildung 14.12: Vergleich eines hohen (A) mit einem niedrigen (B) Rauschabstand.

rentialverstärkern (siehe Kapitel 15) reduziert wird. Unerwünschte Verzerrungen eines biologischen Signals, z. B. bei der EKG-Ableitung während Diathermie, können durch Verwendung eines elektronischen Filters, der die hohen Frequenzen des Diathermiesignals abfängt, vermieden werden.

Der Rauschabstand kann durch Verstärkung des Signals nicht verbessert werden, da sowohl das Signal selbst als auch das Rauschen um denselben Faktor verstärkt werden. Der Abstand kann allerdings durch Mittelung einer repetitiven Wellenform, z. B. dem Signal, über mehrere Zyklen verbessert werden, was in entsprechenden Geräten auf elektronische Weise geschieht. Dabei wird das Rauschen wegen seiner zufälligen Verteilung auf Null gemittelt, während das Signal durch seine Wiederholung konstant bleibt.

14.17 Widerstand

Die Einheit des elektrischen Widerstandes ist das Ohm.

Das Ohm ist der Widerstand, der einen Strom von einem Ampere bei einer Spannung von einem Volt fließen läßt.

Dieses Verhältnis ist als das *Ohmsche Gesetz* bekannt. Elektrischer Widerstand ist analog zum Flußwiderstand (siehe Kapitel 2), wobei hier die Spannung für den Druck und der Strom für den Fluß steht. Ebenso wie der Flußwiderstand variiert der elektrische Widerstand mit äußeren Einflüssen. Ein Temperaturanstieg erhöht den Widerstand eines Drahtes, reduziert allerdings den Widerstand

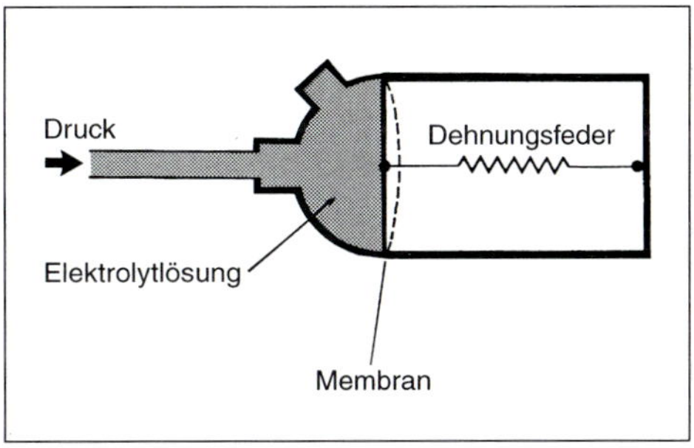

Abbildung 14.13: Druckwandler mit Dehnungsmessung.

vieler Halbleiter. Diese Tatsache wird in der Temperaturmessung (siehe Kapitel 9) und im thermischen Leitfähigkeitsdetektor (siehe Kapitel 20) genutzt. Wird ein Draht gedehnt, wird er länger und dünner, wodurch sein Widerstand steigt. Solche Widerstände befinden sich in Dehnungsmeßgeräten und werden in Druckwandlern eingesetzt (Abb. 14.13). In einem Druckwandler dieses Typs bewirkt die Bewegung der Membran mit entsprechender Druckänderung eine Abänderung der Spannung in dem Widerstandsdraht, wodurch sich dessen Widerstand verändert. Die Änderung des elektrischen Stroms durch den Widerstand kann verstärkt und als Maß für die Druckänderung angezeigt werden.

Um solche Widerstandsänderungen zu messen, wird häufig ein als Wheatstone-Brücke bezeichneter elektrischer Kreis verwendet. Er besteht in seiner ursprünglichen Form aus einer Anordnung von vier Widerständen, einer elektrischen Spannungsquelle (z. B. einer Batterie) und einem Galvanometer (Abb. 14.14). In dem Beispiel könnte der Widerstand R_4 ein Dehnungsmeßgerät oder ein Widerstandsthermometer sein, während R_3 ein variabler Widerstand ist, der so eingestellt wird, daß das Galvanometer den Wert Null anzeigt. In dieser Situation bezeichnet man die Wheat-

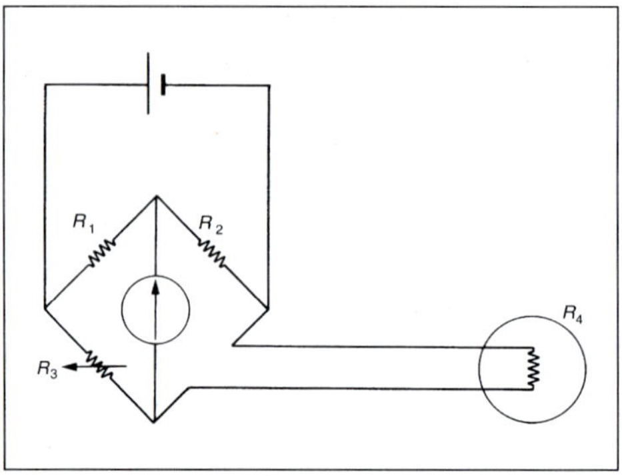

Abbildung 14.14: Wheatstone-Brückenschaltung. R_4 ist ein Dehnungswandler oder ein Widerstandsthermometer, R_3 ist ein variabler Widerstand, der so eingestellt ist, daß das Galvanometer den Wert Null anzeigt.

stone-Brückenschaltung auch als ausgeglichen; es gilt:

$$\frac{R_1}{R_2} = \frac{R_3}{R_4}$$

In dieser Form ist die Wheatstone-Brücke ein Null-Deflektionssystem, d.h., bei ausbalancierter Brücke fließt kein Strom durch das Galvanometer. In der Praxis wird der Ausgang verstärkt und mit einem Aufzeichnungsgerät oder einem Oszillograph anstelle des Galvanometers verbunden, das die Auslenkung der Brücke erfaßt. Die meisten Druckwandler enthalten vier Dehnungsfedern, die die vier Widerstände einer Wheatstone-Brücke bilden. Der Wandler ist so aufgebaut, daß sich die Widerstände von zwei der an gegenüberliegenden Seiten positionierten Dehnungsfedern mit zunehmendem Druck erhöhen, während die Widerstände der anderen beiden abnehmen. Dies führt an der Verbindung des Galvanometers zur Brücke zu größeren Potentialänderungen. Die Spannung wird dann verstärkt, bevor sie angezeigt oder aufgezeichnet wird.

Die Abbildung 14.15 zeigt eine andere Anordnung der Widerstände R_1 bis R_5 mit einer anliegenden Spannung V_1. Wenn die fünf Widerstände den gleichen Wert aufweisen, kann durch Abgreifen an einem Punkt A zu einem der anderen Punkte B, C, D oder E eine verminderte Spannung gewonnen werden; in dem Beispiel beträgt V_2 20% von V_1, was einer Abschwächung oder Dämpfung entspricht. Die Einstellung verschiedener Geschwindigkeitsstufen in elektri-

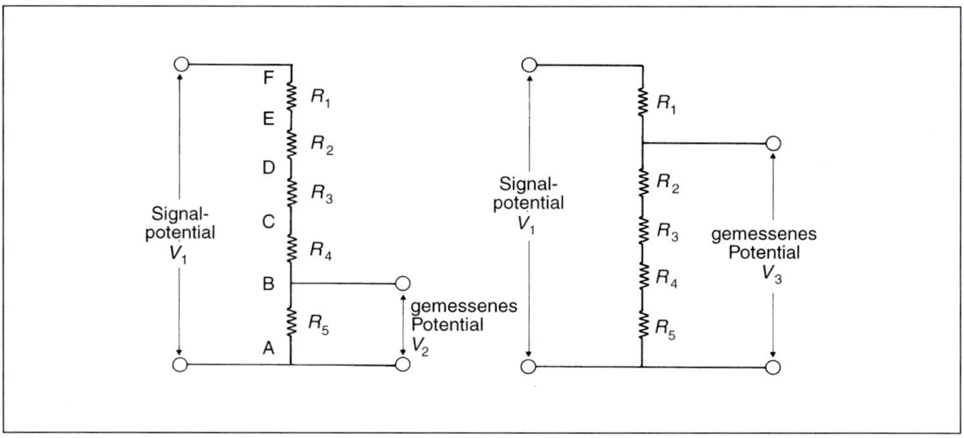

Abbildung 14.15: Prinzip des Dämpfungsglieds.

schen Geräten bedient sich oft eines solchen Widerstandsnetzes.

14.18 Impedanz

Die hemmende Wirkung eines Widerstandes auf den Strom eines Wechselstroms variiert nicht mit der Frequenz dieses Stroms. Ein Kondensator kann, wie bereits erwähnt, Wechselstrom weiterleiten. In diesem Falle passieren Ströme hoher Frequenz allerdings einfacher. Bei einem Induktor liegen entgegengesetzte Verhältnisse vor. Ströme niedriger Frequenz passieren leichter als solche mit hoher Frequenz. Viele elektrische Schaltungen und Bauteile verhalten sich so, als wären sie aus einer Kombination von Widerständen, Kondensatoren und Induktoren zusammengesetzt: Verschiedene Teile solcher Schaltkreise besitzen einen bestimmten Widerstand für einen elektrischen Strom, der im allgemeinen von der Frequenz dieses Stroms abhängt. Besteht eine solche Abhängigkeit von der Frequenz, so spricht man eher von *Impedanz*. Die Einheit der Impedanz ist dieselbe wie die des Widerstandes, d. h. das Ohm. Die Impedanz wird allerdings häufig mit dem Symbol Z angegeben. Ein praktisches Beispiel für die Verwendung der Variation der Impedanz mit der Frequenz des Stroms ist der Trennkondensator in einigen Diathermiegeräten. Er stellt einen hohen Widerstand für Netzfrequenzen dar und schützt dadurch den Patienten vor Stromunfällen (siehe Kapitel 16).

Hautimpedanz und Dämpfung
Ein wichtiges praktisches Beispiel der Impedanz stellt die Leitung biologischer elektrischer Signale durch die Haut des Patienten zu einer Elektrode dar (z.B. das EKG), da zusätzlich zum Widerstand am Kontaktpunkt auch Kapazität und Induktivität das Signal beeinflussen können. Die Impedanz ist geringer, wenn ein guter Hautkontakt sichergestellt ist. Eine typische EKG-Elektrode besteht aus einer Metallscheibe, die mit einem leitfähigen Elektrodengel bedeckt und durch einen Klebering mit der Haut des Patienten verbunden ist. Das Elek-

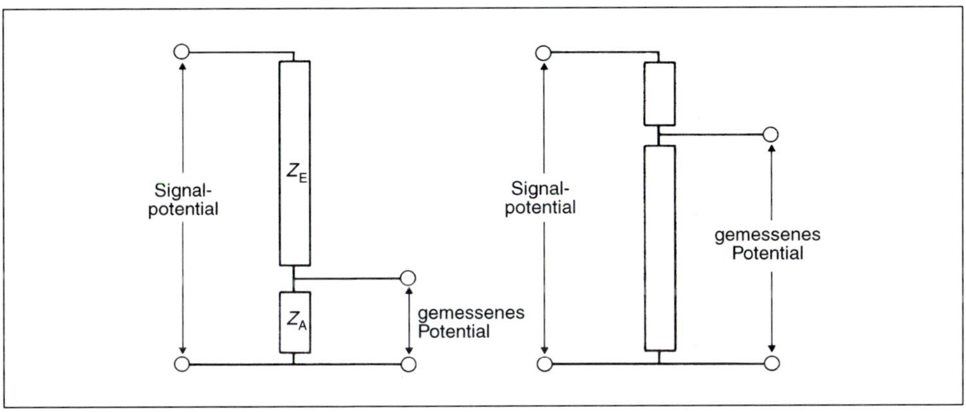

Abbildung 14.16: Einfluß der Impedanz am Verstärker Z_A und an Haut und Elektroden Z_E auf die Messung eines Signalpotentials.

trodengel reduziert die elektrische Impedanz am Kontaktpunkt mit der Haut.

Das Maß der Abschwächung des Signals hängt nicht nur von der Hautimpedanz ab, sondern auch von der Eingangsimpedanz des verwendeten Überwachungsgerätes. Eine Betrachtung der Abbildung 14.16 im Vergleich mit der Abbildung 14.15 illustriert das Prinzip. Auf der linken Seite von Abbildung 14.16 ist ein Beispiel mit einer hohen Impedanz Z_E für Haut und Elektroden dargestellt. Dies kann Folge eines ausgetrockneten Elektrodengels oder eines unterbrochenen Elektrodenkontaktes sein. Zusätzlich ist die Eingangsimpedanz Z_A des Verstärkers relativ gering. Das Signal wird durch das Verhältnis der beiden Impedanzen Z_E und Z_A stark abgeschwächt. Das Diagramm auf der rechten Seite der Abbildung 14.16 zeigt einen Verstärker mit einer hohen Eingangsimpedanz, der mit Elektroden verwendet wird, die einen geringen Übergangswiderstand zur Haut sicherstellen, um eine vernachlässigbare Abschwächung des Signals zu gewährleisten. Die meisten modernen Verstärker haben eine sehr hohe Eingangsimpedanz, um auch mit einfacheren und/oder kleinen Hautelektroden zufriedenstellende EKG-Ableitungen zu erreichen. Eine hohe Eingangsimpedanz des Verstärkers schützt darüber hinaus den Patienten gegen elektrische Ströme (siehe Kapitel 16).

Die Hautimpedanz ist niedriger, wenn die Haut feucht ist. Der Grad der Feuchtigkeit hängt vom sympathischen Tonus ab, so daß die Hautimpedanz auch als Maß für die autonome Aktivität verwendet werden kann. Dieser Test wird als die *galvanische Hautreaktion* bezeichnet.

15 Biologische elektrische Potentiale: Darstellung und Aufzeichnung

15.1 Herkunft biologischer Potentiale

Die Zellmembran ist eine Lipiddoppelschicht, die hauptsächlich aus Phospholipiden aufgebaut ist; die hydrophoben Fettsäuren sind dabei nach innen, die Protein-Kohlenhydratgruppen nach außen orientiert. Biologische Mechanismen pumpen Natriumionen aus der Zelle hinaus und Kaliumionen durch die Zellmembran in das Innere der Zelle. Diese Ionen tragen elektrische Ladungen, so daß als Nettobilanz eine positive Ladung von etwa 90 mV außerhalb der Zelle im Vergleich zum Zellinneren besteht.

Wie in Abbildung 15.1 gezeigt, kommt es vor der Kontraktion einer Muskelzelle zu einem schnellen Abfall dieses Potentials. Während dieser Depolarisationsphase strömen Natriumionen in das Zellinnere ein, im Gegenzug strömen Kaliumionen durch die Membran nach außen. Schließlich baut die Zelle ihr Ruhepotential wieder auf, wenn die Natrium-Kaliumpumpe den ursprünglichen Zustand an der Membran wiederhergestellt hat.

Neben Natrium und Kalium finden auch andere Ionenströme statt. Im Herzmuskel beispielsweise dringen Kalziumionen in die Zelle ein, so daß eine län-

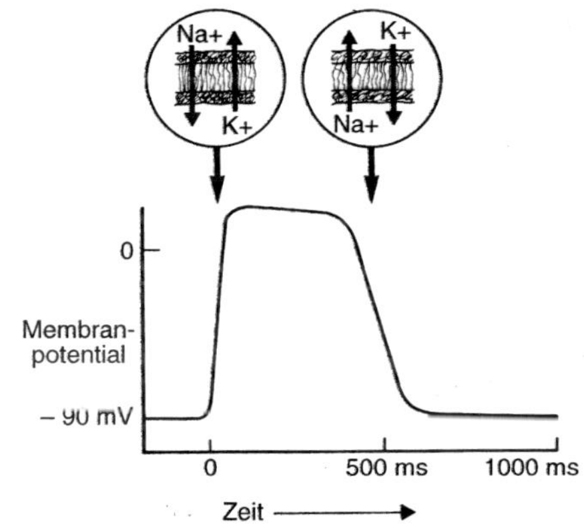

Abbildung 15.1: Potentialänderungen an der Zellmembran während der Depolarisation.

gere Depolarisationsphase als in einer Skelettmuskelzelle aufrechterhalten wird. Die Membranpotentiale benachbarter Herzmuskelzellen werden durch die depolarisierte Region destabilisiert und den gleichen Änderungen unterworfen, es breitet sich eine Depolarisationswelle über den Herzmuskel aus.

Ähnliche Potentialänderungen finden auch an der Membran von Neuronen zur Fortleitung von Nervenimpulsen statt. Diese Erregungen werden durch die Gewebe, die Nerven und Muskeln umgeben, übertragen, so daß die Signale durch geeignete Elektroden, die auf der Haut angebracht werden, abgeleitet und entsprechend als Elektroenzephalogramm (EEG), Elektrokardiogramm (EKG) oder Elektromyogramm (EMG) dargestellt werden können. Die auf diese Weise gewonnenen Darstellungen der Spannung über der Zeit sind komplexe Wellenmuster, die durch die Fourier-Analyse in eine Kombination reiner Sinuswellen aufgetrennt werden können (siehe Kapitel 13).

15.2 Elektrokardiogramm

Während eines Herzzyklus gelangt eine Depolarisationswelle von den Schrittmacherzellen des Vorhofes über den Vorhof und das AV-Bündel zum Myokard der Ventrikel. Potentiale vom Herz werden durch die Gewebe weitergeleitet und können durch Elektroden erfaßt und als EKG dargestellt werden. Diese Potentiale werden durch die Passage durch die Gewebe abgeschwächt. Die Amplitude des EKG-Signals beträgt daher lediglich 1 bis 2 Millivolt statt des ursprünglichen Potentials von etwa 90 mV.

Je größer das von der Depolarisation erfaßte Hermuskelbündel ist, desto größer ist das an der Oberfläche erfaßte Potential. Der QRS-Komplex, der die Depolarisationswelle der Ventrikel darstellt, hat daher eine große Amplitude, während die P-Welle der Vorhöfe klein ist. Das tatsächliche Erscheinungsbild des EKG hängt von der Position der Elektroden relativ zum Herzen ab (Abb. 15.2). Da sich das Vorhofsignal nach außen fortpflanzt, zeigt die P-Welle üblicherweise eine positive Ausschlagrichtung, unabhängig von der Elektrodenposition. Im Falle der Ventrikel bewegt sich die Depolarisationswelle allerdings abwärts und nach links, so daß die QRS-Komplexe in Abhängigkeit von der Elektrodenposition variieren. Mit einer direkt hinter den Vorhöfen positionierten

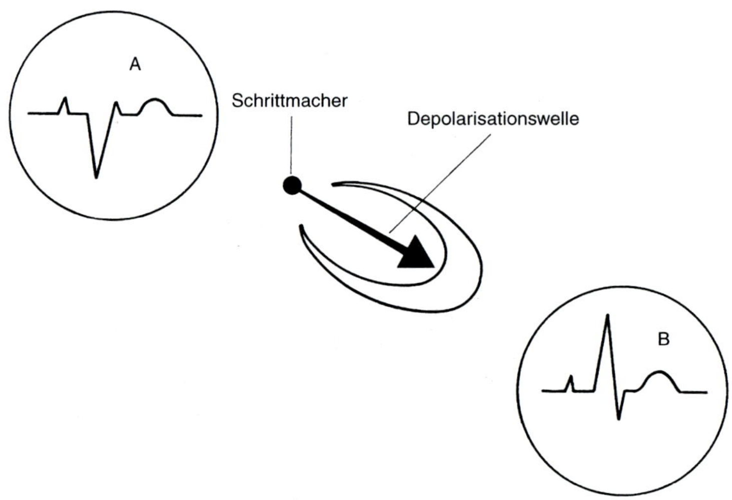

Abbildung 15.2: Verschiedene EKG-Signale der Elektroden A und B aufgrund der unterschiedlichen relativen Position der jeweiligen Elektrode zur myokardialen Depolarisationswelle.

Ösophaguselektrode gewinnt man ein besonders klares Signal der P-Welle.

Auch die Zeitintervalle in bzw. zwischen den Komplexen sind von Bedeutung. Ein PQ-Intervall von mehr als 200 Millisekunden beispielsweise ist Zeichen einer verzögerten Fortleitung aus den Vorhöfen. Da auch die Aktivität anderer Muskeln zu Potentialen führt, muß der Patient entspannt liegen und darf sich während der EKG-Aufzeichnung nicht bewegen.

15.3 Elektromyogramm

Das Elektromyogramm oder EMG ist die Darstellung der Muskelpotentiale durch Ableitung von der Haut (oberflächliche Elektroden) oder mittels Nadelelektroden vom Muskel selbst. Die aufgezeichneten Aktionspotentiale bewegen sich im Bereich von 100 Mikrovolt bis einigen Millivolt. Die Skelettmuskelpotentiale differieren von denen des EKG darin, daß sie eine wesentlich kürzere Dauer (etwa 5 bis 10 ms) aufweisen, so daß das EMG scharfe Spitzen statt der komplexen EKG-Muster wiedergibt. Die kurze Dauer kommt dadurch zustande, daß sich der Skelettmuskel sehr viel schneller repolarisiert als der Herzmuskel, und weil die Depolarisation nicht unbedingt synchronisiert abläuft.

Die Amplitude der EMG-Signale hängt von der Anzahl der Muskelfasern ab, die gleichzeitig durch eine motorische Einheit stimuliert werden (Abb. 15.3). In einem Augenmuskel beispielsweise versorgt jedes Motoneuron etwa 8 Muskelfasern (Abb. 15.3 A), so daß kleine Potentialspitzen resultieren. In einem Hüftmuskel werden ca. 200 Fa-

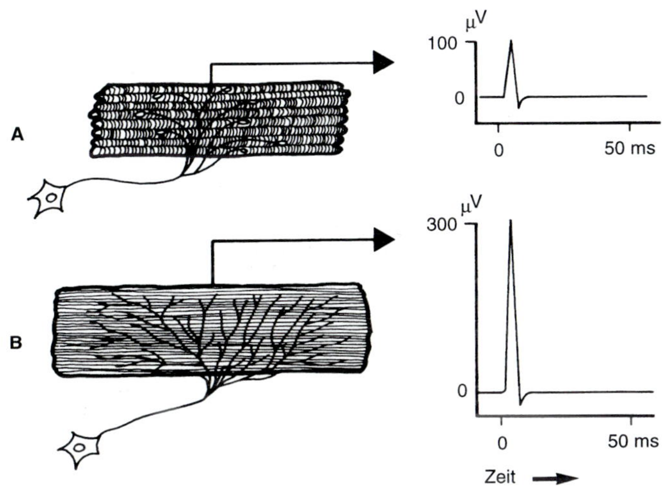

Abbildung 15.3: EMG-Potentiale, ausgelöst durch einen Impuls vom Motoneuron des Augenmuskels (A) und eines Extremitätenmuskels (B).

sern durch ein Motoneuron erregt, wodurch große Amplituden entstehen (Abb. 15.3 B).

15.4 Elektroenzephalogramm

Für die Aufnahme eines Elektroenzephalogramm oder EEG werden 16 Elektroden am Kopf des Patienten positioniert, um die charakteristischen Potentiale von Nervensträngen, dem Hirnstamm und dem Cerebrum abzuleiten. Die Potentiale sind mit etwa 50 Mikrovolt wesentlich kleiner als die des EKG. Die Form des EEG-Wellenmusters ist von großer klinischer Bedeutung. Ein Überwiegen von Wellen geringer Frequenz kann beispielsweise eine zerebrale Hypoxie anzeigen. In der Anästhesie wird eine zunehmende Anästhesietiefe üblicherweise begleitet durch einen Abfall in Frequenz und Amplitude des EEG.

Die fortlaufende EEG-Frequenzanalyse (Compressed Spectral Array, CSA) stellt eine Möglichkeit dar, aus dem Roh-EEG eine vereinfachte Analyse der Hirnaktivität durchzuführen. Aufeinanderfolgende Zeitsegmente der EEG-Aktivität werden aufgezeichnet (Abb. 15.4) und einer Frequenzanalyse unterworfen. Aus dieser werden wiederum die Amplituden innerhalb definierter Frequenzbereiche berechnet und dargestellt. Während der Anästhesie verschieben sich die Amplituden des Frequenzspektrums in den niedrigeren Frequenzbereich und stellen somit eine grobe Orientierung für das Maß der zerebralen Suppression dar. Grundsätzlich besteht die Aufgabe einer EEG-Verarbeitung darin, das analoge Signal in ein digitales Format zu konvertieren, welches dann als Zahl ausgegeben werden kann. Einige dieser numeri-

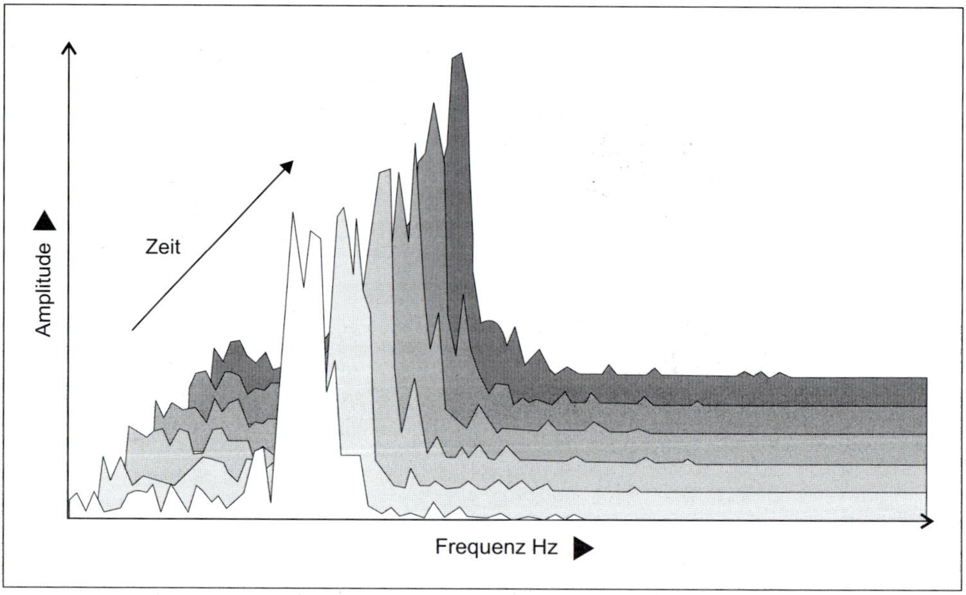

Abbildung 15.4: Fortlaufende EEG-Frequenzanalyse (Compressed Spectral Array, CSA).

schen Parameter können zur Beurteilung der Anästhesietiefe verwendet werden.

Insbesondere zwei Werte haben breitere klinische Bedeutung gefunden: die spektrale Eckfrequenz und die Medianfrequenz. Die spektrale Eckfrequenz ist die Frequenz, unterhalb der sich 95% des gesamten EEG-Spektrums findet; sie ist somit ein Maß für die obere Begrenzung des EEG-Frequenzspektrums. Sie fällt mit steigender Konzentration der Anästhetika ab. Dennoch scheint die Technik zur Beurteilung der Anästhesietiefe nicht ohne Einschränkungen einsetzbar zu sein: Während des Übergangs von einem tiefen zu einem flacheren Anästhesieniveau ist der Zusammenhang zwischen spektraler Eckfrequenz und Anästhetikakonzentration wenig ausgeprägt.

Die Medianfrequenz stellt die Mitte der spektralen Verteilung der EEG-Frequenzen dar. 50% der gesamten Frequenzamplituden liegen über bzw. unter dieser Frequenz. Es wurde vorgeschlagen, die Medianfrequenz als genaueres Maß für die Tiefe der Anästhesie zu verwenden; sie korreliert auch während des An- und Abflutens der Anästhetika recht gut mit den Substanzkonzentrationen. Schließlich ist bekannt, daß die Form des Spektrums von den für die Anästhesie verwendeten Substanzen abhängt.

Eine Weiterentwicklung des EEG-Monitorings sind die evozierten Potentiale (EP). Evozierte Potentiale werden erzeugt, wenn eine Person einen peripheren Stimulus (somatosensorisch, akustisch oder optisch) erhält. Da die Amplitude von EPs nur wenige Mikrovolt beträgt, werden diese durch die allgemeinen EEG-Potentiale überlagert. Um das EP zu identifizieren, muß der Stimulus viele Male wiederholt und das EEG während eines bestimmten Zeitfensters nach den Stimuli gemittelt werden. Durch diese Technik kann die Amplitude der EP relativ zur allgemeinen EEG-Aktivität verstärkt werden. Die Auswertung der evozierten Potentiale wird zur Überwachung der neurologischen Signalleitung während nervennaher chirurgischer Eingriffe oder zur Beurteilung der neurologischen Situation im Rahmen traumatischer oder hypoxischer Hirnschädigungen eingesetzt.

Äußerste Vorsicht ist allerdings sowohl in der Anwendung der Systeme als auch in der Interpretation ihrer Ergebnisse geboten. Mit zunehmender Anästhesietiefe nehmen die evozierten Potentiale ab. Als eines der letzten verschwinden die akustisch evozierten Potentiale, sie sind daher für den vollständig anästhesierten Patienten besonders geeignet. Es konnte gezeigt werden, daß die akustisch evozierten Potentiale gut mit der Tiefe einer Inhalationsanästhesie korrelieren (Abb. 15.5). Hierzu wird das auditorische System des Patienten durch Klick-Geräusche stimuliert, die mit einer Frequenz von 5 bis 10 pro Sekunde über Kopfhörer auf beide Ohren des Patienten gegeben werden. Die evozierten Potentiale werden über eine EEG-Ableitung an Mastoid und Stirn ermittelt, wobei die Aufzeichnung während einer Zeitspanne von 80 bis 150 ms nach jedem Klick erfolgt. Das EEG-Signal wird verstärkt, die evozierten Potentiale durch Mittelung von einigen hundert bis tausend einzelner Reizantworten isoliert. Diese Mittelung eliminiert die zufällige elektrische Hintergrundaktivität und beläßt lediglich die Potentiale, die zeitlich mit der akustischen Stimulation korrelieren.

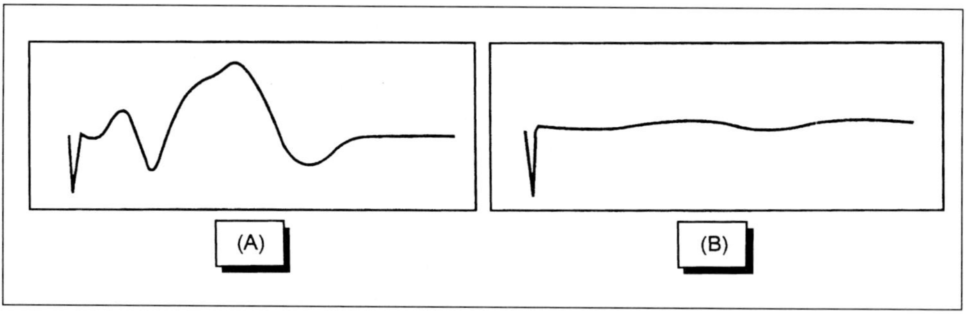

Abbildung 15.5: Akustisch evozierte Potentiale am wachen Patienten (A) und während tiefer Anästhesie (B).

15.5 Frequenzbereiche und Potentiale

Die relevanten Frequenzbereiche und Potentiale biologischer Signale sind in Abbildung 15.6 gezeigt. Im EKG ist der Frequenzbereich etwa 0,5 bis 100 Hz, während in einem EEG die Frequenzverteilung schmaler ist. Die β-Wellen des EEG sind im Bereich von 15 bis 60 Hz, die langsamen δ-Wellen beginnen bei etwa 1 Hz. Die scharfen Spikes in einem EEG weisen darauf hin, daß eine Analyse der Wellenformen in einer sehr breiten Frequenzverteilung von Sinuswellen resultiert.

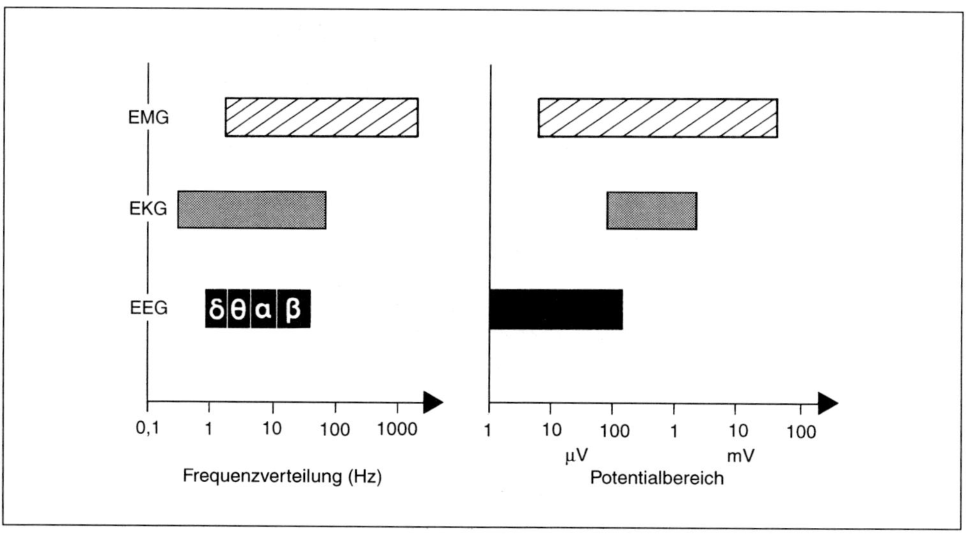

Abbildung 15.6: Frequenzbereich und Potentiale für biologische elektrische Signale.

15.6 Prinzip der Blackbox

Bei der Aufnahme biologischer Variablen können Verstärker, Aufzeichnungsgerät und Eingangswandler als eine Serie schwarzer Kästen, sog. „Blackboxen", angesehen werden (Abb. 15.7). Vereinfacht man den Prozeß von Detektion, Verstärkung und Aufzeichnung biologischer Signale in dieser Weise, entfällt die Notwendigkeit, die komplizierten Interaktionen einzelner elektrischer Komponenten im System zu verstehen. Es ist nur wichtig, sicherzustellen, daß die elektrischen Charakteristika des Signals am Ausgang einer einzelnen Blackbox (wie Spannung, Strom und Frequenzbereich) kompatibel sind mit dem Eingang der nächsten Blackbox im System. Eine Kompatibilität vorausgesetzt, können mehrere Blackboxen zusammengeschaltet werden, um ein geeignetes Überwachungssystem zu bilden.

In modernen Geräten sind die einzelnen Komponenten miniaturisiert, die gesamte Verstärker-Blackbox wird zu einem kleinen Bestandteil innerhalb eines Aufzeichnungs- oder Darstellungssystems. Für die Messung arterieller oder venöser Drücke ist ein Eingangswandler notwendig, dagegen werden biologische elektrische Potentiale direkt durch Elektroden aufgenommen.

15.7 Elektroden

An den Hautelektroden, die zur Aufnahme biologischer elektrischer Potentiale verwendet werden, können Pro-

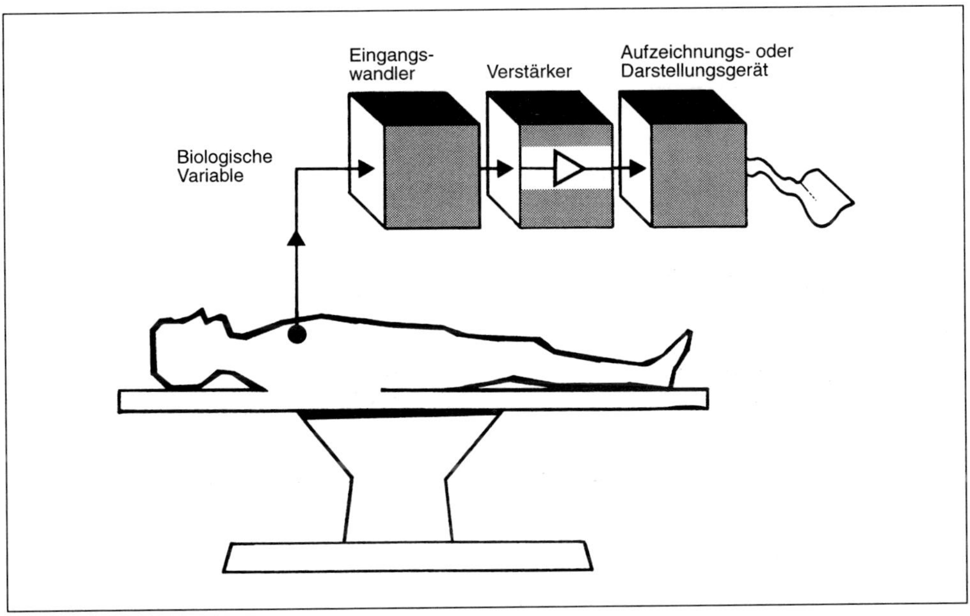

Abbildung 15.7: Prinzip der Blackbox.

bleme entstehen (Abb. 15.8). Das Signal bewirkt, daß ein geringer Strom durch die Elektroden fließt, der chemische Veränderungen an der Oberfläche der Elektroden bewirkt, die wiederum deren Impedanz ändern und ein Potential erzeugen. Dieser Effekt wird *Polarisation* genannt. Ein extremes Beispiel für eine Polarisation ist der Defibrillator. Der hohe Stromfluß durch die Defibrillatorelektroden kann diese stark polarisieren, wodurch die direkte Aufnahme des EKG über diese Elektroden nach einer Defibrillation vorübergehend unmöglich werden kann.

Ein weiteres Problem bei Elektroden ist, daß die Kombination der metallenen Elektroden, der Hautoberfläche und ihrer Feuchtigkeit eine Batterie bilden kann, die ein kleines variables Potential erzeugt. Schließlich kann eine unbeabsichtigte Bewegung der Elektrode zu einer Änderung der elektrischen Impedanz der Haut führen.

Diese Probleme können gelöst werden durch die Verwendung von Silberelektroden mit einer Oberfläche aus Silberchlorid, die wiederum über ein in Gel gelöstes Chloridsalz in einem schwammartigen Träger mit der Haut in Kontakt steht. Elektrode und Kontaktgel sind über eine selbstklebende Scheibe fest auf der Haut fixiert. Die Verbindung zwischen Silberchlorid und Silberionen ergibt ein stabiles Gleichspannungspotential, das nicht mit der Aufzeichnung interferiert.

Andere Techniken verwenden Elektroden mit einer großen Kontaktfläche zur Reduktion von Schwankungen. Im OP wird beispielsweise eine isolierende Plastikfolie mit drei separaten Elektrodenflächen verwendet. Sie wird am Rükken des Patienten angebracht und stellt eine Ableitung dar, die für Überwachungszwecke ausreichend ist. Gelegentlich werden Edelstahlplattenelektroden an den Extremitäten des Patienten angebracht.

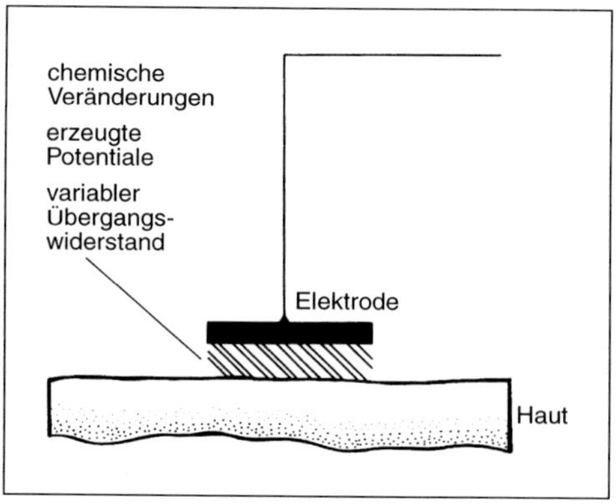

Abbildung 15.8: Probleme an der Übergangsstelle zwischen Haut und Elektrode.

15.8 Verstärker

Es handelt sich für gewöhnlich um Differentialverstärker, die die Differenz der Potentiale zweier Quellen messen (S_1 und S_2 in Abbildung 15.9). Der Vorteil dieses Systems ist, daß jegliche Störung, die beiden Eingängen gemeinsam ist, wie z. B. 50 Hz aus der Stromversorgung, eliminiert wird, da nur die Differenz zwischen den Eingängen verstärkt wird. Die Fähigkeit des Differentialverstärkers, Störungen zu ignorieren, wird als Gleichaktunterdrückung (Common Mode Rejection Ratio) bezeichnet. Ein EEG-Gerät beispielsweise benötigt eine sehr hohe Gleichaktunterdrückung, da das Signal sehr gering ist.

Im EKG-Monitor werden die einzelnen Ableitungen über einen Schalter so kombiniert, daß die Potentialdifferenz zwischen geeigneten Elektroden darge-

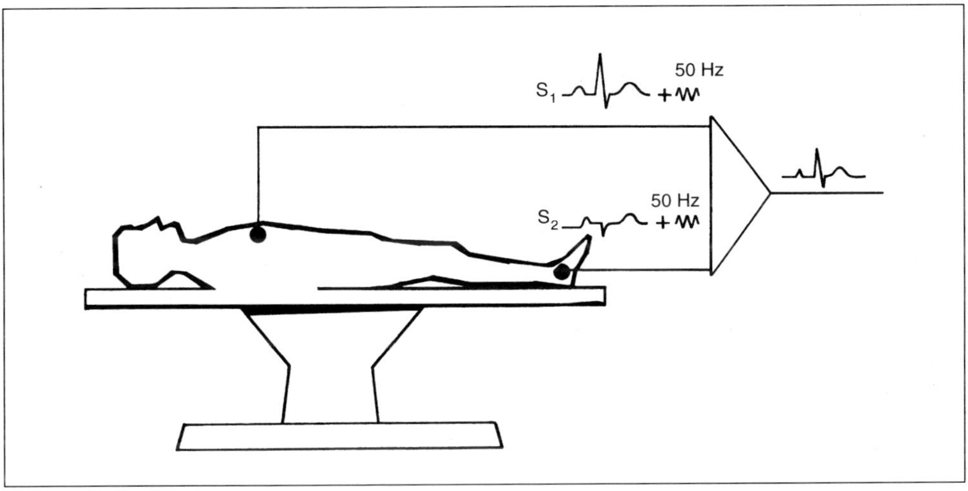

Abbildung 15.9: Funktionsweise eines Differentialverstärkers.

stellt werden kann. Als zusätzliche Sicherheit und aus Gründen der Signalstabilität kann eine zusätzliche Neutralelektrode verwendet werden (siehe Kapitel 16).

Verstärker enthalten Bauteile, die aus halbleitenden Materialien bestehen. Es wurde bereits darauf hingewiesen, daß der Widerstand von Halbleitern mit der Temperatur variiert. Änderungen in der Umgebungstemperatur können daher eine Änderung des Gleichspannungspotentials am Ausgang des Verstärkers bewirken, obwohl das Potential am Eingang konstant ist. Dieses Problem ist als *Drift* bekannt; es ist von geringerer Bedeutung, wenn ein Verstärker nur für Wechselspannungspotentiale ausgelegt ist.

Der Verstärker für ein biologisches Signal muß in der Lage sein, den entsprechenden Frequenzbereich abzudecken (Abb. 15.9). Der Frequenzbereich, in dem der Verstärker relativ konstant ist, wird als *Bandbreite* des Verstärkers bezeichnet. Störungen des Signals können vermieden werden, wenn die Bandbreite des verwendeten Gerätes entsprechend des erwarteten Signals gewählt wird. Wird beispielsweise im EEG die obere Grenze für den verstärkten Frequenzbereich limitiert, werden Störungen aus den hochfrequenten Potentialen aus Muskelbewegungen unterdrückt.

Der Verstärker muß aber auch für den Spannungsbereich des Signals geeignet sein. Für EEG-Messungen muß daher ein besonders empfindlicher Verstärker eingesetzt werden, da die Größe des Signals mit etwa 50 Mikrovolt sehr gering ist im Vergleich zum EKG-Signal von etwa 1 Millivolt. Das Verhältnis zwischen der Signalspannung am Ausgang und am Eingang des Verstärkers wird als *Verstärkung* bezeichnet. Sie wird auf einer logarithmischen Skala mit der Einheit bel angegeben. Aus Praktikabilitätsgründen wird meist das Dezibel (ein zehntel Bel) verwendet. Das Dezibel wird auch bei Lautstärkemessungen verwendet, hier mißt es die Klangleistung im Vergleich zur Hörschwelle.

15.9 Anwendung elektrischer Potentiale

Zusätzlich zur Detektion von biologischen Potentialen werden elektrische Geräte auch zur Erzeugung elektrischer Stimuli eingesetzt. Ein Beispiel ist der Defibrillator (siehe Kapitel 14). Andere Beispiele sind der Schrittmacher zur Aufrechterhaltung des Herzrhythmus, der Nervenstimulator zur Untersuchung der neuromuskulären Kontraktion sowie Stimulatoren, die in der Behandlung chronischer Schmerzzustände eingesetzt werden. In diesen Fällen wird ein rechteckförmiger elektrischer Impuls verwendet, dessen Potential und Frequenz den jeweiligen Erfordernissen angepaßt ist.

15.9.1 Der Herzschrittmacher

Die stimulierende Elektrode kann in den rechten Ventrikel durch die venöse Katheterisierung des Herzens eingeführt werden oder direkt in den Muskel des Ventrikels implantiert werden. Die Potentiale betragen bis zu 4 Volt, die Frequenz des Signals wird entsprechend der benötigten Herzfrequenz eingestellt. Die Impulsdauer beträgt weniger als 1 Millisekunde. Schrittmacher und deren Sicherheitsaspekte werden in Kapitel 16 ausführlicher dargestellt.

15.9.2 Der Nervenstimulator

Ein Nervenstimulator erzeugt elektrische Impulse zur Stimulation motorischer oder sensorischer Nerven. Beim Motornervenstimulator zur Untersuchung des neuromuskulären Blockes werden zwei kleine Silber-Silberchlorid-Klebeelektroden verwendet. Die Negativelektrode, in diesem Falle die Aktivelektrode genannt, wird über dem Nervus ulnaris über dem Handgelenk plaziert (Abb. 15.10), die positive Elektrode einige Zentimeter weiter proximal. Diese Elektroden stellen einen guten elektrischen Kontakt mit einer Impedanz von etwa 1 kΩ her. Der Stimulator erzeugt einen sehr kurzen Impuls von etwa 200 µs mit einem Spitzenstrom von bis zu 60 mA. Nach jedem Impuls können Daumen- und Fingerimpuls festgestellt und die Stärke der Daumenbewegung durch Palpation oder durch ein entsprechendes Meßgerät quantifiziert werden. Der Strom wird so eingestellt, daß eine maximale Muskelkontraktion erreicht wird. Ein Train-of-four-Stimulus kann mit einer Frequenz von 2 Hz angewendet werden (die 4 Impulse werden über insgesamt 2 Sekunden abgegeben). Diese Technik hat sich zur Differenzierung des Typs und des Ausmaßes einer Nerven-

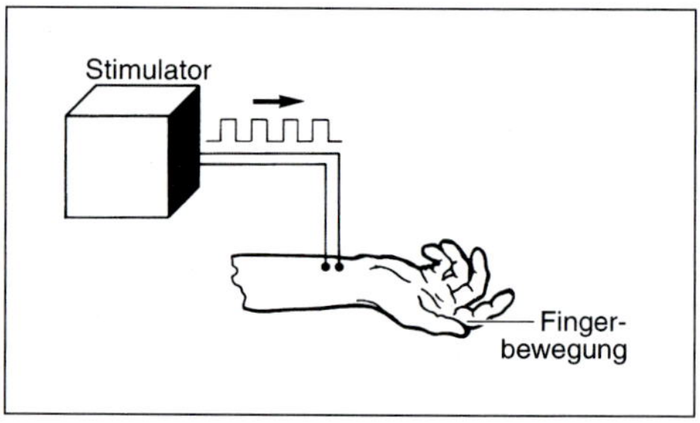

Abbildung 15.10: Nervenstimulator zur Messung von Train-of-four-Impulsen.

blockade als besonders geeignet erwiesen. Beim partiellen nicht depolarisierenden Block beispielsweise nimmt die Stärke der Daumenbewegung über die 4 Impulse hinweg ab, während beim kompletten Block keine der 4 Impulse zu einer motorischen Anwort führt. Statt der Train-of-four-Technik kann eine tetanische Stimulation mit einer Frequenz von 50 Hz verwendet werden, die für einen wachen Patienten allerdings schmerzhaft ist.

15.10 Elektrische Stimulation in der Schmerzbehandlung

Ein großer Teil des chronischen Schmerzes wird über dünne afferente Nervenfasern vermittelt. Eine Theorie dazu besagt, daß die Stimulation durch stärkere Afferenzen die Transmission inhibiert, d.h. die Fortleitung des Schmerzes über die dünnen Fasern blockiert. Dieser Effekt findet vermutlich auf spinaler Ebene statt und kann durch die Produktion von pharmakologisch aktiven Substanzen, z.B. Endorphine, im zentralen Nervensystem als Folge einer Stimulation durch dickere afferente Fasern verstärkt werden. Eine elektrische Stimulation dieser Fasern kann über Hautelektroden durchgeführt werden, durch Nervenstimulation oder direkte Stimulation über Elektroden, die in der Nähe der dorsalen Bahnen des Rückenmarkes lokalisiert sind. Der Stimulator, der mit Hautelektroden verwendet wird, wird auch TNS oder TENS (transkutaner elektrischer Nervenstimulator) genannt.

Das TNS-Gerät hat kleine elektrisch leitende Elektrodenflächen, die vor der Fixation auf der Haut mit Gel beschichtet werden. Wie beim Stimulator zur Überprüfung der neuromuskulären Blockade betragen die Ströme beim TNS-Gerät bis zu 60 mA, auch die Pulsdauer ist mit Werten zwischen 60 und 380 ms vergleichbar. Die Pulsfrequenz beträgt zwischen 2 und 200 Hz, abhängig vom Stimulator und der klinischen Notwendigkeit. Beim Einsatz am Patienten fühlt dieser Kribbeln und Wärme.

Die Effektivität elektrischer Stimulatoren unterliegt einer großen interindividuellen Variabilität. Der Patient muß also selbst den Stimulator so einstellen, daß die Pulsamplitude, seine Breite und Frequenz einen bestmöglichen Effekt bewirken. Dies sollte unter medizinischer Überwachung geschehen, da eine Fehlbedienung zu Gewebeschäden führen kann.

Zusätzlich zum Einsatz des Nervenstimulators in der Schmerztherapie verwenden ihn einige Anästhesisten zur Lokalisation von Nerven vor der Gabe von Lokalanästhetika.

15.11 Elektrokrampftherapie

Die Elektrokrampftherapie (EKT) zur Behandlung bestimmter psychiatrischer Erkrankungen stellt einen weiteren Stimulatortyp dar. Zwei mit Kochsalzlösung getränkte Elektroden werden auf den Schläfen des anästhesierten Patienten angebracht, und ein Strom von etwa 850 mA durch das Hirn geleitet, um einen generalisierten Krampfanfall auszulösen. Empfohlen wird eine Stimulation in Form kurzer Impulse von 1,25 ms Dauer und einer Frequenz von 26 pro Sekunde über eine Zeit von 2 bis 5 Sekunden. Das Potential hängt von der Impedanz der Elektroden ab und kann Werte über 250 V erreichen.

15.12 Darstellung von Signalen

Es gibt mehrere Möglichkeiten, biologische elektrische Potentiale eines Patienten anzuzeigen. Ist das Signal konstant oder nur langsamen Änderungen unterworfen, kann es in *analoger* Form durch einen Zeiger, der sich über eine Skala bewegt, dargestellt werden. Ein *digitales* Meßgerät arbeitet auf der Basis integrierter Schaltkreise (siehe Kapitel 25) und stellt Werte in Form von Ziffern dar. Dies kann von Vorteil sein, wenn Zahlen notiert werden müssen; eine digitale Darstellung ist darüber hinaus genauer und aus einiger Entfernung besser ablesbar. Allerdings ist die Beurteilung eines Trends auf einem digitalen Instrument schwieriger. Biologische Potentiale ändern sich meist sehr schnell, eine Aufzeichnung auf Papier oder die Darstellung auf einem Oszillographen ist in diesen Fällen in der Regel geeigneter.

Das Galvanometer ist die Grundlage des gebräuchlichsten analogen Meßinstrumentes (siehe Kapitel 14). Es wird häufig angewendet, hat allerdings einige Unzulänglichkeiten. Häufig ist eine kontinuierliche Aufzeichnung nicht möglich, und die Trägheit von Zeiger und Spule macht die Darstellung schnell veränderlicher Signale unmöglich. Meßgeräte dieses Typs werden daher überwiegend für langsam veränderliche Parameter, wie Temperatur oder Herzfrequenz, oder aber für Mittelwerte anderer Variablen eingesetzt.

15.13 Galvanometrische Aufzeichnungsgeräte

Das Galvanometer kann so modifiziert werden, daß eine kontinuierliche Aufzeichnung möglich wird. Eine Methode besteht darin, Tinte durch eine Kapillare zur Spitze des Zeigers zu führen (Abb. 15.11). Eine andere Methode verwendet ein Galvanometer mit einer erhitzten Zeigerspitze, so daß eine Aufzeichnung auf einem temperaturempfindlichen Papier erzeugt wird (Abb. 15.12). Bei diesen Rekordern wird die Trägheit der Galvanometer durch die erhitzte Schreibspitze oder durch die Kapillare für die Weiterleitung der Tinte erhöht. Die Geschwindigkeit, mit der die Nadel auf Signaländerungen reagiert, ist daher limitiert. Diese Geräte können so-

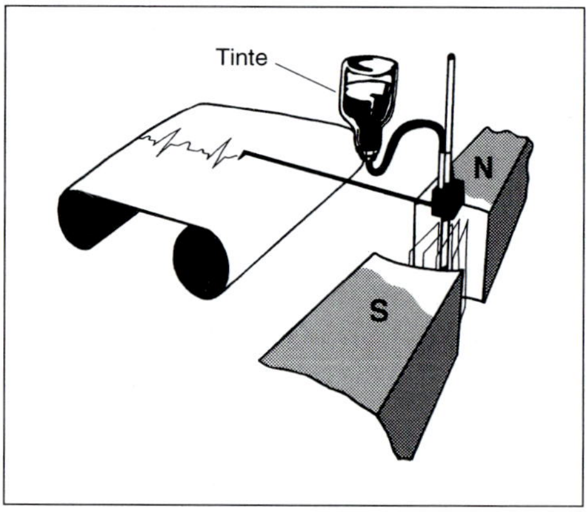

Abbildung 15.11: Galvanometrisches Aufzeichnungsgerät.

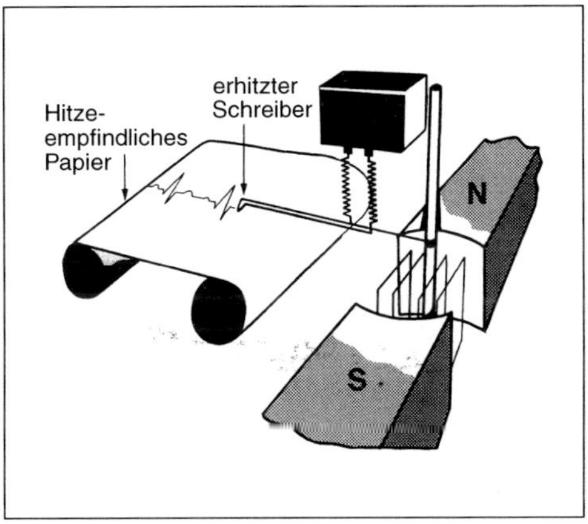

Abbildung 15.12: Thermoschreiber.

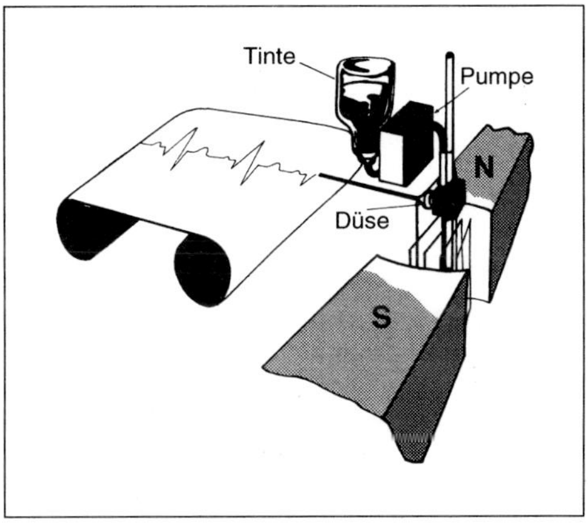

Abbildung 15.13: Tintenstrahlschreiber.

mit für die Darstellung schnell veränderlicher Signale (z. B. EMG) nicht verwendet werden. Im Falle des Thermoschreibers beträgt die maximale Antwortfrequenz etwa 80 Hz, dies reicht gerade aus, um ein EKG mit der für klinische Belange notwendigen Genauigkeit aufzuzeichnen. Die Gesamtträgheit der beweglichen Teile kann reduziert werden, wenn der Zeiger durch einen Tintenstrahl ersetzt wird (Abb. 15.13). Der Frequenzbereich eines solchen Systems erhöht sich von 80 Hz eines Thermogerätes auf etwa 500 Hz. Nachteile sind die höheren Kosten und die notwendige größere Vorsicht im Betrieb, um eine Blokkade des Tintenstrahls zu vermeiden.

Ein anderes Problem, das bei einfacheren Aufzeichnungsgeräten auftreten kann, hängt mit der Tatsache zusammen, daß die Spitze des Schreibmechanismus einen Bogen beschreibt (Abb. 15.14). Wenn in diesem Falle die Höhe der Auslenkung ausgemessen wird, können Ungenauigkeiten auftreten. Das dem Galvanometer zugeführte Potential wird durch den Winkel oder Bogen, den der Stift beschreibt, dargestellt, der jedoch nicht direkt proportional zur Höhe des Ausschlags ist. Wenn H die Auslenkung

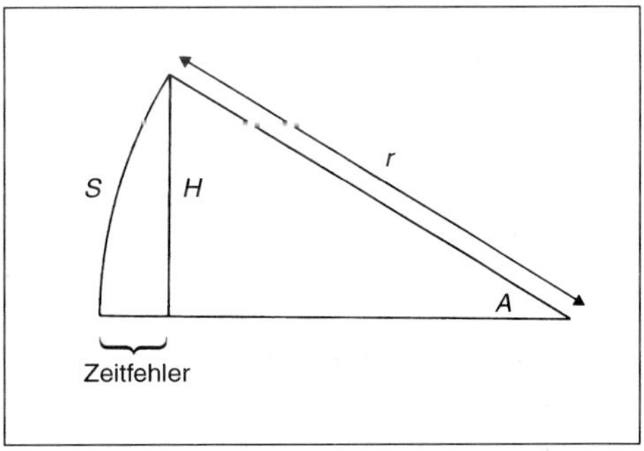

Abbildung 15.14: Darstellung des Sinusfehlers.

des Aufzeichnungspunktes, gemessen im rechten Winkel der Basislinie, darstellt, ist H gleich $r \times \sin(A)$, wobei r die Länge des Aufzeichnungspunktes und A der Auslenkungswinkel ist. Wird der Winkel A im Bogenmaß gemessen, ist die Bogenlänge S gleich $r \times A$. Der Fehler ist dann:

$$\begin{aligned}\text{Fehler} &= H - S \\ &= \mathrm{r}(\sin(A) - A)\end{aligned}$$

Dieser Fehler wird kleiner, wenn der Radius r des Galvanometerarmes größer wird. Ein langer Arm ist allerdings unpraktisch, da er die Trägheit erhöht. Zusätzlich zum Sinusfehler tritt auch ein

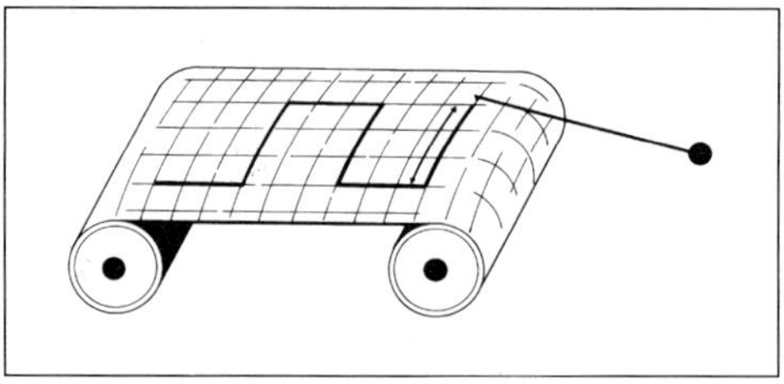

Abbildung 15.15: Bogenfehler einer Aufzeichnung.

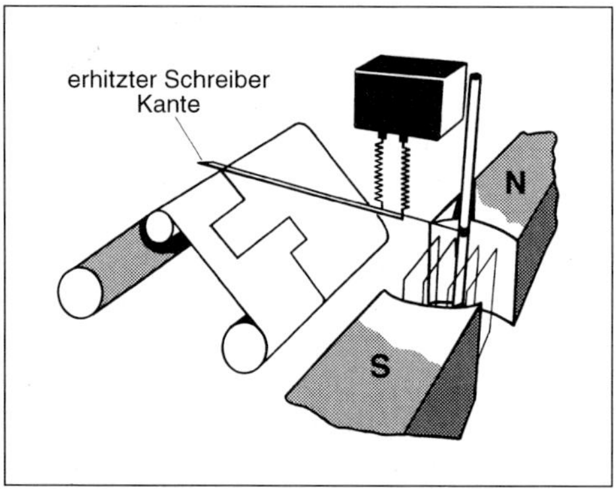

Abbildung 15.16: Verwendung einer Kante am Aufzeichnungspapier, um die Bogenverzerrung zu vermeiden.

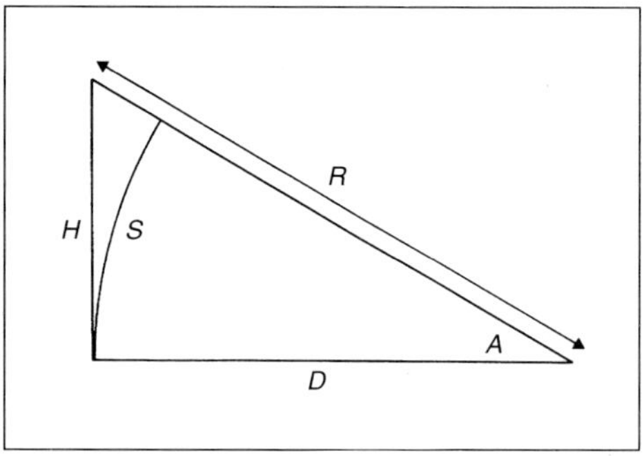

Abbildung 15.17: Darstellung des Tangensfehlers.

Zeitfehler in der Richtung auf, in der sich das Papier bewegt (Abb. 15.14); dieser ist abhängig von cos(A).

Bei einigen Aufzeichnungsgeräten hat das Gitternetz des Papiers eine gekrümmte vertikale Achse. Dies ermöglicht eine visuelle Kompensation des Bogenfehlers und löst – bei geringfügig nicht-linearer Ausrichtung des Gitternetzes – außerdem das Problem des Zeitfehlers (Abb. 15.15). Im Falle des Thermoschreibers kann der Bogenfehler dadurch korrigiert werden, daß der Schreibpunkt durch einen erhitzten Stab ersetzt wird (Abb. 15.16). Der Stab bewegt sich über die gekrümmte Oberfläche des Papiers, so daß die vertikalen Linien gerade sind. Beim Tintenstrahlrekorder trifft der Strahl auf die vertikale Oberfläche des Aufzeichnungspapiers, was die Krümmung in der Aufzeichnungsrichtung eliminiert. Diese Systeme vermeiden sowohl den gröberen Krümmungsfehler als auch den horizontalen Zeitfehler einfacherer Rekorder. Trotzdem bleibt ein geringer Fehler, der als *tangentiale Verzerrung* bekannt ist. Dieser tritt auf, wenn die Höhe der Aufzeichnung als ein Maß für die Auslenkung benutzt wird, da diese Höhe nicht direkt proportional zum Winkel der Auslenkung ist. Wie in Abbildung 15.17 gezeigt, ist der Aufzeichnungsarm R in diesen Fällen von variabler Länge, da die Entfernung, die vom Tintenstrahl zurückgelegt wird, während der Aufzeichnung variiert. Der Abstand des Aufzeichnungspapiers vom Drehpunkt des Galvanometers ist eine Konstante D, das Bogensegment S repräsentiert den tatsächlichen durch das Signal erzeugten Auslenkungswinkel A. Wird A in Bogenmaß angegeben, ist der Fehler wie folgt:

$$\text{Fehler} = H - S$$
$$= \text{D}\,(\tan(A) - A)$$

Ebenso wie der Sinusfehler, wird der Tangensfehler mit abnehmendem Winkel kleiner.

15.14 Potentiometrische Aufzeichnungsgeräte

Ein Potentiometer ist ein Widerstand mit einem Schleifkontakt, dessen Position variiert werden kann. Wenn mit einem bekannten Potential *V* verbunden, kann ein Potentiometer eingesetzt werden, um ein unbekanntes Potential zu messen (Abb. 15.18). Die Position des Kontaktes wird so eingestellt, daß das Galvanometer keinen Stromfluß registriert. Beträgt der Abstand des Kontaktes einen Wert *d* entlang eines Widerstandes mit der Gesamtlänge l, gilt:

$$\text{Unbekannte Spannung} = V \times \frac{d}{l}$$

Die Abbildung 15.19 zeigt, wie ein Potentiometerrekorder das Prinzip des Potentiometers nutzt. Der Schleifkontakt *C* verfolgt das Signalpotential, er wird allerdings nicht manuell, sondern über einen elektrischen Motor eingestellt. Der Motor wird gesteuert über einen Verstärker, der die Differenz zwischen der Signalspannung und der Spannung am Punkt *C* mißt. Dies erfolgt so, daß der Punkt zu einer Position auf dem Draht zurückgeführt wird, an dem die Spannung gleich der Eingangsspannung ist. Ein Schreiber zeichnet die Bewegung des Kontaktes *C* auf. Ein Motor, der einen Tintenschreiber über ein breites Papier führt, kann auf schnelle Signaländerungen nicht reagieren. Potentiometerrekorder haben eine entsprechend limitierte Frequenzantwort. Sie können z. B. für Langzeitaufzeichnungen, wie z. B. die Körpertemperatur, verwendet werden. Im Gegensatz zu den schmalen Spuren von Galvanometerrekordern können Potentiometerrekorder allerdings breite Aufzeichnungen und überlappende Kurven mit einem Tintenschreibersystem darstellen.

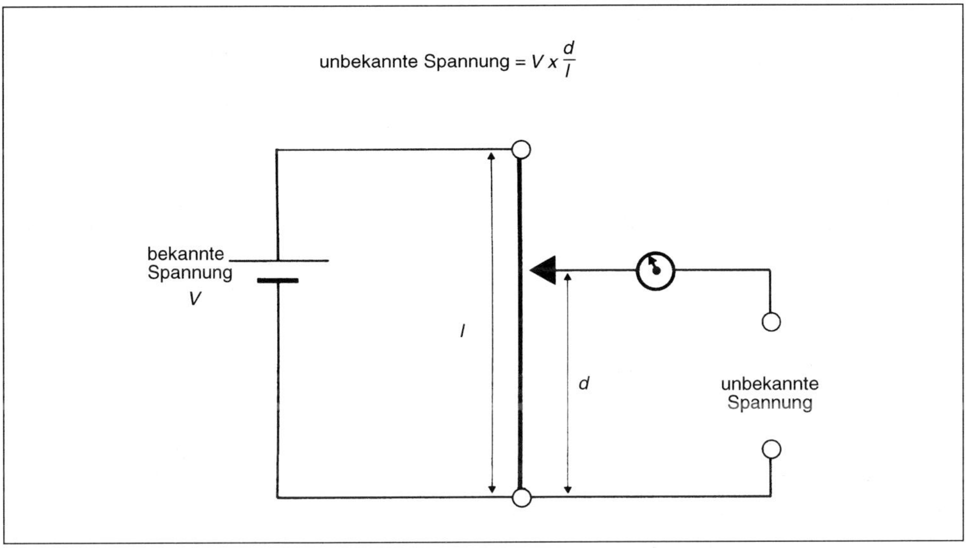

Abbildung 15.18: Potentiometer.

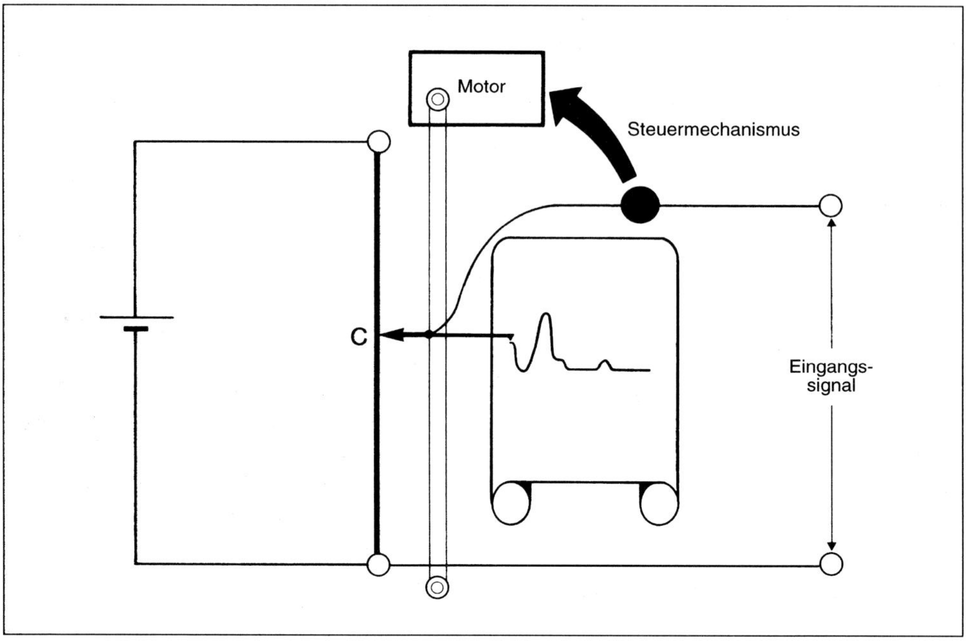

Abbildung 15.19: Potentiometerrekorder.

Wenn mehrere gleichzeitige Aufzeichnungen benötigt werden, braucht man eine entsprechende Anzahl von Verstärkern, um die Stifte mit verschiedenfarbiger Tinte über das Papier zu führen. Die Aufzeichnungen sind allerdings gegeneinander leicht zeitversetzt, d. h. ihre Position auf dem Papier ist in der Zeitachse verschoben, da die Bewegung eines jeden Stiftes einen bestimmten Raum in Anspruch nimmt. Mittlerweile sind jedoch Geräte verfügbar, die die Signale der einzelnen Kanäle speichern und trotz der Verschiebung der Stifte durch eine zeitversetzte Signalweitergabe an die Schreiber eine zeitsynchrone Darstellung erreichen.

15.15 Darstellung hoher Frequenzen

Ein Signal wie beispielsweise das Elektromyogramm besteht aus einer Reihe verschiedener Frequenzen, von denen die höchsten im Kilohertzbereich liegen. Ein normaler Signalschreiber ist nicht in der Lage, solch hohe Frequenzen direkt darzustellen. Es ist allerdings möglich, die Signale elektronisch zu speichern und zu einem späteren Zeitpunkt in geeigneter Weise auszugeben. Diese Techniken basieren auf der Umwandlung des analogen Meßsignals in eine digitale Form; diese Umwandlung kann mit einer hohen Frequenz erfolgen, die digitalen Einzelwerte werden kontinuierlich gespeichert. Diese Speicherung ermöglicht dann eine spätere Bearbeitung, die eine Ausgabe auf einem konventionellen Schreiber bei langsamerer Geschwindigkeit oder die Darstellung auf einem Oszillographen umfassen kann.

15.16 Die Elektronenstrahlröhre

Das Prinzip der Elektronenstrahlröhre ist in Abbildung 15.20 wiedergegeben. Eine heiße Kathode erzeugt einen Elektronenstrahl, der zwei Ablenkungssysteme passiert, von denen das eine den Strahl in der X-Richtung, das andere entlang der Y-Achse auslenkt. Im illustrierten Fall sind die Ablenkungssysteme in Form einfacher Platten dargestellt, die den Strahl in Abhängigkeit von dem an diesen Platten anliegenden Potential ablenken. Der Strahl trifft dann einen fluoreszierenden Schirm, wo er einen Lichtpunkt erzeugt. Der entscheidende Vorteil der Elektronenstrahlröhre liegt in der vernachlässigbaren Trägheit

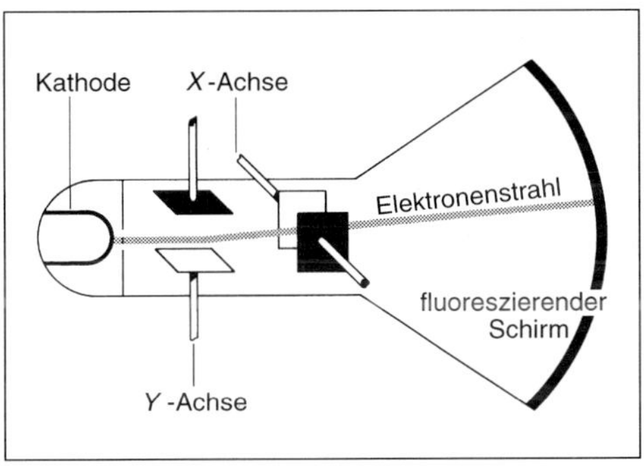

Abbildung 15.20: Prinzip der Elektronenstrahlröhre.

des Elektronenstrahls, was einen entsprechenden Frequenzgang möglich macht.

Elektronenstrahlröhren sind Bestandteil zahlreicher medizinischer Überwachungs- und Diagnoseeinrichtungen. In bestimmten Anwendungen lenkt ein sägezahnförmiges Potential den Strahl in X-Richtung aus. Das Signal, das ein EKG oder vielleicht eine Blutdruckkurve von einer arteriellen Druckmessung sein kann, lenkt den Strahl in Y-Richtung ab (man spricht von einem Oszillographen). Für das EKG ist die Empfindlichkeit des Oszillographen üblicherweise so eingestellt, daß ein Eichsignal von 1 Millivolt eine vertikale Auslenkung von 1 cm ergibt. Die Geschwindigkeitseinstellung beeinflußt die Frequenz des Sägezahnpotenitals und somit die Zeit, die für einen horizontalen Durchgang des Strahls benötigt wird.

In Überwachungsmonitoren wird das einlaufende elektrische Signal üblicherweise zunächst in Fragmente von wenigen Millisekunden Dauer „zerhackt", man erhält so eine Reihe diskreter Werte. Diese werden zunächst in einem Speicher in digitaler Form abgelegt. Der Speicher selbst wird wiederum kontinuierlich ausgelesen und die gespeicherten Werte auf dem Schirm dargestellt. Neue Werte werden fortlaufend an dem einen Ende des Speichers angehängt, während am anderen Speicherende alte Werte an die Ausgabeeinheit weitergegeben und dann gelöscht werden. Die Aufnahme neuer Informationen kann zu jedem Zeitpunkt gestoppt werden und der aktuelle Speicherinhalt wiederholt auf dem Bildschirm dargestellt werden. Man erhält dann eine „stehende" Kurve. Als Folge der Digitalisierung der Analogdaten ist der Frequenzbereich des Monitors etwas geringer als der der Elektronenstrahlröhre allein, für die Darstellung der üblichen Vitalparameter ist dies jedoch völlig ausreichend.

Monitorgeräte verwenden integrierte Schaltkreise (integrated circuit, IC), um das Signal vor der Darstellung zu bearbeiten; damit wird auch die digitale Bildschirmdarstellung einer Reihe abgeleiteter Größen (Herzfrequenz, systolischer, diastolischer und mittlerer arterieller Druck, ST-Streckenveränderungen etc.) möglich. Farbbildschirme machen die gleichzeitige Ausgabe zahlreicher Kurven und Zahlenwerte wesentlich übersichtlicher. Moderne Monitore können an Computer und Rekorder angeschlossen werden, um die Daten in schriftlicher Form auszugeben. Eine Aufzeichnung kann darüber hinaus auf magnetischen oder elektronischen Speichermedien zur weiteren Analyse gespeichert werden.

16 Elektrische Sicherheit

Überschreitet ein elektrischer Strom, der durch eine Person fließt, einen bestimmten Wert, besteht die Gefahr des elektrischen Schocks bzw. einer Verbrennung. Elektrische Verbrennungen sind bereits in Kapitel 14 besprochen worden. Dieses Kapitel widmet sich dem elektrischen Schock und seiner Vermeidung.

16.1 Netzspannung, Hautwiderstand und Erdung

Zum Verständnis der Gefahr des elektrischen Schocks wollen wir zunächst betrachten, wie die Elektrizität in einem Krankenhaus zur Verfügung gestellt wird (Abb. 16.1). Ein Kraftwerk überträgt Elektrizität mit hoher Spannung zu einer Umschaltstation, wo die Spannung durch einen Transformator reduziert wird. Der Strom gelangt über zwei Drähte von der Umspannstation zum Krankenhaus, dem spannungsführenden Leiter (Phase) und dem neutralen Leiter (Null). Der Null-Leiter ist an der Umspannstation geerdet. Die Netzstecker im Krankenhaus besitzen je eine Verbindung zum Spannungs- und zum Neutral-Leiter sowie einen dritten Kontakt, der mit der Erdung des Krankenhauses verbunden ist. Dieser wird als Potentialausgleich bezeichnet und stellt den Zusammenschluß aller geerdeten Teile dar.

Berührt beispielsweise ein Anästhesist die Phase eines defekten Kabels, so kann ein elektrischer Stromkreis durch seinen Körper, der Erde und zurück zur Umspannungsstation geschlossen werden. Es fließt dann ein Strom durch ihn hindurch und durch seine antistatischen Schuhe zum geerdeten Fußboden. Die Wirkung des elektrischen Schocks hängt von der Größe des fließenden Stroms ab. Bei einem kleinen Strom von 1 mA wird der Anästhesist nur ein leichtes Kribbeln verspüren. Die Netzspannung beträgt 220 Volt (in Großbritannien 240 Volt, in Nordamerika und anderen Staaten 110 Volt); der Strom, der durch den Anästhesisten fließt, hängt ab von dem Widerstand, den er für diesen Strom darstellt. In der beschriebenen Situation kann der Widerstand seiner Haut und Gewebe vernachlässigt werden, da er klein ist im Vergleich zu dem der antistatischen Schuhe und des Fußbodens. Beträgt die Impedanz des Schuhwerks und des antistatischen Bodens 240 kΩ, beträgt der Strom 1 mA:

$$\text{Strom} = \frac{\text{Spannung}}{\text{Widerstand}}$$

$$= \frac{240}{240000} \times 1000 \text{ mA}$$

$$= 1 \text{ mA}$$

Antistatische Schuhe stellen durch ihren hohen Widerstand einen guten Schutz dar. Der empfohlene Widerstand solcher Schuhe beträgt zwischen 75 kΩ und

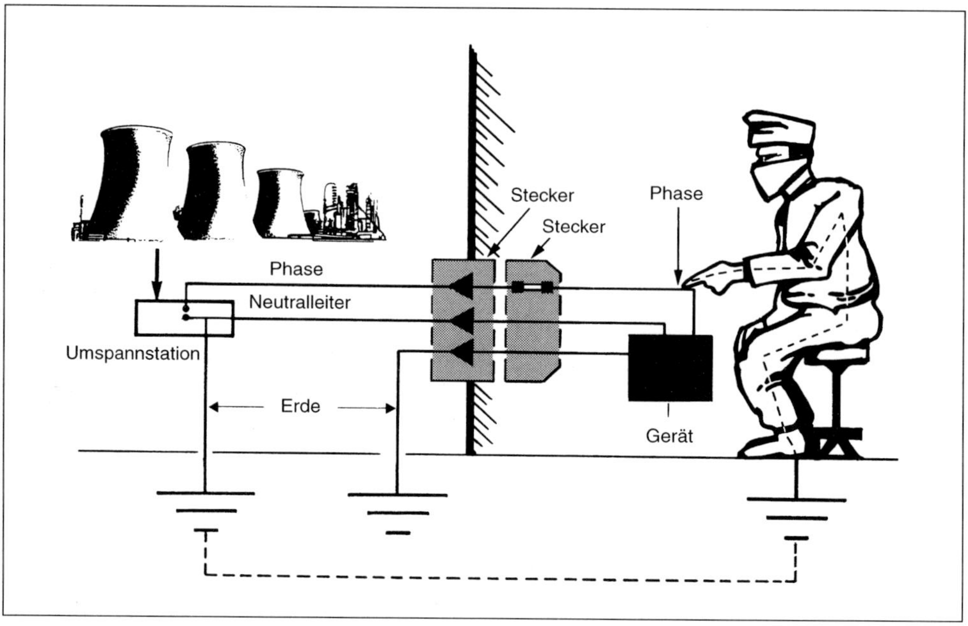

Abbildung 16.1: Die Spannungsversorgung eines Krankenhauses und die Position eines Anästhesisten, der den Kreis zwischen der Phase und der Erde schließt.

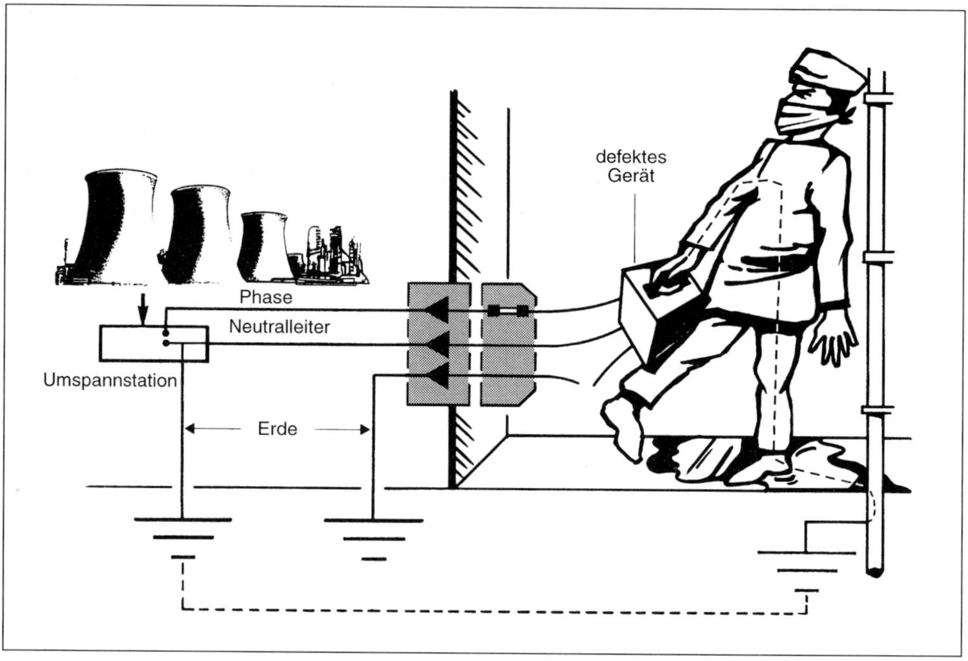

Abbildung 16.2: Erhöhtes Risiko eines Anästhesisten, der keine Sicherheitsschuhe trägt, jedoch Kontakt zu einer Elektrolytlösung hat.

10 MΩ. Dieser Widerstandswert ist zum einen niedrig genug, um eine sichere Ableitung elektrostatischer Aufladungen zu gewährleisten, zum anderen jedoch ausreichend hoch, um einen gewissen Schutz gegen einen elektrischen Schlag darzustellen.

In Abbildung 16.2 berührt der Anästhesist ein defektes Gerät. Er trägt keine Sicherheitsschuhe und steht in der Pfütze einer Elektrolytlösung, die sich auf dem Boden ausgebreitet und Kontakt mit einer geerdeten Wasserleitung gefunden hat. Elektrolytlösungen sind gute elektrische Leiter, so daß unter diesen Umständen ein höherer Strom fließt. Übersteigt der Strom 1 mA, weicht das Gefühl des Kribbelns einem Scherz und der Stimulation muskulärer Kontraktionen. Im gezeigten Fall kann der Strom 24 mA betragen, was unter Umständen dazu führt, daß der Anästhesist nicht mehr in der Lage ist, den Griff des defekten elektrischen Gerätes loszulassen. Der Strom fließt also weiter, passiert seinen Körper durch Schuhe, Elektrolytlösung und Wasserleitung zur Erde. Unter diesen Umständen muß der Strom den Thorax lediglich für den Bruchteil einer Sekunde durchströmen, bevor Extrasystolen bzw. ein Kammerflimmern auftreten. Dieses Risiko steigt mit zunehmendem Strom. In diesem Falle ist der Widerstand des Schuhwerkes vernachlässigbar, und der Widerstand des Fußbodens wird überbrückt. Die Impedanz der Gewebe des Anästhesisten beträgt nur einige 100 Ohm. Der größte Widerstand tritt jetzt am Kontaktpunkt mit der Haut auf, z. B. zwischen Hand und elektrischem Gerät bzw. Füßen und Schuhen. Der Hautwiderstand ist nun mit einigen Kiloohm der höchste Wert. Beträgt er 10 KΩ, kann der Strom wie folgt berechnet werden:

$$\text{Strom} = \frac{\text{Spannung}}{\text{Widerstand}}$$

$$= \frac{240}{10000} \times 1000 \text{ mA}$$

$$= 24 \text{ mA}$$

Der Hautwiderstand ist nicht konstant, sondern hängt von mehreren Faktoren ab. Sind die Hände des Anästhesisten feucht und die Kontaktfläche zwischen Hand und Stromleitung groß, kann der Widerstand weniger als 10 Ohm betragen, der Strom wächst dann proportional.

Der Widerstand der Kontakte mit der Stromquelle und mit der Erde sind von vitaler Wichtigkeit, wenn man das Risiko des Kammerflimmerns für den Betreiber des Gerätes und für den Patienten betrachtet. Wie bereits erwähnt, ist der Hautwiderstand keine konstante Größe. Er ist bei trockener Haut hoch, bei feuchter Haut niedriger; Der Hautwiderstand ist weiterhin erniedrigt, wenn Nadeln oder Kanülen die Haut durchdringen. Schließlich ist der Widerstand um so geringer, je größer die Kontaktfläche mit der elektrischen Quelle oder mit der Erde ist.

Die Gefahr des Kammerflimmerns wird durch zusätzliche Faktoren, wie z. B. dem Zeitpunkt, zu dem der elektrische Impuls das Myokard trifft, beeinflußt. Das Risiko ist wesentlich größer, wenn der elektrische Strom während der Repolarisationsphase der Muskelzellen in der frühen T-Welle des EKG (die sogenannte vulnerable Phase) durch das Herz fließt.

Ein weiterer Faktor ist die Form des elektrischen Impulses. Die Frequenz der Netzspannung von 50 Hz ist gefährlicher als hochfrequente Strömungen von 1 kHz oder darüber. Schließlich kann es bei einem Patienten mit myokardialen Erkrankungen oder Arrhythmien bereits bei niedrigeren Strömen zu Kammerflimmern kommen.

16.2 Schutz vor Elektrounfällen

Das Risiko von Elektrounfällen kann wesentlich reduziert werden, wenn Konstruktion und Wartung elektrischer Geräte bestimmten Standards entsprechen. Alle Geräte, die am Patienten eingesetzt werden und dessen Sicherheit betreffen, müssen länderspezifischen Anforderungen entsprechen. In Deutschland gelten die VDE-Bestimmungen, z.B. VDE 750, VDE 751. Der vergleichbare internationale Standard ist der International Electrotechnical Commission Standard (IEC) 601. Diese Standards umfassen die Klassifikation von Geräten, die in Kontakt mit der Netzspannung stehen, entsprechend den Erfordernissen des Schutzes gegen Elektrounfälle. Man unterscheidet folgende Klassen elektromedizinischer Geräte.

Geräte der Schutzklasse I

Bei Geräten der Schutzklasse I sind sämtliche stromleitenden Teile, die durch den Benutzer berührt werden können, wie z.B. das Metallgehäuse eines Gerätes, mit einem Erdungsdraht verbunden, der wiederum mit dem Erdungsanschluß des Netzsteckers verbunden ist (Abb. 16.3). Tritt ein Fehler auf, bei dem es zu einer leitenden Verbindung zwischen der Phase der Netzspannung und dem Gehäuse kommt, wird ein Stromkreis von der Spannungsquelle durch das Gehäuse des Gerätes zur Erde

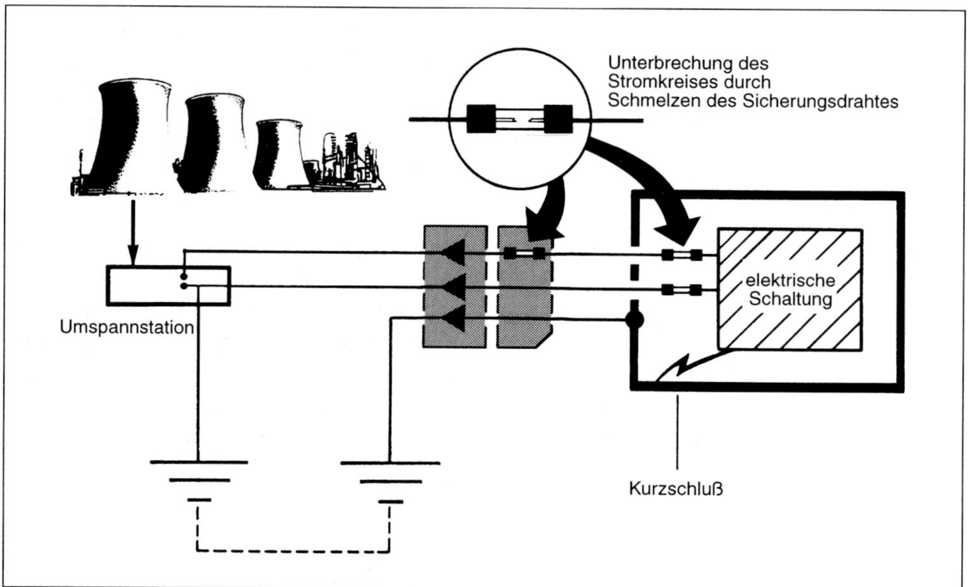

Abbildung 16.3: Geräte der Schutzklasse I. Prinzip der Erdung des Metallgerätes und Verwendung einer Sicherung.

geschlossen, so daß ein hoher Strom fließt, der eine Sicherung zum Schmelzen bringt. Dies unterbricht den Stromkreis und trennt die Spannungsphase vom Gerätegehäuse. Die Funktion dieses Schutzsystems setzt voraus, daß der Erdungsdraht korrekt verbunden und Sicherungen in die Phase und den Neutralanschluß eingebracht sind. In Großbritannien ist auch in der Netzbuchse eine Sicherung angebracht. Bei dem Farbcode der Leitungen, die die Netzbuchse mit dem Gerät verbinden, steht braun für die Phase, blau für Neutral und gelb und grün für die Erde.

Geräte der Schutzklasse II
Bei Geräten der Schutzklasse II, auch doppelt isolierte Geräte genannt, sind alle zugänglichen Teile durch eine zweischichtige oder durch eine verstärkte Isolierung geschützt. Dadurch ist es nicht möglich, Teile zu berühren, die im Falle eines Defektes mit der Phase in Verbindung treten könnten. Bei diesem Gerätetyp ist eine Erdung nicht erforderlich.

Kleinspannungsgeräte
Als Kleinspannungsgeräte werden Geräte bezeichnet, die entweder eine eigene Niederspannungsquelle (z.B. Batterie) haben, die in dem Gerät selbst angebracht ist, oder die über einen externen Transformator mit Niederspannung versorgt werden (z.B. Spritzenpumpen). Obwohl das Risiko eines Elektrounfalls nicht auszuschließen ist, werden zumindest die speziellen Risiken des Betriebes an einer Netzspannungsquelle vermieden.

16.3 Gefahren bei geerdeten Geräten

Im OP-Saal besteht für den Patienten das Risiko von Elektrounfällen, wenn er in Kontakt mit geerdeten Geräten der Klasse I steht. In der Abbildung 16.4 berührt der Fuß des Patienten den Ständer einer Lampe, deren Verkleidung geerdet ist. Dies stellt eine direkte Verbindung von einem fehlerhaften Gerät zur Erde dar, wobei unter Umständen der Hautwiderstand des Patienten der einzige Schutz sein kann. Beträgt letzterer 10 kΩ, fließt ein Strom von 24 mA durch den Thorax, der für das Auslösen eines Kammerflimmerns durchaus ausreichend ist.

Wärmeschutzdecken sind aus metallisch beschichtetem Kunststoff hergestellt. Sie werden verwendet, um über die Reflexion von Wärmestrahlung zurück zum Patienten eine Hypothermie zu vermindern. Auch diese Decken können zu Elektrounfällen mit Verbrennungen führen, wenn sie in Kontakt mit geerdeten metallischen Geräten, entsprechend einem niedrigen Widerstand zur Erde, treten. Sie dürfen daher nur unter größter Vorsicht im OP-Saal verwendet werden, insbesondere wenn mit Diathermie gearbeitet wird[1]. Auch im intensivmedizinischen Bereich und in der Nähe von Überwachungsgeräten sollten sie nur mit Vorsicht verwendet werden.

1 Die Autoren halten den Einsatz der Wärmeschutzfolien sogar für unzulässig. Dies ist jedoch bei den gültigen technischen Sicherheitsbestimmungen nicht notwendig.

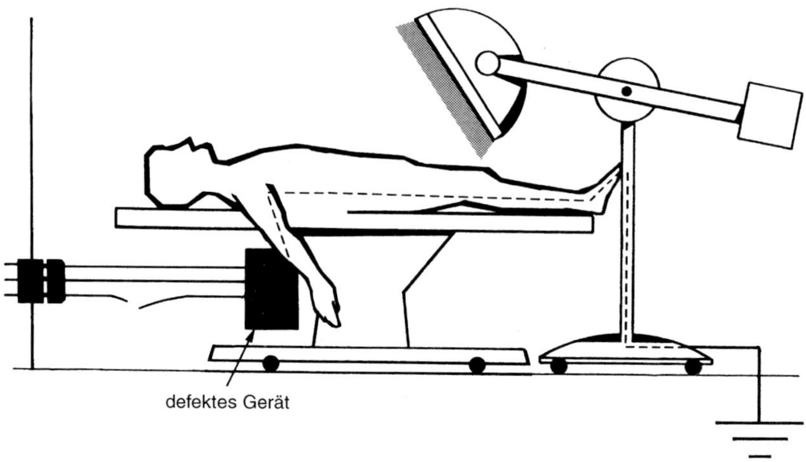

Abbildung 16.4: Risiko eines Elektrounfalles bei Kontakt des Patienten mit einem geerdeten Gerät.

Patientenelektroden, beispielsweise verwendet bei EKG-Geräten und in der Diathermie, können ebenfalls eine Verbindung zur Erde darstellen und so das Risiko von Elektrounfällen erhöhen.

16.4 Gefahren der Diathermie

In der chirurgischen Diathermie bestehen spezielle Risiken unbeabsichtigter Verbrennungen und elektrischer Unfälle. Das Prinzip der Diathermie wurde in Kapitel 14 beschrieben; ein hochfrequenter Strom von etwa 1 MHz führt über eine hohe Stromdichte an der aktiven Elektrode zu Verbrennungen. An der Neutralelektrode kommt es dagegen nicht zu Verbrennungen, da hier die Stromdichte niedrig ist (Abb. 16.5).

Nehmen wir an, der Chirurg aktiviert die Diathermie, wenn die aktive Elektrode nicht in Kontakt mit dem Patienten steht, oder wenn der Kontakt an der Neutralelektrode schlecht ist. Dann wird nämlich der normale Kreislauf unterbrochen, und der Strom kann über andere Wege fließen, wie z.B. einen Kontaktpunkt des Patienten mit dem metallenen OP-Tisch oder den EKG-Elektroden. An diesen Kontaktpunkten kann es dann zu Verbrennungen kommen. Selbst bei gutem Kontakt kann ein Diathermiestrom durch kapazitive Verbindungen fließen (siehe Kapitel 14). Da der Diathermiestrom eine hohe Frequenz hat, stellen kapazitive Verbindungen einen wesentlich niedrigeren Widerstand dar, so daß solche Kontakte zwischen der Erde und dem Patienten oder zwischen dem Patienten und den Diathermieleitungen einen alternativen Weg für elektrische Ströme darstellen können. Eine dünne Schicht isolierender Tücher stellt *keinen* ausreichenden Schutz des Patienten vor dem Risiko einer Verbrennung durch Diathermieströme dar.

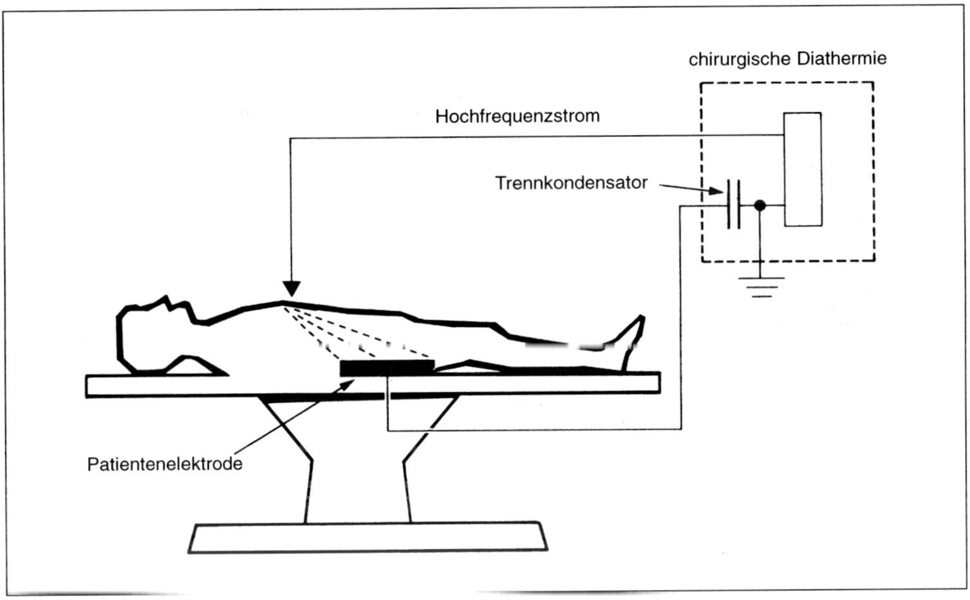

Abbildung 16.5: Diathermiegeräte – Verwendung von Trennkondensatoren.

Das beschriebene Problem kann auch nicht dadurch vermindert werden, daß der OP-Tisch und damit der Patient auf Erdpotential gehalten werden. Vielmehr erhöht eine einfache Erdungsverbindung, wie in älteren Geräten vorhanden, das Risiko von Elektrounfällen. Der in Abbildung 16.5 gezeigte Trennkondensator minimiert diese Probleme. In diesem Fall wird die am Patienten angebrachte Neutralelektrode über den Kondensator geerdet, der einen hohen Widerstand für die niedrigere Netzspannungsfrequenz (50 Hz) darstellt und so den Patienten vor einem Spannungsunfall schützt. Für den 1-MHz-Diathermiestrom ist der Widerstand hingegen gering, so daß jegliche Streuflüsse durch die neutrale Elektrode abfließen und keine Verbrennung verursachen. Das Risiko von Verbrennungen an Punkten eines unbeabsichtigten Kontaktes mit geerdeten metallischen Oberflächen wird so erheblich reduziert; dieses System arbeitet allerdings nur, wenn die Neutralelektrode guten Kontakt zum Patienten hat.

16.5 Isolierte Patientenkreise

Ein anderes System, das zur Reduzierung des Risikos von Elektrounfällen und Verbrennungen bei Diathermie verwendet wird, bezeichnet man als *isolierten* oder *fließenden Patientenkreis*. Ein anderer Begriff ist der *erdungsfreie Kreis* (Abb. 16.6). Der Stromkreis, der durch den Ausgang des Diathermiegerätes, der aktiven oder Schneideelektrode, dem Patienten und der Neutralelektrode gebildet wird, hat keine Verbindung zur Erde. Es besteht daher ein geringes Risiko abweichender Ströme durch geerdete Geräte. Obwohl die Geräte so ent-

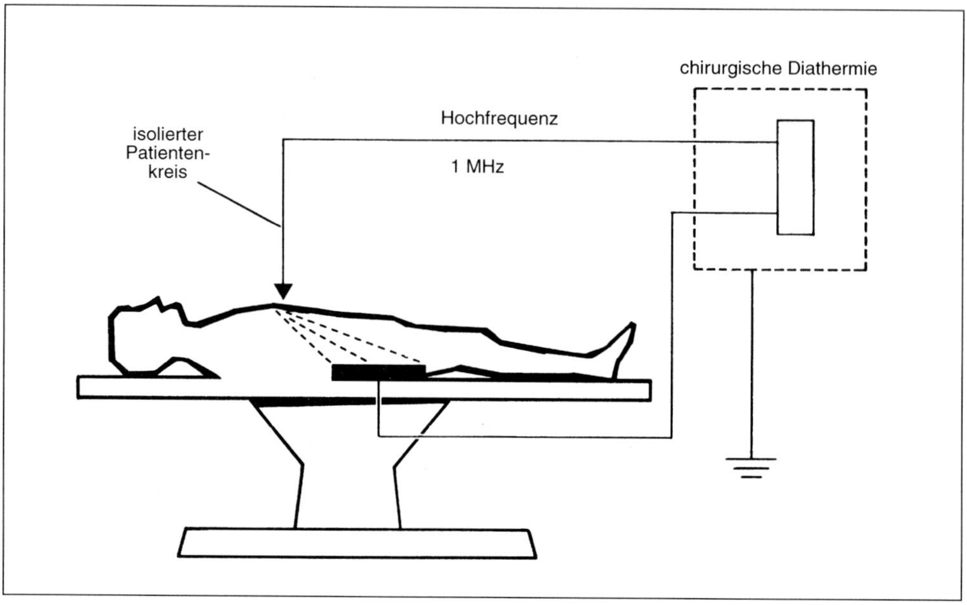

Abbildung 16.6: Diathermiegeräte – Einsatz des isolierten Kreises.

worfen sind, daß kapazitive Verbindungen sehr gering bleiben, können Kriechströme nicht vollständig ausgeschlossen werden. Es besteht daher weiterhin ein geringes Verbrennungsrisiko, wenn die Diathermie fehlerhaft eingesetzt wird.

Mit jedem der beiden beschriebenen Typen der chirurgischen Diathermie können Risiken durch Beachtung der folgenden Richtlinien vermindert werden: Sicherstellung einer guten Verbindung der Neutralelektrode zum Patienten, Nichtinbetriebnahme der Diathermie bis zum Kontakt der aktiven Elektrode mit dem Gewebe des Patienten, ausreichender Abstand von EKG-Elektroden und anderen Elektroden zur Region, in der die Diathermie eingesetzt wird. Durch all diese Maßnahmen wird sichergestellt, daß der Patient keinen Kontakt mit geerdeten Geräten hat.

Ein weiterer Punkt, über den Patienten früher geerdet wurden, war das EKG-Gerät. Für eine EKG-Aufzeichnung wird oft ein zusätzlicher Draht (sog. Neutralableitung) verwendet, um Störungen im EKG zu reduzieren. In älteren Geräten war dieser Draht mit dem Gehäuse verbunden und geerdet (Abb. 16.7 A). Diese Verbindung hatte mehrere Nachteile. Sie erhöhte das Risiko von Elektrounfällen, wenn der Patient unbeabsichtigt in Kontakt mit einer Netzspannungsquelle kam. Auch Verbrennungen konnten an den EKG-Elektroden auftreten, wenn dieses System zusammen mit einer fehlerhaften Diathermieerdung verwendet wurde. Moderne EKG-Geräte vermeiden diese Risiken und Probleme durch Verwendung eines isolierten oder fließenden Patientenkreises (Abb. 16.7 B). Die Isolation ist so, daß selbst dann, wenn ein Netzspannungspotential zwischen Patientenelektrode und Erde auftritt, das Gerät nicht zerstört wird und kein zusätzlicher Strom fließt.

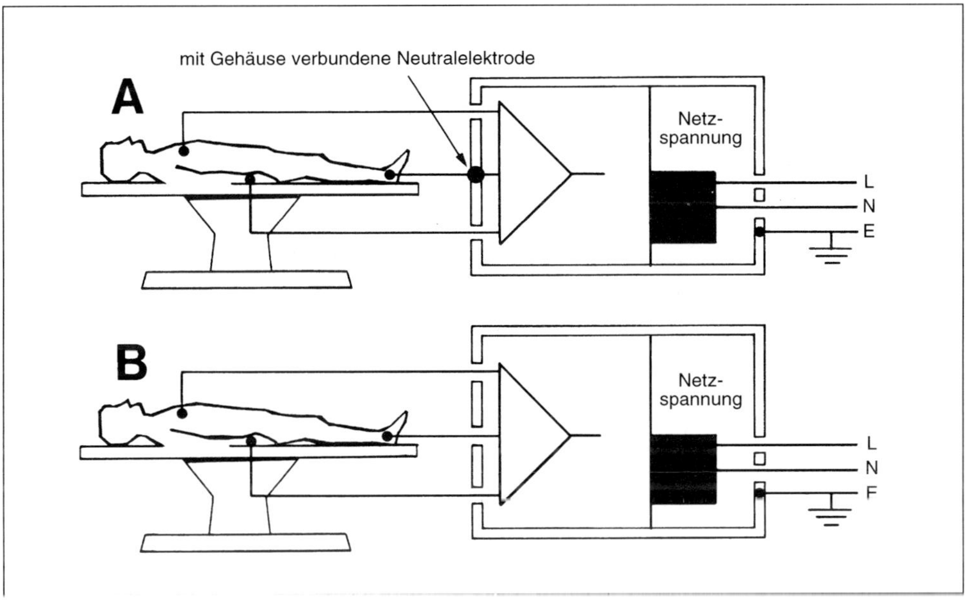

Abbildung 16.7: Das Risiko von Elektrounfällen in älteren EKG-Geräten (A) wird vermieden durch moderne erdungsfreie Geräte (B).

Patientenmonitore verwenden häufig solche isolierten Kreise, um das Risiko eines elektrischen Schocks zu vermeiden. Das Verstärkersignal von einem isolierten Patientenkreis kann über einen Trennkreis zum eigentlichen Gerät gelangen. Wie in der Abbildung gezeigt, sind alle Drähte gegen Erde isoliert. Das Prinzip des isolierten Patientenkreises ist ein weiteres Kriterium für die Klassifikation von Geräten; es kann auf jede der drei oben beschriebenen Klassen angewendet werden. In Klasse-II-Geräten mit einem fließenden Kreis ist nicht nur die Spannungsversorgung von allen zugänglichen Teilen isoliert; auch der mit dem Patienten verbundene Kreis selbst ist isoliert und vom Rest des Gerätes getrennt. Bei solchen Techniken ist das Risiko schwerer Elektrounfälle für den Patienten oder den Benutzer sehr gering. Trotzdem kann der Wechselstrom der Spannungsversorgung geringe Ströme und Potentiale durch induktive und kapazitive Kopplung erzeugen (siehe Kapitel 14). Diese Ströme können im metallenen Gehäuse des Gerätes oder in anderen Kreisen, selbst in der Person, die das isolierte Gerät berührt, induziert werden. Diese sogenannten Leckströme führen nicht zu einem schweren elektrischen Schock, können allerdings unter bestimmten Umständen zur Gefahr des Mikroschocks führen.

16.6 Mikroschock

Kammerflimmern durch Elektrounfälle kommt durch einen elektrischen Strom zustande, der das Myokard durchfließt. Fließt der elektrische Strom von einer Hand zu einem Fuß (vgl. Abb. 16.4),

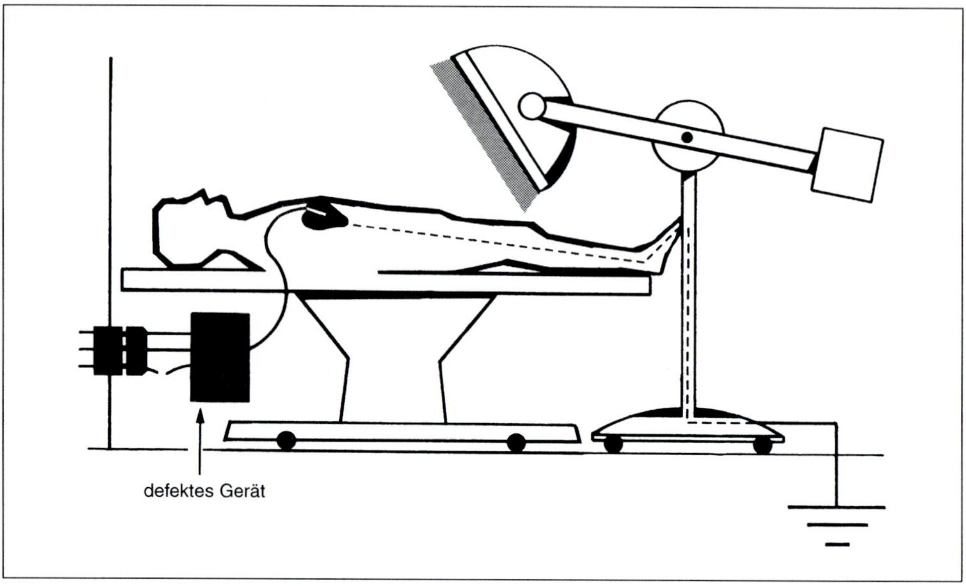

Abbildung 16.8: Risiko des Mikroschocks.

passiert er nicht nur das Herz, sondern auch einen Teil des Stammes. Der Gesamtstrom durch das Herz selbst ist daher nur ein bestimmter Teil der 24 mA, die von der Hand zum Fuß fließen. Es ist dieser Anteil des Stromes durch das Myokard oder die Stromdichte (Strom pro Flächeneinheit) im Gebiet des Myokards, der letztlich bestimmt, ob Kammerflimmern auftritt.

Ist der Patient mit einem fehlerhaften intrakardialen Katheter versehen (Abb. 16.8) und berührt dieser Katheter die Herzwand, wird jeder den Katheter durchfließende elektrische Strom eine sehr kleine Fläche des Herzens durchdringen. In einem solchen Fall kann ein Strom von lediglich 150 µA in einem Teil des Myokards dieselbe Stromdichte erzeugen wie die 24 mA bei Durchfluß durch Hand und Fuß. Daher kann auch auf diesem Wege Kammerflimmern ausgelöst werden. Dieses Phänomen wird als *Mikroschock* bezeichnet.

Ebenso wie bei einem elektrischen Schlag nimmt die Gefahr des Mikroschocks mit abnehmender Frequenz des fließenden Stroms zu, es ist bei niedrigen Frequenzen wie z. B. der Netzspannung sowie bei Gleichstrom am größten.

Man beachte, daß das fehlerhafte Gerät nicht unbedingt ein Netzspannungspotential aufweisen muß. Da Mikroschockströme im Bereich von Mikroampere statt Milliampere liegen, besteht bereits bei einem Potential von weniger als 1 Volt das Risiko eines Mikroschocks. In der in Abbildung 16.8 gezeigten Situation ist das an den Katheter angeschlossene Gerät fehlerhaft, ein geringer Leckstrom fließt durch den Katheter und durch das Herz des geerdeten Patienten. Der Patient ist über seine Füße, die in Kontakt mit einer metallenen Lampe stehen, geerdet, ein Kontakt mit dem OP-Tisch oder über ein fehlerhaftes Gerät ist ebenfalls denkbar. Obwohl der Widerstand zur Erde über diese

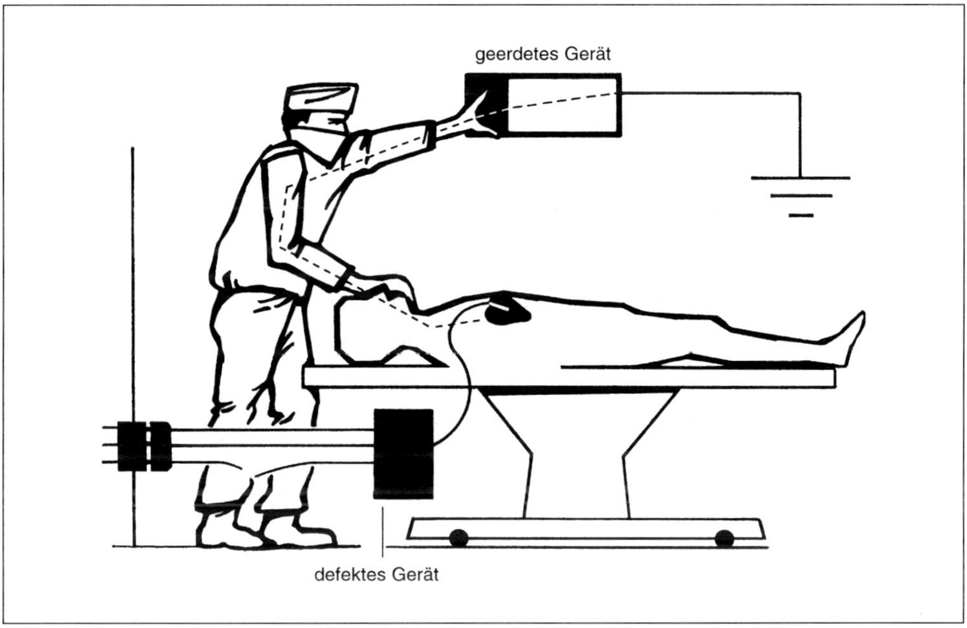

Abbildung 16.9: Der Anästhesist als potentieller Erdungspunkt für den Patienten.

Wege hoch genug sein kann, um gegen einen schweren Elektroschock zu schützen, kann ein kleiner Strom dennoch das Risiko eines Mikroschocks mit sich bringen.

Auch der Anästhesist selbst kann als Erdungspunkt für den Patienten wirken, wenn er gleichzeitig mit dem geerdeten Gehäuse eines Gerätes und mit dem Patienten in Kontakt steht (Abb. 16.9). In diesem Falle fließt ein kleiner Strom vom fehlerhaften Gerät über den zentralen Venenkatheter im Herzen und führt so zum Risiko eines Mikroschocks beim Patienten, selbst wenn der durch den Anästhesisten fließende Strom zu klein ist, um von diesem bemerkt zu werden.

Mikroschock ist ein Risiko bei Patienten, die über ein externes Kabel mit einem intrakardialen Schrittmacher verbunden sind. Auch eine Temperatursonde, die hinter dem linken Vorhof im unteren Drittel des Ösophagus plaziert ist, stellt eine mögliche Route für elektrische Ströme in der Nähe des Herzens dar, auch wenn dies nicht so gefährlich ist wie ein direkt im Herzen liegender Katheter.

16.7 Technische Standards für den Schutz vor Leckströmen

In Ergänzung zur Unterteilung von Geräten in drei Schutzklassen werden elektromedizinische Geräte auch nach dem maximal zulässigen Leckstrom (oder Ableitstrom) in bestimmten Anwendungsbereichen untergliedert. Exakte Standards sind definiert, die auf der Annahme basieren, daß die Geräte fehlerhaft bedient werden, wie z. B. eine Umkehrung von Neutral- und Phasendraht oder Diskonnektion des Erdungsdrahtes.

Geräte, die mit Elektroden, die das Herz direkt berühren können, arbeiten, erhalten die Typenbezeichnung CS; sie zeigt an, daß sie für den Einsatz am Herzen geeignet sind und einen fließenden Eingang besitzen. In diesem Falle muß der Leckstrom durch seine intrakardiale Verbindung selbst im Falle eines Fehlers kleiner als 50 µA sein. Andere medizinische Überwachungsgeräte werden mit der Typenbezeichnung *B* oder *BF* bezeichnet, wenn sie einen fließenden Eingang besitzen. Für diese Geräte beträgt der maximal zulässige Patientenleckstrom unter einfachen Fehlerbedingungen maximal 500 µA. Der Wert des maximal zulässigen Leckstroms variiert unter verschiedenen Bedingungen, unter denen sie gemessen werden können, die beiden genannten Werte stellen lediglich Beispiele dar.

Immer wenn ein neues Gerät in der Klinik in Betrieb genommen wird, sollte es einem Test unterzogen werden, der sicherstellt, daß Leckströme und andere Eigenschaften, die die elektrische Sicherheit betreffen, innerhalb der erlaubten Spezifikationen liegen. Solche Geräte müssen regelmäßig gewartet werden, um zu gewährleisten, daß ihre elektrische Sicherheit nicht beeinträchtigt ist.

16.8 Herzschrittmacher

Bei Patienten mit Herzschrittmacher sind spezielle Risiken zu beachten. Zwei Typen von Herzschrittmachern werden verwendet. Für einen vorübergehenden Einsatz von einigen Tagen können spezielle Schrittmacherkatheter durch die Vena subclavia oder durch eine Halsvene in den rechten Ventrikel eingeführt werden. Eine Röntgenkontrolle wird empfohlen, außerdem muß eine vollständige Notfallausrüstung bereitstehen. Über die Elektrode können dann Impulse zugeführt werden, deren Potential entsprechend dem geringsten benötigten Wert (üblicherweise unter 4 Volt) eingestellt wird, wobei die Pulsdauer unter 1 Millisekunde liegt.

Die zweite Form des Schrittmachers ist für den langfristigen Einsatz entwikkelt. Hier wird ein batteriebetriebenes Gerät und seine Drähte in den Patienten implantiert. Statt eines endokardialen Schrittmacherdrahtes können Elektroden in das Myokard implantiert werden, wozu allerdings ein herzchirurgischer Eingriff mit mediastinaler Freilegung des Herzens notwendig ist. Moderne Schrittmacher sind normalerweise für den Betrieb im sogenannten Demandmodus entwickelt. Die Stimulationselektrode dient hier gleichzeitig der Ableitung der Aktionspotentiale von Vorhöfen und Ventrikeln. Der Schrittmacher stimuliert das Herz nur dann, wenn die Herzfrequenz des Patienten außerhalb eines bestimmten Bereiches liegt. Ein Problem mit Demandschrittmachern ist, daß elektromagnetische Felder außerhalb des Patienten Störungen verursachen können (Abb. 16.10). Die Elek-

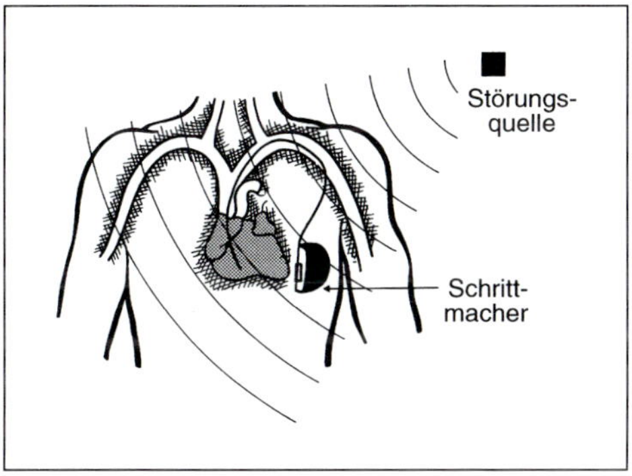

Abbildung 16.10: Störungen eines Demandschrittmachers durch ein externes elektromagnetisches Feld.

trode des Schrittmachers kann als Antenne wirken und Signale von außen aufnehmen, die dann als QRS-Komplexe fehlinterpretiert werden. Es gibt zahlreiche Quellen für solche Störungen, z. B. elektrische Motoren, Mikrowellenöfen und Diebstahlsicherungen in Geschäften. Im OP-Saal können die Diathermie, der Nervenstimulator und einige Monitorgeräte ebenfalls zu diesem Problem führen. Auch physiotherapeutische Geräte und die Kernspintomographie können die korrekte Funktion eines Schrittmachers stören.

Der Patient kann im Falle solcher Störungen Schwindel und Synkopen verspüren. Selbst die Potentiale von benachbarten Thoraxmuskeln können durch den Schrittmacher aufgenommen werden und diesen inhibieren. Zahlreiche Demandschrittmacher haben eine integrierte Sicherheitsfunktion, indem sie auf eine feste Stimulationsfrequenz schalten, wenn Störungen erkannt werden. Darüber hinaus sind bipolare Elektroden verfügbar, die eine Verbindung zu den Vorhöfen und den Ventrikeln besitzen und so eine zuverlässigere Detektion des EKG-Signals gewährleisten.

16.9 Leitende Flüssigkeiten

Ein Großteil der Infusionen und andere Lösungen, die im Krankenhaus verwendet werden, sind gute elektrische Leiter. Diese Lösungen werden oft zusammen mit oder nahe bei elektrischen medizinischen Geräten (z. B. Infusionspumpen) verwendet. Hier ist große Vorsicht geboten, daß sie nicht in das Innere solcher Geräte gelangen. In einem solchen Fall können schwere Fehlfunktionen ausgelöst werden. Über eine Hydrolyse durch die Passage elektrischer Ströme kann zudem eine explosive Mischung von Wasserstoff und Sauerstoff entstehen.

16.10 Netzspannungsfehler

Störungen in der Spannungsversorgung sind ein weiteres Risiko für den Patienten, insbesondere wenn er auf Überwachungsgeräte und Einrichtungen zur Unterstützung vitaler Funktionen im OP und im intensivmedizinischen Bereich angewiesen ist. Die meisten Krankenhäuser haben Notstromversorgungen für den Fall, daß die externe Stromversorgung unterbrochen wird. Das Risiko für den Patienten wird weiterhin vermindert durch Überwachungsgeräte, die auch im Batteriebetrieb arbeiten können, und durch Beatmungsgeräte, die über Gasflaschen oder eine zentrale Gasversorgung betrieben werden.

16.11 Mikroprozessorgesteuerte Geräte

Zahlreiche medizinische Geräte enthalten Mikroprozessoren. Es handelt sich um hochintegrierte Halbleiterbausteine, die Daten bearbeiten, verwalten und speichern sowie externe Prozesse steuern können. Als Anwendungsbeispiel seien moderne Infusionspumpen genannt; die gewünschte Infusionsrate wird über Tasten eingegeben, diese Eingabe wird intern gespeichert und zur Steuerung der Pumpenmechanik herangezogen. Prinzipiell besteht die Gefahr, daß die gespeicherten Werte durch elektrische Wechselwirkungen gelöscht werden, was wiederum zu einer abweichenden Infusionsgeschwindigkeit führt. Durch entsprechende Konstruktionsmerkmale können solche potentiell gefährlichen Fehlfunktionen jedoch auf ein Minimum reduziert werden.

17 Messung des Blutdrucks

17.1 Drücke am Herzen

Der Blutdruck wird durch die Kontraktionskraft des Myokards erzeugt, die auf das in den Herzhöhlen befindliche Blut wirkt. Das einfache Prinzip von Druck als Kraft pro Flächeneinheit ist in diesem Falle weniger anwendbar, da die Kontraktionskraft des Muskels tangential an der Herzoberfläche wirkt. Diese Kraft führt zu einer Spannung, wobei diese der Kraft pro Längeneinheit entspricht. Es gilt das Laplacesche Gesetz (siehe Kapitel 2). Die Abbildung 17.1 zeigt ein einfaches Modell eines sphärischen Herzventrikels mit dem Radius *r*. Der Druck *P* resultiert aus der Spannung *T* in der Ventrikelwand und wird durch das Laplacesche Gesetz für eine Kugel wie folgt bestimmt:

$$P = \frac{2T}{R}$$

Die praktische Konsequenz des Laplaceschen Gesetzes ist, daß ein erweitertes insuffizientes Herz einen größeren Radius hat als ein normales kontrahiertes Herz, wobei das dilatierte Myokard den Nachteil besitzt, daß der Druck abfällt, obwohl sich der Muskel proportional kräftiger kontrahiert. Im normalen Herz dagegen steigert ein erhöhter venöser Strom über eine leichte Dehnung und

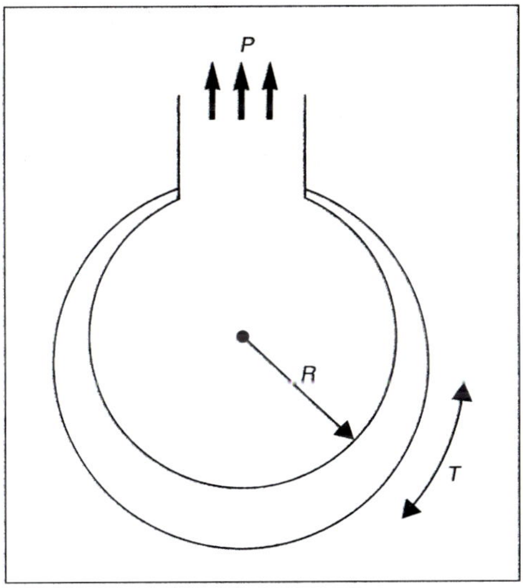

Abbildung 17.1: Anwendung des Laplaceschen Gesetzes auf das Herz.

die daraus resultierende Verlängerung des Herzmuskels die Kontraktionskraft (Starlingsches Gesetz); der Druck bleibt konstant.

Die mechanische Arbeit des Herzens für einen einzelnen Schlag wird durch das Produkt aus Druck und Schlagvolumen (siehe Kapitel 8) bestimmt. Folglich erhöht ein Anstieg des Blutdrucks oder des Schlagvolumens die Herzarbeit. Wie bei der Lunge, bei der die elastischen Gewebe durch Speicherung der Inspirationsarbeit die Leistung für die Exspiration bereitstellen, speichern die elastischen Gewebe in der Aorta und in den großen Gefäßen die Herzarbeit in der Systole, um auch während der Diastole einen Blutfluß aufrecht zu erhalten.

17.2 Drücke im Kreislauf

Der Blutdruck ist nicht konstant, sondern variiert mit dem Ort der Messung. Da der Kreislauf ein mit Flüssigkeit gefülltes Röhrensystem darstellt, bestehen hydrostatische Effekte (Abb. 17.2). Bei einem großen stehenden Menschen kann der mittlere Blutdruck zwischen 53 mmHg (7 kPa) im Kopf und 202 mmHg (27 kPa) in den Füßen variieren, verglichen mit einem mittleren Druck von 90 mmHg (12 kPa) am Herzen. Dies läßt sich aus der Abbildung 17.2 herleiten, wenn man sich erinnert, daß 7,5 mmHg (1 kPa) 10 cm Wassersäule entsprechen. Da der Blutdruck mit dem Meßort variiert, wird ein Bezugspunkt benötigt. Hierzu dient das Niveau des rechten Vorhofes.

Der Blutdruck hängt auch ab vom Durchmesser der Gefäße und deren Abstand vom Herzen. Da es durch den Fluß der Flüssigkeit in einer Röhre zu einem Abfall des Drucks kommt, ist zu erwarten, daß der mittlere Druck in den Arteriolen geringer ist als in den Arterien. Dieses einfache Prinzip wird allerdings durch die Tatsache kompliziert, daß der Blutdruck pulsierend ist, und Änderungen im Wellenmuster in verschiedenen Gefäßen ebenfalls den systolischen Blutdruck beeinflussen (s. unten). Zusätzlich zu Blutdruckänderungen, die von der Körperhaltung und vom Ort der Messung abhängen, zeigt der Blutdruck auch tageszeitliche Schwankungen, wobei z. B. während des Schlafes niedrigere Drücke erwartet werden. Geringe Druckänderungen finden auch während des Atemzyklus statt; auffällige Schwankungen treten während einer intermittierenden positiven Druckbeatmung auf, wo zusätzlich zu den atemsynchronen zyklischen Änderungen eine durchgehende Blutdrucksenkung als Folge des Einflusses der intrathorakalen Druckerhöhung auf den venösen Rückstrom besteht. Insbesondere bei ausgeprägtem Volumenmangel sind die atemsynchronen Blutdruckschwankungen deutlich sichtbar. Auch Angstzustände erhöhen den Blutdruck, so daß Messungen zu drei unterschiedlichen Zeitpunkten nötig sein können, um repräsentative Werte zu erhalten.

Der Gesamtfluß im Kreislauf, das Herzzeitvolumen, hängt vom peripheren Widerstand ab. Nimmt man einen laminaren Fluß an, gilt:

$$\text{peripherer Widerstand} = \frac{\text{mittlerer arterieller Druck (Aorta)}}{\text{Herzzeitvolumen}}$$

Deshalb:

$$\text{mittlerer Blutdruck} = \text{peripherer Widerstand} \times \text{Herzzeitvolumen}$$

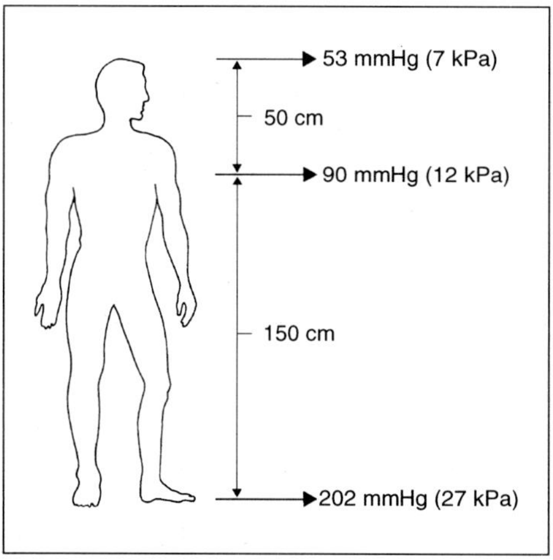

Abbildung 17.2: Hydrostatische Beeinflussung des mittleren arteriellen Blutdrucks.

Daher liegt bei einem Patienten mit einem normalen oder niedrigen peripheren Widerstand (z. B. mit einer warmen rosigen Haut) und einem hohen Blutdruck wahrscheinlich ein hohes Herzzeitvolumen vor, während ein hoher Blutdruck bei einem Patienten mit einem hohen peripheren Widerstand (z. B. mit kalter blasser Haut) eher für ein niedriges Herzzeitvolumen spricht. In der Formel wird der mittlere Blutdruck verwendet. Um diesen genau zu ermitteln, muß über die arterielle Druckkurve integriert werden. In der Praxis allerdings kann der mittlere Druck als diastolischer Druck plus ⅓ der Blutdruckamplitude näherungsweise errechnet werden.

17.3 Messung des Blutdrucks

Das einfachste nicht-invasive System zur Blutdruckmessung besteht aus einer aufblasbaren Manschette, die mit einem Manometer verbunden ist. Die Manschette wird über dem Oberarm angelegt; der Druck, bei dem nach vollständigem Verschluß der Oberarmgefäße wieder ein Puls tastbar ist, wird durch geeignete Detektionssysteme erfaßt (Abb. 17.3).

Manschetten

Die Manschette muß so positioniert werden, daß die Mitte der Luftkammer an der medialen Seite des Armes über der Arteria brachialis liegt. Die Breite der Manschette sollte 20 % größer als der Durchmesser des Armes sein. Die Manschette sowie deren Verbindungen müssen dicht sein.

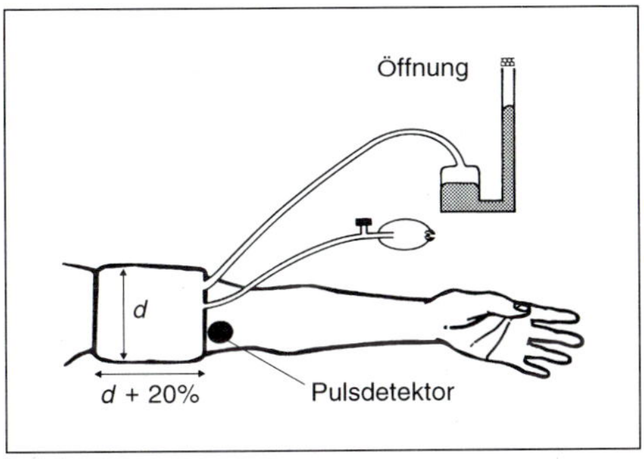

Abbildung 17.3: Darstellung einer nicht-invasiven Blutdruckmessung.

Manometer

Das Quecksilbermanometer muß vor der Messung den Wert Null anzeigen und sollte in aufrechter Position betrieben werden, es sei denn, es handelt sich um ein für schräge Anwendung geeichtes Manometer. Eine partielle Blockierung des Luftschlitzes am Ende des Steigrohres oder der Verbindungsschläuche kann zu Ungenauigkeiten oder Trägheitseffekten führen. Aneroidmanometer sind für den mobilen Einsatz geeigneter, ihre Eichung sollte allerdings regelmäßig überprüft werden.

Detektor

Der Cuff wird auf einen Druck oberhalb des erwarteten systolischen Blutdrucks aufgeblasen und dann langsam mit einer Geschwindigkeit von 2 bis 3 mmHg/s abgelassen. Der systolische Blutdruck wird angezeigt durch das Wiederauftreten des peripheren Pulses, der durch einen Detektor bzw. den den Radialispuls tastenden Finger erfaßt wird. Die Auskultation über der Arteria brachialis am Ellenbogen erlaubt die Detektion dieses Punktes durch die erste Phase des Korotkow-Tones, d. h. der Punkt, bei dem das Strömungsgeräusch des Blutflusses in der Arterie zum ersten Mal auftritt. Die zweite Phase ist ein leichtes Zischen, die dritte Phase ein Anstieg in der Lautstärke der auskultierten Geräusche. Die vierte Phase des Korotkow-Geräusches ist ein plötzlicher Abfall in der Lautstärke. Sie wird manchmal verwendet, um den diastolischen Druck zu erfassen, obwohl der endgültige Abbruch aller Geräusche (5. Phase nach Korotkow) überwiegend als Indikator für den diastolischen Blutdruck akzeptiert ist.

Statt eines Stethoskops verwendet man manchmal ein Mikrophon mit geeigneter Elektronik, insbesondere bei Geräten, die für die Benutzung durch nicht-medizinisches Personal vorgesehen sind. In der Anästhesie wird oft ein Pulsdetektor oder ein Pulsoxymeter am Finger des Patienten eingesetzt. Dies kann zusammen mit einer Standardblutdruckmanschette zur Blutdruckmessung verwendet werden, obwohl der so gemessene systolische Druck unter Umständen niedriger als der tatsächliche Wert ist. Das später beschriebene oszillometrische Prinzip, der Mikrophondetektor oder ein Ultraschalldetektor sind ebenfalls für den Einsatz in automatisierten Geräten geeignet.

17.4 Oszillometrie

Wird der Druck in der Blutdruckmanschette durch langsames Öffnen des Ventils von einem Druck oberhalb des systolischen Blutdrucks abgelassen, beginnt die Nadel des Blutdruckmanometers beim Erreichen des systolischen Blutdrucks pulssynchron zu oszillieren; dieser Effekt wurde als eine der ersten Techniken zur automatischen Blutdruckmessung genutzt. Die Amplitude der Oszillationen nimmt mit abfallendem Manschettendruck zu, erreicht am mittleren arteriellen Druck ein Maximum, um dann an einem weniger genau definierten Punkt, etwa am diastolischen Blutdruck, wieder abzunehmen.

Das von-Recklinghausen-Oszillotonometer (Abb. 17.4) ist eine Verbesse-

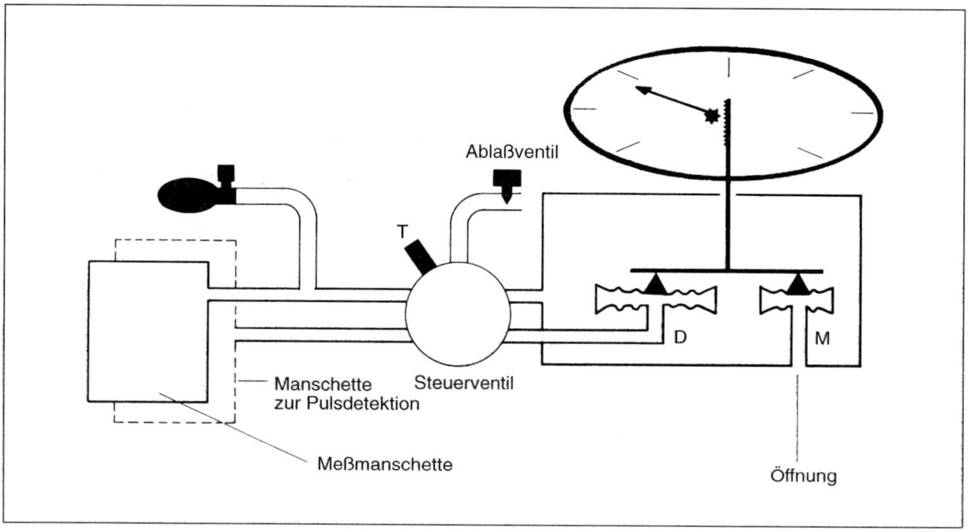

Abbildung 17.4: Das von-Recklinghausen-Oszillotonometer.

rung der ausschließlichen visuellen Beurteilung der oszillierenden Manometernadel und ermöglicht eine einfache, aber zuverlässige Überprüfung des Verlaufs des systolischen Blutdrucks. Das Gerät verwendet eine doppelte Manschette, deren proximaler Bereich den Druck über den Balg *M* mißt, während die distale Manschette Pulsationen über den Balg *D* erfaßt. Nach der Insufflation der Manschetten über den systolischen Blutdruck bewegt der Benutzer das Druckventil *T* so, daß ein geringer Leckstrom durch das Ventil strömt und den Balg *D* aktiviert. Beim Auftreten von Oszillationen wird das Ventil *T* losgelassen, so daß die Nadel zum Stillstand kommt und den systolischen Blutdruck anzeigt.

Elektronische oszillometrische Geräte haben sich als einfacher und genauer als die Oszillotonometer erwiesen, sie haben darüber hinaus den Vorteil, daß sie für automatische Messungen konzipiert werden können.

17.5 Automatische oszillometrische Techniken

Die Abbildung 17.5 illustriert das Prinzip der automatischen Technik. Man spricht allgemein von der nicht-invasiven Blutdruckmessung (non-invasive blood pressure, NIBP). Im Gegensatz zum Oszillotonometer wird eine einfache Manschette verwendet, und anstelle des Balgs mißt ein Druckwandler sowohl den Druck als auch die Oszillationen. Die Auswerteeinheit analysiert das Signal vom Druckwandler, um den Beginn der Oszillationen am systolischen Druck, den Maximalpunkt der Oszillationen beim mittleren Druck und schließlich den diastolischen Druck zu erfassen. Die Werte werden nach Abschluß der Messung angezeigt. Die elek-

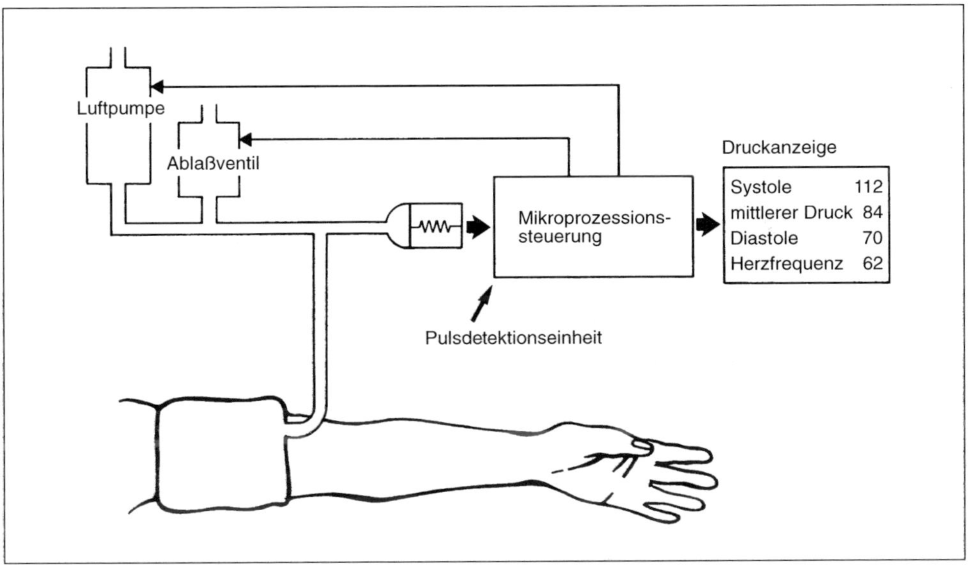

Abbildung 17.5: Prinzip der automatischen nicht-invasiven Blutdruckmessung.

tronischen Oszillometer bieten die Möglichkeit, die Manschette automatisch in vorgegebenen Intervallen aufzublasen. Bei der ersten Messung wird ein höherer Startwert, z. B. 160 mmHg, aufgebaut, in den folgenden Meßzyklen wird dann der Manschettendruck beginnend bei etwa 25 mmHg über dem zuvor ermittelten systolischen Blutdruck abgelassen. Die Ablaßgeschwindigkeit beträgt etwa 2–3 mmHg/s.

Die Häufigkeit der Manschetteninsufflation ist durch die Meßzeit limitiert; die meisten automatisierten Systeme erlauben Messungen mit einer maximalen Rate von 1 pro Minute. Selbst diese Frequenz kann für Langzeitmessungen zu groß sein, da sie zu einer Behinderung des Blutstromes führt, die sowohl klinisch unerwünscht ist als auch zu ungenauen Ergebnissen führt. Eine maximale Frequenz von 1 pro 2 Minuten ist vorzuziehen. Das System ergibt zuverlässige Werte bei Erwachsenen und bei Kindern, vorausgesetzt, daß eine geeignete Manschettengröße verwendet wird; ebenso wie bei anderen nicht-invasiven Messungen sind die Ergebnisse weniger genau, wenn der Patient arrhythmisch ist. Das Gerät versagt auch bei niedrigen Drücken, z. B. unter 50 mmHg, sowie bei stärkeren Erschütterungen während der Messungen. Der Einsatz während eines Patiententransportes ist daher problematisch.

17.6 Weitere automatisierte Techniken

Im oben beschriebenen Beispiel (s. Abb. 17.5) nutzt das Pulsdetektionssystem die Druckoszillationen in der Manschette; es sind allerdings auch andere Techniken möglich. So kann beispielsweise ein Mikrophon über der Arteria brachialis angebracht werden, um etwa den hörbaren Klang oder Geräusche niedriger Frequenzen zu erfassen. Auch Ultraschallsender und -empfänger, die mit Gel als Schalleiter über der Arterie angebracht werden, können Doppler-Änderungen der Frequenz an der Arterienwand registrieren. Ein Problem beider Systeme liegt in der Schwierigkeit, die Detektoren direkt über der Arterie zu positionieren. Oszillometrische Methoden sind dagegen weniger abhängig von einer korrekten Plazierung.

All diese Techniken der automatisierten Blutdruckmessung sind bei Patienten mit unregelmäßigem Puls weniger geeignet, da hier der Druck von Herzschlag zu Herzschlag variieren kann. Die Verzögerung von 1 bis 2 Minuten zwischen aufeinanderfolgenden Messungen kann unter Umständen in Situationen zu lang sein, in denen mit plötzlichen Blutdruckschwankungen gerechnet werden muß. Als Beispiele seien plötzliche massive Blutverluste, die Operation eines Phäochromozytoms oder die kontrollierte Hypotension genannt. Hier ist die invasive Blutdruckmessung die Methode der Wahl.

17.7 Die Penaztechnik

Für kontinuierliche Messungen des Fingerblutdrucks wird das Prinzip der Penaztechnik eingesetzt (Abb. 17.6). Dabei wird eine Manschette am Finger angelegt, die mit einem Druckwandler zur Druckmessung und mit einer Luftpumpe

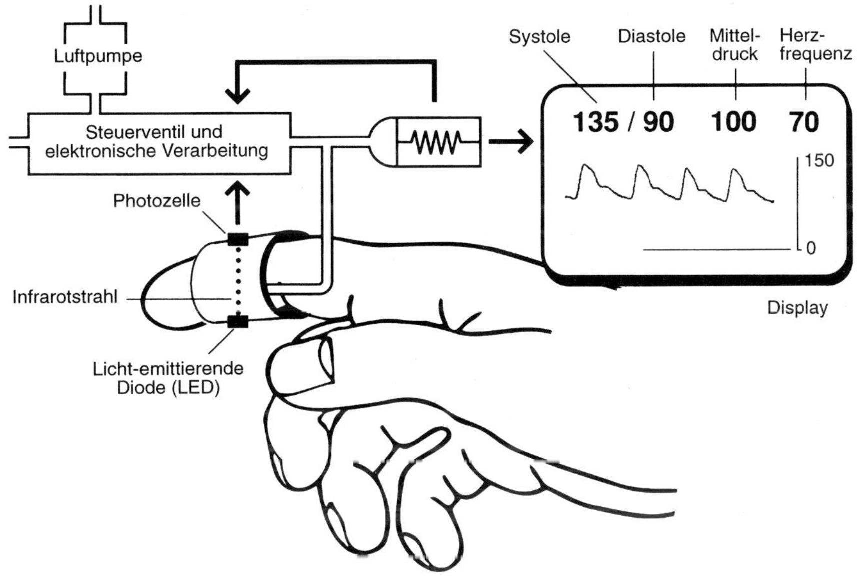

Abbildung 17.6: Penaztechnik für die kontinuierliche Blutdruckmessung.

mit einem steuerbaren Ventil verbunden ist. Bei der ersten Eichung erfaßt das Gerät auch den mittleren Druck am Punkt der maximalen Oszillation. Im Gegensatz zur oszillometrischen Technik besitzt das System zusätzlich eine Infrarotlicht-emittierende Diode (LED) an der Manschette sowie eine Photozelle, die als Photoplethysmograph arbeitet. Diese Photozelle mißt die Absorption im Infrarotbereich und erfaßt so das Volumen des arteriellen Blutes in dem Finger unter der Manschette. Das Volumen variiert entsprechend dem Grad der Dehnung der Arterien während der Systole. Eine elektronische Schaltung analysiert die Daten des Photoplethysmographen, um das Volumen bei einem Punkt zu bestimmen, der dem zuvor gemessenen mittleren arteriellen Druck entspricht. Im Anschluß arbeitet das Steuerventil an der Luftpumpe in einer feed-back-Steuerung, die kontinuierlich die Fingermanschette so aufbläst bzw. abläßt, daß das Ausgangssignal des Photoplethysmographen bei diesem festgesetzten Punkt konstant bleibt. Der Druck am Druckwandler entspricht also durchgehend dem arteriellen Druck und ermöglicht so dessen kontinuierliche Darstellung. Das Gerät gilt selbst bei peripherer Vasokonstriktion als sehr zuverlässig. Trotz der kontinuierlichen Insufflation der Fingermanschette bleibt eine gewisse Perfusion des Fingers bestehen. Es muß allerdings abgewartet werden, ob sich diese Perfusion auch bei längerdauerndem Einsatz immer als ausreichend erweist.

Solange sich ein breiterer Einsatz der Penaztechnik noch nicht durchgesetzt hat, bleiben invasive Techniken der Blutdruckmessung der Standard bei Patienten, bei denen mit schnellen Blutdruckänderungen gerechnet werden muß.

17.8 Invasive Techniken

Wird eine Arterie kanüliert, kann eine direkte Messung des Blutdrucks mit Hilfe eines Infusionssystems, einem Wandler und einem Aufzeichnungsgerät installiert werden. Für die arterielle Kanülierung sollte idealerweise eine periphere Arterie gewählt werden, so daß es bei einem thrombotischen Verschluß des Gefäßes nicht zu wesentlichen ischämischen Schädigungen kommen kann. Obwohl gelegentlich die A. brachialis verwendet wird, ist doch die A. radialis üblicherweise die erste Wahl.

Vor der Kanülierung muß allerdings ein modifizierter Allen-Test durchgeführt werden. Dazu ballt der Patient die Faust, während der Untersucher sowohl die Radial- als auch die Ulnararterie mit seinen Fingern abdrückt. Dann entspannt der Patient seine Hand und der Untersucher gibt die Ulnararterie wieder frei. Die Handfläche des Patienten sollte sich dann innerhalb von 5 Sekunden wieder röten. Kommt es zu keiner Rötung oder ist diese verzögert, weist dies darauf hin, daß die Kollateralen zwischen der Ulnar- und der Radialarterie nicht ausreichend sind. In diesem Falle sollte eine andere Arterie verwendet werden. Soll die Ulnararterie kanüliert werden, wird der Test in ähnlicher Weise durchgeführt, wobei hier jedoch zuerst der Druck über der Radialarterie aufgegeben wird.

Bestehen ausreichende Verbindungen zwischen den beiden Arterien, wird eine Kunststoffkanüle in die A. radialis eingeführt. Beim bewußtseinsklaren Patienten wird dazu eine Lokalanästhesie benötigt. Der perkutane Zugang ist vorzuziehen; eine Kanülierung nach Freilegung des Gefäßes ist nur in seltenen Fällen notwendig. Nach der Positionierung wird die Kanüle und ihre Verbindung sicher fixiert, so daß keine Möglichkeit einer unbeabsichtigten Diskonnektion besteht. Eine Thrombosierung der Arterie ist bei Verwendung der heute üblichen Teflonkanülen sehr selten; einige Typen bieten die Möglichkeit der Fixierung mit einer Naht. Um eine Thrombosierung in der Kanüle zu verhindern, wird mit heparinisierter Elektrolytlösung bei minimalem Fluß (Abb. 17.7), ggf. zusätzlich intermittierend über einen Dreiwegehahn oder ein integriertes Ventil gespült. Der hohe Druck, der durch Spülung mittels kleinvolumiger Spritzen erreicht werden kann (siehe Kapitel 1, Abb. 1.1), kann allerdings die Arterienwand oder die Membran des Druckwandlers beschädigen. Der Zusatz eines Lokalanästhetikums zur Spüllösung soll eine reflektorische Vasokonstriktion mit der Folge einer Durchblutungsstörung bzw. ungenauer Messungen vermeiden. Insbesondere beim Spülen von Kathetern sollte besondere Vorsicht walten; Spritzen mit einem Volumen unter 5 ml sollten grundsätzlich nicht verwendet werden.

Die Abbildung 17.7 zeigt schematisiert ein komplettes System zur kontinuierlichen intravasalen Blutdruckmessung. Die Spüllösung befindet sich in einem Gefäß unter einem Druck von etwa 300 mmHg (40 kPa). Sie passiert eine Tropfenkammer zu einer Einengung, die so dimensioniert ist, daß der Fluß einen Wert von etwa 3 ml/h nicht überschreiten kann. Dieser kontinuierliche Fluß spült die Leitungen und die arterielle Kanüle. Der abgebildete Druckwandler mit seinem Verstärker und Schreiber ist in Kapitel 14 besprochen.

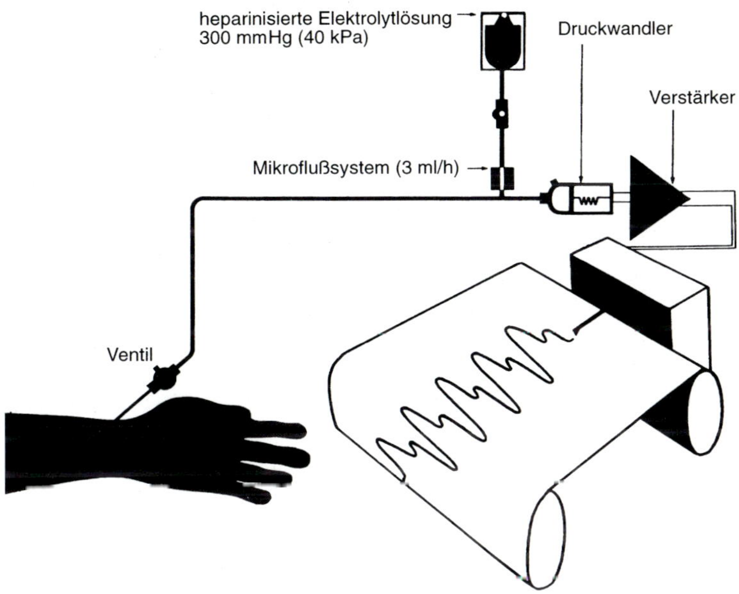

Abbildung 17.7: Kontinuierliches Spülsystem zur Messung des arteriellen Drucks.

17.9 Aufzeichnung des arteriellen Drucks

Die über ein solches System aufgezeichnete Wellenform kann auf einem Oszillograph oder auf einem Schreiber dargestellt werden. Die Abbildung 17.8 zeigt eine typische arterielle Blutdruckkurve. Man erkennt, daß sich die Form der Druckwelle zur Peripherie hin ändert. Die Blutdruckwellen werden schmäler und nehmen in den peripheren Arterien an Amplitude zu, so daß selbst beim aufrechtstehenden Patienten der systolische Druck in der Arteria dorsalis pedis höher ist als in der Radialarterie und dort wiederum höher als in der Aorta. Diese Änderung der Wellenform kommt durch die Änderung des Durchmessers der Gefäße und ihrer Elastizität zustande, möglicherweise auch durch Reflektionen der Wellenmuster an den Gefäßwänden.

Die systolischen und diastolischen Drücke können aus einer Aufzeichnung leicht ermittelt werden; man stellt dabei fest, daß der systolische Druck in direkten Messungen an der A. radialis durchschnittlich 5 mmHg höher ist als in indirekten Messungen, während der diastolische Druck etwa 8 mmHg niedriger ist.

Die graphische Darstellung zeigt auch die durch intraaortale Schwingungen verursachte dikrote Welle. Der Frequenzbereich verschiedener biologischer Signale ist in den Kapiteln 13 und 15 beschrieben. Im Falle der arteriellen Druckwelle beträgt der Frequenzbereich zwischen 0 und 40 Hz. Geräte zur Messung des arteriellen Drucks müssen in

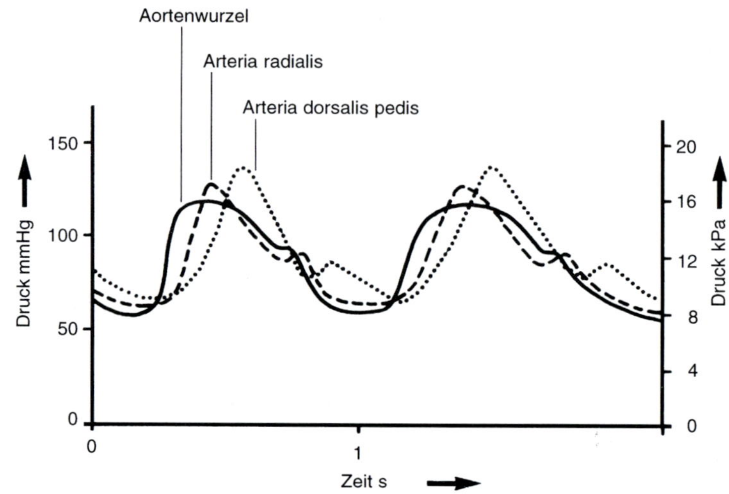

Abbildung 17.8: Arterielle Blutdruckkurve aus der Aorta, der Arteria radialis und der Arteria dorsalis pedis.

der Lage sein, in diesem Frequenzbereich zu arbeiten. Verstärker und Aufzeichnungsgeräte haben hiermit üblicherweise keine Schwierigkeiten, Probleme können allerdings beim Druckwandler selbst und seinen Verbindungen zur Kanüle auftreten.

17.10 Resonanz und Dämpfung

Bewegungen der Membran des Druckwandlers wandeln Blutdruckänderungen in ein elektrisches Signal um. Diese Membranbewegung ist assoziiert mit einer geringen Bewegung von Flüssigkeit in dem Katheter mit entsprechenden Druckänderungen. Wie ein Gewicht am Ende einer Feder mit einer spezifischen Frequenz oszilliert (Resonanzfrequenz), so können auch Blutdruckmeßsysteme, bestehend aus der Membran des Druckwandlers, dem Katheter und einer Flüssigkeitssäule, eine Resonanzfrequenz besitzen, bei der Schwingungen auftreten können. Beträgt diese Resonanzfrequenz weniger als 40 Hz, fällt sie in den Frequenzbereich der Blutdruckwelle. Oszillationen an der Resonanzfrequenz erzeugen eine Sinuswelle, die die Blutdruckwelle überlagert und zu entsprechenden Störungen führt (Abb. 17.9). Dieses Problem kann vermieden werden, wenn die Resonanzfrequenz außerhalb des Frequenzbereichs der Blutdruckwelle liegt – was allerdings schwierig zu realisieren ist. Die Resonanzfrequenz der Kombination von Katheter und Druckwandler kann am einfachsten durch Verwendung eines kürzeren, breiteren oder steiferen Systems angehoben werden. Umgekehrt tritt das Problem überwiegend bei längeren Kathetern auf.

Kommt es zu irgendwelchen Behinderungen der Übertragung des Blutdrucks von der Arterie auf die Druck-

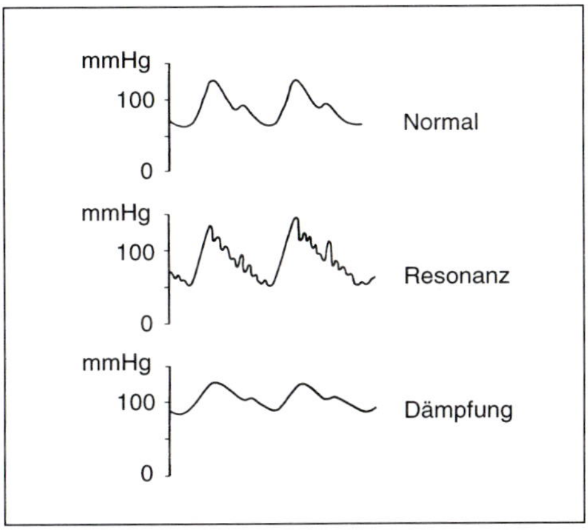

Abbildung 17.9: Effekte von Resonanz und Dämpfung auf die arterielle Druckkurve.

wandlermembran, kann die Blutdruckwelle gedämpft oder geglättet sein. Sehr schnelle Änderungen können dann nicht mehr dargestellt werden (s. Abb. 17.9). Dämpfungen dieser Art können ihre Ursache in Luftblasen haben, die im Katheter oder in der Druckwandlerkammer die Druckänderungen in der Flüssigkeitssäule absorbieren. Sie werden auch durch Thrombenbildung in der Kanüle erzeugt, die die Bewegung der Flüssigkeitssäule behindert. Beide Effekte reduzieren die Auslenkung der Druckwandlermembran und dadurch die Größe der aufgenommenen Welle.

17.11 Vergleich invasiver und nicht-invasiver Techniken

Der Hauptvorteil der direkten invasiven Messung des arteriellen Blutdrucks ist seine potentielle Genauigkeit. Diese ist nicht nur durch die genaue Aufzeichnung der Blutdruckwelle höher, sie kann auch selbst bei den meisten hypotensiven oder Schockpatienten genauere Messungen liefern, bei denen nicht-invasive indirekte Techniken unter Umständen versagen. Im Gegensatz zu den intermittierenden Techniken der meisten nicht-invasiven Geräte, ermöglichen die invasiven Methoden eine kontinuierliche Aufzeichnung des Drucks. Sie sind daher auch zuverlässiger als nicht-invasive Techniken in Situationen ständiger Druckänderungen, z.B. bei Patienten mit unregelmäßiger oder fluktuierender Pulsrate.

Die direkten Meßtechniken haben allerdings auch Nachteile. Es besteht ein gewisses Risiko arterieller Verletzungen – nicht-invasive Methoden sind für den Patienten ungefährlicher. Direkte Systeme sind auch kostspieliger als die einfachen indirekten, und schließlich setzen direkte Techniken einige technische Kenntnisse und Fähigkeiten voraus, während indirekte Techniken auch durch nicht-medizinisches Personal eingesetzt werden können.

17.12 Der zentrale Venendruck

Der Begriff *Blutdruck* wird normalerweise für die Bezeichnung des arteriellen Drucks verwendet. Der venöse Druck ist allerdings ebenfalls von Bedeutung. Eine genaue nicht-invasive Messung dieses Drucks ist nicht möglich, obwohl erweiterte Jugularvenen ohne thorakale Einflußbehinderung durchaus auf einen erhöhten venösen Druck hinweisen können.

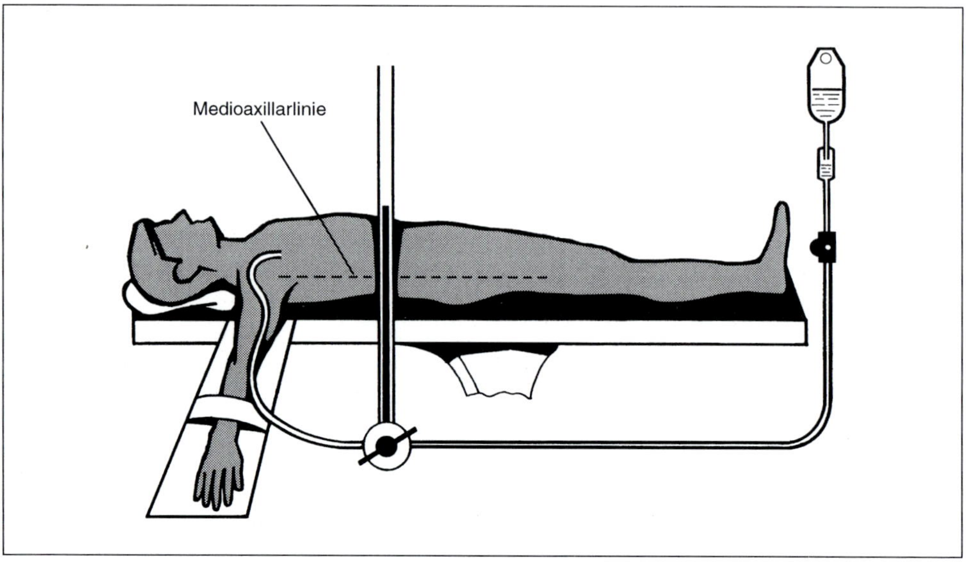

Abbildung 17.10: Messung des zentralvenösen Drucks (ZVD).

Um den zentralvenösen Druck (ZVD) zu messen, wird ein Katheter über eine Arm- oder Halsvene eingeführt und soweit vorgeschoben, daß dieser in der oberen Hohlvene zu liegen kommt. An diesen Katheter wird eine Infusionslösung, ein T-Stück und ein Manometer angeschlossen (Abb. 17.10). Die im einzelnen angewendeten Techniken gehen über den Rahmen dieses Buches hinaus. Es muß jedoch darauf hingewiesen werden, daß fehlerhafte Techniken das Risiko eines Pneumothorax, eines Hämatothorax oder eines Hydrothorax sowie von Infektionen erhöhen.

Vor der Durchführung einer ZVD-Messung wird der Patient in eine horizontale Lage gebracht. Der Nullpunkt der Skala wird auf das Niveau der mittleren Axillarlinie eingestellt, die in etwa dem Niveau des rechten Vorhofes entspricht. Die Infusionslösung muß während der Messung abgedreht werden; geringe atemabhängige Bewegungen der Flüssigkeitssäule zeigen eine korrekte Lage des Katheters an. Die Werte werden üblicherweise als cm Wassersäule angegeben, eine Umrechnung in SI-Einheiten ist allerdings einfach, da 1 cm H_2O etwa 100 Pa entspricht.

Als Alternative zum einfachen Flüssigkeitsmanometer kann auch ein Druckwandler verwendet werden. Dieser erlaubt ebenfalls eine kontinuierliche Aufzeichnung sowie die Beurteilung der Druckwellenform.

17.13 Venendruck und Herzzeitvolumen

Die Füllung des Herzens hängt von einem ausreichenden venösen Druck ab. Steigt der venöse Druck, füllt sich das normale Herz mehr und erhöht automa-

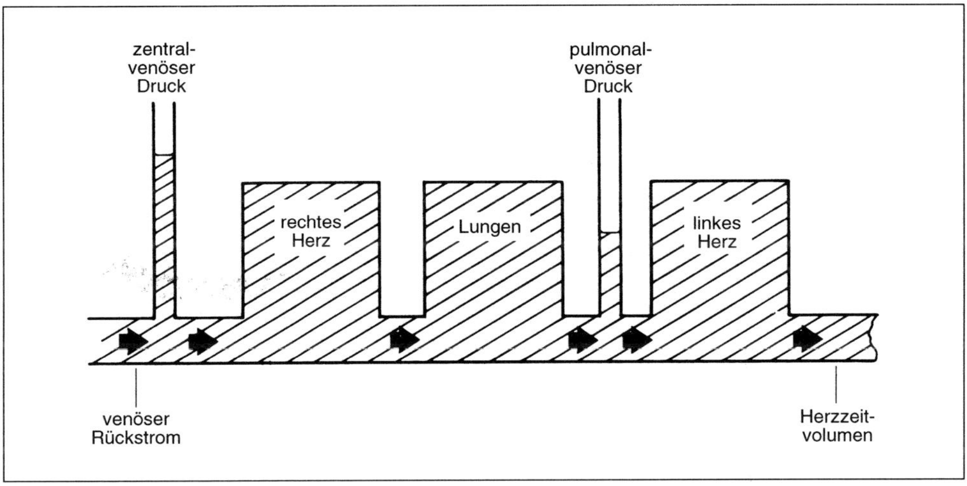

Abbildung 17.11: Schematische Darstellung zentralvenöser und pulmonalvenöser Drücke.

tisch sein Auswurfvolumen, selbst bei fehlender autonomer Innervation. Dieser Mechanismus wird durch das Starlingsche Gesetz beschrieben und wurde am Anfang dieses Kapitels erklärt. Nach erheblichen Blutverlusten fällt der venöse Druck ab und kann somit als Kriterium für eine Transfusion mit herangezogen werden. Bei der Interpretation von ZVD-Werten ist allerdings Vorsicht geboten, da sie durch den venösen Tonus beeinflußt werden.

Wie in Abbildung 17.11 gezeigt, werden der Meßpunkt des ZVD und das linke Herz durch das rechte Herz und die pulmonalen Blutgefäße getrennt. Folglich kann ein Patient mit linksventrikulären Problemen unter exzessiver Transfusion ein Lungenödem entwickeln, bevor es zu einem Anstieg des ZVD kommt. Andererseits kann bei einem Patient mit bestimmten Lungenerkrankungen ein hoher ZVD die Folge einer Rechtsherzinsuffizienz sein. Idealerweise sollte daher neben dem zentralvenösen auch der linksatriale Druck überwacht werden.

Messungen des pulmonalkapillären Verschlußdrucks (PCWP) erlauben eine Beurteilung des linksatrialen Drucks. Der PCWP wird über einen speziellen venösen Katheter gemessen, der durch das rechte Herz und die Pulmonalarterien vorgeschoben wird, bis er einen kleinen Ast des arteriellen Lungenstromgebietes in Wedge-Position vorübergehend verschließt. Dieser Katheter besitzt an seiner Spitze einen kleinen Ballon, der vorübergehend aufgeblasen werden kann, um ihn mit dem Blutstrom in die Pulmonalarterie einzuschwemmen. Er wird weiterhin zur Messung des Verschlußdrucks, also des Drucks im pulmonalkapillären Gefäßbett, aufgeblasen. Eine kontinuierliche Druckmessung ermöglicht die Identifizierung der Position des Katheters und stellt sicher, daß er einerseits in den Pulmonalgefäßen, andererseits jedoch nicht in Wedge-Position liegt, da letzteres zu einer Infarzierung des betroffenen Lungengebietes führen kann.

18 Sauerstoffmessungen

18.1 Klinische Anwendungen

Die klinische Beobachtung des Patienten liefert nur begrenzte Informationen über dessen Oxygenation. Obwohl z. B. eine Hypoxie über die Karotisrezeptoren eine Tachypnoe stimulieren kann, ist dieser Reflex sehr variabel und kann durch Anästhetika und andere Faktoren unterdrückt werden. Weiterhin gibt es eine Reihe anderer möglicher Gründe für eine Tachypnoe, so daß sie ein sehr unzuverlässiger Indikator für eine Hypoxie ist.

Ein weiteres indirektes Zeichen einer Hypoxie ist die Zyanose. Auch diese ist nur begrenzt beurteilbar, da z. B. unterschiedliche Beobachter eine Zyanose unterschiedlich einschätzen. Darüber hinaus spielen die aktuellen Beleuchtungsverhältnisse eine wichtige Rolle. Es ist insbesondere gefährlich anzunehmen, daß die Abwesenheit einer Zyanose Zeichen einer ausreichenden Oxygenierung ist, da ein anämischer Patient eine kritisch niedrige Sauerstoffsättigung haben kann, jedoch nicht genügend Desoxyhämoglobin im arteriellen Blut aufweist, um zyanotisch zu erscheinen. (Der Begriff Desoxyhämoglobin wird hier zur Bezeichnung nicht-oxygenierten Hämoglobins verwendet.) Eine Zyanose ist Zeichen einer abnorm hohen Konzentration von Desoxyhämoglobin im kapillaren Blut (z. B. 1,5 g/dl oder mehr). Eine Lippenzyanose kann normalerweise als Zeichen einer reduzierten Sauerstoffkonzentration im arteriellen Blut verwendet werden. Dennoch kann beispielsweise beim Patienten mit reduziertem Herzzeitvolumen oder in Kapillaren mit stehender Blutsäule eine Zyanose mit der arteriellen Sauerstoffsättigung nur schlecht korrelieren.

Diese Probleme in der klinischen Einschätzung einer Zyanose werden vermieden, wenn eine arterielle Blutprobe entnommen, heparinisiert und in geeigneten Geräten analysiert wird. Wenn eine genauere Beurteilung der Hypoxie des Patienten notwendig ist, kann zusätzlich eine Blutprobe aus einem zentralvenösen Katheter entnommen werden.

18.2 Spektrophotometrische Messungen der Sauerstoffsättigung

Spektrophotometrische Messungen bedienen sich der Bestrahlung einer Probe mit Licht bestimmter Wellenlängen und der Messung der Absorption. Die Wellenlänge der Strahlung wird so gewählt,

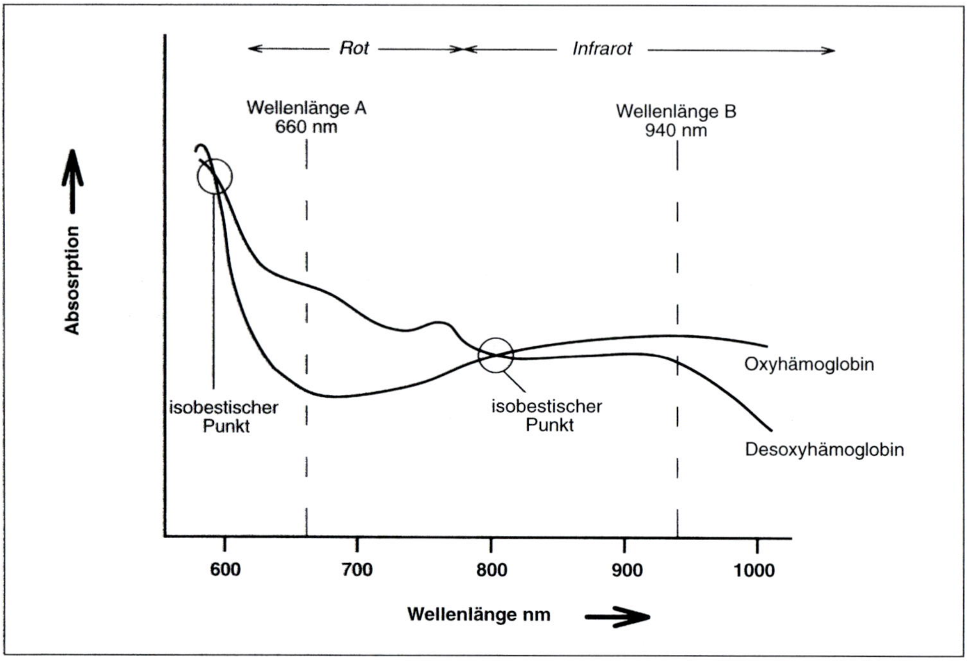

Abbildung 18.1: Absorptionskurven von Oxyhämoglobin und Desoxyhämoglobin in Abhängigkeit von der Wellenlänge.

daß sie durch die interessierenden Komponenten der Probe absorbiert werden. Es gibt zwei Gesetze, die die Absorption von Strahlung durch eine Probe oder Lösung beschreiben.

Das Beersche Gesetz besagt, daß die Absorption von Strahlung durch eine Lösung einer bestimmten Konzentration und Schichtdicke die gleiche ist wie die einer Lösung der zweifachen Schichtdicke bei halber Konzentration.

Das Bouguersche oder Lambertsche Gesetz besagt, daß Schichten gleicher Dicke gleiche Anteile der durchdringenden Strahlung absorbieren.

Diese Gesetze können kombiniert werden, um die Absorption von Strahlung durch eine Probe allgemein zu beschreiben. Die Absorption von Strahlung durch die Komponenten in einer Probe nimmt mit ansteigender Konzentration zu. Bei ausreichend niedriger Konzentration ist die Absorption proportional zur Konzentration.

Eine spektrophotometrische Messung kann verwendet werden, um die Menge von Desoxyhämoglobin zu erfassen; das entsprechende Instrument wird als Oxymeter bezeichnet. Im Oxymeter wird Licht verschiedener Wellenlängen durch eine hämolysierte Blutprobe gestrahlt; eine Photozelle erfaßt die Lichtabsorption, so daß die Sauerstoffsättigung berechnet werden kann. Die Abbildung 18.1 zeigt das zugrundeliegende physikalische Prinzip dieses Instruments. Das durch das Blut absorbierte Licht hängt von der Menge des Desoxyhämoglobins bzw. Oxyhämoglobins sowie von der Wellenlänge des Lichts ab. Die Absorp-

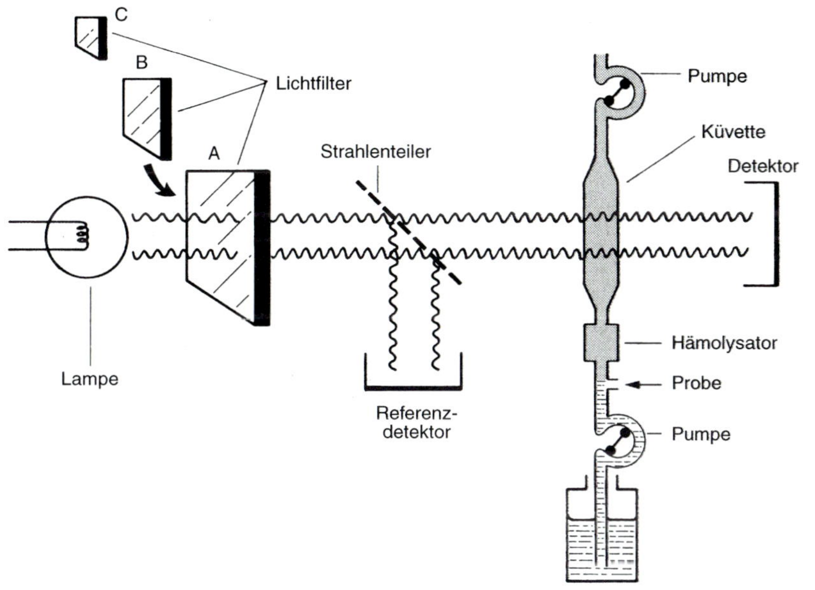

Abbildung 18.2: Funktionsprinzip eines Oxymeters.

tion von Oxyhämoglobin ist bei einer Wellenlänge von 660 nm niedriger als die von Desoxyhämoglobin, was zu seiner roten Farbe führt. Im Infrarotbereich, z.B. 940 nm, ist die Absorption von Desoxyhämoglobin größer als die von Oxyhämoglobin. Ein Vergleich der Absorptionen bei diesen Wellenlängen ermöglicht dem Oxymeter die Berechnung der Sauerstoffsättigung.

Die Punkte, bei denen die Absorptionen der beiden Hämoglobinformen identisch sind, werden als *isobestische Punkte* bezeichnet; sie sind abhängig von der Hämoglobinkonzentration. Frühere Oxymeter verwendeten eine Wellenlänge bei *einem* isobestischen Punkt, um die Hämoglobinkonzentration zu kompensieren. Moderne Oxymeter verwenden mehrere Wellenlängen, sie zeigen die Sättigung und ggf. auch den Gesamthämoglobingehalt direkt an.

Die Abbildung 18.2 zeigt ein einfaches Beispiel eines Oxymeters. Die zu analysierende Blutprobe wird über ein System von Pumpen in das Gerät gesaugt, verdünnt und vor Eintritt in die Küvette hämolysiert. Licht fällt durch einen Filter *A* zur Erzeugung eines monochromatischen Strahls (Licht mit einer einzigen Wellenlänge); dieses Licht tritt dann durch die Küvette mit hämolysiertem Blut und wird von einer Photozelle (in der Abbildung rechts) aufgefangen. Eine zweite Photozelle dient als Referenzdetektor, der einen festen, über einen Strahlenteiler ausgelenkten Anteil des Lichtes der Lampe auffängt. Der Vergleich der Ausgangssignale der beiden Detektoren erlaubt die Berechnung der Sauerstoffsättigung des Blutes und ggf. des Gesamthämoglobins. Die Abbildung zeigt eine Lampe und mehrere Filter, die auf einer rotierenden Scheibe angebracht sein können; modernere Geräte enthalten lichtemittierende Dioden, die Licht bei den gewünschten Wellenlängen erzeugen und in schneller Folge ein- und ausgeschaltet werden können.

18.3 Korrekturen für Carboxyhämoglobin

Der Effekt geringer Mengen von Kohlenmonoxid können von Bedeutung sein, insbesondere bei Rauchern, bei denen als Folge des inhalierten CO bis zu 15% des Hämoglobins als Carboxyhämoglobin (oder Kohlenmonoxidhämoglobin, CO-Hb) vorliegen können. Bei Bewohnern von Großstädten sind ebenfalls geringe Mengen von CO-Hb als Folge des Kohlenmonoxids in der Luft nachweisbar.

Das Oxymeter (s. Abb. 18.2) vermeidet einen Fehler bei Anwesenheit von CO durch eine spezielle Auswahl der für die Analyse verwendeten Lichtwellenlängen und eine entsprechende elektronische Berechnung. Zusätzlich kann CO-Hb gemessen werden, wenn eine Serie von Lichtfiltern oder Dioden unterschiedlicher Frequenzen eingesetzt werden. Heute sind Oxymeter verfügbar, die bei Wellenlängen arbeiten, mit denen alle Formen des Hämoglobins, einschließlich des Met-Hämoglobins, erfaßt und quantifiziert werden können.

Zusätzlich zur Verwendung des Oxymeters *in vitro* bei hämolysiertem Blut kann dieses Prinzip auch bei Patienten *in vivo* eingesetzt werden. Eine einfache Lichtquelle wird z.B. am Ohr des Patienten angebracht und das transmittierte oder reflektierte Licht durch Photozellen aufgefangen. Solche Oxymeter sind allerdings schwierig zu eichen; eine neuere Form, das Pulsoxymeter, ist in dieser Beziehung unproblematischer.

18.4 Pulsoxymeter

Die Abbildung 18.3 zeigt das Prinzip des Pulsoxymeters. Eine rote lichtemittierende Diode (660 nm) und eine Infrarot-LED (940 nm) strahlen Licht durch den Finger und eine Photozelle detektiert das transmittierte Licht. Das Ausgangssignal des Sensors wird elektronisch verarbeitet und ergibt eine Pulswelle sowie die arterielle Sauerstoffsättigung. Auch für die Verwendung am Ohr stehen geeignete Sensoren zur Verfügung.

Wie in dem zuvor beschriebenen Oxymeter werden die Dioden mit kurzen zwischengeschalteten Pausen nacheinander ein- und ausgeschaltet. Diese Pausen erlauben der Photozelle und dem Mikroprozessor eine Kompensation der Umgebungsbeleuchtung, die ebenfalls auf den Photosensor treffen kann. Die Umschaltung der Dioden erfolgt mehrere hundertmal pro Sekunde. Eine Detektion der zyklischen Änderungen im Signal entsprechen dem arteriellen Blutfluß, es werden also auch pulsabhängige Absorptionsschwankungen erfaßt. Ein Mikroprozessor analysiert diese Änderungen der Lichtabsorption und ist in der Lage, die arteriellen pulsierenden Flüsse von den nicht-pulsierenden Komponenten des Signals als Folge der Gewebe

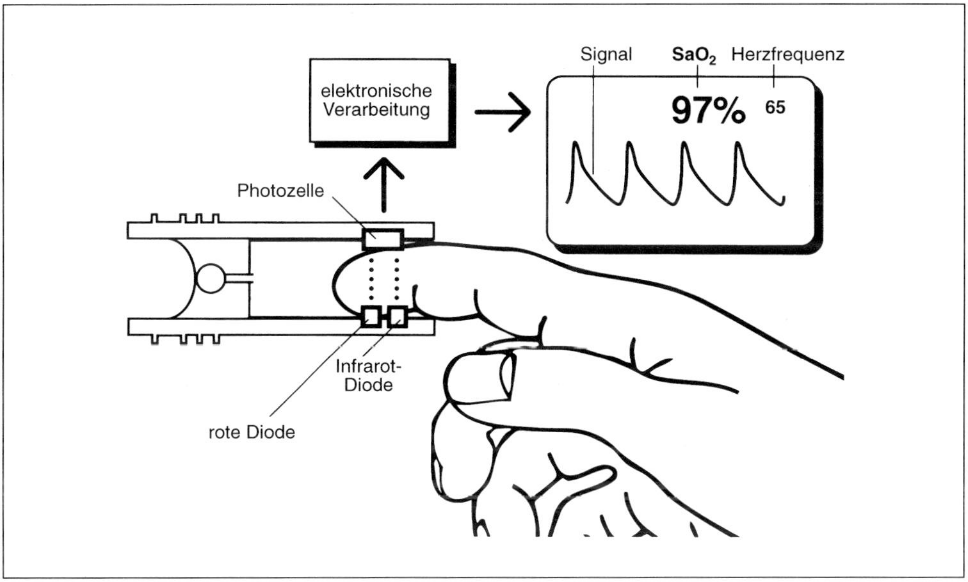

Abbildung 18.3: Prinzip des Pulsoxymeters.

und des venösen Blutes zu trennen. Das Pulsoxymeter ermöglicht daher eine zuverlässige Messung der arteriellen Sauerstoffsättigung.

Ein modernes Pulsoxymeter verwendet normalerweise zwei Dioden und ist daher für CO-Hb oder andere pathologische Hämoglobinformen nicht geeignet. Darüber hinaus sind Pulsoxymeter bei niedrigen Sauerstoffsättigungswerten oder bei peripherer Vasokonstriktion sehr ungenau. Einige Pulsoxymeter sind auch in ihrer Ansprechgeschwindigkeit auf abfallende arterielle Sauerstoffsättigungen recht langsam, insbesondere dann, wenn ein Fingersensor statt eines Ohrsensors verwendet wird. Farbpigmente auf den Fingernägeln oder Hautverfärbungen können ebenfalls die Ergebnisse verfälschen. Trotz dieser Einschränkungen hat sich das Pulsoxymeter als eines der wichtigsten Überwachungsgeräte in der Anästhesie fest etabliert.

Ebenfalls in die klinische Routine eingeführt ist ein Gerät zur Messung des Redox-Status von zerebralem Cytochrom c; dieser wird als Maß für die zerebrale Oxygenierung angesehen. Es handelt sich ebenso wie die Pulsoxymetrie um eine nicht-invasive Technik, die auf der Basis der Absorption von Licht arbeitet. Im Gegensatz zur Pulsoxymetrie arbeitet das Verfahren im Infrarotbereich, als Lichtquelle dient eine Laserdiode niedriger Leistung.

18.5 Sauerstoffgehalt

Die Messung des Oxyhämoglobins ist ein Maß für den Sauerstoffgehalt des Blutes, vorausgesetzt, die Hämoglobinkonzentration und seine Sauerstoffbindungskapazität sind bekannt, und die Sauerstofflöslichkeit im Plasma wird berücksichtigt.

Sauerstoffgehalt
= (Blutsauerstoffsättigung
× Hämoglobinkonzentration
× Sauerstoffbindungskapazität von Hämoglobin)
+ gelöster Sauerstoff

Den Sauerstoffgehalt einer Blutprobe direkt zu messen, ist genauer. Hierzu wird eine van-Slyke-Apparatur verwendet. Das Blut wird durch eine Säure-Saponin-Mischung hämolysiert und die freiwerdenden Gase durch Vakuum extrahiert. Alkalisches Natrium-Dithionit und Alphahydroquinon werden zur Absorption des Sauerstoffs eingesetzt, aus dem resultierenden Druckabfall in den extrahierten Gasen läßt sich dann der Sauerstoffgehalt berechnen. Verläßliche Ergebnisse setzen jedoch große Erfahrungen voraus. Ein anderes für die Sauerstoffgehaltmessung verwendetes Gerät ist der Lex-O_2-Con[1], in dem Sauerstoff durch ein sauerstofffreies Trägergas aus einer hämolysierten Blutprobe ausgewaschen und der Gesamtsauerstoffgehalt in dem so gewonnenen Gas durch eine Verbrennungszelle ermittelt wird.

18.6 Zusammenhang zwischen Sauerstoffsättigung und Sauerstoffspannung

Als Alternative zur Sauerstoffgehaltsmessung kann der Sauerstoffpartialdruck (PaO_2) des Blutes gemessen werden; es besteht ein enger Zusammenhang zwischen diesen beiden Parametern, der durch die Sauerstoffbindungskurve beschrieben wird (Abb. 18.4).

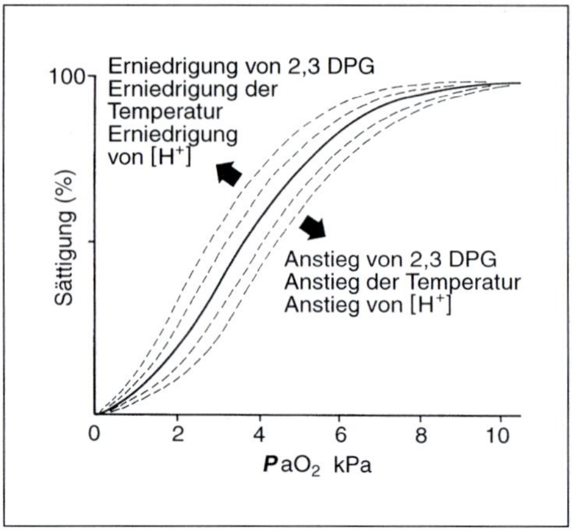

Abbildung 18.4: Die Sauerstoffbindungskurve.

Einige PaO_2-Meßgeräte berechnen nach Kompensation der Effekte der Wasserstoffionenkonzentration (H^+) auch die Sättigung. Dies ist nicht ideal, da neben H^+ auch andere, nicht gemessene Parameter, wie beispielsweise die 2,3-Diphosphoglycerat-(DPG-)Konzentration in den Blutzellen die Sauerstoffbindung beeinflussen. Direkte Messungen der Sättigung ergeben daher grundsätzlich eine bessere Genauigkeit als die Berechnungen. Bei niedriger Sauerstoffsättigung ist eine geringere Änderung von PaO_2 mit einer großen Änderung in der Sättigung assoziiert; die Messung der Sauerstoffsättigung ist daher ein genauerer Parameter für die Oxygenation des Patienten. Weiterhin ist die Sauerstoffsättigung normalerweise für die Patientenbetreuung relevanter, weil sie ein Maß für den Sauerstoffgehalt des Blutes ist, also für die Sauerstoffmenge, die den Geweben zur Verfügung steht. PaO_2 ist zwar ein Maß für den Partialdruck, der für die Diffusion von Sauerstoff durch

1 Ein vergleichbares Gerät ist im deutschsprachigen Raum nicht auf dem Markt.

Membranen und Kapillaren zur Verfügung steht; dies ist jedoch wahrscheinlich von geringerer Bedeutung, da Sauerstoff sehr schnell durch die Pulmonalkapillaren diffundiert (siehe Kapitel 7) und die Mitochondrien noch bei Sauerstoffdrücken von wenigen mmHg arbeiten.

Bei Lungenfunktionsmessungen ist es gelegentlich notwendig, hohe Sättigungs- oder Partialdruckwerte zu messen. In diesem Fall ist ein großer PaO_2-Bereich mit einem schmalen Sättigungsbereich zwischen 98 und 100% assoziiert. Hier besitzt die Messung des PaO_2 eine größere Sensitivität.

18.7 Messungen des Sauerstoffpartialdrucks

Blutgasanalysegeräte messen üblicherweise neben dem Kohlendioxidpartialdruck und dem pH-Wert einer Probe auch den Sauerstoffpartialdruck. Für Sauerstoffpartialdruckmessungen enthält die Apparatur eine Sauerstoffelektrode, auch Clark-Elektrode oder polarographische Elektrode genannt. Das Prinzip dieser Elektrode ist in Abbildung 18.5 gezeigt. Eine Platinkathode und eine Silber-Silberchlorid-Anode befinden sich in einer Elektrolytlösung (z.B. Kaliumchlorid). Eine Spannung von 0,6 Volt wird an die Elektroden angelegt und der nun fließende Strom gemessen. An der Anode werden durch die Reaktion von Silber mit Silberchloridionen des Kaliumchlorid Elektronen bereitgestellt, dabei werden Silberchlorid und Elektronen freigesetzt. An der Kathode verbin-

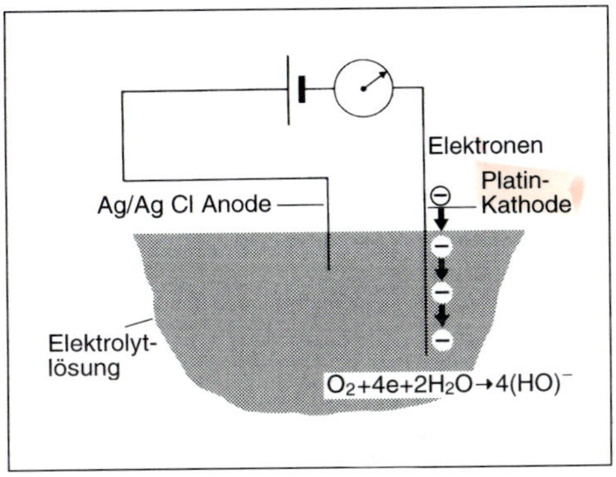

Abbildung 18.5: Prinzip der Sauerstoffelektrode.

det sich Sauerstoff mit diesen Elektronen und mit Wasser unter Bildung von Hydroxylionen.

$$O_2 + 4e + 2\,H_2O \rightarrow 4\,(OH)^-$$

Je mehr Sauerstoff zur Verfügung steht, desto mehr Elektronen können an der Kathode aufgenommen werden, und entsprechend größer ist der fließende Strom. Der Stromfluß durch die Zelle ist also abhängig vom Sauerstoffpartialdruck an der Platinkathode.

Die Reaktion an der Kathode ist analog zu der in den Mitochondrien (Abb. 18.6). In diesem Falle werden die im Citratzyklus erzeugten Elektronen auf die Enzyme der Atmungskette übertragen. In der Atmungskette vereinigt sich Sauerstoff mit Elektronen unter Bildung von Hydroxylionen, während zur gleichen Zeit Adenosindiphosphat (ADP) zum energiereicheren Adenosintriphosphat (ATP) phosphoryliert wird.

Die Platinelektrode der Sauerstoffelektrode kann nicht direkt in das Blut eingetaucht werden, weil Proteinablagerungen die Funktion beeinträchtigen. Eine Kunststoffmembran trennt daher das Blut von einem geringen Volumen einer Elektrolytlösung über der Spitze

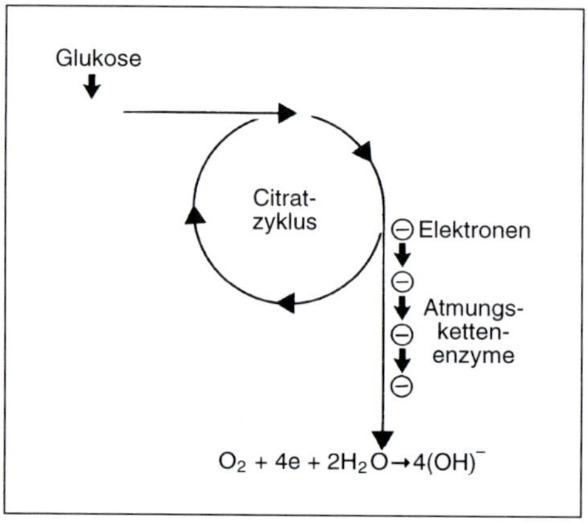

Abbildung 18.6: Krebszyklus und Atmungskette.

der Platinelektrode (Abb. 18.7). Der Sauerstoffpartialdruck im Blut äquilibriert sich mit dem in der Elektrolytlösung um die Kathode, und die beschriebenen Reaktionen laufen ab, so daß der fließende Strom der Sauerstoffspannung an der Kathode proportional ist. Da die Temperatur einen großen Einfluß auf die Messung hat, wird die Elektrode bei einer konstanten Temperatur von 37,0 °C gehalten. Die Eichung erfolgt mit entsprechenden Eichgasmischungen.

Die Sauerstoffelektrode muß unbedingt sauber gehalten werden, die Membran muß bei Verschmutzung oder Undichtigkeiten sofort ausgetauscht werden. Die Blutprobe muß möglichst luftfrei entnommen und sofort heparinisiert werden, um Gerinnungsvorgänge in der Spritze und im Analysegerät zu vermeiden. Die Analyse ist möglichst verzögerungsfrei durchzuführen, da der Sauerstoffpartialdruck in einer arteriellen Probe kontinuierlich abfällt, insbesondere wenn sie bei Raumtemperatur gehalten wird. Der Abfall der Sauerstoffkonzentration ist die Folge des Metabo-

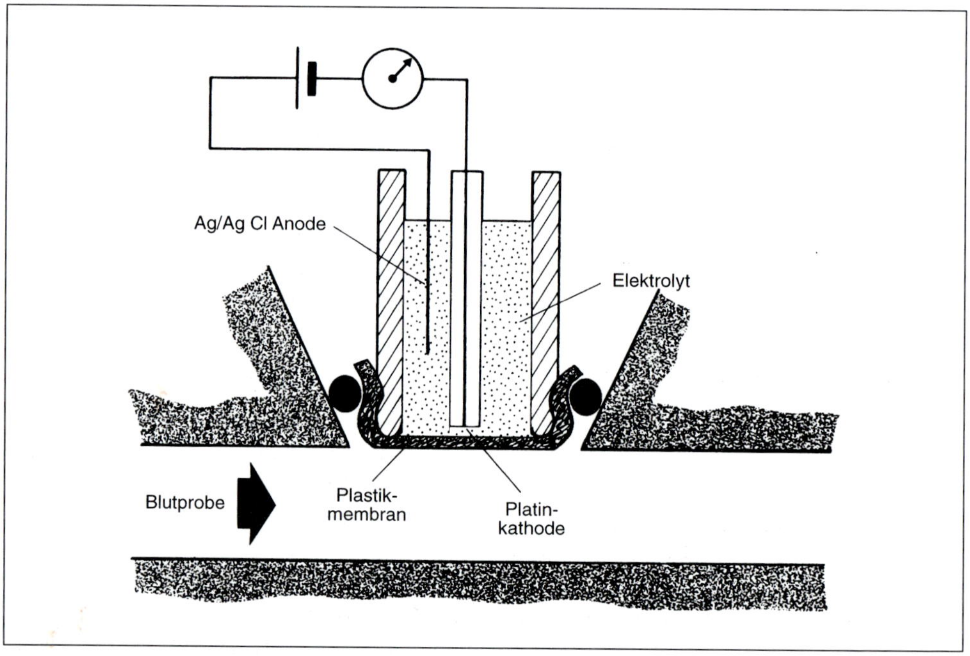

Abbildung 18.7: Aufbau der Sauerstoffelektrode.

lismus in den Blutzellen. Wenn eine Verzögerung unumgänglich ist, wird manchmal ein Korrekturfaktor für die Zeitspanne zwischen Blutentnahme und Messung angewendet. Alternativ können die Proben in Eis aufbewahrt werden, um die Geschwindigkeit des Sauerstoffabfalls zu reduzieren. Dieses Verfahren ist natürlich weniger genau als die sofortige Analyse der Proben.

Eine auf einer Katheterspitze angebrachte miniaturisierte Sauerstoffelektrode kann zur kontinuierlichen Messung der Sauerstoffspannung des Blutes im rechten Herzen und in größeren arteriellen Gefäßen verwendet werden. Sie zeigt Änderungen im Sauerstoffpartialdruck sofort an, die Eichung ist allerdings schwieriger als mit den konventionellen oben beschriebenen Geräten.

Außer der Messung des Sauerstoffpartialdrucks in Blutproben kann die polarographische Sauerstoffelektrode auch für die Messung von Sauerstoffkonzentrationen in Gasgemischen verwendet werden. In Anwesenheit von Halothan zeigen einige Sauerstoffelektroden falsch hohe Werte an, da das Anästhetikum durch die Polarisationsspannung von 0,6 Volt reduziert wird. Eine für Halothan undurchlässige Membran vermeidet dieses Problem weitgehend.

18.8 Die Brennstoffzelle

Obwohl die Sauerstoffelektrode für die Messung des Sauerstoffpartialdrucks in Gasgemischen verwendet werden kann, stehen in der Praxis verschiedene andere Gerätetypen zur Verfügung. Die Brennstoffzelle soll zuerst besprochen werden,

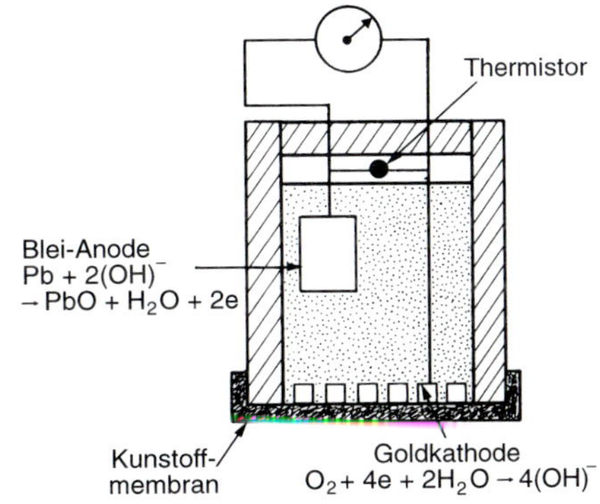

Abbildung 18.8: Funktionsprinzip der Brennstoffzelle.

da sie einige Ähnlichkeiten mit der Sauerstoffelektrode aufweist (Abb. 18.8). In der Sauerstoffelektrode wird eine Platinkathode verwendet, während in der Brennstoffzelle die Kathode in Form eines Netzes aus Golddraht vorliegt. Die Reaktion ist in beiden Fällen allerdings gleich:

$$O_2 + 4\,e + 2\,H_2O \rightarrow 4\,(OH)^-$$

Der Stromfluß hängt von der Sauerstoffaufnahme an der Kathode und damit von dem Sauerstoffpartialdruck ab. Die Anoden sind in den beiden Geräten unterschiedlich. Die Sauerstoffelektrode arbeitet mit einer Silber-Silberchlorid-Drahtanode, während diese bei der Brennstoffzelle aus Blei besteht, die in eine Kaliumhydroxidlösung eingetaucht ist. An der Anode werden durch die Kombination von Hydroxylionen aus Kaliumhydroxid mit Blei Elektronen in folgender Weise freigesetzt:

$$Pb + 2\,(OH)^- \rightarrow Pb + H_2O + 2e$$

Im Gegensatz zur Sauerstoffelektrode wird in der Brennstoffelektrode keine Batterie benötigt, weil die Zelle ähnlich einer Batterie selbst eine Spannung erzeugt. Wie andere Batterien kann auch sie leer werden, wobei die Lebensdauer von der Zeitspanne abhängt, der sie dem Sauerstoff ausgesetzt ist; sie kann mehrere Monate betragen. Wie bei der polarographischen Elektrode beeinflußt die Temperatur das Ausgangssignal der Brennstoffzelle. Eine Temperaturkompensation kann über einen innerhalb der Brennstoffzelle plazierten Thermistor erreicht werden (s. Abb. 18.8). Die Zelle wird mit einer kleinen Anzeigeeinheit verbunden, man erhält ein tragbares und zuverlässiges Sauerstoffanalysegerät für klinische und bettseitige Zwecke. Eine typische Brennstoffzelle hat eine Antwortzeit von etwa 30 Sekunden. Dieser Gerätetyp ist nicht sehr teuer, die Detektorzelle hat allerdings nur eine begrenzte Lebensdauer und muß gelegentlich ausgetauscht werden. Außerdem kann im Narkosebetrieb Lachgas in die Zelle diffundieren. Das Lachgas reagiert mit dem Blei der Anode unter Bildung von Stickstoff, der den Druck innerhalb der Zelle ändern und diese zerstören kann. Für den Einsatz in der Anästhesie wurden daher spezielle Zellen entwickelt, die allerdings eine kürzere Lebensdauer haben.

Tragbare Sauerstoffsensoren auf der Basis der Brennstoffzelle sind ebenfalls verfügbar. Bei diesen Typen liegt das Elektrolyt in Form eines Gels vor, das sich allerdings, ebenso wie die Membran, schnell verbraucht und ersetzt werden muß. Diese Geräte haben den Vorteil einer kürzeren Antwortzeit, auf der anderen Seite benötigt der Brennstoffzellensensor eine seltenere Wartung und hat eine garantierte Lebenszeit. Die meisten Sauerstoffsensoren verfügen über einen sicht- und/oder hörbaren Alarm, der bei Über- oder Unterschreiten festgesetzter Grenzen reagiert.

18.9 Paramagnetische Analysatoren

Eine weitere Technik für die Messung der Sauerstoffkonzentration in Gasen basiert auf der Tatsache, daß Sauerstoff paramagnetisch ist und dadurch in einem magnetischen Feld beeinflußt wird (Abb. 18.9). Die meisten anderen Gase, z.B. Stickstoff, sind dagegen schwach diamagnetisch, sie werden von einem magnetischen Feld abgestoßen. Die paramagnetische Eigenschaft von Sauerstoff basiert auf seiner molekularen Struktur, und zwar auf der Tatsache, daß die Elektronen in der äußeren Hülle eines Sauerstoffmoleküls nicht paarweise vorliegen. Im paramagnetischen Sauerstoffanalysator wird eine gasdichte Kammer, die zwei hantelförmig angeordnete Glaskugeln enthält, in ein dipolares magnetisches Feld eingebracht (Abb. 18.10).

Die Glaskugeln sind mit Stickstoff gefüllt und an einem feinen Draht aufgehängt, so daß sie rotieren können. Der Nullpunkt des Instrumentes kann durch Füllung der Kammer mit Stickstoff eingestellt werden. Die Ausrichtung der Glaskugeln wird durch die Spannung des Drahtes bestimmt. Nehmen wir an, daß der Zelle Sauerstoff zugeführt wird. Der Sauerstoff wird in das magnetische Feld hineingezogen und führt zu einer Verschiebung der stickstoffgefüllten Glaskugeln. Der Draht wird so lange verdreht, bis die Ablenkungskräfte und die Vorspannung des Drahtes im Gleichgewicht stehen. Die resultierende Auslenkung der Kugeln kann durch einen zusätzlich auf dem Draht angebrachten Spiegel gemessen werden, indem die Position eines durch den Spiegel reflektier-

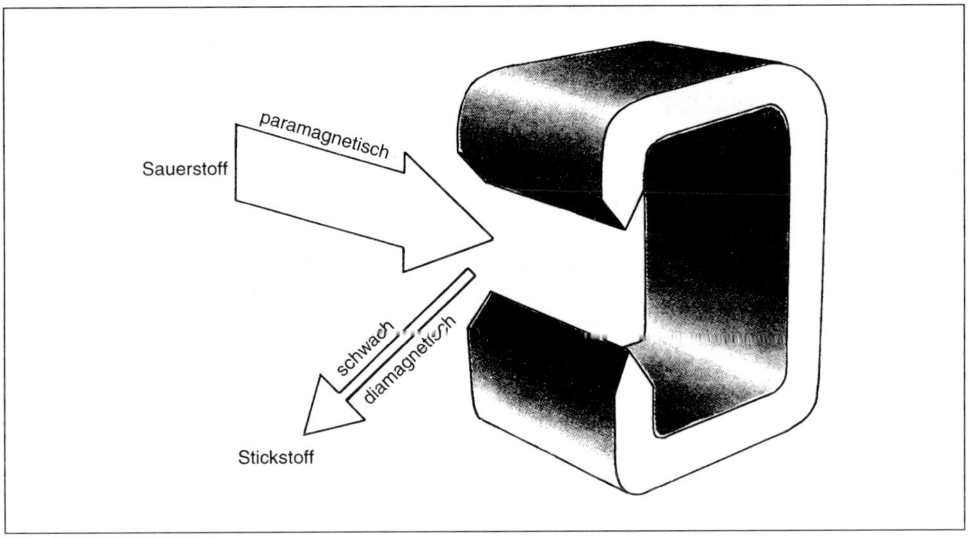

Abbildung 18.9: Paramagnetische Eigenschaft des Sauerstoffs.

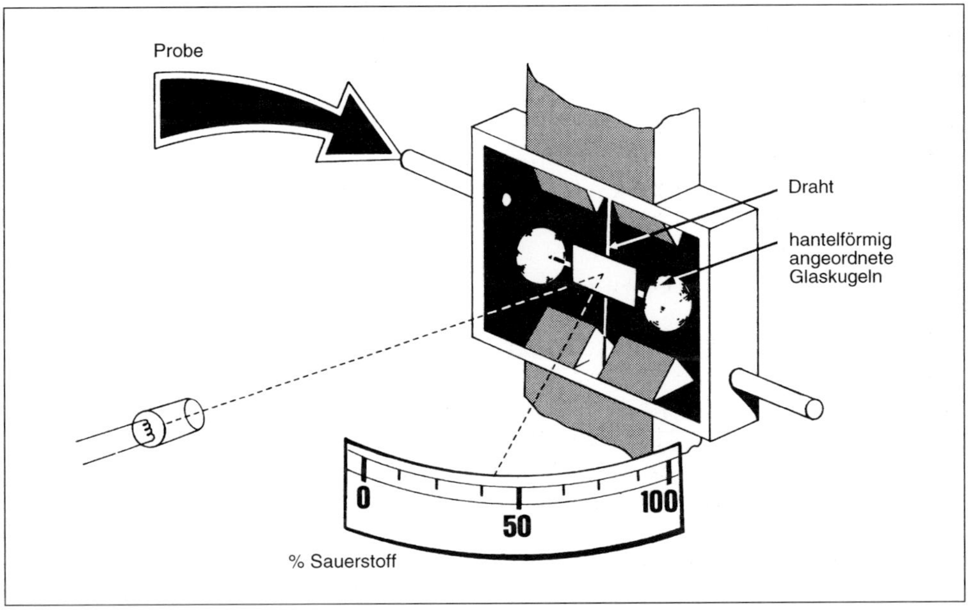

Abbildung 18.10: Einfacher paramagnetischer Sauerstoffanalysator.

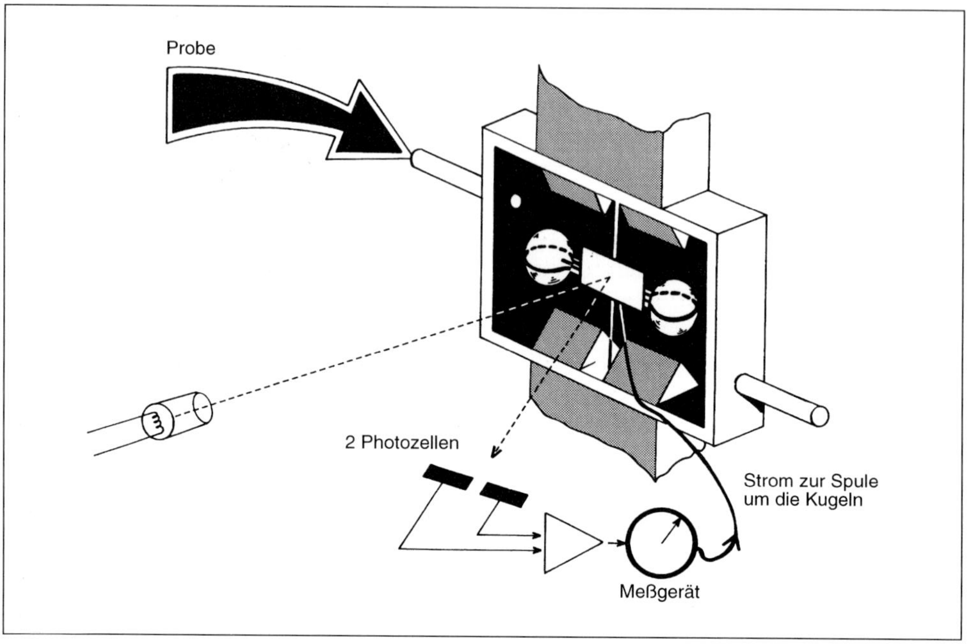

Abbildung 18.11: Auslenkungsfreier paramagnetischer Sauerstoffanalysator.

ten Lichtstrahls auf einer Skala abgelesen wird. Die Skala kann so kalibriert werden, daß der prozentuale Sauerstoffgehalt in der Meßzelle direkt abgelesen werden kann.

Die Abbildung 18.11 zeigt eine alternative paramagnetische Technik. Der reflektierte Lichtstrahl fällt auf zwei Photozellen, deren Ausgangssignal verwendet wird, um in einer umgebenden Spule einen Strom zu erzeugen. Hierdurch wird ein gegensätzliches Feld erzeugt, das die Kugeln in der Ruheposition fixiert. Die Strommenge, die benötigt wird, um die Kugeln in der Ausgangsposition zu halten, ist ein Maß für die Sauerstoffkonzentration in der Zelle. Solche auslenkungsfreien Analysatoren ergeben sehr genaue Meßwerte mit einem typischen Fehler von weniger als 0,1 %.

Wie alle Instrumente muß auch ein paramagnetischer Analysator vor Gebrauch geeicht werden, z. B. mit 100 % Stickstoff und 100 % Sauerstoff. Für die Praxis muß – wie auch bei anderen Gasanalysatoren – beachtet werden, daß Wasserdampf die Meßwerte beeinflußt. Für sehr genaue Analysen muß die Gasprobe vor Eintritt in die Analysenzelle über Silikagel getrocknet werden.

18.10 Analyse von Gasen in Gegenwart von Wasserdampf

Wird Wasserdampf einer zuvor trockenen Gasmischung zugefügt, wird die Konzentration der anderen Komponenten aufgrund des Partialdrucks des Wasserdampfs reduziert. Dies kann von praktischer Bedeutung sein. Betrachten wir beispielsweise die Messung des Sauerstoffverbrauchs eines Patienten, der trockenes Gas inspiriert, aber angefeuchtetes Gas ausatmet. Wird für den in den Atemwegen zugefügten Wasserdampf keine Korrektur durchgeführt, werden die Sauerstoffverbrauchsmessungen ungenau.

Wenn angefeuchtete Gase bei 37 °C analysiert werden, kann die Sauerstoffkonzentration in der trockenen Mischung aus dem Partialdruck von Sauerstoff, dem barometrischen Druck und dem Sättigungsdampfdruck von Wasser bei 37 °C wie folgt berechnet werden:

$$\text{Konzentration} = \frac{\text{Partialdruck (37 °C, feucht)}}{\text{Barometerdruck} - \text{Sättigungsdampfdruck von Wasser bei 37 °C}}$$

Alternativ zur rechnerischen Korrektur kann der Wasserdampf zuvor durch ein Trockenmittel, wie z. B. Silikagel, entzogen werden.

18.11 Kontinuierliche in-vivo-Sauerstoffmessungen

Die meisten der beschriebenen Instrumente werden für intermittierende arterielle Blutproben, gemischt-venöse Blutproben oder Gase verwendet. Beim schwerkranken Patienten kann jedoch eine einfache Bestimmung unter Umständen nicht repräsentativ sein, so daß kontinuierliche Messungen des Sauerstoffpartialdrucks notwendig werden. Mehrere Techniken bieten sich hierzu an. So kann beispielsweise eine miniaturisierte polarographische Elektrode in einen arteriellen Katheter oder in einen zentralvenösen Katheter eingesetzt werden. Das Massenspektrometer (siehe Kapitel 20) wird ebenfalls zur kontinuierlichen Messung des Sauerstoffpartialdrucks über einen intravaskulären Katheter eingesetzt.

Leider bestehen bei den meisten kontinuierlich messenden Systemen Eichprobleme. Auf wiederholte Probenentnahmen aus einem arteriellen oder zentralvenösen Katheter, oder aus endexspiratorischen Gasproben kann daher in der Regel nicht verzichtet werden. Eine weitere Technik – die transkutane Sauerstoffmessung – ist allerdings eine nützliche Ergänzung zur kontinuierlichen Überwachung der Blutgase, insbesondere bei Neugeborenen.

18.12 Transkutane Sauerstoffmessungen

Bei Raumtemperatur wird ein Teil der Sauerstoffzufuhr in der peripheren Zirkulation für den Stoffwechsel von Geweben unmittelbar unter der Hautoberfläche verbraucht. Wird die Haut lokal auf 43 bis 44 °C erwärmt, dilatieren die peripheren Blutgefäße, und der in der Haut verbrauchte Sauerstoff ist gegenüber dem totalen Sauerstoffgehalt in den Kapillaren vernachlässigbar. Die Sauerstoffspannungen in Haut und Kapillaren nähern sich dann denen des arteriellen Blutes an, Sauerstoff diffundiert durch die Haut. Eine auf der Hautoberfläche angebrachte Sauerstoffelektrode kann daher zur Messung des arteriellen Sauerstoffpartialdrucks eingesetzt werden.

Ein Querschnitt durch eine typische transkutane Sauerstoffelektrode ist in der Abbildung 18.12 dargestellt. Eine Platin- oder Goldkathode ist umgeben von einer Silberanode; beide Elektroden sind in Kontakt mit einer dünnen Schicht einer Elektrolytlösung, die von einer sauerstoffdurchlässigen Membran umschlossen wird. Das vollständige System bildet eine polarographische Elektrode, deren Funktion oben beschrieben wurde. Die Hauttemperatur wird über einen Thermistor gemessen und zur Steuerung der Heizleistung verwendet. Ein Fehler des Temperaturkontrollsystems ist gefährlich, da bei Temperaturen über 45 °C Hautverbrennungen auftreten können (siehe Kapitel 9). Ein zweiter Thermistor wird daher verwendet, um die Heizung zu unterbrechen, wenn der primäre Kreis ausfällt. Trotzdem sollte zur Vermeidung von Hautschäden, und um eine fehlerfreie Messung zu gewährleisten, die Elektrodenposition alle 3 bis 6 Stunden geändert werden.

Transkutane Sauerstoffmessungen sind weniger genau als Analysen aus Blutproben, können letztere allerdings wegen der Möglichkeit der kontinuierlichen Messung ergänzen. Ungenauigkeiten kommen zustande durch den Metabolismus von Sauerstoff während der Diffusion durch die Haut, durch die Temperatur-bedingte Verschiebung der Sauerstoffbindungskurve und durch die Verminderung der Hautperfusion als Folge von Ödemen durch die hohe Arbeitstemperatur. Falsch niedrige Werte treten auch auf, wenn das Herzzeitvolumen abfällt, da dann die Hautperfusion reduziert wird. Die Antwortzeit der transkutanen Elektrode ist relativ lange. Die Elektrode antwortet innerhalb etwa 1 Minute auf Änderungen der Sauerstoffspannung an ihrer Oberfläche. Weiterhin bleiben Änderungen in der kutanen Sauerstoffspannung hinter den zugrundeliegenden Änderungen der arteriellen Partialdrücke zurück.

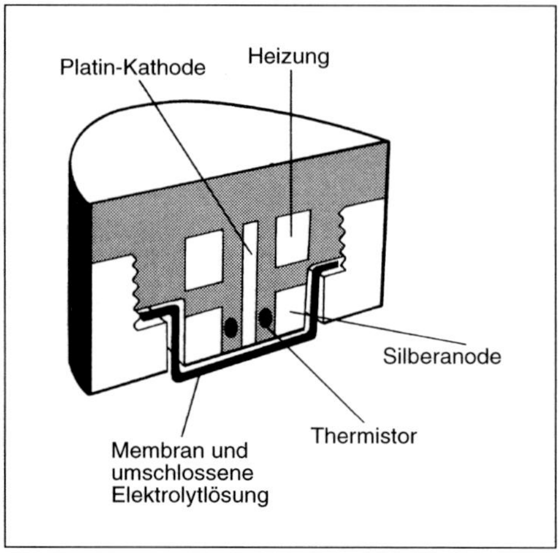

Abbildung 18.12: Transkutane Sauerstoffelektrode.

19 Messung von Wasserstoffionenkonzentration und CO_2

19.1 Wasserstoffionenkonzentration $[H^+]$ und pH

Der pH Wert ist das Maß der Wasserstoffionenaktivität in einer Flüssigkeit. Wasserstoffionenaktivität ist nicht genau das gleiche wie Wasserstoffionenkonzentration $[H^+]$, aus praktischen Gründen können diese jedoch in der Klinik als äquivalent angesehen werden. Der pH-Wert ist definiert als der negative dekadische Logarithmus von $[H^+]$. Ein $[H^+]$ von 10^{-9} mol/l entspricht daher einem pH von 9. Ein Abfall um eine pH-Einheit entspricht einer 10fachen Erhöhung der Wasserstoffionenkonzentration.

pH 9 = 1 nmol l^{-1} $[H^+]$ oder 10^{-9} mol l^{-1}
pH 8 = 10 nmol l^{-1} $[H^+]$ oder 10^{-8} mol l^{-1}
pH 7 = 100 nmol l^{-1} $[H^+]$ oder 10^{-7} mol l^{-1}
pH 7,4 = 40 nmol l^{-1} $[H^+]$ oder $10^{-7,4}$ mol l^{-1}

Unter normalen Bedingungen beträgt $[H^+]$ im Blut 40 nmol l^{-1} bei 37 °C, dies entspricht einem pH von 7,4. Der Zusammenhang zwischen $[H^+]$ und pH-Wert ist im klinisch relevanten Bereich näherungsweise linear (Abb. 19.1), entsprechend einem pH-Abfall von 0,1 für jede 10 nmol l^{-1} Anstieg von $[H^+]$; 30 nmol l^{-1} entsprechen beispielsweise einem pH von ca. 7,5.

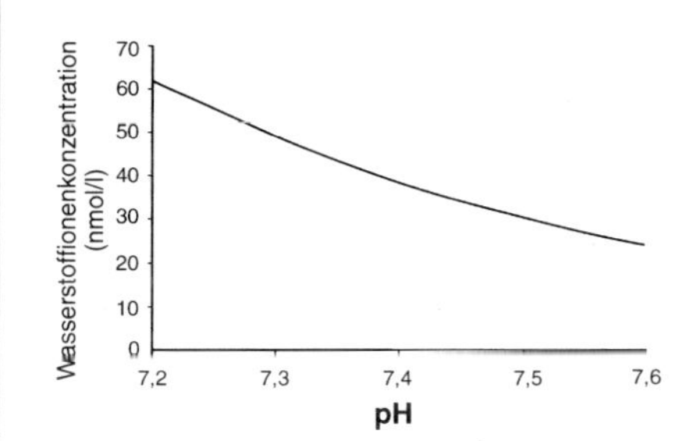

Abbildung 19.1: Zusammenhang von $[H^+]$ in nmol pro Liter und pH-Wert im klinisch relevanten Bereich.

19.2 Die Messung von $[H^+]$

Die $[H^+]$-Elektrode (Abb. 19.2) ist ein Beispiel für eine Ionen-selektive Elektrode; das Prinzip der Messung beruht auf dem Wasserstoffionen-durchlässigen Glas, das an der Spitze der $[H^+]$-Elektrode zu sehen ist. In Abhängigkeit von der $[H^+]$-Differenz über dieser Glasmembran entwickelt sich ein Potential. $[H^+]$ innerhalb der Elektrode wird durch eine Pufferlösung auf einem konstanten Wert gehalten, so daß das Potential über dem Glas von $[H^+]$ der Blutprobe abhängig ist. Zur Messung der Potentialdiffe-

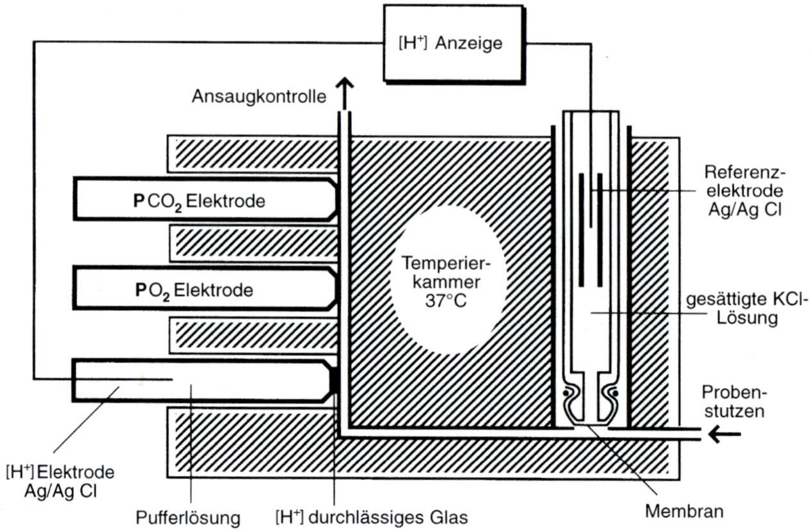

Abbildung 19.2: [H^+]-Meßsystem. Die meisten klinisch eingesetzten Systeme enthalten auch pCO_2- und pO_2-Elektroden.

renz ist es notwendig, einen direkten Kontakt zwischen Blut und Pufferlösung herzustellen; im Falle von Blut wird eine mit einer Membran bedeckte Referenzelektrode verwendet. Sowohl bei der [H^+]-Elektrode als auch bei der Referenzelektrode wird der Kontakt zwischen Metall und Lösung über eine spezielle stabile Silberelektrode erreicht, die im Kontakt mit Silberchlorid steht, das wiederum Kontakt mit einer Silberchloridionenlösung hat. Die Silber-Silberchloridverbindung der [H^+]-Elektrode ist dann in Kontakt mit der Pufferlösung, während die Silber-Silberchloridverbindung der Referenzelektrode mit der Membran verbunden ist; Blut vervollständigt über eine gesättigte Kaliumchloridlösung den elektrischen Kreislauf. Ein geeignetes Pumpensystem fördert das Blut durch den Probenkanal. Automatisierte Systeme dieses Typs sind oft als Teil eines umfangreichen Elektrodensystems konzipiert, das neben [H^+] auch Sauerstoff- und CO_2-Partialdrücke mißt. Normalerweise wird eine arteriell unter anaeroben Bedingungen gewonnene heparinisierte Blutprobe verwendet und sofort analysiert.

Bei [H^+]-Messungen ist eine Temperaturkontrolle wichtig. Elektroden und Blutkanal sind daher von einem System zur Aufrechterhaltung einer Temperatur von 37 °C umgeben. Die Dissoziation von Säuren und Basen nimmt mit steigenden Temperaturen zu, Temperaturänderungen beeinflussen daher [H^+]. Beträgt die Temperatur der Blutprobe nicht 37 °C, z. B. von einem Patienten unter hypothermen Bedingungen, kann ein Korrekturfaktor verwendet werden, um den wahren Wert zu ermitteln.

Vor Gebrauch muß das Gerät mit zwei Pufferlösungen geeicht werden, von denen jede eine feste Konzentration zweier Phosphatpuffer enthält, deren [H^+] durch internationale Richtlinien festgelegt ist. Zusätzlich muß das Elektrodensystem sorgfältig gepflegt werden, um die Genauigkeit sicherzustellen. Regelmäßige Qualitätskontrollen sind entsprechend einschlägiger Richtlinien durchzuführen. Jede Membran muß sauber und unversehrt sein, die Elektroden müssen regelmäßig gereinigt werden, um Proteine zu entfernen, die sich auf den Membranen ablagern.

Zusätzlich zur Verwendung für Blutproben können die Geräte auch für die Messung von [H^+] im Urin und Zerebrospinalflüssigkeit verwendet werden. Neben der [H^+]-Elektrode gibt es Elektroden mit anderen Eigenschaften, die durch Verwendung spezieller Glassorten erreicht werden. So ist es möglich, die Konzentrationen anderer Ionen wie K^+, Na^+ oder Ca^{++} mit Elektroden des gleichen Prinzips zu bestimmen; der wesentliche Unterschied liegt jeweils in der selektiven Durchlässigkeit des verwendeten Glases.

19.3 Messung des Kohlendioxidpartialdrucks

Die Kohlendioxidspannung in arteriellem Blut ($PaCO_2$) ist ein wichtiges Maß für eine physiologiche Ventilation, wobei die Kohlendioxidspannung im Blut der CO_2-Partialdruck ist, der im Äquilibrium mit dem Blut bestände. Der normale $PaCO_2$ beträgt 5,3 kPa oder 40 mmHg.

Die wichtigste Methode zur Messung des PCO_2 von Flüssigkeiten basiert auf [H^+]-Messungen, da Kohlendioxid mit Wasser unter Freisetzung von Hydrogenionen durch eine reversible Reaktion reagiert:

$$CO_2 + H_2O \rightarrow H_2CO_3 \rightarrow H^+ + (HCO_3)^-$$

Die erste Reaktion ergibt Hydrogencarbonat, das wiederum unter Freisetzung von Wasserstoffionen und Bicarbonationen dissoziiert. Die Kohlendioxidspannung hängt daher von der Wasserstoffionenkonzentration ab. Dieser Zusammenhang wird in der Severinghaus-CO_2-Elektrode angewendet (Abb. 19.3), die eine direkte Methode für die Messung von PCO_2 aus [H^+]-Änderungen darstellt. Das Gerät enthält ein wasserstoffionendurchlässiges Glas, das Elektroden auf beiden Seiten enthält. Dieses Glas ist in Kontakt mit einem dünnen Film von Natriumbicarbonatlösung in einem Kunststoffnetz, das auf der Glasspitze mit Hilfe eines Ringes fixiert ist. Die zu testende Flüssigkeit, üblicherweise Blut, ist von Netz und Bicarbonat durch eine Kunststoffmembran getrennt, die für Kohlendioxid durchlässig und ebenfalls über einen Ring fixiert ist. An der Elektrodenspitze diffundiert CO_2 durch die Kunststoffmembran in das Netz mit der Bicarbonatlösung und verbindet sich mit dem dort vorhandenen Wasser in der oben beschriebenen Reaktion. Die resultierende Änderung von [H^+] wird durch die Glaselektrode gemessen.

Wenn ein kleines Loch in der Kunststoffmembran auftritt, verliert sie ihre semipermeable Eigenschaft, das Gerät wird ungenau. Bei entsprechender Sorgfalt kann eine Genauigkeit von 130 Pa (1 mmHg) erreicht werden. Die Antwortzeit der Elektrode beträgt etwa 2 bis 3 Minuten; sie ist damit langsamer als die [H^+]-Elektrode, da CO_2 eine gewisse Zeit braucht, um durch die Kunststoffmembran hindurch zu diffundieren. Wie

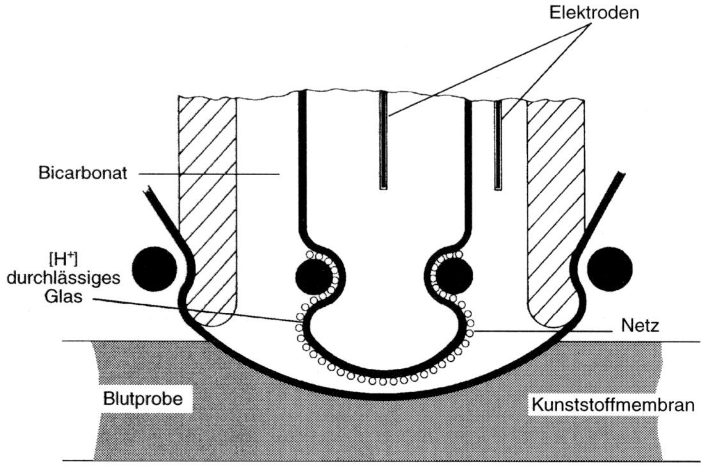

Abbildung 19.3: Aufbau einer Severinghaus-CO_2-Elektrode.

die $[H^+]$-Elektrode muß auch die CO_2-Elektrode bei 37 °C temperiert und mit Gasmischungen bekannter Zusammensetzungen geeicht werden. Da die Geräte die Ergebnisse als Partialdrücke in kPa oder mmHg angeben, müssen die Konzentrationen der Eichgasmessungen in Partialdrücke umgerechnet werden. Weiterhin darf man nicht vergessen, bei feuchten Gasen den Sättigungsdampfdruck von Wasser vom barometrischen Druck abzuziehen.

In Blutgasanalysegeräten werden die Eichgase auf ihrem Weg zur Elektrode vollständig mit Wasserdampf gesättigt. Ein Beispiel für die Eichung von CO_2 ist wie folgt. Beträgt der barometrische Druck 100 kPa und der Sättigungsdampfdruck von Wasser bei 37 °C 6,3 kPa, ergibt sich für ein Eichgas einer CO_2-Konzentration von 5 % ein Partialdruck von 4,7 kPa.

$$\frac{5}{100} \times (100 - 6{,}3)\ \text{kPa} = 4{,}7\ \text{kPa}$$

In mmHg ausgedrückt lautet die Berechnung:

$$\frac{5}{100} \times (750 - 47)\ \text{mmHg} = 35\ \text{mmHg}$$

Für ein CO_2-Eichgas von 5 % muß also für die Kalibration des Gerätes ein Wert von 4,7 kPa oder 35 mmHg vorgegeben werden.

Der PCO_2 stellt ein Maß für das im Blut gelöste CO_2 dar. Dies ist allerdings nur ein kleiner Teil des gesamten Kohlendioxids, das auch als Bicarbonat und an Hämoglobin gebundenes CO_2 umfaßt. Der $PaCO_2$ ist in der Anästhesie dennoch der wichtigste Meßwert.

Für intermittierende Messungen von Blut- und Gasproben ist die Kohlendioxidelektrode ausreichend, bei schwerkranken Patienten kann es allerdings von Vorteil sein, eine kontinuierliche in-vivo-Messung durchzuführen. Neue Techniken mit intravaskulären Kathetern wurden daher entwickelt, die mit einem

Massenspektrometer arbeiten (siehe Kapitel 20). Ebenso wie eine transkutane Sauerstoffelektrode zur Messung der Sauerstoffspannung verwendet werden kann (siehe Kapitel 18), sind auch transkutane CO_2-Elektroden verfügbar, die ein ähnliches Temperiersystem benutzen, allerdings eine Elektrode des Severinghaus-Typs enthalten.

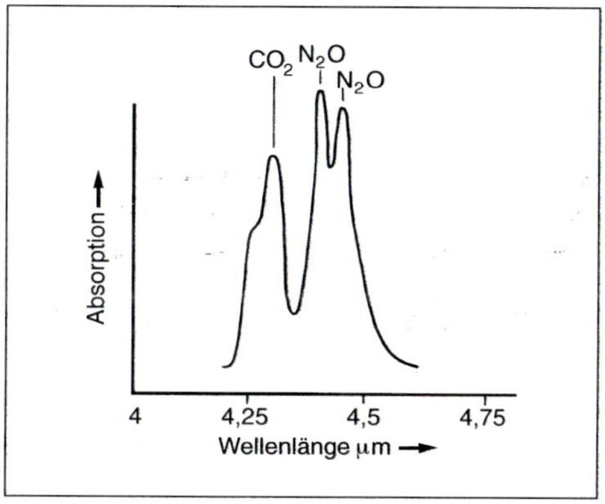

Abbildung 19.4: Die Absorbtion von Infrarotstrahlung durch CO_2 und Lachgas hängt von der Wellenlänge der Strahlung ab.

19.4 Infrarotanalysatoren

Ein Gerät, das eine kontinuierliche Messung der CO_2-Konzentration in Gasgemischen ermöglicht, ist als Kapnometer bekannt. Dieser Infrarotanalysator kann ebenfalls für die Messung der Konzentrationen vieler anderer Gase verwendet werden.

Gase, die zwei oder mehr Atome im Molekül enthalten, absorbieren Infrarotstrahlung, so daß durch Absorptionsmessung der Strahlung durch eine Mischung der Partialdruck eines bestimmten Gases bestimmt werden kann. Jedes Gas absorbiert Licht einer bestimmten Wellenlänge. Durch geeignete Wahl einer infraroten Wellenlänge und unter Berücksichtigung der möglichen Komponenten einer Gasmischung ist es möglich, das interessierende Gas zu messen und Wechselwirkungen mit anderen Gasen zu vermeiden. Als Beispiel zeigt die Abbildung 19.4 die Verwendung von Infrarotstrahlung mit einer Wellenlänge von 4,28 μm zur Analyse von CO_2, die eine Interferenz mit dem vorhandenen Lachgas vermeiden soll.

Das Prinzip eines Infrarotanalysators ist in Abbildung 19.5 gezeigt. Die Infrarotstrahlung wird durch einen heißen Draht emittiert, die tatsächlich benötigte Wellenlänge wird über einen Interferenzfilter gewonnen (siehe Kapitel 13). Ein Gerät zur Analyse von Kohlendioxidkonzentrationen besitzt nur einen Filter, der eine bestimmte Wellenlänge durchläßt. Aufwendigere Geräte enthalten dagegen variable Filter, so daß Wellenlängen für eine Vielzahl unterschiedlicher Gase gewählt werden können. Das Prinzip ähnelt dem der spektrophotometrischen Analyse der Sauerstoffsättigung. Wie im Oxymeter können die Filter auf einer rotierenden Scheibe angebracht werden, um eine gleichzeitige Analyse verschiedener Probeninhalte zu ermöglichen. Die rotierende Scheibe hat den zusätzlichen Vorteil, daß sie ein wechselndes Signal auf dem Detektor erzeugt. Dies ist einfacher zu verstärken und weniger einem Drift unterworfen als ein kontinuierliches Signal. Da Glas infrarote Strahlung absorbiert, bestehen die Fenster der Probenkammer aus einem Material, das für infrarote Strahlung transparent ist, wie z.B. Natriumchlorid, Silberbromid oder Safir.

Nach Passage durch die Probenkammer wird die Strahlung auf einen Photo-

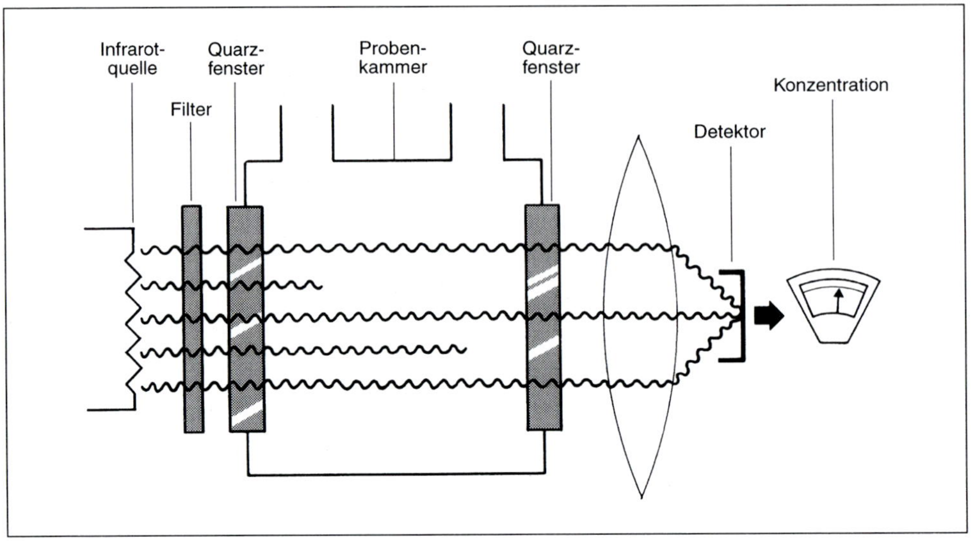

Abbildung 19.5: Funktionsprinzip eines Infrarotanalysators.

detektor fokussiert. Je größer die Absorption der Infrarotstrahlung durch das zu messende Gas in der Probe ist, desto geringer ist die durch den Detektor festgestellte Strahlung. Das Ausgangssignal des Detektors kann elektronisch weiterverarbeitet werden, um die Konzentrationen des Gases anzuzeigen. Variationen im Ausgangssignal des Detektors können auch durch Änderungen der Intensität der Infrarotquelle und der Empfindlichkeit des Detektors entstehen sowie durch Schwankungen der Transmission der optischen Komponenten des Systems. Um solche Schwankungen zu vermeiden, die als Änderungen in der CO_2-Konzentration fehlinterpretiert werden könnten, verwenden einige Instrumente einen zweiten Strahl aus der gleichen Quelle, der durch eine Referenzzelle mit CO_2-freier Luft fällt. Änderungen im Ausgangssignal, die nicht auf Änderungen der Kohlendioxidkonzentration in der Probenzelle zurückzuführen sind, erscheinen also auch am Referenzdetektor und können vom Ausgangssignal des Probendetektors subtrahiert werden. Ein Analysator dieses Typs wird als *Doppelstrahlinstrument* bezeichnet.

Die von den CO_2-Molekülen absorbierte Infrarotstrahlung erhöht deren Rotation und Schwingung. In einer Anästhesiegasmischung, die Lachgas enthält, können die CO_2-Moleküle einen Teil ihrer absorbierten Energie auf die Lachgasmoleküle übertragen, wenn sie mit diesen kollidieren. Dies führt dazu, daß die Kohlendioxidmoleküle mehr Energie aus dem Infrarotstrahl absorbieren können, als dies sonst der Fall wäre. Das Absorptionsspektrum des Lachgases ist dadurch verbreitert, was als *Kollisionsverbreiterungseffekt* bezeichnet wird. Da Anästhesiegasmischungen oft Lachgas enthalten, verfügen die meisten Analysatoren über Kompensationsmechanismen, entweder in Form einer manuellen Adjustierung, bei der der Anästhesist die aktuelle Konzentration eingibt, oder

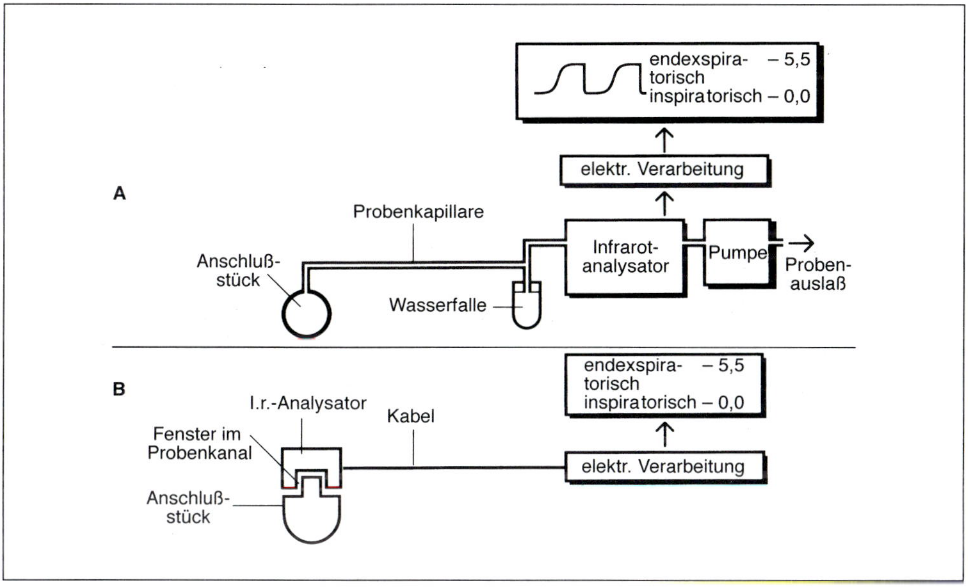

Abbildung 19.6: Aufbau eines Nebenstrom- und Hauptstromkapnometers.

über eine automatische Kompensation von Lachgas, die aus einer direkten Lachgas-Absorptionsmessung in der Gasmischung gewonnen wird.

Es gibt zwei Typen von Kapnometern, den Nebenstrom- und den Hauptstromanalysator. Im Nebenstromkapnometer wird eine Probe üblicherweise mit 150 ml/min von einem patientennahen Konnektor angesaugt und über einen dünnen Katheter zum Analysator geführt (Abb. 19.6 A). Der Analysator besitzt eine Wasserfalle und einen Auslaß, über den das Gas zum Beatmungsgerät zurückgeführt werden kann, z.B. wenn ein geschlossenes System benutzt werden soll. Alternativ kann die Gasprobe in das Absaugsystem des OP-Saales geleitet werden. Beim Nebenstromsystem verzögert die Transportzeit der Probe durch den Katheter die Antwortzeit des Analysators. Wird allerdings eine geeignete Probenkapillare sowie ein ausreichender Fluß verwendet, beträgt diese Zeit weniger als eine Sekunde, und das Signal wird nur unwesentlich verändert.

Beim Hauptstromsystem wird ein spezieller Konnektor in das Beatmungssystem eingebracht. Dieser enthält einen Kanal mit einem Quarzfenster. Der Analysator sitzt über diesem Kanal (Abb. 19.6 B), und der Infrarotstrahl passiert direkt das Gas im Atemweg. Auf diesem Wege wird eine getrennte Probenleitung vermieden, eine Signalverzögerung ist nicht vorhanden. Der Konnektor ist allerdings größer als beim Nebenstromsystem.

Einige Instrumente zeigen nur die endexspiratorische Kohlendioxidkonzentration an, dagegen bietet eine vollständige kapnographische Kurve (Abb. 19.7) zusätzliche Informationen. Auch die Kenntnis der Basislinie kann wertvoll sein, da ein Anstieg der Basislinie einen Fehler im Beatmungssystem mit der Folge eines Anstiegs der inspiratorischen CO_2-Konzentration anzeigen

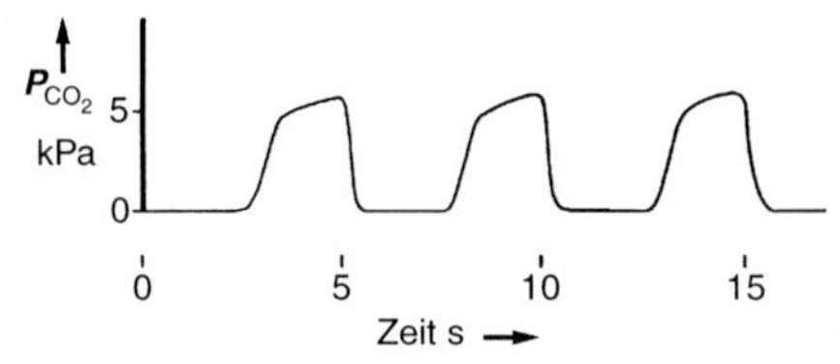

Abbildung 19.7: Aufzeichnung der endexspiratorischen CO_2-Konzentration.

kann. Ein plötzlicher Wechsel des kapnographischen Musters zu einer geraden Linie signalisiert einen Fehler in der Beatmung oder der Zirkulation des Patienten an, z. B. als Folge einer Luftembolie. Ein langsamer Anstieg des endexspiratorischen Kohlendioxids kann eine unzureichende Ventilation oder den Beginn einer malignen Hyperthermie anzeigen.

Für eine ausreichende Genauigkeit benötigt ein Kapnograph eine bestimmte Antwortzeit. Diese Zeit besteht aus zwei Komponenten, der Probentransportzeit und der Anstiegszeit. Die *Probentransportzeit* ist die Zeit, die die Probe benötigt, um zum Analysator zu gelangen. Wie oben bereits erwähnt, ist die Probentransportzeit im Nebenstromanalysator normalerweise nicht relevant, da das Signal nur verzögert, nicht aber verändert wird. Die *Anstiegszeit* repräsentiert die Zeit, die der Analysator benötigt, um auf das Signal zu reagieren. Die Bezeichnung entstammt einer Testprozedur, in der eine stufenweise ansteigende Probenkonzentration simuliert wird, und die Zeit, die der Analysator benötigt, um von 10 % auf 90 % des endgültigen Wertes anzusteigen, gemessen wird. Die Anstiegszeit hängt ab von der Größe der Probenkammer und vom Gasfluß. Eine kurze Anstiegszeit unter 400 ms und eine gute Signalreproduzierbarkeit wird durch Verwendung einer kleinen Analysekammer (z. B. 1 ml) und einen ausreichend großen Fluß erreicht. Aber auch ein zu hoher Fluß kann falsche Resultate liefern, weil er zu einem signifikanten Druckabfall über der Probenleitung führt, das Ausgangssignal des Analysators aber druckabhängig ist.

Neben dem Einsatz zur Kohlendioxidmessung wird der Infrarotanalysator auch verwendet, um Lachgas und andere Anästhetika zu messen. Eine spezielle Anwendung ist die Verwendung zur Messung von Spurenkonzentrationen in der Atmosphäre. Um zusätzliche Genauigkeit zu erzielen, wird in diesem Falle ein langer Infrarotstrahl verwendet, da sich dann mehr Moleküle innerhalb des Strahls befinden. Eine Möglichkeit, den Strahl zu verlängern, ist eine größere Probenzelle, was allerdings eine größere Probe und eine längere Antwortzeit erforderlich macht. In der Praxis ist das Problem durch die Verwendung von Umlenkspiegeln gelöst, die den Strahl so falten, daß er mehrere Male die Kammer durchkreuzt. Ein solches Instrument ist zwar größer und hat eine vergleichsweise lange Antwortzeit, es kann allerdings Gase in Konzentrationen von wenigen ppm (parts per million) messen. So können z. B. Spuren von Anästhetika in der Atmosphäre nachgewiesen werden.

Die Kohlendioxidelektrode und der Infrarotanalysator sind die hauptsächlichen Techniken zur CO_2-Analyse, aber auch die Gaschromatographie, das Massenspektrometer (siehe Kapitel 20) und das Refraktometer (siehe Kapitel 13) sind prinzipiell geeignet. Neben physikalischen Methoden zur Messung des Kohlendioxids in einer Gasmischung findet auch ein chemisches Verfahren Anwendung. Es basiert auf der Reduktion des Volumens oder des Drucks in einer Gasprobe nach der Absorption des

CO_2 durch eine alkalische Lösung, wie z. B. Kaliumhydroxid. Diese Technik wurde früher häufig verwendet und findet noch gelegentlich in Laboratorien für Referenzmessungen Anwendung.

Bei der kolorimetrischen Technik führt die Änderung von $[H^+]$ bei der Reaktion eines Farbstoffs mit Kohlendioxid zu einer Farbänderung. Dies kann verwendet werden, um den Verbrauch des Atemkalks im Narkosekreissystem anzuzeigen. Ein modifizierter kolorimetrischer Monitor wurde entwickelt, um als Konnektor am Ende des Trachealtubus die endexspiratorische CO_2-Konzentration anzuzeigen. Das Gerät ist klein, leicht und preiswert, es wird daher vor allem zur schnellen Überprüfung einer korrekten Tubuslage sowie zur Überwachung einer Transportbeatmung eingesetzt. Die Technik beruht auf einer Farbänderung von Metacresol-Purpur von Purpur nach Gelb entsprechend der Kohlendioxidkonzentrationen.

20 Gaschromatographie und Massenspektrometrie

Die Gaschromatographie und die Massenspektrometrie sind zwei aufwendige Techniken, die für den Nachweis oder Konzentrationsmessungen von Anästhetika und anderer in einer Gasmischung vorhandener Gase verwendet werden. Obwohl beide Techniken im OP-Saal eingesetzt werden können, finden sie eher im Rahmen von Forschungsarbeiten Anwendung.

20.1 Gaschromatographie

Chromatographie bedeutet wörtlich „in Farbe schreiben". Wird eine Mischung von Farbstoffen in eine Säule geleitet, die mit Calciumcarbonat gefüllt ist, trennen sich die Pigmente als farbige Banden an unterschiedlichen Positionen auf; die einzelnen Komponenten können am Ausgang der Säule gesammelt werden (Abb. 20.1). Heute ist die Chromatographie eine allgemeine Bezeichnung für analytische Verfahren, die ein Probengemisch in seine Komponenten zerlegen. In unserem Beispiel bildet das Calciumcarbonat eine sogenannte *stationäre Phase,* die die verschiedenen Farbstoffe für unterschiedliche Zeiten bindet, wodurch das Gemisch aufgetrennt wird. Die Farbstoffmischung, die die Säule durchströmt, bildet die *mobile Phase.*

In der Gaschromatographie gibt es ebenfalls eine stationäre und eine mobile Phase (s. Abb. 20.1). Die stationäre Phase, mit der die Chromatographiesäule gepackt ist, besteht üblicherweise aus einem Trägermaterial in Form sehr kleiner Partikel, die mit Polyethylen, Glykol oder Silikonöl beschichtet sind. Durch die so gepackte Säule strömt ein Trägergas, beispielsweise Stickstoff, Argon oder Helium, das die mobile Phase bildet. Die zu analysierende Gasmischung wird in die mobile Phase injiziert. Die Komponenten passieren die Säule mit einer Geschwindigkeit, die abhängig ist von ihren unterschiedlichen Löslichkeiten in den beiden Phasen. Löslichkeit ist immer temperaturabhängig, die Säule wird daher bei einer konstanten Temperatur in einem Ofen mit Thermostat gehalten (Abb. 20.2).

Die Säule ist üblicherweise eine lange spiralige Glasröhre, die das Packungsmaterial enthält. Je länger die Säule ist, desto besser ist die Trennung der Komponenten. Eine Flußregulation garantiert einen konstanten Strom des Trägergases durch die Säule; am Säuleneingang befindet sich ein Injektionsventil.

20.1.1 Detektoren

Am Ausgang der Säule ist ein Detektor angeschlossen, der das Erscheinen der verschiedenen Komponenten der Probe erfaßt. Als Beispiel sei der Flammenionisationsdetektor (FID) genannt (Abb. 20.3). Beim FID wird Wasserstoff und

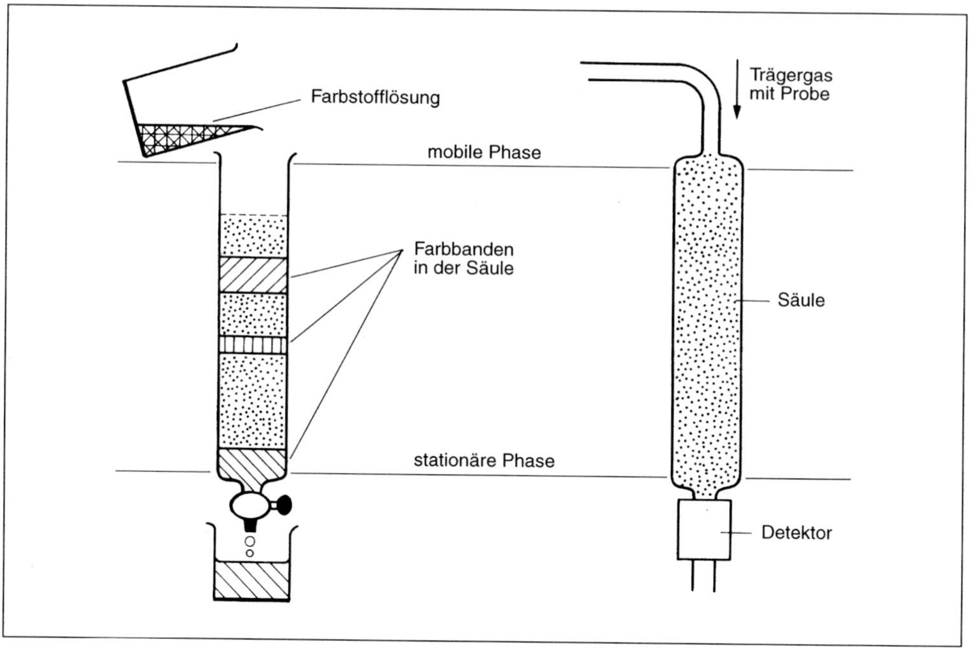

Abbildung 20.1: Prinzip der Flüssigkeits- und Gaschromatographie.

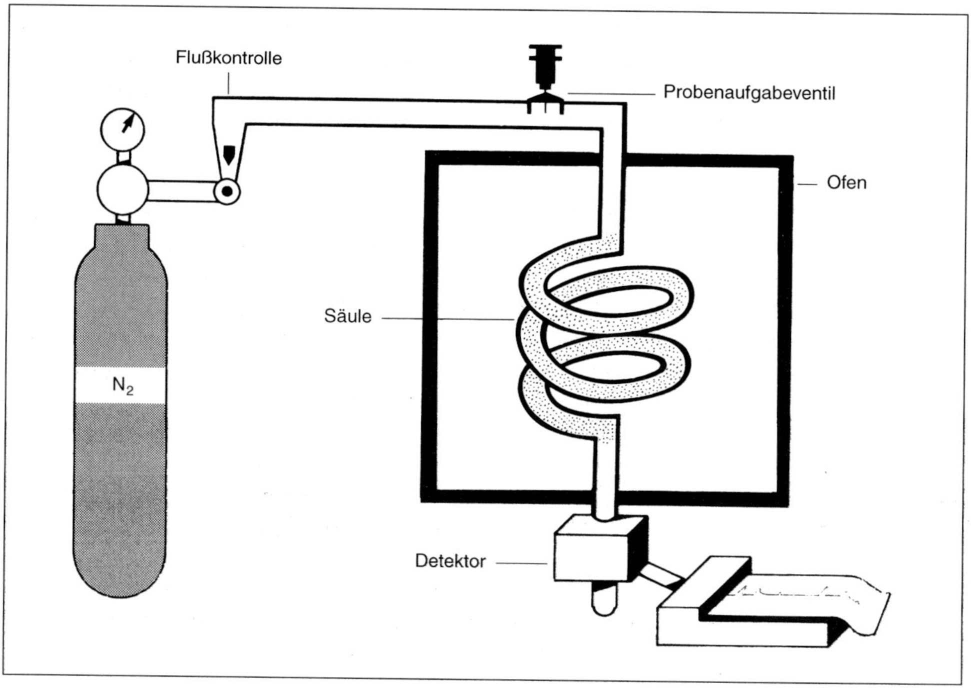

Abbildung 20.2: Aufbau eines Gaschromatographen.

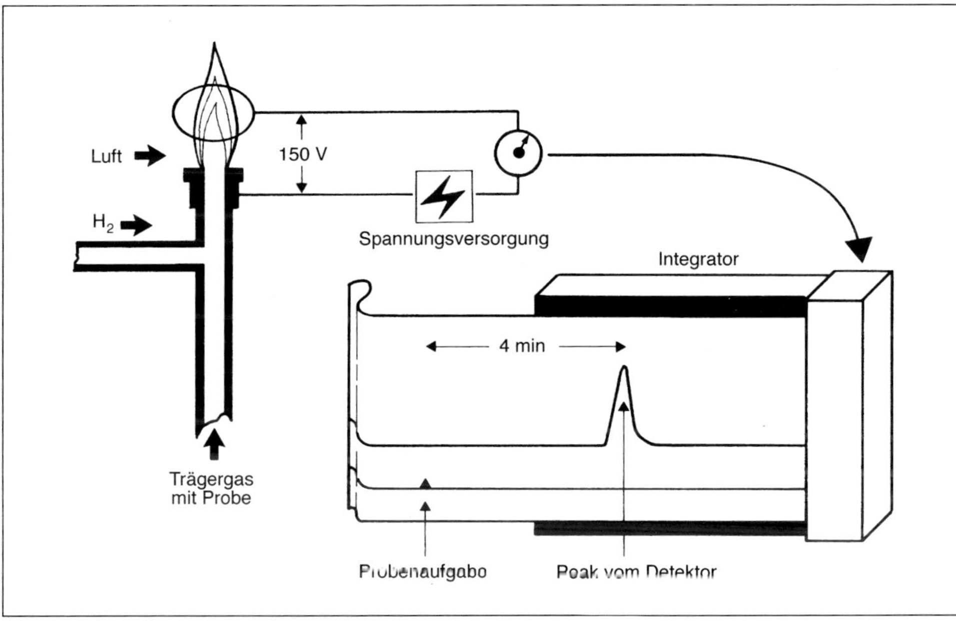

Abbildung 20.3: Funktionsprinzip eines Flammenionisationsdetektors.

Luft dem Gas zugeführt, um eine Flamme am Ende der Säule zu erzeugen. Die Bestandteile einer Flamme sind ionisierte Partikel. Wird entlang der Flamme über zwei Elektroden eine Polarisationsspannung angelegt, wird ein elektrischer Fluß erzeugt. Die Größe dieses Flusses hängt von den geladenen Teilchen in der Flamme ab. Ist im Trägergas eine Probe organischen Dampfes enthalten, wird diese in der Flamme ionisiert und erhöht den Stromfluß. Das Ausmaß der Stromerhöhung ist ein Maß für die Menge des vorhandenen organischen Dampfes. Das Detektorsignal erscheint in Form sogenannter Peaks, wenn die unterschiedlichen Komponenten die Säule verlassen.

Es gibt zwei wichtige Alternativen zum Flammenionisationsdetektor: der Wärmeleitfähigkeitsdetektor (auch Katharometer genannt) und der Elektronenfängerdetektor. Das Katharometer (Abb. 20.4 A) mißt Änderungen in der Wärmeleitfähigkeit des Gases über den elektrischen Widerstand eines geheizten Drahtes, der sich im Gasfluß befindet. Er ist für die Analyse organischer Gase, wie z. B. Lachgas oder Sauerstoff besser geeignet als der FID. Halogenierte Bestandteile können mit größerer Empfindlichkeit über einen Elektronenfängerdetektor erfaßt werden (Abb. 20.4 B). Bei diesem Detektor wird eine Polarisationsspannung entlang einer Ionisationskammer angelegt, in der Elektronen, die von einer radioaktiven Kathode freigesetzt werden, einen Stromfluß zur Anode bilden. Halogenierte Komponenten einer Probe fangen diese Elektronen auf und reduzierten den Stromfluß.

Keiner dieser Detektoren erlaubt die absolute Identifikation der unbekannten Komponenten einer Probe. Es ist daher notwendig, eine ungefähre Vorstellung von den vorhandenen Substanzen zu ha-

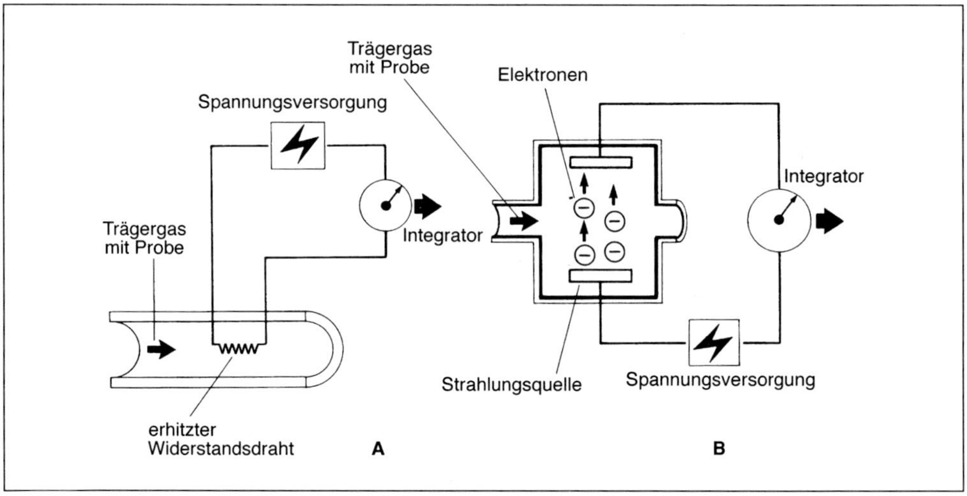

Abbildung 20.4: (A) Wärmeleitfähigkeitsdetektor. (B) Elektronenfängerdetektor.

ben, und diese Informationen auf die Auswertung der Aufzeichnung der Messung anzuwenden.

20.1.2 Auswertung der Meßergebnisse

Da verschiedene reine Substanzen eine Trennsäule mit charakteristischen Geschwindigkeiten passieren, kann die Zeit zwischen der Injektion einer Probe und ihrem Erscheinen am Detektor genutzt werden, um die Komponenten zu identifizieren. Diese Zeit wird als Retentionszeit bezeichnet. In der Praxis kann eine Substanzmischung in der Probe vorhanden sein und mehrere Peaks erzeugen, von denen jeder eine charakteristische Retentionszeit aufweist (Abb. 20.5). Unter der Voraussetzung, daß die Probenkomponenten bekannt sind, können Eichproben bekannter Mengen dieser Komponenten injiziert werden (Abb. 20.5). Dies erlaubt den Nachweis einer Substanz. Ein Vergleich der Peakhöhe von Eich- und Meßprobe oder (für eine größere Genauigkeit) der Flächen unter den Peaks erlaubt eine Mengenberechnung für jede der Substanzen.

20.1.3 Injektionsweise

Die Probe wird üblicherweise so schnell als möglich aus einer geeigneten Glasspritze durch ein Gummiseptum injiziert. Wird der Injektionsanschluß beheizt, werden injizierte Flüssigkeiten verdampft, und die volatilen Komponenten können analysiert werden. Auf diese Weise können auch Blutproben im Gaschromatographen verarbeitet werden. Als Alternative für die Verwendung von gasdichten Spritzen können Gasproben über ein spezielles Gasprobenventil eingebracht werden.

20.1.4 Klinische Anwendung

Die Gaschromatographie wird für die Messung volatiler Anästhetika verwen-

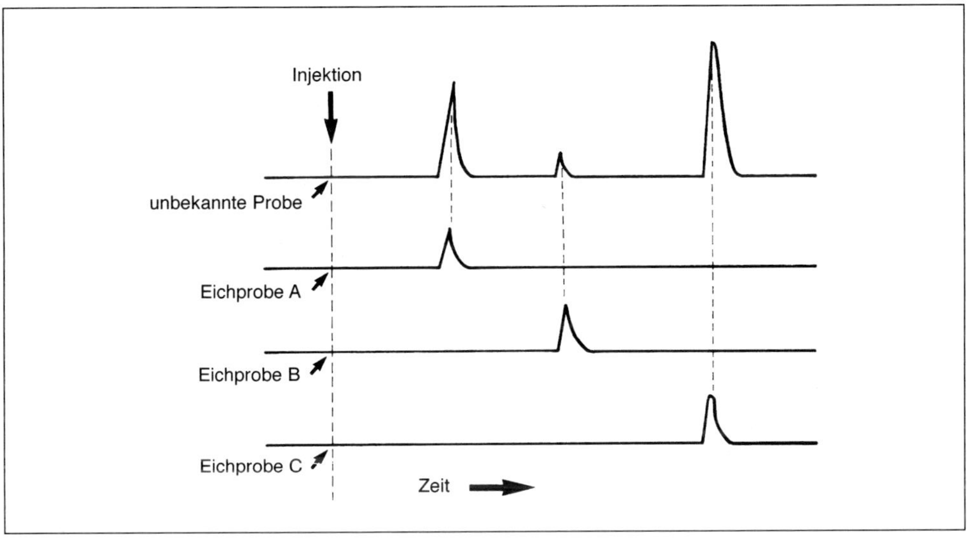

Abbildung 20.5: Vergleich der chromatographischen Peaks einer Probe mit denen einer Eichprobe.

det, und zwar sowohl für deren Konzentration als auch für den Nachweis von Gasspuren in der Luft des OP-Saals.

Die Gaschromatographie wird auch für die Messung von Barbituraten, Phenothiazinen, Benzodiazepinen, Steroiden und Katecholaminen eingesetzt, wobei spezielle Techniken verwendet werden, um diese in die gasförmige Form zu überführen.

Die Gaschromatographie hat eine Reihe von Vorteilen. Sie erlaubt die Identifikation und Messung von sehr geringen Konzentrationen von Medikamenten, auch wenn diese in einem Gemisch vorliegen. Die Technik ist gleichermaßen flexibel für die Analyse flüssiger und gasförmiger Proben. Nachteil ist, daß eine kontinuierliche Analyse nicht möglich ist und daß gewisse Informationen über die Bestandteile einer Probe vorhanden sein müssen.

20.2 Das Massenspektrometer

In vorherigen Kapiteln wurde bereits auf die Verwendung des Massenspektrometers für die Messung von Wasserdampf, Sauerstoff und Kohlendioxid hingewiesen. Das Instrument kann allerdings auch für die Messung und Trennung anderer Gase verwendet werden. Dazu wird die Probe von einer Pumpe über eine Kapillare in die Probenkammer gesaugt. Wie in Abbildung 20.6 gezeigt, ermöglicht ein molekulares Leck einigen Molekülen der Probe, in eine Ionisationskammer zu diffundieren, wo sie durch einen Elektronenstrahl beschossen werden. Dieser Elektronenstrahl wird in der gleichen Weise erzeugt wie im Oszillographen. Werden die Moleküle des Gases von den Elektronen getroffen, so werden einige von ihnen zu geladenen

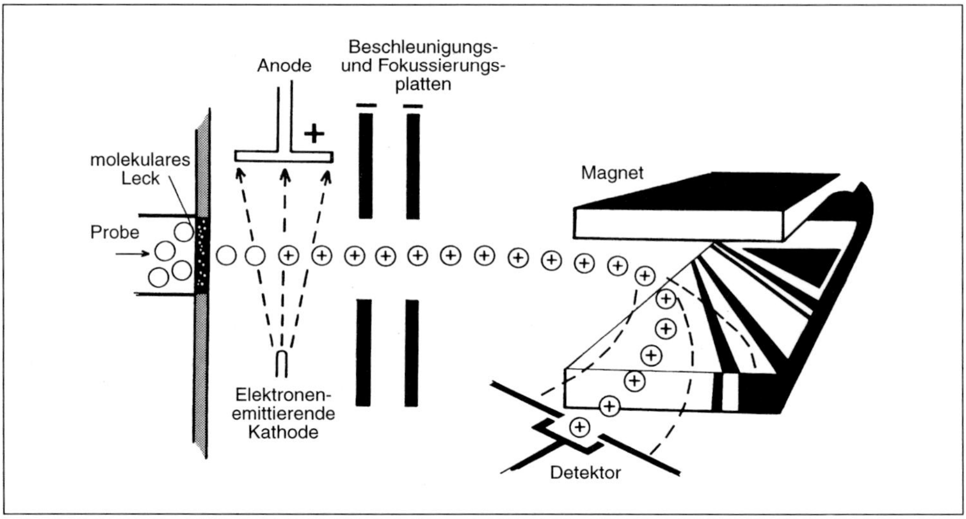

Abbildung 20.6: Prinzip des Massenspektrometers.

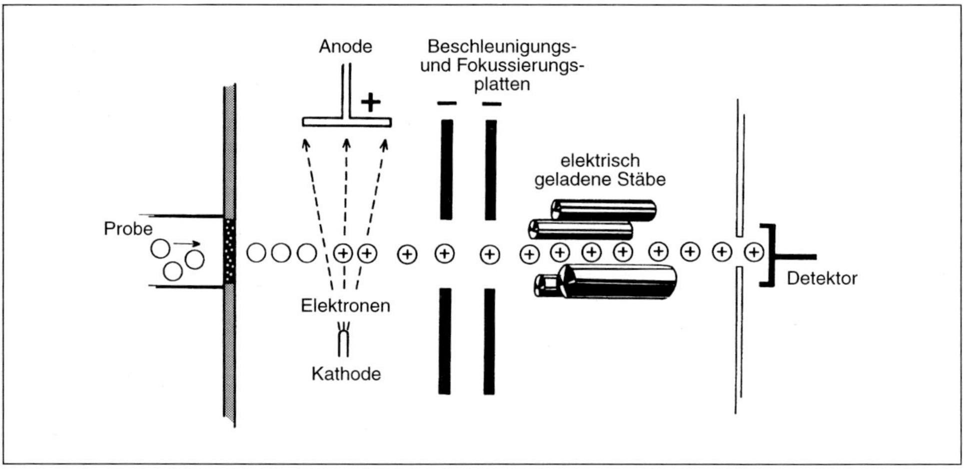

Abbildung 20.7: Prinzip des Quadrupolmassenspektrometers.

Ionen, welche dann aus der Kammer hinaus in einem engen Strahl über Beschleunigungs- und Fokussierungsplatten beschleunigt werden. Der Ionenstrahl passiert dann ein starkes Magnetfeld. Die geladenen Ionen werden durch dieses Feld bogenförmig abgelenkt, wobei der Grad der Ablenkung von der Masse abhängt – die leichten Ionen werden am meisten, die schweren am wenigsten abgelenkt. In Abbildung 20.6 sind vier verschiedene Ionenströme gezeigt, von denen nur einer durch einen schmalen Schlitz hindurch auf einen Detektor trifft. Das Signal dieses Detektors hängt von der Anzahl der Ionen ab, die diesen erreichen. Das Signal kann verstärkt und angezeigt werden. Durch Variation der Spannung an den Beschleunigungs- und Fokussierungsplatten kann die Position und Geschwindigkeit des Strahls geändert werden; so können Ionen verschiedener Massen nachgewiesen werden.

Eine weitere Methode, um bestimmte Ionen auszuwählen, verwendet statt eines magnetischen Feldes vier elektrisch geladene Stäbe (Abb. 20.7). Die Potentiale an den Stäben werden so variiert, daß die Ionen während des Durchfluges oszillieren. Das elektrische Potential der Stäbe kann so eingestellt werden, daß nur Ionen einer spezifischen Masse in der Lage sind, die gesamte Länge zu passieren, ohne aus dem Strahl ausgelenkt zu werden. Dieses System wird als *Quadrupolmassenspektrometer* bezeichnet.

Obwohl das Massenspektrometer verschiedene Komponenten durch ihre Massenzahl identifiziert, „zerbrechen" viele Moleküle während des Ionisationsprozesses. Beispielsweise führt die Einleitung von Kohlendioxid in ein Massenspektrometer zur Detektion von Kohlendioxid, Kohlenmonoxid und Sauerstoffionen, die die Massenzahlen 44, 28 und 16 besitzen.

Wird ein Masenspektrometer verwendet, um eine Gasmischung zu analysieren, wird eine große Anzahl von Ionen produziert, von denen einige die gleiche Massenzahl haben. Die Konzentration einer bestimmten Komponente kann bestimmt werden, indem der Detektor auf ein bestimmtes ionisiertes Fragment der interessierenden Komponenten eingestellt wird, das eine andere Massenzahl als die anderen vorhandenen Ionen hat. Ein Beispiel hierfür ist die Analyse von Lachgas in Anwesenheit von Kohlendioxid, da beide die gleiche Massenzahl von 44 haben. Lachgas fragmentiert durch Ionisation, die kleineren Stickoxidfragmente mit der Massenzahl 30 können dann identifiziert und für die Konzentrationsmessung von Lachgas verwendet werden. Detaillierte Kenntnis der Fragmentierungsmuster, d. h. des Verhältnisses, in dem die unterschiedlichen Fragmente erzeugt werden, erleichtert die Identifikation der Komponenten in einer Gasmischung.

Das Massenspektrometer ist ein vielseitiges Instrument, das für die Messung zahlreicher verschiedener Gase und Bestandteile verwendet werden kann. In der Anästhesie werden Massenspektrometer mit einer schnellen Antwortzeit von weniger als 100 ms für die breath-by-breath-Analyse von eingeatmeter Luft verwendet. Da das Massenspektrometer zahlreiche Bestandteile analysieren und sehr kleine Proben verarbeiten kann, wird es auch in Isotopenstudien und in Verbindung mit der Gaschromatographie eingesetzt.

20.3 Andere Techniken der Gasanalyse

Obwohl der Gaschromatograph und das Massenspektrometer sehr flexible und vielseitige Instrumente sind, handelt es sich um sehr große und für den Einsatz außerhalb von Labors normalerweise nicht geeignete Geräte. In der Anästhesie werden daher oft andere Techniken verwendet.

Die Löslichkeit von Anästhetika in Öl ist ein Prinzip, das von einem bestimmten Narkosegasanalysator angewendet wird. Wird ein elektrisches Potential an einem Metall oder Quarz angelegt, kontrahiert sich dieser geringfügig. Dies wird als *bioelektrischer Effekt* bezeichnet. Der Kristall kann durch ein geeignetes Wechselpotential bei seiner Resonanzfrequenz zum Oszillieren gebracht werden; der Gasanalysator verwendet einen solchen Kristall, der mit einer dünnen Ölschicht beschichtet ist. Anästhetika lösen sich in dieser Ölschicht und ändern die Resonanzfrequenz des Kristalls. Nach dem Henryschen Gesetz ist die gelöste Dampfmenge proportional dem Partialdruck des Dampfes, so daß die Änderung in der Resonanzfrequenz des Kristalls elektronisch gemessen und als Anästhetikakonzentration angezeigt werden kann. Der Analysator ist nicht spezifisch für einzelne Anästhetika und reagiert auch in gewissem Maße auf Wasserdampf. Trotzdem ist er ein nützliches Instrument für die Messung von Anästhesiegaskonzentrationen, z. B. im geschlossenen System.

Anästhesiegaskonzentrationen können auch durch den bereits in Kapitel 19 (s. Abb. 19.4) beschriebenen Infrarotanalysator gemessen werden. Halothankonzentrationen können durch einen Ultraviolettanalysator gemessen werden, der nach einem ähnlichen Prinzip arbeitet. Das Ultraviolettlicht wird durch eine Quecksilberdampflampe erzeugt. Der Lichtstrahl wird in zwei Komponenten aufgespalten, die über Quarzfenster eine Probenkammer bzw. eine Referenzkammer passieren. Das Ultraviolettlicht beider Zellen fällt auf eine Photodetektorröhre. Halothan absorbiert ultraviolettes Licht. Das transmittierte Licht variiert mit der Konzentration des Halothans in der Zelle und ist so ein Maß für diese.

Ein weiteres Gerät für die Messung von Anästhesiegasen ist der Interferometer. Diese Apparatur ist geeignet für die Analyse einzelner Proben und für die Überprüfung der Zuverlässigkeit von Verdampfern. Das Funktionsprinzip wurde bereits im Kapitel 13 beschrieben.

21 Gasversorgung

Die Versorgung mit medizinischen Gasen und die Wartung von Gasflaschen untersteht üblicherweise der Überwachung durch einen Krankenhaustechniker und technisches Personal; der Anästhesist, der die Gasversorgung und die Gasflasche nutzt, sollte allerdings trotzdem einige grundlegende Kenntnisse darüber besitzen.

21.1 Gasflaschen

Die meisten großen Gasflaschen werden in aufrechter Position gelagert, einige kleinere sowie Entonox-Zylinder[1] werden jedoch auch horizontal gelagert. Gasflaschen sollten nicht im Freien aufbewahrt und nicht extremen Temperaturen ausgesetzt werden. Volle und leere Flaschen sollten an unterschiedlichen Orten aufbewahrt werden. Auch sollten Flaschen, die medizinische Gase enthalten, separat gelagert werden; gleiches gilt für entflammbare Gase wie Cyclopropan. Aus Gründen der Druckfestigkeit werden Gasflaschen aus Stahl mit einem hohen Anteil an Kohlenstoff oder Aluminiumalloy gefertigt. Dies schließt jedoch das Risiko einer Explosion nicht aus, falls die Flaschen nicht sachgemäß und schonend behandelt werden.

Der Inhalt einer Gasflasche wird sowohl durch entsprechende Etiketten als auch durch eine standardisierte Farbcodierung angegeben. Im internationalen Standardfarbcode für medizinische Gase (ISO/R32) werden Sauerstoffflaschen schwarz mit weißem Verschluß, Lachgas blau, Cyclopropan orange und CO_2 grau markiert. In den USA und einigen anderen Ländern werden allerdings auch andere Farbcodes verwendet.

In Großbritannien findet sich um den Hals einer Flasche eine Kunststoffscheibe, deren Farbe und Form das Jahr der letzten Überprüfung der Flasche anzeigt (Abb. 21.1). In Deutschland ist die Flasche insgesamt mit einer dem jeweils enthaltenen Gas zugeordneten Farbe gestrichen. Im einzelnen enthalten blaue Flaschen Sauerstoff, graue Flaschen Lachgas, schwarze Flaschen CO_2 und gelbe Flaschen Druckluft. Der Hersteller überprüft und testet Gasflaschen regelmäßig, einschließlich einer inneren Untersuchung mit einem Endoskop; fehlerhafte Flaschen werden aus dem Verkehr gezogen. Das Intervall zwischen den Überprüfungen variiert je nach Gas und beträgt üblicherweise 5 bis 10 Jahre.

Kommt Sauerstoff unter hohem Druck mit Öl oder anderen entflammbaren Flüssigkeiten in Kontakt, besteht Explosionsgefahr; dies gilt auch für Lachgas. Die Erwärmung einer Gasflasche ist gefährlich, weil dies den Innendruck er-

1 Entonox ist eine im deutschen Sprachraum nicht gebäuchliche Mischung aus Lachgas und Sauerstoff. Näheres zur Zusammensetzung und zu physikalischen Eigenschaften s. Kapitel 21.3.

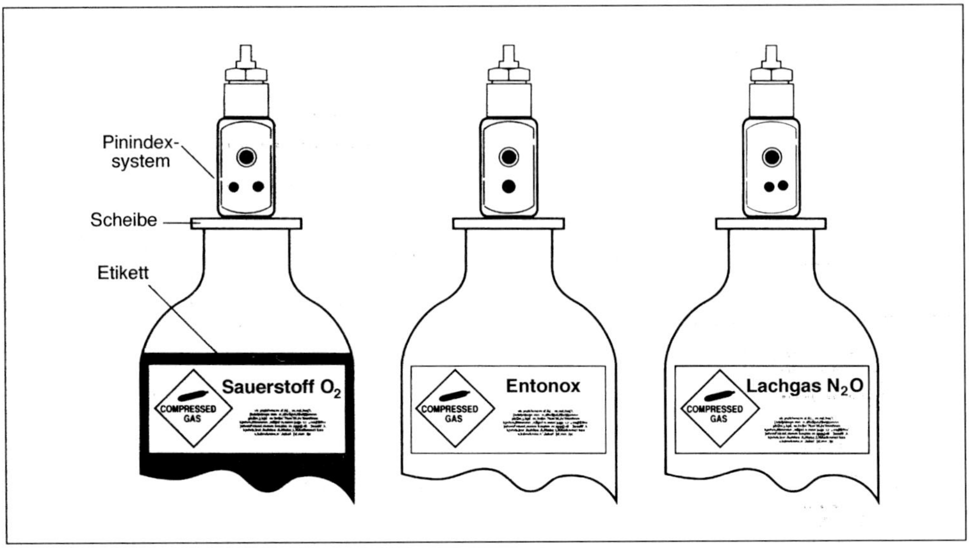

Abbildung 21.1: Gasflaschen-Pinindexsystem und Testscheiben für Sauerstoff, Entonox und Lachgas.

höht. Eine geringe Temperaturerhöhung, wie sie z.B. im Sommer vorkommt, ist allerdings unproblematisch, da die Flaschen für eine mäßige Druckerhöhung über ihren normalen Druckbereich ausgelegt sind. Der tatsächliche Druckwert, dem eine Gasflasche widerstehen kann, hängt von ihrem Typ und dem entsprechenden Gas ab, bewegt sich jedoch zwischen 65 und 70% über dem Arbeitsdruck.

Das Gasflaschenventil sollte bereits kurz vor dem Anschluß an das Narkosegerät geöffnet werden. Dies entfernt Staub und andere Materialien, die sich im Auslaß des Zylinders angesammelt haben und sonst in das Narkosegerät gelangen könnten. Nach Anschluß der Gasflasche wird empfohlen, das Ventil langsam zu öffnen, um eine adiabatische Erhitzung (siehe Kapitel 4) zu vermeiden. Zwei volle Umdrehungen sind empfehlenswert, da zu wenig geöffnete Ventile den Gasfluß reduzieren können, wenn der Flaschendruck abfällt. Schließlich sollten zum Verschluß des Ventils nur moderate Kräfte aufgewendet werden, da sonst das Ventillager beschädigt werden könnte.

Die Abbildung 21.2 zeigt einen detaillierten Querschnitt eines Ventils.

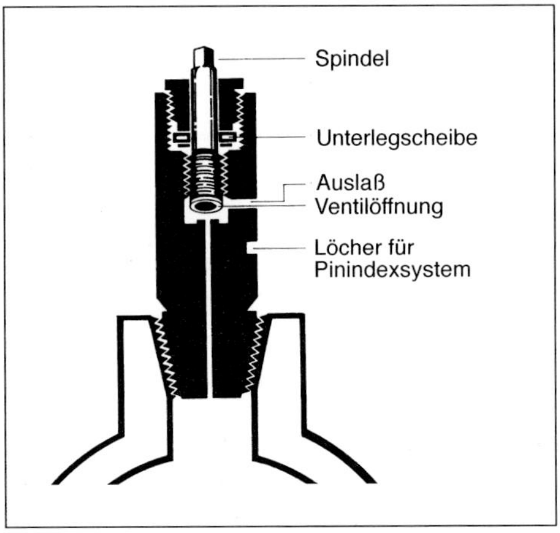

Abbildung 21.2: Querschnitt durch ein Ventil.

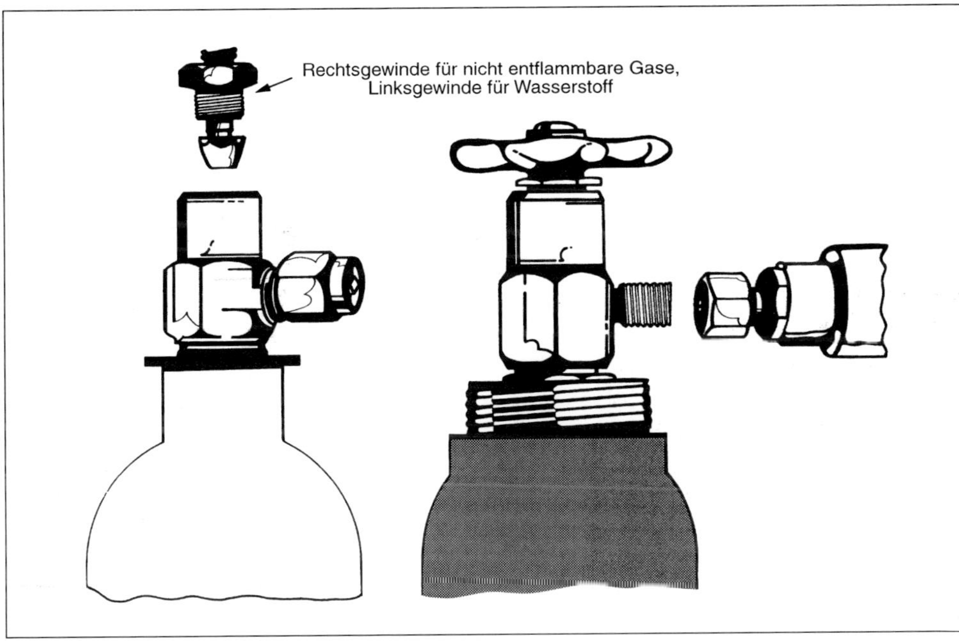

Abbildung 21.3: Gewindeformen für große Zylinder.

Eine Spindel mit einer Kunststoffoberfläche wird gegen die Ventilöffnung geschraubt. Diese Kunststofffläche kann beschädigt werden, wenn das Ventil zu fest geschlossen wird. Um die Spindel herum, unterhalb der Mutter am oberen Ende, ist eine Kunststoff-Unterlegscheibe, die Undichtigkeiten verhindert und trotzdem ein Drehen der Spindel erlaubt.

An der Oberfläche des Ventilblocks sind Löcher, die mit Stiften am Anschluß des Narkosegerätes korrespondieren. Diese Anordnung stellt das sogenannte *Pinindexsystem* dar, ein System, das einen Anschluß falscher Zylinder vermeiden soll. Jedes spezifische Gas hat eine spezifische Pinindex-Konfiguration (s. Abb. 21.1). Das Pinindexsystem ist auch in Deutschland gültig, jedoch weniger verbreitet. Es findet z.B. Verwendung an Eichgasflaschen für Blutgasanalysegeräte. Gasflaschen an Narkosegeräten sind dagegen überwiegend durch ihre Farbe sowie die Art des Gewindes gegen Verwechslungen gesichert.

Neben dem Pinindexsystem gibt es zwei weitere Systeme, die bei größeren Gasflaschen angewendet werden. Ein großer Zylinder, der üblicherweise für Sauerstoff benutzt wird, besitzt ein rechtshändiges Gewinde (Abb. 21.3). Solch ein Gewinde wird auch bei Luft-, Helium- und Stickstoffzylindern verwendet. Für Wasserstoff und andere brennbare Gase besitzt der Gasflaschenausgang ein Linksgewinde, das einen gewissen Schutz gegen falsche Anschlüsse darstellt.

An der rechten Seite der Abbildung 21.3 ist das Ventil für einen großen Lachgaszylinder gezeigt. Man beachte, daß es eine externe Gewindeverbindung und unter Umständen auch ein Ventilrad besitzt. Ähnliche Gasflaschen finden sich auch außerhalb Großbritanniens, sie enthalten oft andere Gase, mit unterschiedlichen Gewinden. Diese Systeme stellen allerdings nur einen begrenzten Schutz vor falschen Verbindungen dar.

21.2 Zentrale Gasversorgung

Um ein häufiges Wechseln von Gasflaschen während des OP-Betriebes zu vermeiden, aber auch aus Gründen der Wirtschaftlichkeit und Sicherheit, werden Gase auch über zentrale Gasversorgungen aus einer eigenen Speichereinrichtung zur Verfügung gestellt. Eine solche zentrale Versorgung findet sich am häufigsten für Sauerstoff, wobei die Quelle eine Batterie, mehrere Zylinder oder ein Tank mit flüssigem Sauerstoff darstellen kann. In jedem Falle sollte sich die Lagerfläche außerhalb oder zumindest nicht in direkter Verbindung mit den Hauptgebäuden der Klinik befinden, da in allen Bereichen, in denen Sauerstoff gelagert wird, ein erhöhtes Brandrisiko besteht.

In vielen Kliniken hat die zentrale Sauerstoffversorgung die Form einer Gasflaschenbatterie (Abb. 21.4). Die 6 Gasflaschen sind in zwei Reihen zu je dreien unterteilt. Sie sind so angeordnet, daß jede Bank die ausreichende Anzahl für eine minimale Versorgungsdauer von 2 Tagen enthält; die Größe der Flaschenbatterie variiert entsprechend der Größe der Klinik.

In Abbildung 21.4 sind die drei Zylinder auf der linken Seite in Betrieb, die drei auf der rechten Seite in Reserve. Jede Gasflasche ist über eine spiralige Röhre an eine zentrale Leitung angeschlossen, die zu einer zentralen Regelvorrichtung führt. Die Hochdruckmanometer auf der linken und rechten Seite dieser zentralen Stelleinrichtung zeigen den Inhalt der Zylinderbank an. Unterhalb dieser Druckuhren sind hochdruckreduzierende Ventile angebracht, die den Flaschendruck von 137 bar auf etwa 10 bar reduzieren. Das in der Mitte gezeigte Umschaltventil hat einen pneumatischen

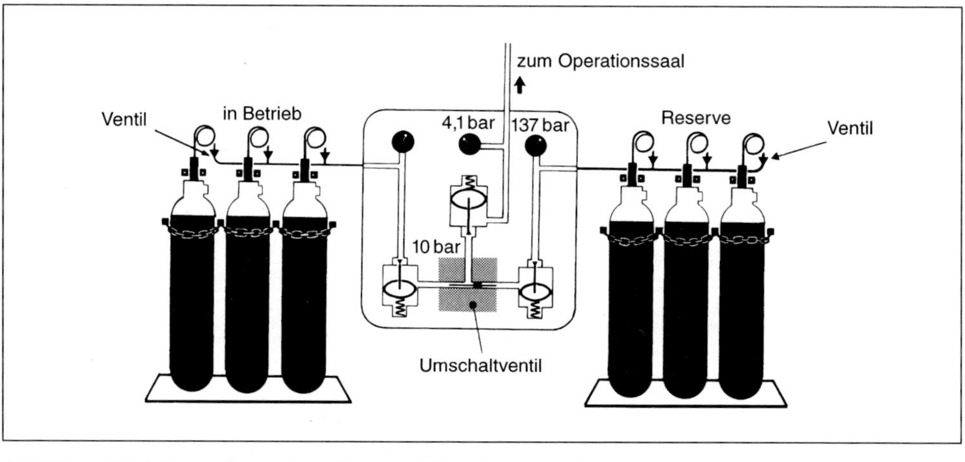

Abbildung 21.4: Darstellung einer Sauerstoffflaschenbatterie.

Pendelmechanismus, der in seinen beiden Öffnungspositionen magnetisch gehalten wird und bei Druckabfall unter einen bestimmten Wert automatisch von der Betriebsbank zur Reservebank umschaltet.

Weiterhin sind elektrische Warnsysteme installiert, die durch das Umschaltventil aktiviert werden. Diese können ein optisches oder akustisches Signal auslösen, um sowohl an der zentralen Steuereinheit als auch an externen Stellen anzuzeigen, daß leere Flaschen ausgetauscht werden müssen. Ein Bypass-System mit zusätzlichen Gasflaschen kann vorhanden sein, um eine kontinuierliche Versorgung auch im Falle eines Versagens des Umschaltmechanismus sicherzustellen.

Am Ausgang des Umschaltventils befindet sich ein zweistufiges Reduzierventil, um den Druck von 10 bar auf den normalen Versorgungsdruck von 4,1 bar zu reduzieren. Ein Manometer zu Überwachungszwecken ist vorhanden, ebenso Alarmeinrichtungen für die Detektion von zu hohen oder zu niedrigen Drücken. Überdruckventile verhindern den Aufbau von unzulässig hohen Drükken in der Versorgungsleitung.

Die Versorgungsquelle von Sauerstoff in sehr großen Kliniken besteht nicht aus Gasflaschen, sondern aus einem Flüssig-Sauerstofftank. Das zugrundeliegende Prinzip der Flüssiggasversorgung ist in Kapitel 10 besprochen. Diese Versorgung hat üblicherweise eine Kapazität von 6 Tagen, des weiteren besteht oft auch noch eine zusätzliche Reserve von Mehrfachgasflaschen. Ein Kontrollmechanismus steuert zwischen der Flüssiggas- und der Flaschenversorgung, so daß bei Ausfall der Flüssiggasversorgung automatisch auf die Flaschenversorgung umgeschaltet wird.

21.3 Lachgasversorgung

Sauerstoff ist nicht das einzige Gas, das in OPs und Intensivbereichen zentral zur Verfügung gestellt wird. Eine zentrale Versorgung ist auch für Entonox und Lachgas üblich[1]. Entonox ist eine Mischung von 50% Sauerstoff und 50% Lachgas, die in gasförmiger Form in Flaschen bei einem Druck von 137 bar gelagert wird. Wird ein voller Entonoxzylinder abgekühlt, bildet sich eine flüssige Phase, bestehend aus 20% Sauerstoff und 80% Lachgas (Abb. 21.5). Abhängig vom Flaschendruck kann dies bei Temperaturen ab –5,5 °C stattfinden. Wird von einer Gasflasche, bei der diese Kondensation stattgefunden hat, die gas-

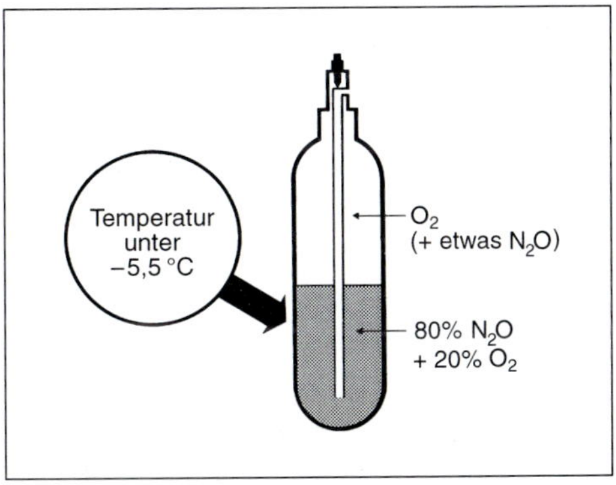

Abbildung 21.5: Effekt einer Abkühlung unter –5,5 °C auf einen Entonoxzylinder.

1 Wie bereits erwähnt, wird ein festes Gemisch aus Sauerstoff und Lachgas in Deutschland nicht verwendet. Die entsprechenden Passagen der Originalausgabe wurden trotzdem übernommen, da sich aus den Ausführungen einige interessante Aspekte von Gasgemischen ergeben.

förmige Phase entnommen, enthält das Gas zunächst einen erhöhten Sauerstoffanteil. Die Sauerstoffkonzentration fällt allerdings mit ausströmendem Gas ab, wenn eine äquivalente Gasmenge von der flüssigen in die gasförmige Phase übergeht. Unter Umständen kann eine sauerstofffreie Mischung übrigbleiben, wenn der größte Teil des Sauerstoffs aus der flüssigen Phase entwichen ist. Um dies zu vermeiden, haben große Gasflaschen einen Absaugschlauch, über den zunächst die flüssige Phase an das Entnahmeventil abgegeben wird. Dies verhindert, daß die Sauerstoffkonzentration des abgegebenen Gases unter 20% abfällt. Allerdings ist das ein sekundärer Sicherheitsmechanismus; vielmehr wird empfohlen, daß die Temperatur, unter der die Gasflaschen gelagert werden, über 10 °C gehalten wird.

Flaschenbatterien für Lachgas sind denen für Sauerstoff sehr ähnlich. Die Flaschen enthalten jedoch das Lachgas in flüssiger Form und haben so eine größere Gasreserve als äquivalente Sauerstoffflaschen.

21.4 Druckluftversorgung

Auch Luft wird oft zentral in OP-Bereichen angeboten; obwohl sie prinzipiell aus Flaschenbatterien zur Verfügung gestellt werden kann, ist ein zentraler Kompressor (Abb. 21.6) für große Kliniken eine wirtschaftlichere Lösung. In der Praxis sind außer dem Reservoir alle Haupteinheiten doppelt vorhanden, so daß jedes Element gewartet oder repariert werden kann, ohne daß die Versorgung unterbrochen werden muß. Der Lufteinlaß, der links oben gezeigt ist, sollte sich normalerweise im Freien an einer Stelle befinden, an der er vor Re-

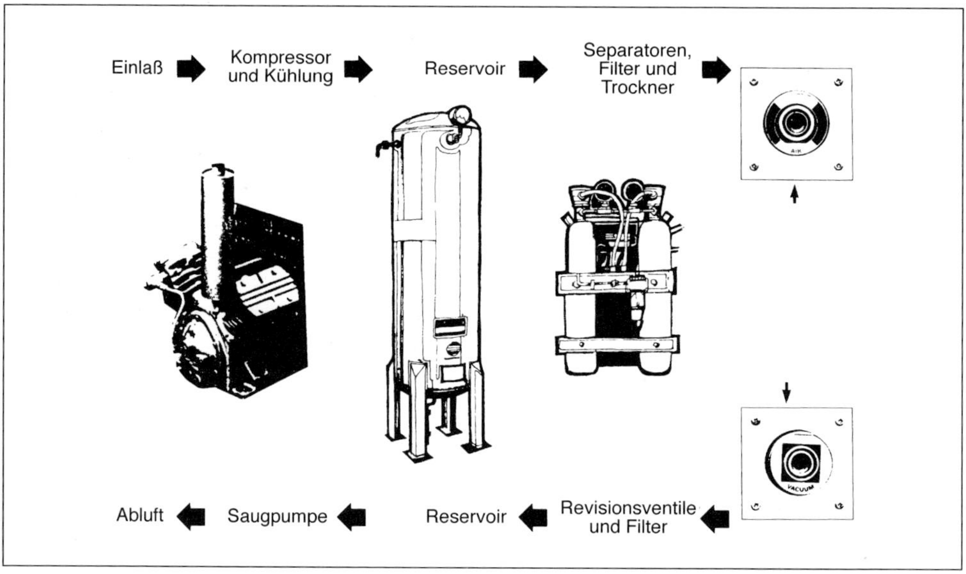

Abbildung 21.6: Druckluftversorgung und zentrales Vakuumsystem.

gen, Schnee, Staub oder Rauch geschützt ist. Die Luft wird über einen Vorfilter und einen Schallfilter in den Kompressor gesaugt, der einen Nachkühler enthält, um die komprimierte Luft noch einmal abzukühlen. Die Luft gelangt dann über ein Einwegventil in einen großen Tank, der als Reservoir dient, um einen konstanten Druck aufrecht zu erhalten. Nach Verlassen dieses Reservoirs wird die Luft durch Separatoren und Filter gereinigt und nach Trocknung zu den OP-Sälen und Stationen gepumpt.

Die meisten Kompressoren enthalten Öl. Es ist daher unverzichtbar, Öldunst von der komprimierten Luft abzuscheiden, um pulmonale Komplikationen bei den Patienten zu vermeiden. Größere Öltröpfchen werden im Separator abgetrennt, feinere Reste werden in den Filtern entfernt. Die Luft muß auch getrocknet werden, weil sich die relative Feuchtigkeit durch die Kompression erhöht. Jede Einheit verfügt über zwei Entfeuchter, die ein geeignetes Material, z.B. Silikagel, enthalten. Sie sind voll automatisiert und schalten automatisch vom erschöpften Trocknungsmittel zur Reserve um, wenn die Luftfeuchtigkeit steigt. Die Feuchtigkeit sollte so eingestellt werden, daß der Taupunkt der Luft unter –40 °C liegt. Ein abschließendes Filter gewährleistet eine bakterienfreie Luftversorgung. Der endgültige Versorgungsdruck von Luft ist höher als der anderer zentral zugeführter Gase. Er beträgt üblicherweise 6,9 bar, da die Druckluft oft für den Betrieb chirurgischer Instrumente verwendet wird. Alternativ können getrennte Druckluftversorgungen zu diesen Zwecken sowie für den Einsatz in der Anästhesie zur Verfügung gestellt werden.

21.5 Zentrales Vakuumsystem

Ein zentrales Vakuumsystem ist eine weitere, häufig installierte Einrichtung als Teil eines medizinischen Gasversorgungssystems. Es besteht, wie die zentrale Druckluftversorgung, aus einer Pumpe, einem Reservoir und einer Filtereinheit (s. Abbildung 21.6). Unten rechts in der Abbildung ist ein typischer Vakuumwandanschluß gezeigt, über den die Luft von Stationen und OP-Sälen angesaugt und über Wasserfallen und Bakterienfilter geleitet wird. Die Luft passiert dann ein Reservoir, das einen konstanten Sog gewährleistet und ein zeitweises Abschalten der Pumpe bei geringer Nutzung des zentralen Vakuums ermöglicht. In der Abbildung ist nur eine Pumpe gezeigt, es gibt allerdings üblicherweise zwei, von denen jede in der Lage ist, ein Vakuum von mindestens 0,67 bar (500 mmHg) unter dem Standardatmosphärendruck von 1,01 bar (760 mmHg) aufzubauen. Die abgeleiteten Gase aus den Pumpen passieren einen Schallfänger, bevor sie nach außen, üblicherweise von Fenstern oder anderen Lufteinlässen entfernt, abgeleitet werden. In vielen Kliniken wird ein aktives Absaugsystem für Anästhesiegase benutzt, das auf dem gleichen Prinzip wie die zentrale Vakuumversorgung basiert, meist jedoch kein Vakuumreservoir enthält.

21.6 Absauggeräte

Ein Absauggerät (Abb. 21.7) kann an die zentrale Vakuumversorgung angeschlossen werden. Das Anlegen eines Vakuums am Einlaß führt zur Absaugung der Kompartimente unterhalb der Membran. Die Einstellung des Ventils oben ändert den Druck der Feder auf die Membran. Dies wiederum beeinflußt den Druck, bei dem sich die Membransteuerklappe am Einlaß öffnet oder schließt und so die Stärke des Vakuums bestimmt. Das Vakuum wird über eine Druckuhr angezeigt. Unterhalb des Steuerventils befindet sich ein Kompartiment mit einer Flußkontrolle und einem Filter, ein Auffanggefäß mit eigener Flußkontrolle liegt zwischen diesem Kompartiment und dem Patienten. Die beiden Flußkontrollen schützen das System und das zentrale Vakuum durch Unterbrechung des Luftflusses, wenn das Sammelgefäß voll ist; das Filter bietet einen zusätzlichen Schutz vor Teilchen und Flüssigkeiten.

Obwohl ein Absaugsystem einen ungehinderten Fluß von mehr als 25 l/min und ein Vakuum größer als 0,67 bar (67 kPa) zur Verfügung stellen kann, sind Druck- und Flow-Werte in dieser Größenordnung nicht für alle Zwecke geeignet. In bestimmten Situationen können sie sogar gefährlich sein. Die Drainage einer geschlossenen Körperhöhle beispielsweise muß an ein niedriges Vakuum und an einen niedrigen Fluß angeschlossen sein.

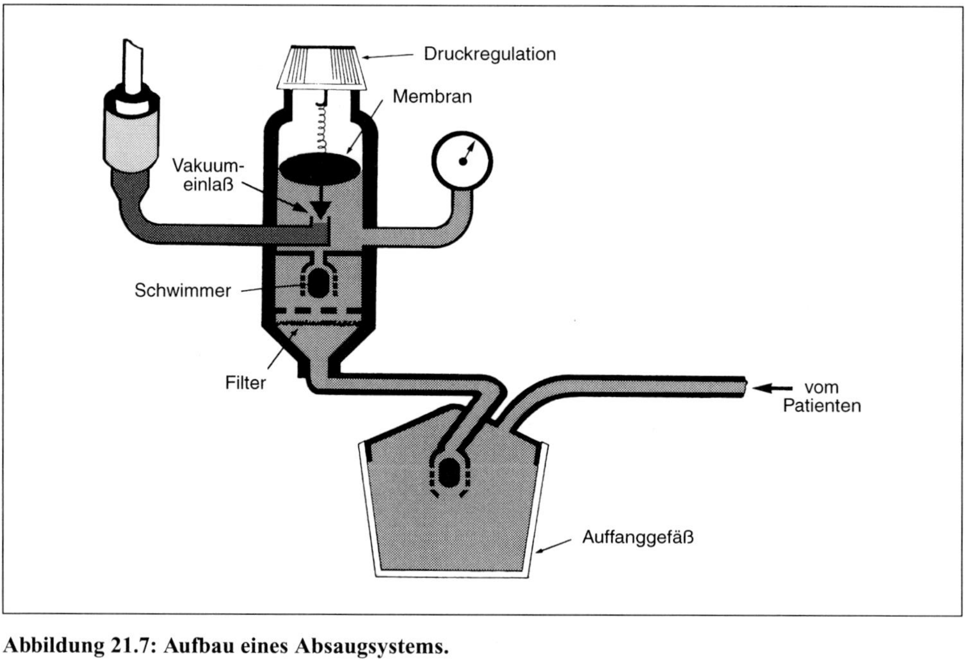

Abbildung 21.7: Aufbau eines Absaugsystems.

21.7 Der Sauerstoffkonzentrator

Der Sauerstoffkonzentrator hat eine gewisse Ähnlichkeit mit dem zentralen Kompressor für die Druckluftversorgung, er enthält allerdings zusätzlich einen Zylinder mit Zeolit. Dies ist eine Silikatverbindung, die Ionenaustauscher-Eigenschaften besitzt und als molekulares Sieb dient, das Sauerstoff von Stickstoff trennen kann. Es ähnelt den Materialien, die für bestimmte Chromatographiesäulen verwendet werden.

Die Abbildung 21.8 zeigt das Funktionsprinzip eines Sauerstoffkonzentrators. Wie bei Druckluftversorgungen wird die Luft gefiltert, anschließend komprimiert und gekühlt bevor sie durch Silikagel getrocknet wird. Zusätzlich zum Silikagel enthalten die beiden Zylinder auch Zeolit, das Stickstoff absorbiert. Solenoidventile leiten den Gasfluß so, daß ein Zylinder Stickstoff und Wasserdampf absorbiert, während absorbiertes Gas durch eine Vakuumpumpe abgesaugt wird. Die Solenoidklappe schaltet jede halbe Minute um, sie gibt somit einen konstanten Fluß von sauerstoffangereicherter Luft an das Reservoir ab.

Kleine Sauerstoffkonzentratoren werden für die Heimversorgung bei Langzeitsauerstofftherapie angeboten. Sie erreichen Sauerstoffkonzentrationen von 90 bis 95 % bei einem Fluß von 4 l/min. Sie sind bequemer als Sauerstoffflaschen, die Betriebskosten, einschließlich

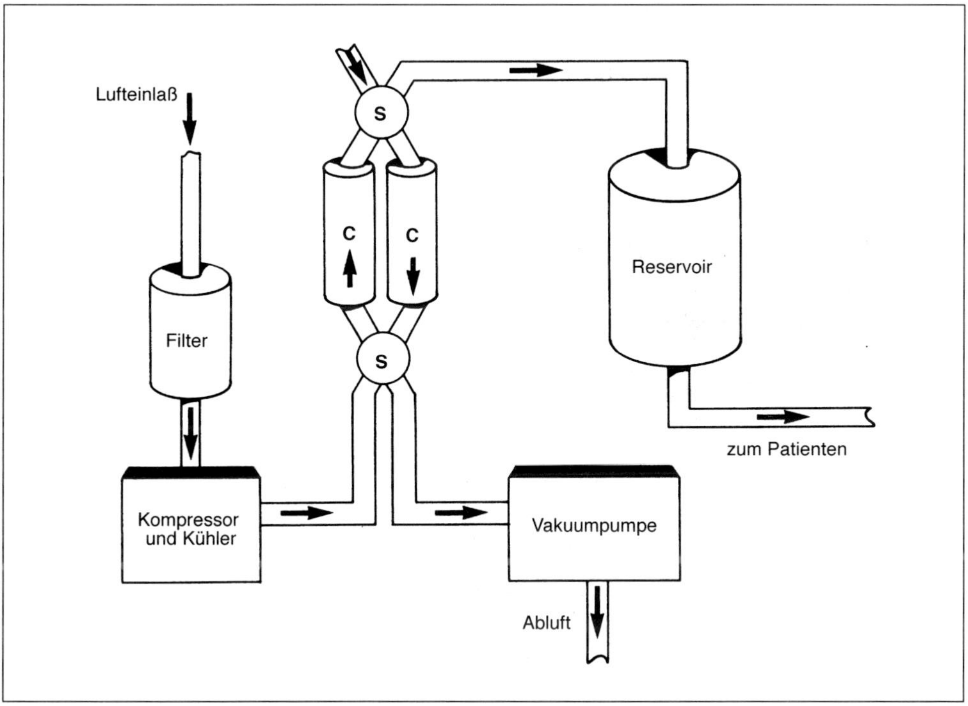

Abbildung 21.8: Prinzip eines Sauerstoffkonzentrators. C = Flasche mit Zeolit. S = Solenoidventil.

Elektrizität, sind wesentlich geringer als von Flaschen- oder Flüssigsauerstoffversorgung. Die von Konzentratoren erzeugte Sauerstoffmischung enthält zwischen 2 und 5% Argon, das allerdings keinen toxischen Effekt zu haben scheint. Der Rest des abgegebenen Gases ist überwiegend Stickstoff und CO_2.

Ein Nachteil dieser Konzentratoren ist, daß die Sauerstoffkonzentration mit zunehmendem Fluß abnehmen kann. Der Fluß wird deshalb üblicherweise auf einen Maximalwert von etwa 4 l/min begrenzt. Der maximal verfügbare Druck liegt bei etwa 70 kPa. Dieser Druck ist wesentlich geringer als die 410 kPa, die aus den Reduzierventilen von Flaschen bzw. der zentralen Gasversorgung in Krankenhäusern zur Verfügung gestellt werden. Beatmungsgeräte und andere Einrichtungen, die auf dem Venturiprinzip basieren, sind daher für den Betrieb mit kleinen Sauerstoffkonzentratoren unter Umständen nicht geeignet. Für kleinere Krankenhäuser und Kliniken in abgelegenen Gegenden ohne zuverlässige Sauerstoffversorgung wurden große Sauerstoffkonzentratoren gebaut, die das Gas bei höherem Druck und Fluß zur Verfügung stellen.

21.8 Wandanschlüsse für zentrale Gasversorgungen

Der Zugriff auf zentrale Gasversorgungen in OPs und anderen Einrichtungen erfolgt über spezielle Anschlüsse mit vertauschungssicheren Kupplungen; in Großbritannien ist dies beispielsweise die Schraeder-Klappe (Abb. 21.9). Die Nichtvertauschbarkeit wird erreicht durch die Verwendung von Steckverbindungen verschiedener Formen und Farben (blau, grau und gelb entsprechend der Farbcodierung der Gasflaschen sowie rund, viereckig, sechseckig), so

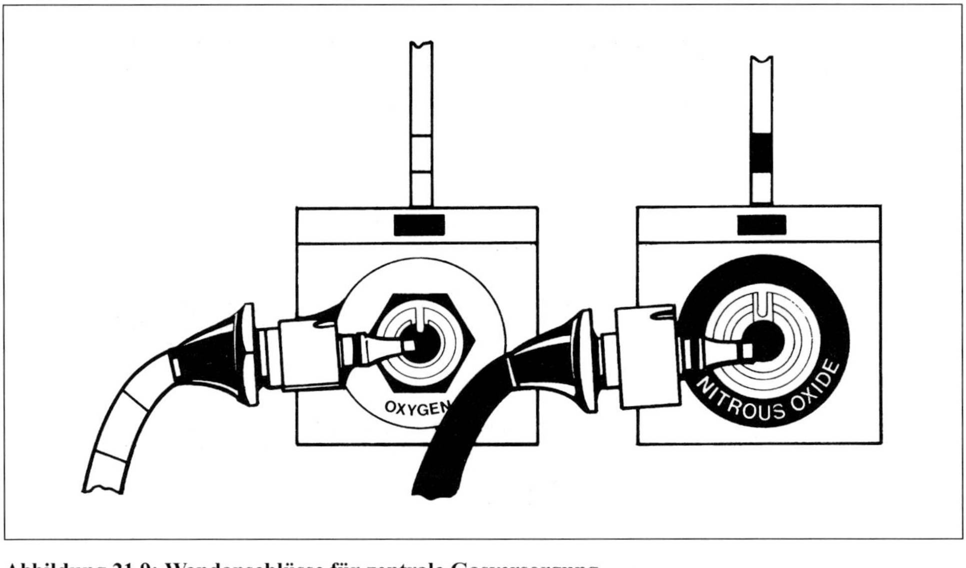

Abbildung 21.9: Wandanschlüsse für zentrale Gasversorgung.

daß ein bestimmter Stecker nur auf den zugehörigen Wandanschluß paßt. Die Anschlüsse sind darüber hinaus beschriftet. Sie enthalten ein internes Ventil, das den Gasfluß unterbricht, solange kein Stecker eingesteckt ist. Bei Diskonnektion schließt diese Klappe automatisch die Gasversorgung ab.

21.9 Leckagen und falsche Anschlüsse

Leckagen innerhalb des zentralen Gasversorgungssystems oder am Narkosegerät verdienen besondere Beachtung. Tritt eine Leckage am Pinindexanschluß auf, kann dies ein Fehler an dem Einwegventil bedeuten, das üblicherweise zwischen der Gasflasche und dem Reduzierventil angebracht ist. Es kann allerdings auch die Folge einer Beschädigung der „Bodok-Dichtung“, einer an dieser Stelle angebrachten kompressiblen Unterlegscheibe, sein. Leckagen an anderen Stellen im Narkosegerät können zu einer Gasmangelversorgung des Patienten, aber auch zu einer Kontamination der Umgebungsluft im OP-Saal führen.

Leckagen können auch auftreten, wenn Verbindungen im Beatmungsschlauchsystem nicht sicher fixiert sind; Schlauchverbindungen mit Schraubverschluß sind in dieser Hinsicht prinzipiell sicherer, in Deutschland allerdings nicht verbreitet (Abb. 21.10).

Vorsicht ist nicht nur im Zusammenhang mit Leckagen geboten, sondern auch bei unkorrekten Verbindungen in Narkoseschlauchsystemen oder Gasversorgungen. Nehmen wir z. B. an, daß die Lachgas- und Sauerstoffdruckleitungen am Narkosegerät falsch angeschlossen wurden (Abb. 21.11). Der Anästhesist bemerkt dies unter Umständen nicht sofort, wenn er eine Mischung von Sauerstoff und Lachgas verwendet; es kann allerdings passieren, daß der Patient während der Anästhesie aufwacht, oder bei einem Notfall der Patient statt 100% Sauerstoff reines Lachgas mit entsprechenden fatalen Folgen erhält.

Die Abbildung 21.12 zeigt die Schnelligkeit, mit der die alveoläre Sauerstoffspannung abfällt, wenn dem Patienten ein sauerstofffreies Gas zuge-

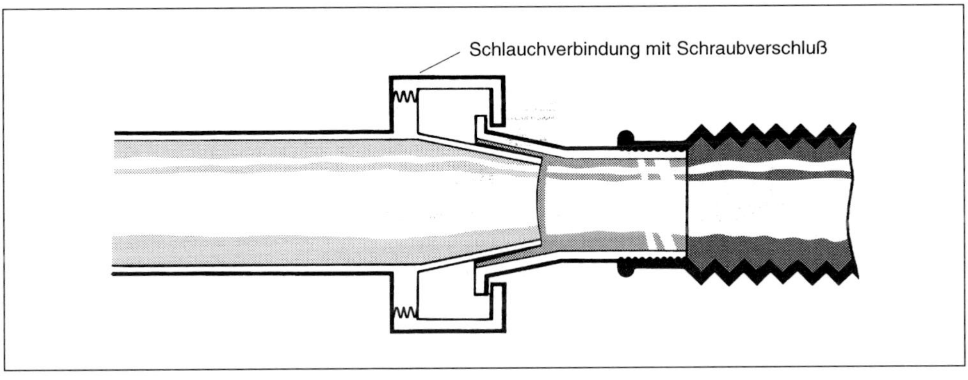

Abbildung 21.10: Schlauchverbindung mit Schraubverschluß.

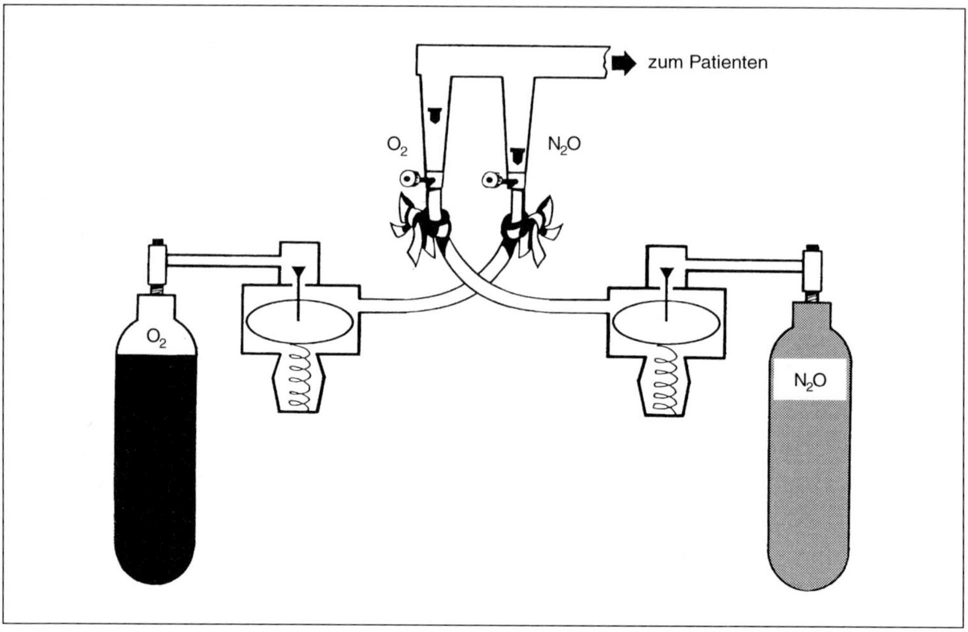

Abbildung 21.11: Falscher Anschluß der Lachgas- und Sauerstoffdruckleitungen am Narkosegerät.

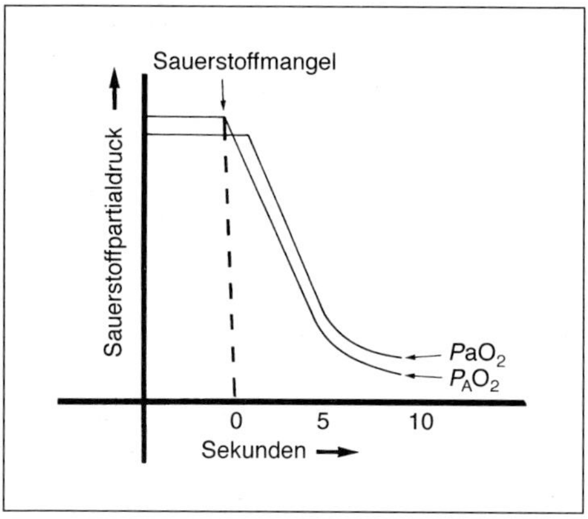

Abbildung 21.12: Abfall der alveolaren Sauerstoffspannung während der Beatmung mit sauerstofffreien Gasen.

führt wird. Innerhalb von 5 bis 10 Sekunden wird bereits ein gefährlich niedriger alveolärer Sauerstoffpartialdruck (P_AO_2) erreicht, dem ein unmittelbarer Abfall des arteriellen Sauerstoffpartialdrucks (PaO_2) folgt. Dieser Abfall ist schneller als im Falle einer respiratorischen Obstruktion mit einer Sauerstoffreserve, weil in dem Beispiel der Sauerstoff aktiv aus den Lungen des Patienten und dem Blut ausgewaschen wird (s. Abb. 21.12). Dieses Problem kann auch auftreten, wenn die Sauerstoffversorgung ausfällt, während die Lachgasversorgung noch besteht. Anästhesiegeräte enthalten daher Sicherheitswarnsysteme und eine automatische Lachgasunterbrechung, um den Patienten im Falle eines Ausfalls der Sauerstoffversorgung vor einer Hypoxie zu schützen.

21.10 Reparaturen an Gasversorgungssystemen

Unabhängig von Störfällen bei Fehlern in der zentralen Gasversorgung können Probleme auftreten, wenn die Zentralversorgung gewartet werden muß. Reparaturarbeiten an einer bestehenden Versorgung, die die Entleerung der Leitungen und deren Austausch umfassen, werden als „gefährlich" klassifiziert.

Werden Wartungs- oder Reparaturarbeiten an einem medizinischen Gasversorgungssystem durchgeführt, ist es wichtig, daß die betroffenen Wandanschlüsse während dieser Zeit nicht benutzt werden, und daß an jedem Ausgang spezielle Tests durchgeführt werden, bevor das System wieder in Betrieb genommen wird. Hierzu wird zunächst medizinische Luft verwendet, um einen Leckagetest in dem komplett unter Druck gesetzten und verschlossenen System durchzuführen. Über eine Zeit von 24 Stunden darf kein wesentlicher Druckabfall feststellbar sein. Ein Vertauschungstest wird durchgeführt, indem medizinische Luft an ein Leitungssystem angeschlossen wird. Dann wird überprüft, ob die eingespeiste Testluft an jedem Wandanschluß, der den Namen des zu testenden Leitungssystems trägt, vorhanden ist, während alle anderen Wandanschlüsse drucklos sind.

Reparaturen an zentralen Gasversorgungen können partikuläre Verschmutzungen verursachen, so daß jeder betroffene Auslaß gereinigt werden muß. Die Reinigung umfaßt das Öffnen des Ventils an jedem Wandanschluß für etwa 4 Minuten. Dieser Test kann einen Schnellabfall im Versorgungssystem verursachen und die damit verbundenen Alarme auslösen. Aus diesem Grunde müssen alle OP-Bereiche informiert werden, wenn Gasprüfungen ausgeführt werden sollen.

Prüfungen auf partikuläre Verunreinigungen umfassen die Filtration des Gases ausgewählter Wandanschlüsse über einen Filter mit einer Flußgeschwindigkeit von mindestens 150 l/min für 30 Sekunden und die anschließende Überprüfung des Filters auf Partikel. Nach Verbindung des Versorgungssystems mit den zugehörigen Gasquellen müssen Tests auf Identität und Reinheit der an den Verbrauchsstellen gelieferten Gasen durchgeführt werden. Zur Identitätsprüfung wird ein Sauerstoffanalysator verwendet. Er zeigt 0% für Lachgas, 21% für Luft, 50% für Entonox und 100% für Sauerstoff an. Eine chemische Gasdetektion kann durchgeführt werden, um die Reinheit des gelieferten Gases sowie Verunreinigungen, die durch Diskonnektion innerhalb des Systems bzw. Schweißarbeiten auftreten können, zu erfassen. Müssen Schweißarbeiten durchgeführt werden, werden beide Leitungsenden über wenige Meter mit CO_2 gefüllt, um Oxidationsvorgänge während der Erhitzung der Leitungen zu hemmen. Anschließend muß das CO_2 durch Spülen wieder entfernt werden; an den betroffenen Abgabestellen darf die CO_2-Konzentration 300 ppm nicht überschreiten. Luft aus einer Druckluftversorgung sollte auf Verunreinigungen wie Wasser, Öl, Kohlenmonoxid und Kohlendioxid untersucht werden. Diese Arbeiten unterliegen primär der Verantwortlichkeit von Fachpersonal, der Anästhesist sollte allerdings grundlegende Kenntnisse besitzen, so daß er entsprechende Vorsichtsmaßnahmen beachten kann.

22 Beatmungs- und Absaugsysteme

22.1 Offenes System

Unter den verschiedenen Geräten, die der Applikation von Gasen oder dampfförmigen Anästhetika dienen, stellt das offene System (Abb. 22.1) die einfachste Möglichkeit dar. Hier sind die Luftwege des Patienten offen zur Raumluft; Schläuche, Ventile oder ein Reservoir werden nicht benutzt. Im ersten Beispiel (A) leitet der Anästhesist eine Narkose bei einem Kind ein, in dem er mit der Hand, die das Ende eines Gasversorgungsschlauches hält, Anästhesiegase über das Gesicht des Kindes leitet. (In den Anfängen der Anästhesie wurde eine Schimmelbuschmaske verwendet, die in ähnlicher Weise über das Gesicht des Patienten gehalten wurde.) Im Beispiel (B) wird Sauerstoff zu einer Edinburgh-Maske geleitet, die eine große Öffnung zur Raumluft besitzt und eine vernachlässigbare Vergrößerung des Ventilationstotraumes darstellt. In Beispiel (C) befindet sich eine Kanüle an den Nasenöffnungen des Patienten, über die Sauerstoff zugeführt wird. Eine ähnliche Technik wurde auch in der Anästhesie verwendet, indem ein konstanter Anästhesiegasfluß über einen Seitenanschluß eines speziellen Adapters in den Mund des Patienten geleitet wurde.

Offene Systeme haben den Vorteil, keinen zusätzlichen Widerstand für die Atmung des Patienten darzustellen; sie besitzen allerdings den Nachteil einer geringen Kontrollierbarkeit der Konzentration von Sauerstoff und anderer Gase, da die Luftverdünnung schwer abschätzbar ist. Während des inspiratorischen Spitzenstroms kann durchaus ein hoher

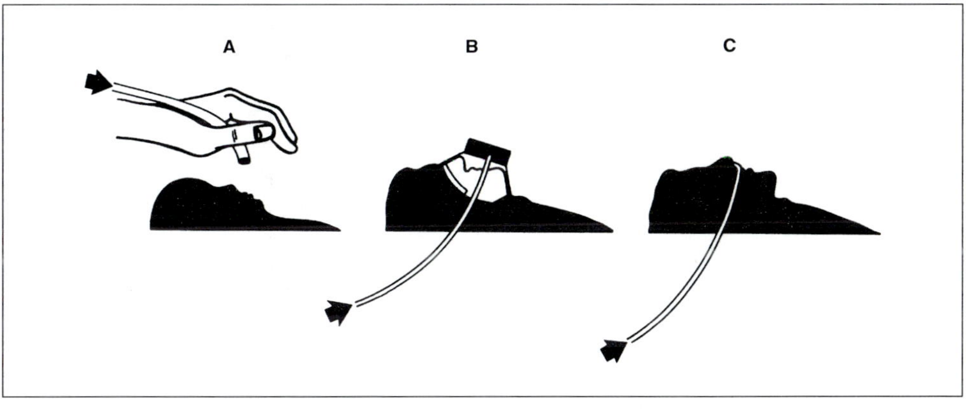

Abbildung 22.1: Offenes Beatmungssystem. Erläuterungen siehe Text.

Fluß von bis zu 50 l/min auftreten, so daß eine Verdünnung mit Luft während dieser Phase des Atemzyklus besonders hoch ist. Definierte Gaskonzentrationen können nur zugeführt werden, wenn der Fluß zum Patienten dessen inspiratorischen Spitzenfluß übersteigt. Dies wird von einigen „Venturi"-Sauerstoffmasken durch Verwendung einer Injektortechnik (siehe Kapitel 2) erreicht.

Zur besseren Kontrolle der inspiratorischen Gaskonzentrationen werden dichtsitzende Gesichtsmasken oder der Endotrachealtubus eingesetzt. Die verschiedenen Beatmungssysteme können in Nichtrückatmungsventile, T-Stück-, Magill- und geschlossene Systeme unterteilt werden. Alle diese Systeme haben ein Reservoir in Form von Schläuchen oder eines Beutels, um während des inspiratorischen Spitzenflusses eine ausreichende Gaszufuhr zum Patienten sicherzustellen.

22.2 Nichtrückatmungssysteme

Ein typisches Nichtrückatmungsventil ist das Ambu-Ventil. Es enthält gekrümmte Inspirations- und Exspirationsventile aus Gummi, die so positioniert sind, daß der Patient Gas durch den einen Anschluß ein- und durch den anderen ausatmen kann. Im gezeigten Beispiel (Abb. 22.2) enthält das System einen Reservoirbeutel, dessen Gaszufuhr mit dem Zugvolumen gleich sein muß.

Das Ambu-Ventil kann auch für die kontrollierte Beatmung verwendet werden. Durch Ausdrücken des Beutels wird ein positiver Druck auf den inspiratorischen Anschluß ausgeübt, der das Klappenventil so bewegt, daß der Auslaß verschlossen wird. Das Ambu-Ventil

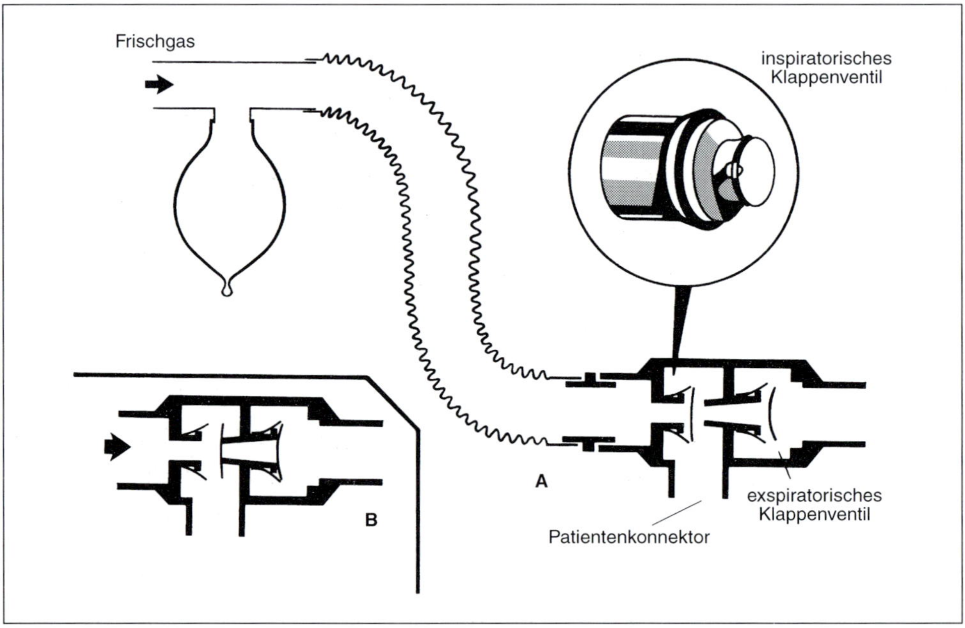

Abbildung 22.2: Nichtrückatmungssystem mit Ambu-Ventil während der Exspiration (A), während der Inspiration (B).

kann daher sowohl als Beatmungsventil als auch als Nichtrückatmungsventil gebraucht werden. In einer Abwandlung, dem Ambu-E2-Ventil, wird auf das Exspirationsventil verzichtet, die Nichtrückatmungsfunktion ist damit aufgehoben. Diese beiden Ventiltypen dürfen nicht verwechselt werden, insbesondere wenn sie nach der Reinigung wieder zusammengesetzt werden. Ventile sollten während des Gebrauchs aufmerksam überwacht werden, damit ein hoher Frischgasfluß die Klappe nicht in der Einatmungsposition hält, was zu einem gefährlichen Druckaufbau in den Atemwegen führen kann. Da die Drücke, die benötigt werden, um den inspiratorischen und exspiratorischen Klappenwiderstand zu überwinden, während des Spitzenflusses 100 bis 200 Pa (1 bis 2 cmH_2O) betragen, sind viele Nichtrückatmungsventile in der längerdauernden Anwendung beim wachen Patienten unangenehm.

In Atemgeräten, wie sie in der Luftfahrt, bei der Feuerwehr und für Taucher verwendet werden, haben die Nichtrückatmungssysteme eine spezielle Klappe mit niedrigem Widerstand; auch das Entonoxgerät für die Analgesie hat ein solches Ventil mit niedrigem Widerstand. Statt des inspiratorischen Ventils wird für Entonox ein spezielles Demand-Ventil (siehe Kapitel 1) benutzt. Ähnliche Demand-Ventile werden für die Zufuhr von Luft oder gasförmigen Gemischen in Atemgeräten verwendet. Nichtrückatmungssysteme sind insbesondere für die Anästhesie in außerklinischen Situationen nützlich, da sie auch ohne Gasflaschen betrieben werden können. Die Abbildung 22.3 A zeigt ein solches System, das sog. Triservice-Gerät. Im Laerdal-Ventil sind inspiratorische und exspira-

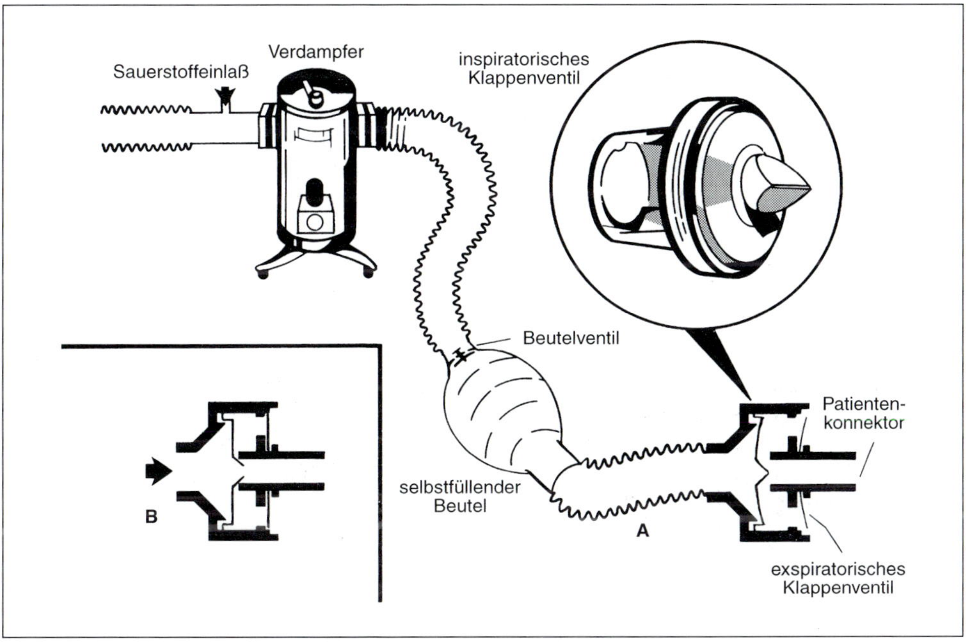

Abbildung 22.3: Darstellung der Triservice-Apparatur während der Exspiration (A) und während Überdruckbeatmung (B).

torische Ventile enthalten, wie im Ambu-E2-Ventil kann das inspiratorische Ventil auch als Beatmungsventil verwendet werden (Abb. 22.3 B). Die Silikonkunststoffklappen des Ventils okkludieren den exspiratorischen Auslaß, wenn der Beutel komprimiert wird. Die Luft wird durch einen Triservice-Verdampfer, ein modifizierter OMV-Verdampfer (siehe Kapitel 11), gesaugt. Die T-Verbindung erlaubt die Zufuhr von Sauerstoff, falls eine entsprechende Versorgung vorhanden ist. Der Vorteil dieses Systems ist das geringe Gewicht und seine Transportierbarkeit. Ähnliche Systeme mit anderen Verdampfern sind ebenfalls möglich.

22.3 T-Stück-Systeme

Das T-Stück-System wird auch als Ayre-T-Stück benannt, nach Dr. Philip Ayre, der dieses System als erster bei Kindern im Jahre 1937 einsetzte. In der einfachsten Form gibt es keine Ventile. Frischgas wird über ein T-Stück zugeführt, der Patient atmet am offenen Schenkel des T-Systems (Abb. 22.4). Dieser Schenkel muß einen geeigneten Durchmesser haben, um für den Gasfluß einen nicht zu hohen Widerstand darzustellen (für einen erwachsenen Patienten 22 mm Innendurchmesser).

In einem typischen System beträgt der Frischgasfluß das zwei- bis zweieinhalbfache des Atemminutenvolumens; die Kapazität des offenen Schenkels kann etwa dem Zugvolumen des Patienten entsprechen. Die Abbildung zeigt den Inhalt des offenen Schenkels am Ende der Exspiration, wenn dieser eine Mischung von Exspirations- und Frischgas enthält. die Gase aus dem anatomischen Totraum des Patienten werden zuerst abgeatmet, sie sind am Ende des Schlauches dargestellt (A). In der Mitte der Exspiration wird der Großteil der alveolären Gase mit dem Spitzenexspirationsfluß ausgeatmet, so daß diese nur geringfügig durch den Frischgasfluß, in der

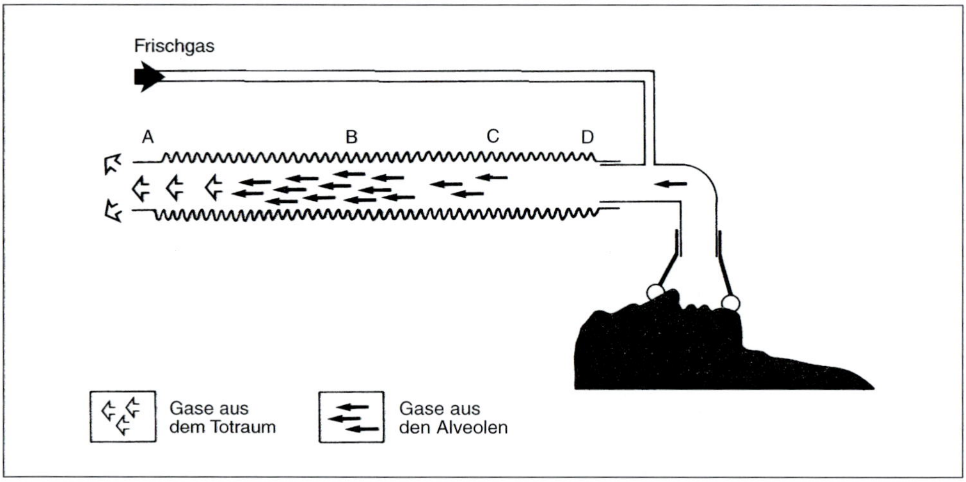

Abbildung 22.4: Gasverteilung gegen Ende der Exspiration im T-Stück-System (Erläuterungen siehe Text).

Mitte der Röhre, verdünnt werden (B). Am Ende der Exspiration fällt der exspiratorische Fluß ab, das patientennahe Röhrenende enthält folglich mehr Frischgas (C). Durch eine endexspiratorische Pause gelangt schließlich ein weiteres Volumen unverdünnten Frischgases in den exspiratorischen Schenkel des Systems (D).

Betrachten wir nun, was während der Inspiration geschieht. Zunächst wird ausschließlich inspiratorisches Gasgemisch eingeatmet, bis der inspiratorische Fluß größer als der Fluß des Frischgases zum T-Stück wird. Während des inspiratorischen Spitzenflusses kann der Patient zusätzlich Gas aus dem Abschnitt D im offenen Schlauch ziehen. Unter der Annahme einer endexspiratorischen Pause ist dies Frischgas, eine Rückatmung alveolärer Luft findet nicht statt. Ist der Frischgasfluß zu gering, z. B. weniger als das zweifache des Atemminutenvolumens, wird der Patient während des inspiratorischen Spitzenflusses Gase aus den Bereichen B und D ziehen und damit alveoläres Gas rückatmen.

Die Abbildung 22.5 zeigt den Effekt der endexspiratorischen Pause auf den benötigten Frischgasfluß, um jegliche Rückatmung von alveolärem Gas zu vermeiden. Das Diagramm zeigt das inspirierte Gasvolumen aus dem offenen Schenkel eines T-Stücks durch einen anästhesierten Patienten mit einem Zugvolumen von 0,4 l und einer Atemfrequenz von 12/min, entsprechend einer Atemzykluslänge von 5 Sekunden. Die Höhendifferenz zwischen dem inspiratorischen Gasvolumen und dem Frischgasvolumen ist das Volumen von Frischgas aus dem offenen Schenkel. Übersteigt das Volu-

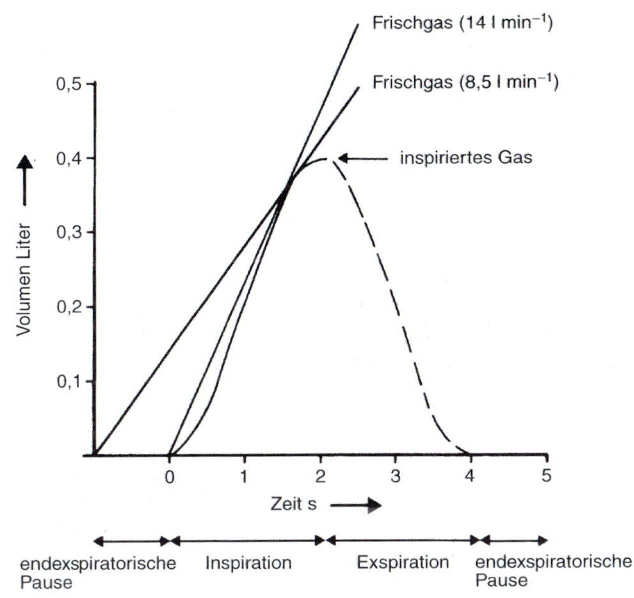

Abbildung 22.5: Effekt einer endexspiratorischen Pause auf den benötigten Frischgaszufluß zur Vermeidung einer Rückatmung exspiratorischer Luft im T-Stück-System.

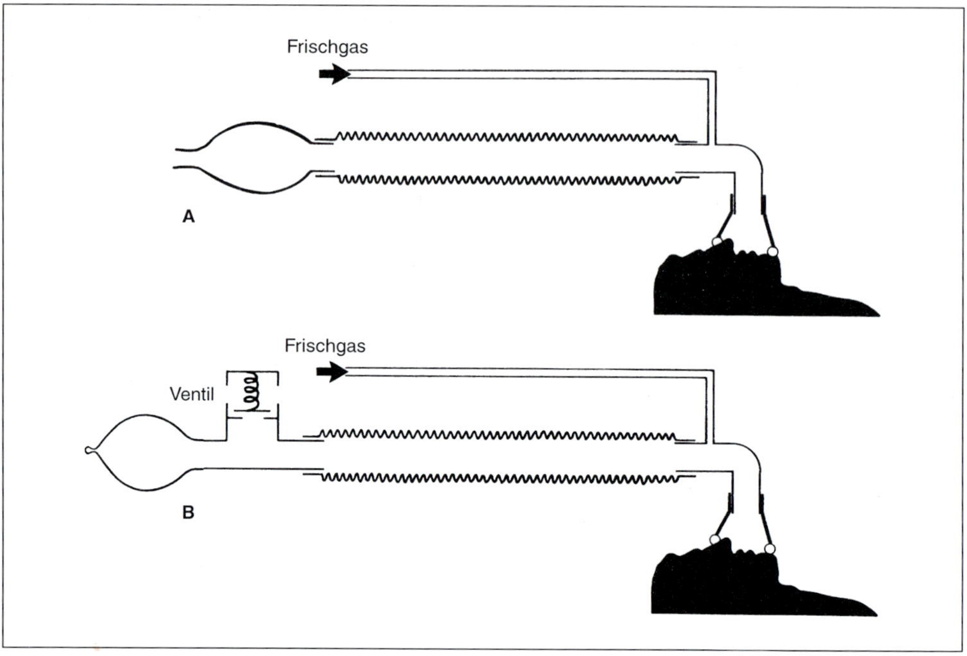

Abbildung 22.6: T-Stück-System mit Beutel (A) und mit einem Beutel plus Ventil.

men des inspirierten Gases zu irgendeinem Zeitpunkt das des Frischgases, kommt es zur Rückatmung. Man sieht aus der Abbildung, daß ein Fluß von 14 l/min (das 2,8fache des angenommenen Minutenvolumens) notwendig ist, falls keine endexspiratorische Pause vorhanden ist. Unter der Annahme, daß eine endexspiratorische Pause von 1 Sekunde besteht, stellt bereits ein Frischgasfluß von 8,5 l/min (etwas unterhalb des 2fachen des Atemminutenvolumens von 4,8 l/min) sicher, daß das zur Verfügung gestellte Frischgasvolumen zu jedem Zeitpunkt das Volumen des inspirierten Gases aus dem offenen Schenkel übersteigt.

Am T-Stück atmet der Patient sowohl Frischgas als auch Gas aus dem offenen Schenkel ein, so daß der Frischgasfluß nicht so groß wie das gesamte Zugvolumen sein muß. Dennoch führt ein Fehlen dieses offenen Schenkels zur Inspiration von Luft, wenn der Frischgasfluß nicht gleich dem inspiratorischen Spitzenfluß des Patienten ist.

Man kann einen offenen Reservoirbeutel (Abb. 22.6 A) oder einen Beutel mit einem Ventil zum offenen Ende des T-Stücks (Abb. 22.6 B) zufügen. Bewegungen des Beutels zeigen eine Spontanatmung, die sich auf diesem Wege qualitativ kontrollieren läßt. Wird das T-Stück zusammen mit einer kontrollierten Beatmung verwendet, können niedrigere Frischgasflüsse eingesetzt werden, da dann das Zugvolumen zur Kompensation der Rückatmung von alveolärer Luft aus dem offenen Schenkel erhöht werden kann. Auch in diesem Falle kann das Ventilationsmuster im Sinne einer ausreichenden endexspiratorischen Pause variiert werden, um das System effektiver zu gestalten.

Das T-Stück-System ist insbesondere für die Anästhesie in der Pädiatrie geeignet, weil durch eine patientennahe Konnektion des T-Stücks der Totraum vernachlässigbar klein gehalten werden kann. Darüber hinaus vermeidet dieses sehr einfache System Probleme mit einem exspiratorischen Ventil, wie z.B. ein erhöhter Flußwiderstand und eine mögliche Fehlfunktion durch Verklemmung. Bei Erwachsenen ist ein Nachteil des Systems der hohe Frischgasfluß, der während der Spontanatmung benötigt wird. Abgesehen von den Kosten, erhöht der zusätzliche Fluß den exspiratorischen Widerstand und das Risiko einer Narkosegasbelastung des Personals.

22.4 Koaxiales T-Stück-System

Ein koaxiales T-Stück-System ist eine kompaktere Form. Hierbei befindet sich der gaszuführende Schenkel des T-Stücks innerhalb des T-Schenkels (Abb. 22.7). Typische Beispiele sind das Bain- (USA) oder Penlon-Koaxialsystem (Großbritannien). Wie bei anderen T-Stück-Techniken sollte der Gasfluß während der spontanen Atmung das 2,5fache des Atemminutenvolumens des Patienten betragen. Bei diesen Systemen ist insbesondere darauf zu achten, daß der zentrale frischgasführende Schlauch korrekt angeschlossen ist, andernfalls gelangt das Frischgas unter Umständen nicht zum Patienten.

22.5 Magill-System

Das Magill-System (Abb. 22.8) wurde durch Sir Ivan Magill im Jahre 1920 eingeführt. Es umfaßt einen Reservoirbeutel, einen zuführenden Schlauch und ein exspiratorisches Ventil. Es ist noch immer ein für die Anästhesie beim spon-

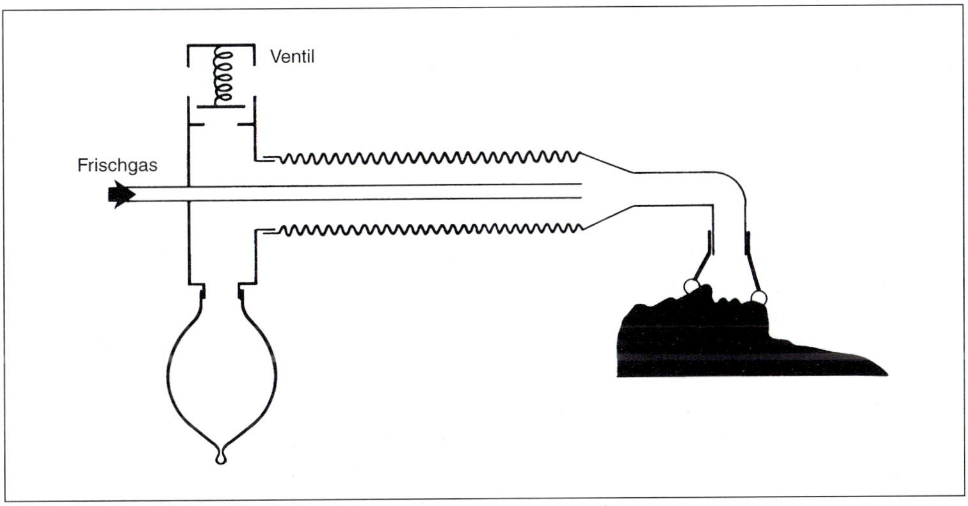

Abbildung 22.7: Koaxiales T-Stück-System.

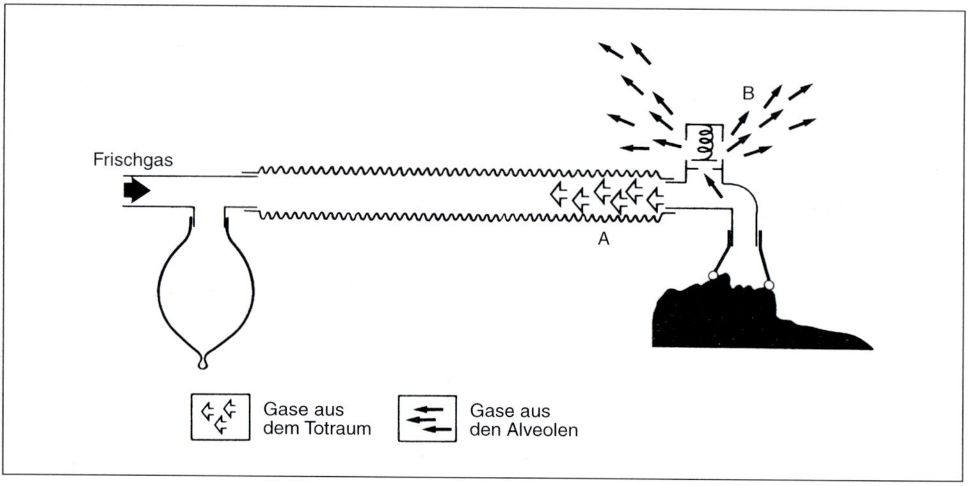

Abbildung 22.8: Gasverteilung gegen Ende der Exspiration im Magill-System.

tan atmenden Patienten gebräuchliches System. Die Abbildung zeigt den Inhalt des Schlauches am Ende der Exspiration. Gase des anatomischen Totraums strömen entlang des Schlauches (A), während Frischgas in den Beutel gelangt und diesen auffüllt, bis der Druck ausreichend groß ist, um das exspiratorische Ventil zu öffnen. Dies kann bei 50 Pa oder 0,5 cm H_2O der Fall sein. Gas aus den Alveolen des Patienten wird durch das exspiratorische Ventil in ein Absaugsystem geleitet oder in die Umgebung abgegeben. Da das Magill-System das Gas aus dem anatomischen Totraum aufhält, kann es mit einem Frischgasfluß von 70% des Zugvolumens bei einem spontan atmenden Patienten verwendet werden.

Das Magill-System kann auch eingesetzt werden, um den Patienten kontrolliert zu beatmen, wobei des exspiratorische Ventil teilweise verschlossen und gleichzeitig der Reservoirbeutel komprimiert wird, um einen intermittierenden positiven Druck aufzubauen; dieser Druck wird durch die Einstellung des Ventils begrenzt. Überflüssiges Gas verläßt das Ventil am Ende der Inspiration. Das in diesem Falle abgegebene Gas ist überwiegend Frischgas. Daher ist das System bei kontrollierter Ventilation ineffizient; für den kurzzeitigen Einsatz, z.B. bis zum Anschluß eines Beatmungsgerätes, kann es allerdings eine Alternative darstellen.

Moderne Exspirationsventile sind größer als die ursprünglichen „Heidbrink“-Ventile, da sie einen Anschluß für ein Absaugsystem besitzen. Die Größe des Ventils ist allerdings unpraktisch, es muß daher in der Regel vom Patienten entfernt angebracht werden (Abb. 22.9 A). Ein Magill-System mit einem patientenfern angebrachten Ventil kann dagegen von Vorteil sein, wenn aus Hygienegründen Einwegschläuche verwendet werden sollen; das Ventil muß dann nicht zusammen mit den Schläuchen gewechselt werden.

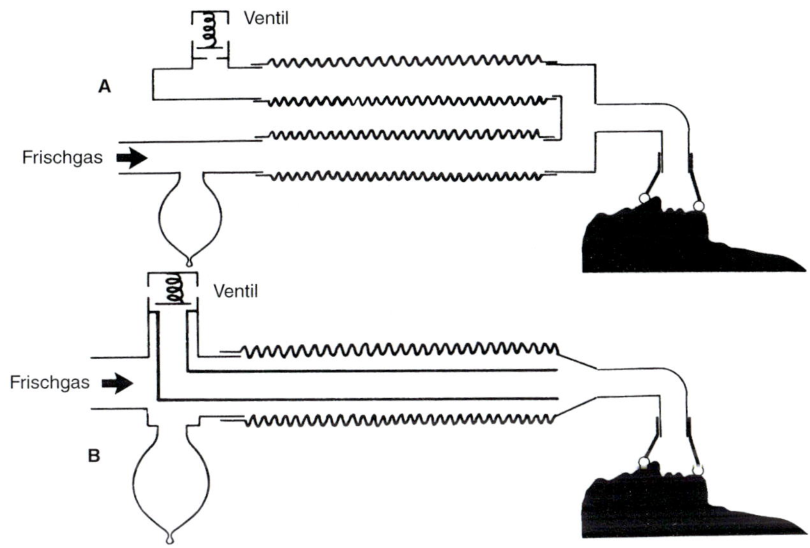

Abbildung 22.9: Magill-System mit patientenfern angebrachtem Exspirationsventil (A). Koaxiales Magill-System (B).

22.6 Koaxiales Magill-System

Das koaxiale Magill-System beinhaltet ebenfalls ein getrennt angebrachtes exspiratorisches Ventil (wie in Abb. 22.9 B). In diesem System, das auch als Lack-System bezeichnet wird, fließt das Frischgas aus dem Reservoirbeutel durch den großen Schlauch, der seinerseits einen dünneren, zum Exspirationsventil führenden Schlauch enthält. Im Gegensatz zum koaxialen T-Stück-System atmet der Patient im koaxialen Magill-System durch beide Schläuche. Daher werden größere Koaxialschläuche benötigt, um einen zu hohen Atemwiderstand zu vermeiden. Wie auch in anderen Koaxialsystemen muß streng darauf geachtet werden, daß der innere Schlauch korrekt angeschlossen und positioniert ist. Ebenso wie das Standard-Magill-System ist das koaxiale Magill-System für längerdauernde kontrollierte Beatmung nicht geeignet.

22.7 Geschlossene Systeme

Im vollständig geschlossenen oder Kreissystem rezirkulieren die Gase des Patienten durch einen Absorber, der CO_2 absorbiert; gleichzeitig wird Sauerstoff zugefügt, um den Verbrauch des Patienten auszugleichen. Eine typische Anordnung ist in Abbildung 22.10 gezeigt, wobei die Positionierung der Komponenten variieren kann.

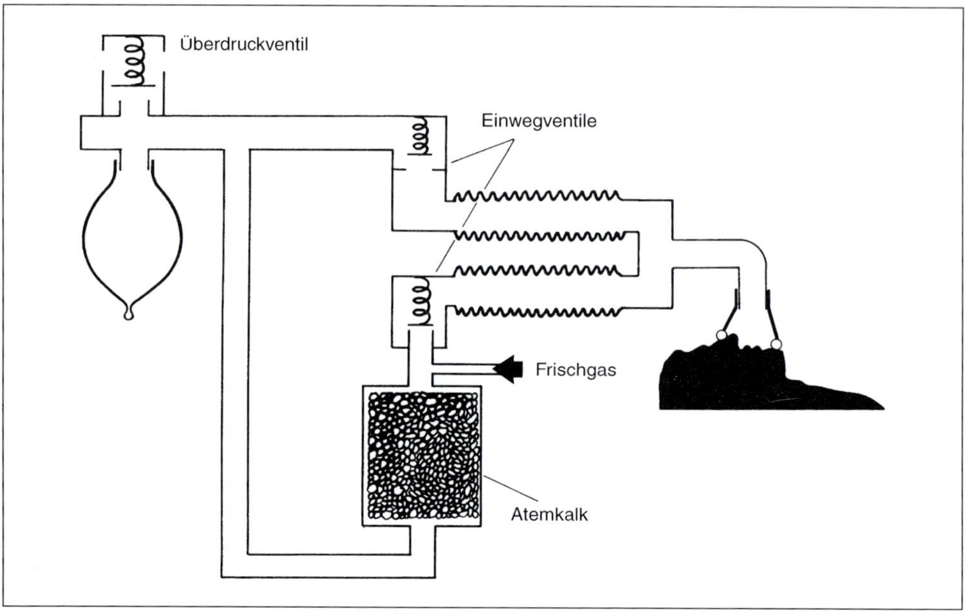

Abbildung 22.10: Kreissysteme. Im vollständig geschlossenen Zustand besteht das Frischgas aus Sauerstoff einer Flußgeschwindigkeit, die der Aufnahme des Patienten entspricht. Narkosegas wird nach Bedarf zugesetzt. Der Reservoirbeutel kann durch ein kalibriertes Spirometer ersetzt werden, um Änderungen im Volumen anzuzeigen.

Das Absorbermaterial muß eine bestimmte Korngröße besitzen, die zum einen groß genug ist, um einen erhöhten Atemwiderstand zu vermeiden, und zum anderen klein genug ist, um Kohlendioxid effizient zu absorbieren. Eine typische Größe ist 4 bis 8 Mesh, was bedeutet, daß die Körner durch ein Sieb mit 4 Teilungen pro Inch hindurchpassen, jedoch nicht durch eines mit 8 pro Inch (1 Inch = 25,4 mm). Wird das System in der Anästhesie verwendet, wird Anästhesiegas in der benötigten Konzentration entsprechend den klinischen Erfordernissen zugeführt, um die Aufnahme des Patienten und Verluste über Leckagen und Diffusionen auszugleichen. Das Anästhetikum kann durch einen Überzugverdampfer im Kreissystem oder durch einen Verdampfer außerhalb des Kreises zur Verfügung gestellt werden. Letzterer muß ein spezieller Typ sein, der seine Genauigkeit auch bei niedrigen Flußraten beibehält. Aufgrund der Variabilität der Sauerstoff- und Anästhesiegas-Aufnahme des Patienten sind im geschlossenen System Gasanalysatoren vorgeschrieben. Dies stellt sicher, daß sich die Konzentrationen von Sauerstoff, Kohlendioxid und Anästhetikum in den geforderten Grenzen bewegen.

Nach Meinung vieler Anästhesisten limitieren die Kosten dieser Analysatoren und deren Wartung den Einsatz des vollständig geschlossenen Systems. Andere Nachteile sind Probleme bei der Sterilisation aufgrund der Größe und Komplexität des geschlossenen Systems im Vergleich mit einfacheren Versionen sowie die Notwendigkeit einer speziellen Respiratorform. Das geschlossene System hat aber den Vorteil, daß es eine

Überwachung der Sauerstoffaufnahme des Patienten erlaubt und die Aufnahme volatiler Anästhetika bestimmt werden kann, ein dichtes System vorausgesetzt. Weiterhin ist der Wärmeverlust des Patienten reduziert, da das inspirierte Gas vollständig befeuchtet ist und nahe der Umgebungstemperatur liegt (siehe Kapitel 10). Die Einsparung des volatilen Anästhetikums muß gegenüber dem zusätzlichen Verbrauch des CO_2-Absorbers abgewogen werden. Nicht zu vergessen ist der reduzierte Verbrauch von Lachgas, einem potenten Zerstörer der Ozonschicht.

Wird dem geschlossenen System ein Frischgasfluß von beispielsweise 2 l/min zugeführt und das überschüssige Gas am Exspirationventil abgeleitet, entspricht die Konzentration des Gases im System etwa der des zugeführten Frischgases. Dieses sogenannte halbgeschlossene System ermöglicht eine bessere Kontrolle der Konzentrationen, verzichtet allerdings auf einige der genannten Vorteile des vollständig geschlossenen Systems. Wenn Lachgas im geschlossenen System verwendet werden soll, kann die Gegenwart von Stickstoff den Aufbau einer adäquaten Konzentration von Lachgas verhindern. Die Verwendung eines halbgeschlossenen Systems erlaubt, zumindest in der initialen Phase, einen Ersatz des Stickstoffs durch Lachgas.

22.8 Alternative Klassifikation von Beatmungssystemen

Es gibt keinen internationalen Standard für die Klassifikation von Beatmungssystemen. Selbst das Wort „System" ist nicht standardisiert, da das Wort „Kreis" äquivalent verwendet wird. Nichtsdestotrotz wird der Begriff „System" bevorzugt, da nur im geschlossenen System das Gas tatsächlich einem vollständigen Kreislauf unterworfen ist.

In Großbritannien werden Systeme (z.B. Magill-System), die weder geschlossen noch offen sind, als „halbgeschlossen" bezeichnet; in den USA wird dagegen der Begriff „halboffen" verwendet, da dort der Begriff „halbgeschlossen" für ein geschlossenes System mit einem Leck steht. Im deutschen Sprachraum richten sich die beiden Begriffe nach dem Verhältnis zwischen Atemminutenvolumen und Frischgasfluß: Im halboffenen System ist der Frischgasfluß größer, im halbgeschlossenen System kleiner als das Atemminutenvolumen des Patienten. In Anbetracht dieser Unstimmigkeiten der Terminologie sollten die Begriffe „halboffen" und „halbgeschlossen" am besten vermieden werden.

Entsprechend einer Analyse der Leistungsfähigkeit einiger Beatmungssysteme durch Mapleson sind die folgenden Buchstaben zur Identifikation von Beatmungssystemen definiert:

	Mapleson
T-Stück-System (nicht modifiziert)	E
T-Stück-System mit offenem Beutel	F
T-Stück-System mit Beutel und Ventil	D
Magill-System	A

(Die Systeme B und C in dieser Klassifikation werden heute selten verwendet und sind in diesem Kapitel nicht beschrieben. Das offene Nichtrückatmungsventil und das geschlossene System sind in dieser Unterteilung nicht enthalten.)

22.9 Widerstände von Beatmungssystemen

Das offene System stellt der Atmung keinen Widerstand entgegen, in anderen Systemen kommt es allerdings durch Schläuche und Ventile zu zusätzlichen Atemwegswiderständen. Ist der Schlauchdurchmesser groß genug, um einen laminaren Fluß zu ermöglichen, so ist der zusätzliche Druck zur Überwindung des Widerstandes während der In- und Exspiration sehr gering. Wie in Kapitel 2 erklärt, beträgt der kritische Fluß für einen glatten Schlauch mit einem Innendurchmesser von 22 mm für eine Lachgasmischung etwa 22 l/min. Anästhesiesysteme verwenden oft gewellte Schläuche; weiterhin kann der Spitzenfluß 22 l/min übersteigen, so daß während des Beatmungszyklus sowohl laminare als auch turbulente Strömungen auftreten. Trotzdem ist der zusätzliche Druck, den der Patient aufbringen muß, um die Gase durch die Schläuche zu bewegen, mit etwa 25 Pa (0,25 cmH_2O) selbst während des Spitzenflusses gering. Bei Patienten, an denen atemmechanische Messungen unter Atmung von Luft- und Sauerstoffgemischen durchgeführt werden sollen, kann allerdings selbst dieser kleine Druck unerwünscht sein. Hier können Schläuche mit einem größeren Durchmesser (z.B. 30 mm) verwendet werden. Da der Widerstand laminarer Strömungen umgekehrt proportional zur 4. Potenz des Radius ist, bringt die Vergrößerung des Durchmessers von 22 auf 30 mm eine 3,5fache Erniedrigung des Flußwiderstandes. Zusätzlich vermindert der größere Widerstand das Risiko von turbulenten Strömungen, die zu einem erheblichen Anstieg des Widerstandes führen.

In einem einfachen T-Stück-System ohne exspiratorisches Ventil oder Reservoirbeutel entspricht der Widerstand dem des T-Schenkels, durch den der Patient atmet. In der Praxis ist der Druck, der durch den Patienten erzeugt werden muß, um diesen Widerstand zu überwinden, während der Exspiration größer als während der Inspiration. Dies kommt daher, daß der exspiratorische Fluß um den Frischgasfluß erhöht ist, während der inspiratorische Fluß im Schenkel durch den Frischgasfluß reduziert wird. Je höher der Frischgasfluß, desto größer wird der Gegendruck während der Exspiration sein. Diese Einflußfaktoren besitzen in den meisten Beatmungssystemen Gültigkeit.

Auch die Ventile sind eine wichtige Ursache von Widerständen in Beatmungssystemen. Ein typisches Ventil mag einen Öffnungsdruck von 50 Pa (siehe Kapitel 1) besitzen. Während eines Spitzenflusses von etwa 30 l/min führen die Turbulenzen allerdings je nach verwendetem Ventil zu einem Druck von 100 bis 500 Pa (1 bis 5 cm H_2O). Der Reservoirbeutel kann ebenfalls die Druckverhältnisse während Spontanatmung beeinflussen.

22.10 Atemarbeit in Beatmungssystemen

Die zusätzlich benötigte Arbeit in Beatmungssystemen kann aus der Fläche der Druckvolumenkurve (siehe Kapitel 8) abgeschätzt werden. Die Abbildung 22.11 zeigt den Schleifentyp für verschiedene Systeme. Der Druck am Patientenkonnektor ist für ein Zugvolumen von 0,4 Litern gegen die Volumenänderung aufgetragen. Wie bereits beschrieben, tragen die Ventile zum überwiegenden Teil zum Widerstand in einem System bei. Daher führt das einfache T-Stück-System zu einer sehr geringen zusätzlichen Arbeit, wie aus der kleinen Schleifenfläche ersichtlich (Abb. 22.11 A). Im Falle von Nichtrückatmungs- und Kreissystemen (Abb. 22.11 B) oder dem Magill-System (Abb. 22.11 C) kann die mittlere Druckänderung für eine Volumenänderung von 0,4 Litern 200 Pa (2 cm H_2O) betragen. Die Schleifenfläche und die während eines ventilatorischen Zyklus geleistete Arbeit wäre dann wie folgt:

zusätzlich geleistete Arbeit
$= 200 \text{ Pa} \times (0{,}4 \times 10^{-3}) \times \text{m}^3$
$= 0{,}08 \text{ J}$
$= 80 \text{ mJ}$

Die vollständige mechanische Arbeit für eine normale Inspiration beträgt etwa 300 mJ, so daß ein typisches Beatmungssystem zu einer 27%igen Erhöhung der Atemarbeit führen kann. Eine solche Erhöhung der Atemarbeit ist für wache Personen unangenehm; in diesem Falle werden spezielle Ventile mit niedrigerem Widerstand verwendet.

Im Nichtrückatmungssystem sind die Widerstände des inspiratorischen und exspiratorischen Ventils vergleichbar, so daß die Druck-Volumen-Kurven (Abb. 22.11 B) eine ähnliche in- und exspiratorische Arbeit zeigen (gleiche Flächen

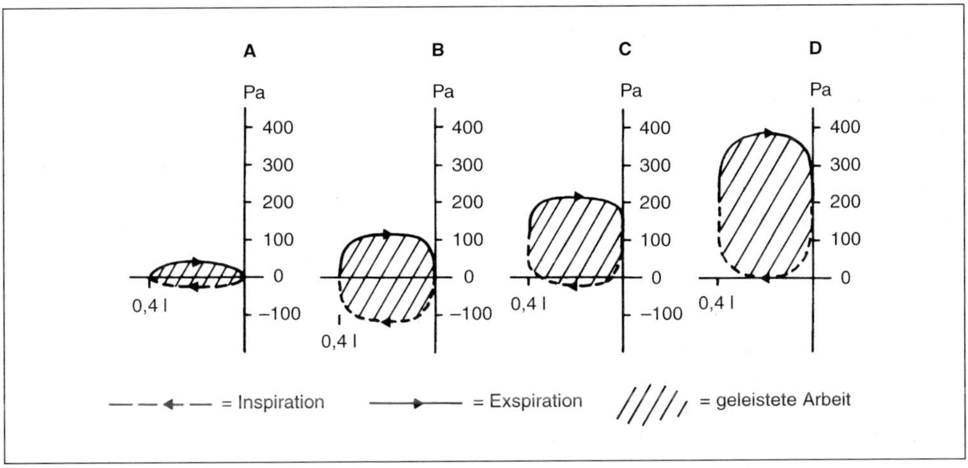

Abbildung 22.11: Arbeit in Beatmungssystemen. Darstellung der Druckänderungen in den Atemwegen des Patienten für ein Zugvolumen von 0,4 Litern (Spontanatmung). (A) einfaches T-Stück-System; (B) Nichtrückatmungsventil oder Kreissystem; (C) Magill-System; (D) T-Stück mit Reservoirbeutel und Ventil.

oberhalb und unterhalb der X-Achse). Ein Kreissystem würde ein ähnliches Ergebnis zeigen.

Im Magill-System ist kein inspiratorisches Ventil vorhanden, die Unterstützung der Inspiration durch den gering gedehnten Reservoirbeutel und den Frischgasfluß gleicht den geringen Flußwiderstand eines 22-mm-Schlauches aus. Folglich wird die gesamte Arbeit, die zur Überwindung des Systemwiderstandes notwendig ist, durch den Patienten in der Exspiration aufgewendet. In Abbildung 22.11 C ist dies daran zu erkennen, daß die Druckvolumenkurve fast vollständig oberhalb der Druckachse liegt. Das koaxiale Magill-System verhält sich ähnlich, der exspiratorische Widerstand entspricht jedoch in diesem Falle dem des Ventils mit seinem zentralen 12,5-mm-Zuführungsschlauch.

Das T-Stück-System mit Beutel und Ventil ergäbe eine ähnliche Kurve, wenn vergleichbare Gase verwendet würden; es wird jedoch ein Frischgasfluß entsprechend dem zwei- bis zweieinhalbfachen Atemminutenvolumen empfohlen. Dies hat zur Folge, daß der mittlere exspiratorische Fluß durch das Ventil und die Schläuche deutlich erhöht ist und in der Exspiration wesentlich höhere Drücke erzeugt werden (Abb. 22.11 D). Der hohe Gasfluß hält einen positiven Druck während eines Teils der Inspiration aufrecht, was diese Phase des Zyklus unterstützt; der Patient muß während der Inspiration entsprechend weniger Energie aufwenden. Eine ähnliche Darstellung ergäbe sich für das koaxiale T-System.

Bei der Anästhesie eines spontan atmenden Patienten würde eine erhebliche Erhöhung der benötigten Atemarbeit in einem System zu einer Atemdepression führen. Der zusätzliche exspiratorische Widerstand führt zudem zu einem Anstieg des intrathorakalen Drucks und kann so den venösen Rückstrom und damit das Herzzeitvolumen reduzieren. Da eine Gesichtsmaske selten einen luftdichten Abschluß darstellt, hat ein System, das bei einem erhöhten mittleren inspiratorischen Druck in der Maske arbeitet, den Vorteil, daß die Luftverdünnung der Anästhesiegase während der Inspiration vermindert wird. Andererseits erhöht sich während der Exspiration die Leckage der Gase um die Maske herum, was zur Kontamination der Umgebungsluft führt.

22.11 Sicherheit von Beatmungssystemen

Die Komponenten von Beatmungssystemen müssen korrekt montiert sein, es darf nicht zu unbeabsichtigten Dekonnektionen im System kommen. Solche unbeabsichtigten Dekonnektionen können prinzipiell durch Schraubverbindungen vermieden werden (siehe Kapitel 21). In der Praxis werden jedoch fast ausschließlich einfache Steckverbindungen verwendet, die bei Bedarf einen schnellen Wechsel ermöglichen. Kunststoffverbindungsstücke können sich durch Autoklavierung verformen, und selbst Metallverbindungen können durch falsche Bedienung beschädigt werden. Eine regelmäßige Inspektion sowie ein bedarfsweiser Ersatz dieser Teile ist daher unverzichtbar. Die Sicherheit von Steckverbindungen hängt von einer ausreichenden Kontaktfläche zwischen den Konen der beiden Konnektoren ab; Verbindungen, die nicht korrekt aufeinanderpassen, sollten nicht benutzt werden. Zur Überprüfung der Abmessung des Konnektors kann ein einfaches Meßinstrument verwendet werden.

Beatmungsschläuche dürfen nicht zu eng sein; scharfe Winkel an Konnektionsstellen sollten vermieden werden, da sie nicht nur die Häufigkeit turbulenter Strömungen, sondern auch den Atemwiderstand erhöhen. Starke Druckerhöhungen können auftreten, wenn das exspiratorische Ventil klemmt, oder wenn es aus dem Beatmungssystem entfernt wurde. Zu Druckerhöhungen kann es auch kommen, wenn der Absaugschlauch verlegt ist. Ist ein Reservoirbeutel vorhanden, kann sich ein Druck aufbauen, der durch die Eigenschaften des Reservoirbeutels bestimmt ist. Er errechnet sich entsprechend dem Laplaceschen Gesetz aus der Wandspannung T in dem Beutel und dem Radius r:

$$P = \frac{2T}{r}$$

Wenn der Beutel ausgedehnt ist, verhält sich die Wandspannung entsprechend der Elastizität proportional zum Umfang des Beutels, der wiederum direkt proportional zum Radius ist. Daher weist der Beutel auch bei erheblicher Überdehnung einen weitgehend konstanten Druck auf. Der Überdehnungsdruck beträgt üblicherweise 4 kPa (40 cmH_2O), was einen gewissen kurzzeitigen Schutz des Patienten bis zur Entfernung der Obstruktion darstellt. Einige Einmal-Reservoirbeutel haben eine geringere Elastizität und bieten daher diesen Schutz nicht, so daß der Druck in dem System auf wesentlich höhere Werte ansteigen kann. Besitzt das System keinen Reservoirbeutel, kann der Druck bis auf den durch das Sicherheitsventil des Narkosegerätes eingestellten Wert ansteigen (typischerweise 35 kPa). Ein solches Ventil schützt also nur die mechanischen Komponenten des Gerätes, nicht aber den Patienten.

Bei der Verbindung jeglicher Beatmungssysteme muß das T-Stück oder in der Standardform des Magill-Systems das exspiratorische Ventil nahe dem Patienten angebracht werden, so daß es zu keiner Totraumerhöhung kommt. Ein Beispiel für eine unabsichtliche Erhöhung des Totraums ist die Diskonnektion des zentralen Schlauches in einem Koaxialsystem. Der Totraum wird dann durch den gesamten Koaxialschlauch bestimmt, was zu Hypoxie und Hyperkapnie führen kann.

22.12 Beatmungsgeräte

Eine vollständige Beschreibung von Beatmungsgeräten geht über die Zielsetzung dieses Buches hinaus. Die Abbildung 22.12 zeigt als Beispiel in vereinfachter Form das Prinzip eines Beatmungsgerätes des Manley-Pulmovent-Typs. Ein Frischgasfluß von beispielsweise 7 l/min füllt einen Reservoirbalg. Das Gas in dem Balg steht unter einem Druck von etwa 10 bis 12 kPa, dies entspricht der Kraft, die durch Federn auf den Balg ausgeübt werden. Wenn der Balg mit einem voreingestellten Volumen insuffliert wird, öffnet ein Mechanismus eine Klappe, so daß Luft von dem Balg zu den Lungen des Patienten strömt. Der volle Druck von 10 kPa tritt jedoch nicht auf, da ein Regulierventil den Fluß und ein Sicherheitsventil auf der Patientenseite des Drehventils den Druck auf einen Maximalwert von 7 kPa begrenzt. Das Drehventil kontrolliert au-

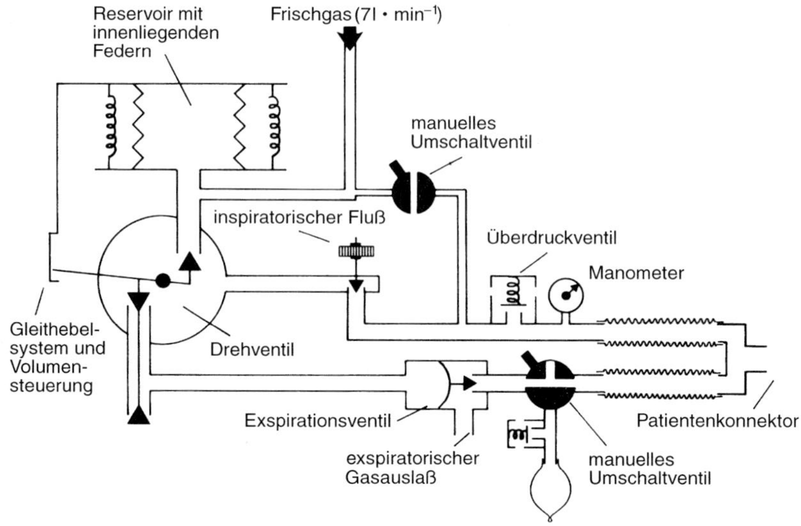

Abbildung 22.12: Vereinfachtes Diagramm zum Prinzip eines Beatmungsgerätes des Manley-Pulmovent-Typs. Das Gerät ist zu Beginn der Inspiration gezeigt, beide Steueröffnungen des Drehventils sind geöffnet.

ßerdem das Exspirationsventil, das während der Inspiration geschlossen und während der Exspiration offen ist. Während der Exspiration sind die Atemwege über den Exspirationsausgang zur Umgebung hin offen, gleichzeitig füllt sich das Reservoir wieder.

Geräte, bei denen das Gas während der Inspiration mit einem konstanten Druck zugeführt wird, werden üblicherweise als Konstantdruckgeneratoren bezeichnet; wird das Gas mit einem konstanten Fluß zugeführt, spricht man von einem Konstantflußgenerator. Der Manley-Respirator läßt sich in diese Klassifikationen nicht eindeutig einordnen, da zwar ein nahezu konstanter Druck erzeugt wird, dieser allerdings über eine Flußsteuerung zugeführt wird, so daß weder der Druck noch der Fluß in den Atemwegen des Patienten konstant ist. Das Drehventil wird über einen Hebel durch das Zugvolumen im Atembalg gesteuert, wodurch eine Anpassung des Volumens an den Bedarf möglich ist; man kann daher von einem volumengesteuerten Respirator sprechen. Eine eindeutige Klassifikation der Steuerung des Respirators ist allerdings mit Schwierigkeiten verbunden, da das Gesamt-Atemminutenvolumen in diesem Falle durch den Frischgasfluß ergänzt wird. Das Gesamt-Atemminutenvolumen ist der vom Narkosegerät gelieferte Frischgasfluß. Dies entspricht in diesem Beispiel 7 l/min, wenn das durch ein Wright-Spirometer gemessene Zugvolumen 0,5 l und die Atemfrequenz 14 beträgt. Man kann hier auch von einer Volumen-Zeit-Steuerung sprechen.

Die Abbildung 22.12 zeigt die beiden Ventile, die benötigt werden, um den Respirator in ein Handbeatmungs- oder Spontanatmungssystem umzustellen.

Ein Ventil umgeht das Reservoir und das Steuerventil, so daß das Frischgas direkt dem Patienten zugeführt wird, während das andere Steuerventil das exspiratorische Ventil umgeht und dieses durch einen Reservoirbeutel und ein exspiratorisches Ventil ersetzt. Das Atemsystem wird dadurch in ein T-Stück-System umgewandelt.

Einige Apparaturen des Manley-Pulmovent-Typs enthielten einen zusätzlichen Balg, um die Möglichkeit eines negativen Drucks während der Exspiration zur Verfügung zu stellen. Diese sogenannte Positiv-Negativ-Druckbeatmung führt allerdings zu einer erheblichen Atelektasenbildung und wird daher nicht mehr angewendet.

Um die Möglichkeiten von Dekonnektionen des Beatmungssystems, Ausfall der Gasversorgung oder den Aufbau exzessiver Drücke im Beatmungssystem zu vermeiden, muß ein Beatmungsgerät verwendet werden, das die Drücke im Beatmungskreis überwacht und im Falle des Überschreitens einer oberen bzw. des Nicht-Erreichens einer unteren Druckgrenze ein Alarmsignal abgibt. Ein Respiratoralarmsystem kann aus zwei getrennt einstellbaren Drucksensoren bestehen. Ein Sensor wird auf den maximal gewünschten Druck im Beatmungssystem eingestellt und arbeitet als Überdruckalarm. Der andere Sensor wird auf einen geeigneten Druck unterhalb des Spitzeninspirationsdrucks eingestellt und gibt Alarm, wenn das Intervall zwischen dem Überschreiten dieses Drucks mehr als etwa 15 s beträgt. So werden Diskonnektionen des Beatmungssystems oder der Ausfall einer Gasversorgung erfaßt.

22.13 Absaugsysteme

Bei weiblichen Mitarbeitern im OP-Bereich wurde von einer erhöhten Inzidenz von Spontanaborten berichtet, die bereits in frühen Untersuchungen mit der Exposition von Anästhetika in der Raumluft in Zusammenhang gebracht wurden. Trotz der Tatsache, daß nachfolgende Studien diese Annahme nicht unterstützen, erscheint es dennoch sinnvoll, das Niveau der Anästhesiegaskontamination durch Auffangen des exspirierten Anästhesiegases zu reduzieren. Diese Systeme können unterteilt werden in aktive Absaugsysteme, die eine externe Vakuumquelle, wie z.B. eine Pumpe, enthalten und das Gas absaugen, und in passive Absaugsysteme, bei denen die Gase durch den von dem Patienten während der Exspiration aufgebauten Druck nach außen befördert werden.

Die einfachste Technik für ein aktives Absaugsystem ist eine offene Technik, die manchmal als „lokales Absaugsystem" bezeichnet wird. Andere Techniken der Anästhesiegasabsaugung sind aufwendiger, sie können entsprechend dem für den Transfer verwendeten System in auffangende und abgebende Systeme unterteilt werden.

22.14 Offene Absaugtechniken

Bei dieser Technik ist der Punkt, bei dem der Sog zur Ableitung der Gase eingesetzt wird, zur Atmosphäre hin offen; es sind keine Reservoirs oder Ventile zwi-

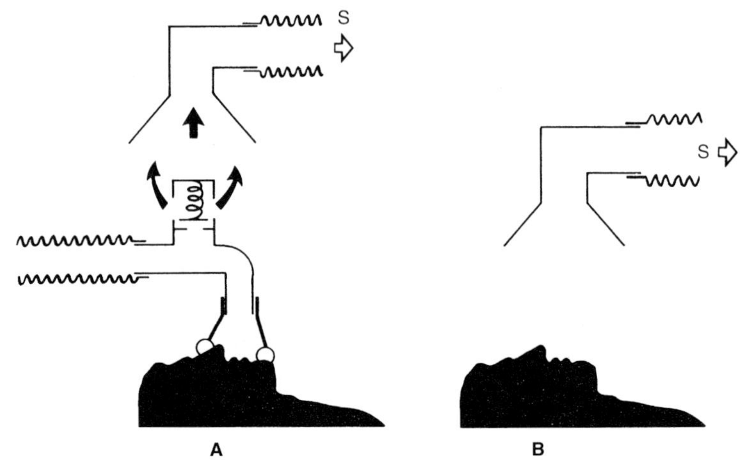

Abbildung 22.13: Offene Absaugsysteme. Der Absaugfluß ist mit S gekennzeichnet. Erläuterungen siehe Text.

schengeschaltet. Diese Technik ist insgesamt weniger effektiv als andere Systeme. Es wurden auch Techniken eingesetzt, bei denen ein Trichter nahe dem Exspirationsventil und der Maske positioniert wird, um Anästhesiegase z. B. im zahnärztlichen Bereich abzusaugen, bei denen eine dichte Maske nicht verwendet werden kann (Abb. 22.13 A). Alternativ kann der Trichter in Form einer Platte ausgebildet sein, um Gase am Ende eines T-Stück-Beatmungssystems aufzufangen. Bei einem Patienten im Aufwachraum können die abgeatmeten Gase über einen Schlauch, der nahe dem Mund positioniert wird, abgesaugt werden (Abb. 22.13 B). In beiden Fällen ist ein hoher Absaugfluß notwendig. Das offene Absaugsystem verfügt über keine Kontrollmechanismen.

22.15 Zusammengesetzte Systeme für Standardtechniken

Die Abbildung 22.14 zeigt ein zusammengesetztes System in der Standard-Anästhesiegasabsaugtechnik. Der Begriff „Überleitungssystem" wird für einen Schlauch mit einem Durchmesser von 30 mm verwendet, der die Gase am Auslaß des Anästhesiebeatmungssystems und des Respirators auffängt und an das Absaugsystem weiterleitet. Schließlich gibt das Absaugsystem die Gase an die Außenluft ab.

In OP-Bereichen mit zentraler Gasversorgung wird üblicherweise ein zentrales Absaugsystem zur Verfügung gestellt, das mit einem genormten Wandstecker ausgestattet ist. Die Verbindung

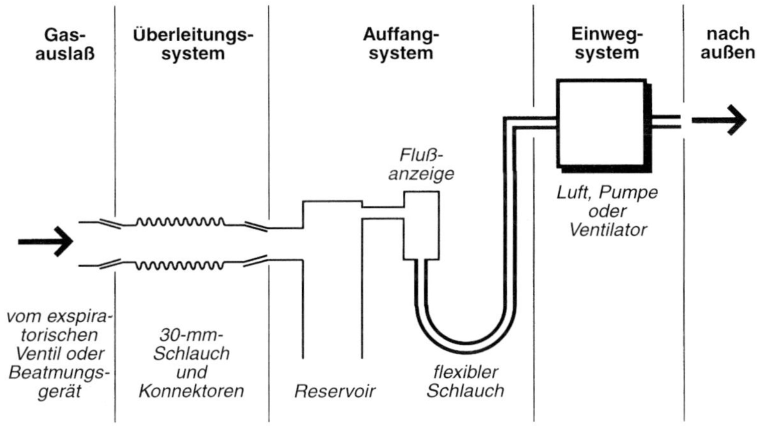

Abbildung 22.14: Zusammengesetztes System der Anästhesiegasabsaugtechnik.

zwischen Gasauslaß des Narkosegerätes und dieser Wandsteckverbindung wird ebenfalls durch einen flexiblen Schlauch hergestellt. Entscheidend ist die Tatsache, daß dieser Schlauch Öffnungen enthält, die ein Leck darstellen. Hierdurch wird verhindert, daß durch den Sog über das Auslaßventil des Narkosegerätes das Kreissystem „leergesaugt" wird. Werden bei längeren Verbindungen mehrere dieser Schläuche hintereinandergeschaltet, dürfen diese Löcher jedoch nur bei dem gerätenahen Schlauch offen bleiben, die der restlichen Schläuche müssen zugeklebt werden, da sonst eine zuverlässige Absaugung nicht mehr möglich ist.

22.16 Auffangsysteme

Ein typisches Auffangsystem enthält ein Reservoir mit offenem Ende (Abb. 22.15 A). Die Technik kann sich auf ein einfaches T-Stück (Abb. 22.15 B) beschränken, das Reservoir (üblicherweise ein Zylinder) kann die Effizienz allerdings verbessern. Das System muß so konstruiert sein, daß jegliches Obstruktionsrisiko vermieden wird, da andernfalls hohe negative oder positive Drücke in den Atemwegen des Patienten aufgebaut werden. Das System ist so konstruiert, daß der Absaugfluß, typischerweise 80 l/min, das exspirierte Gas vollständig entfernt; eine Flow-Kontrolle und ein Flow-Indikator sind vorhanden.

Bei anderen Auffangsystemen wird ein Reservoirbeutel mit Sicherheitsventilen benutzt (Abb. 22.16), wobei die Ventile das Risiko hoher positiver oder negativer Drücke vermeiden sollen. Die Abbildung zeigt auch ein einfaches Ableitsystem. Das System ist passiv, wenn es ohne den gezeigten Injektor arbeitet.

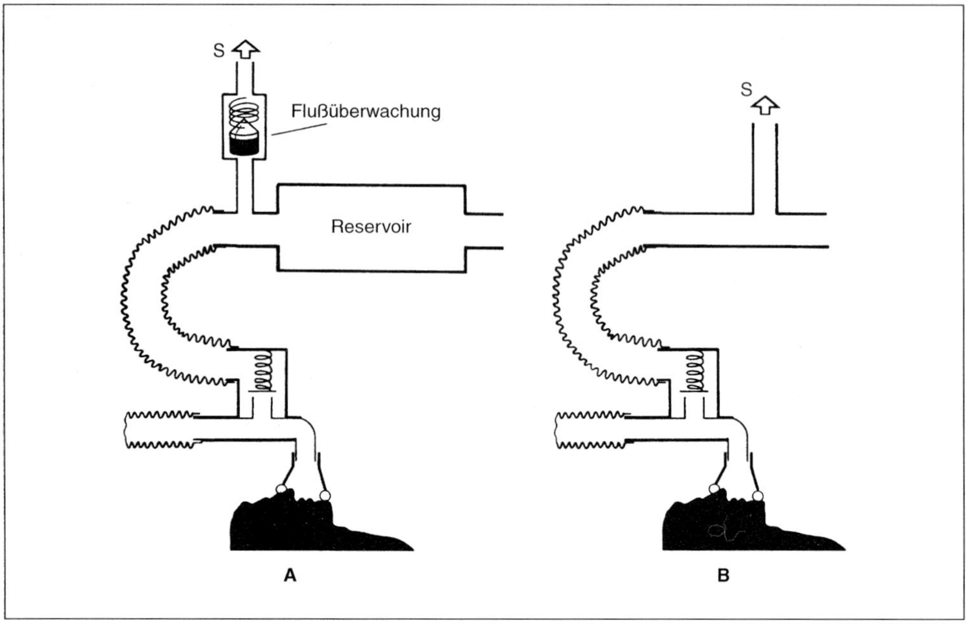

Abbildung 22.15: Anästhesiegasauffangsystem mit offenem Ende (A) und einem T-Stück (B).

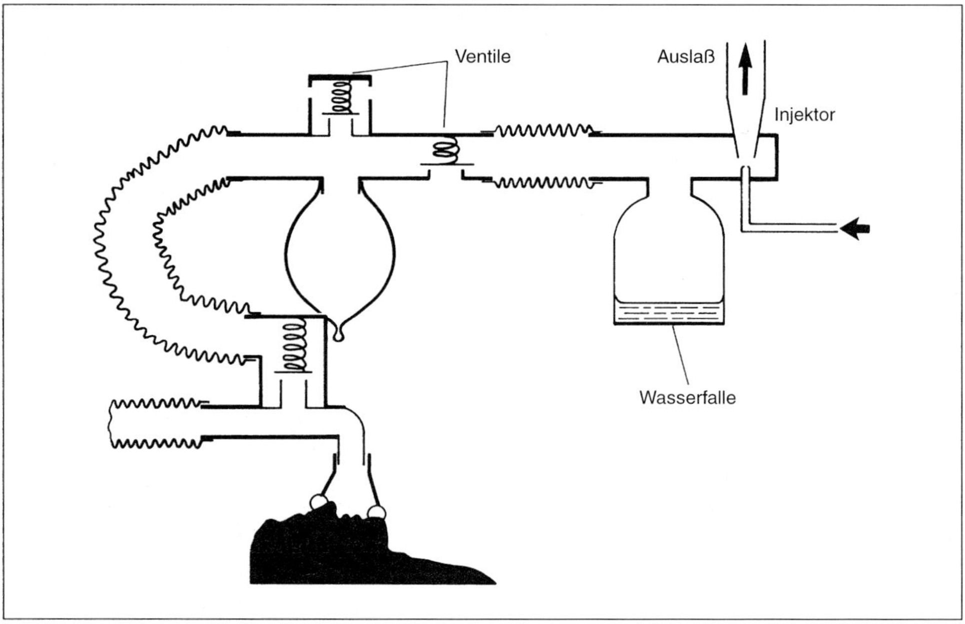

Abbildung 22.16: Absaugsystem mit Beutel und Ventilen.

22.17 Ableitsysteme

Um die abgesaugten Gase zu entsorgen, arbeiten einige Krankenhäuser mit dem gleichen System wie das zentrale Vakuumsystem (siehe Kapitel 21). Heute wird allerdings ein unabhängiges System empfohlen bzw. ist vorgeschrieben. Ein solches zentrales System kann einen Ventilator statt einer Pumpe enthalten, um die aufgefangenen Gase zu entfernen. Obwohl ein Ventilator ein geringeres Vakuum erzeugt, ist die Sicherheit nicht notwendigerweise höher, da auch ein schwaches Vakuum zu schwerer Atelektasenbildung und zu einem Lungenödem führen kann, wenn es über das Beatmungssystem direkt zu den Lungen des Patienten Verbindung hat. Die britischen Standards sehen strenge Testprozeduren vor, um sicherzustellen, daß kein Risiko hoher positiver oder negativer Drücke besteht, selbst wenn es im Absaugsystem zu technischen Problemen kommt. Einzelheiten dieser Prozeduren sollen hier nicht besprochen werden; als Beispiel sei aber genannt, daß der Druck am Auslaß 50 Pa (0,5 cmH_2O) nicht überschreiten darf, wenn mit einem Fluß von 30 l/min im System getestet wird. Zusätzlich zu den direkten Effekten auf den Patienten führen Druckänderungen durch Fehler im Absaugsystem auch zu Problemen im Bereich des Exspirationsventils des Respirators.

Für den Einsatz in Bereichen, wo nur ein einziges Narkosegerät vorhanden ist, kann eine einfache Pumpe oder sogar nur ein Injektor, der durch Druckluft betrieben wird, verwendet werden. Auch Sauerstoff wird benutzt, um ein solches System zu betreiben, dies bringt allerdings ein erhöhtes Brandrisiko mit sich. Diese Systeme entsprechen daher nicht den gegenwärtigen Sicherheitsstandards. Eine technische Umsetzung der Narkosegasabsaugung legt der Gesetzgeber in Deutschland allerdings nicht fest. In DIN 13252 wird lediglich die Existenz einer Narkosegasfortleitung gefordert.

22.18 Passive Absaugsysteme

In passiven Systemen leitet ein großkalibriger Schlauch das abgesaugte Gas aus dem Gebäude heraus. Diese Technik kann zu Problemen führen, da hohe positive oder subatmosphärische Drücke durch Windbewegungen am Auslaß des Systems auftreten können. Weiterhin kann das Gewicht schwerer Anästhesiegase, wie z.B. Lachgas, einen Gegendruck auf das Bronchialsystem des Patienten ausüben, wenn sich der Auslaß oberhalb des Dachniveaus befindet, wie zur Vermeidung des Wiedereintritts abgesaugter Gase in das Gebäude empfohlen wird.

Das in Abbildung 22.15 gezeigte Sammelsystem mit Beutel und Ventilen kann ohne den Injektor als Basis für ein passives Absaugsystem gebraucht werden. Um die Druckprobleme als Folge von Luftbewegungen am Auslaß des passiven Systems zu vermeiden, kann das exspirierte Gas zu den Absaugstellen der OP-Lüftung geleitet werden. Für eine effektive Funktion dieses Systems ist es wichtig, daß das Abluftsystem des OP-Saales hierzu auch geeignet ist, da der Fluß in den Leitungen variieren kann, und eine Umkehr der Stromrichtung nicht auszuschließen ist. Die Verwendung eines Raumentlüftungsanschlusses ist selbstverständlich auch ungeeignet, wenn die OP-Luft rezirkuliert.

22.19 Raumbelüftung

Unabhängig vom verwendeten Absaugsystem ist ein Austreten von geringen Mengen von Anästhesiegasen unvermeidbar, z. B. bei der Einleitung während einer Maskennarkose oder am Ende der Narkose. Eine effiziente Ventilation des OP-Saales, z. B. ein 15facher Austausch der Luft pro Stunde, wird daher in Bereichen, in denen volatile Anästhetika zum Einsatz kommen, empfohlen.

23 Feuer und Explosionen

23.1 Allgemeine Prinzipien

Bei einem Feuer oder einer Explosion vereinigt sich eine brennbare Substanz mit Sauerstoff oder einer anderen oxidierenden Substanz und reagiert unter Bildung von Verbrennungsprodukten und der Freisetzung von Energie (Abb. 23.1). Bevor die Reaktion beginnen kann, muß eine Energiemenge, die sogenannte Aktivierungsenergie, zugeführt werden. Die in der Verbrennungsreaktion erzeugte Energie wird als Wärme frei, die die Temperatur der Mischung erhöht. Überschreitet die Temperatur einen bestimmten Wert, so läuft die Reaktion von selbst ab, da dann die produzierte Energie ausreicht, um die Aktivierungsenergie zur Fortführung der Reaktion zur Verfügung zu stellen.

Die Abbildung 23.2 zeigt die Reaktion für Cyclopropan[1]. Die Aktivierungsenergie kann durch einen kleinen Funken zugeführt werden. Zwei Moleküle Cyclopropan vereinigen sich mit 9 Molekülen Sauerstoff unter Bildung von je 6 Molekülen CO_2 und Wasser sowie der Freisetzung von Energie. Enthält die ursprüngliche Mischung zwei Volumenanteile Cyclopropan und 9 Volumenanteile Sauerstoff, entsprechend einer 18 %igen Cyclopropankonzentration, dann wird das gesamte Cyclopropan ver-

1 Cyclopropan wird aus Gründen der leichten Entflammbarkeit in der Anästhesie nicht mehr verwendet. Die physikalischen Grundlagen von Verbrennung und Explosion lassen sich jedoch gut an diesem Beispiel darstellen.

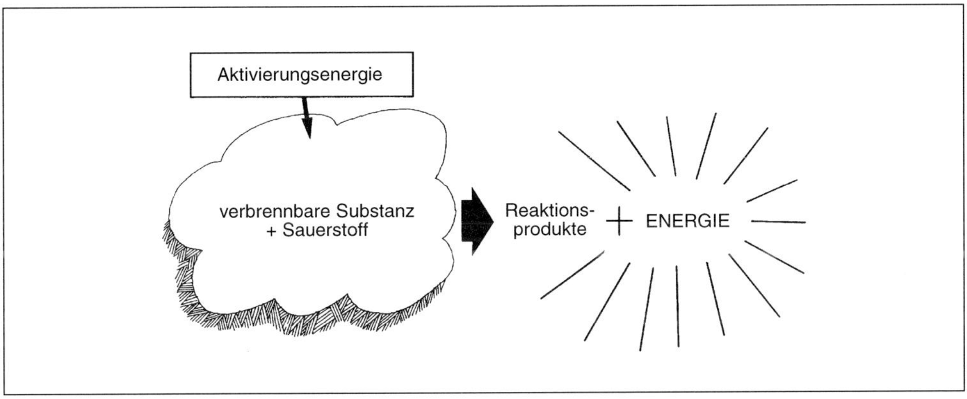

Abbildung 23.1: Prinzip der Verbrennung.

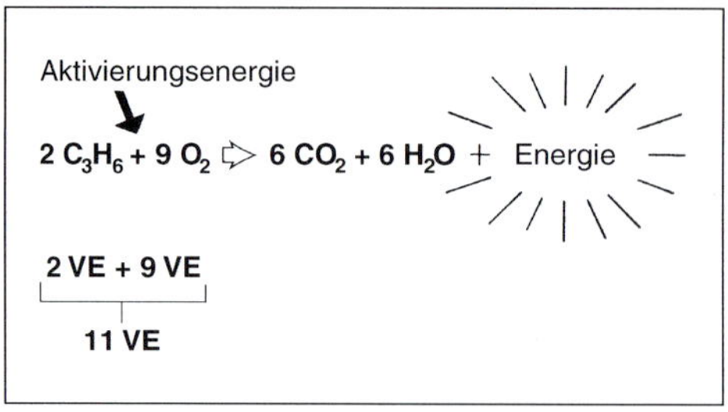

Abbildung 23.2: Verbrennung von Cyclopropan.

braucht und zu CO_2 und Wasser umgesetzt. Diese Konzentration wird als *stöchiometrische Konzentration* bezeichnet.

Die stöchiometrische Konzentration eines brennbaren Dampfes und eines oxidierenden Agens ist die Konzentration, bei der der gesamte brennbare Dampf und das Oxidans vollständig verbraucht werden.

Die heftigste Reaktion findet in stöchiometrischen Mischungen statt. Weichen die Verhältnisse von dieser Mischung ab, ist die Reaktion schwächer. Liegt ein Bestandteil in großem Überschuß gegenüber dem anderen vor, kann die Mischung unter Umständen überhaupt nicht entzündet werden. Die Grenzen, außerhalb derer die Mischung nicht brennbar ist, werden als *Entflammbarkeitsgrenzen* bezeichnet (Abb. 23.3). Die untere und obere Grenze von Cyclopropan in Sauerstoff liegt bei 2,5 % und 63 %; innerhalb dieser Grenzen liegt wiederum der enge Bereich, in dem eine Explosion stattfinden kann.

Die üblichen anästhetischen Konzentrationen für Cyclopropan variieren innerhalb dieser Grenzen und gehen daher mit dem Risiko von Explosionen einher. Die Geschwindigkeit, mit der sich die Verbrennungsreaktionen durch eine Mi-

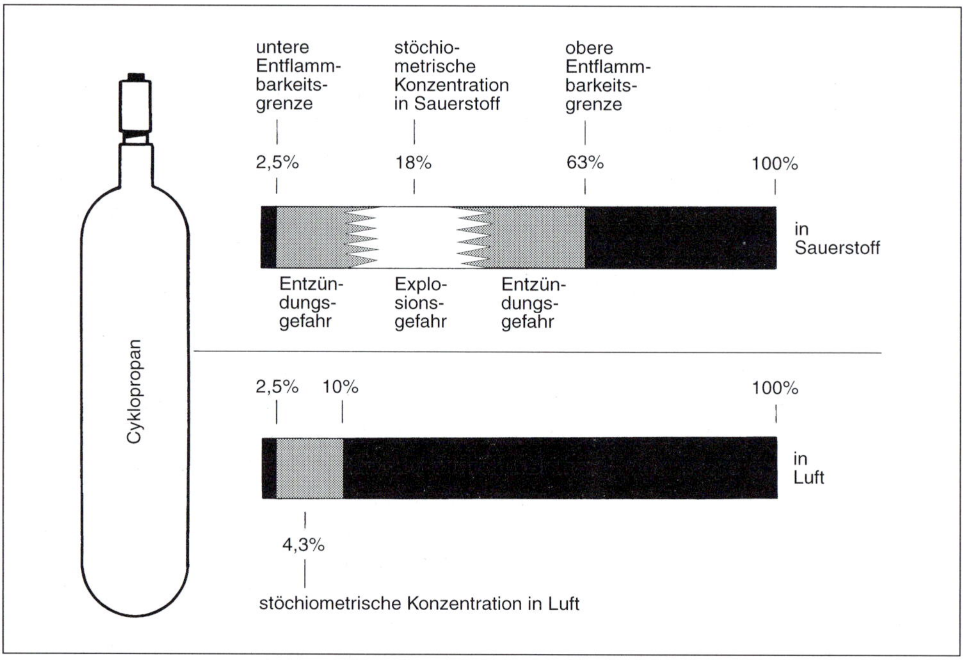

Abbildung 23.3: Entflammbarkeitsgrenzen von Cyclopropan in Sauerstoff und in Luft.

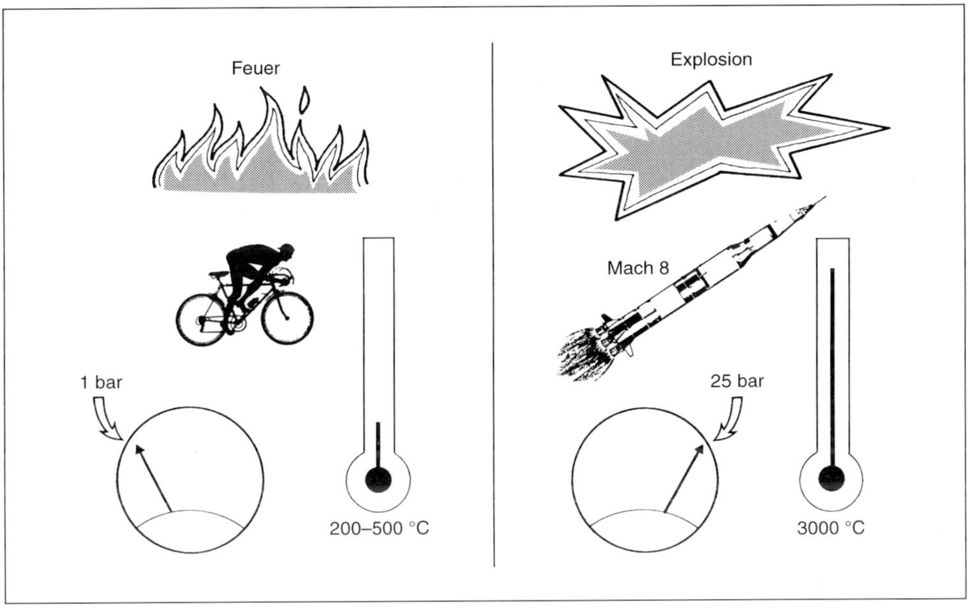

Abbildung 23.4: Vergleich der Verhältnisse in Feuer und bei Explosionen.

schung hindurch ausbreiten, hängt von dem Verhältnis zwischen Brennstoff und vorhandenem Sauerstoff ab. Daher ist bei Verhältnissen, die in der Nähe der Entflammbarkeitsgrenzen liegen, ein Feuer wahrscheinlicher als eine Explosion (Abb. 23.4 links). Bei einer solchen Reaktion liegt der Druck nahe dem atmosphärischen Druck (1 bar), die Temperatur beträgt mehrere 100 °C. Dagegen kann sich bei Mischungsverhältnissen nahe der stöchiometrischen Mischung in Sauerstoff die Reaktion mit Überschallgeschwindigkeit ausbreiten, wobei es eher zu einer Explosion kommt. Eine explodierende Mischung kann sich mit achtfacher Schallgeschwindigkeit ausbreiten und Drücke um 25 bar bei Temperaturen von bis zu 3000 °C aufbauen.

Die Gewalt der Reaktionen kann durch die Anwesenheit anderer Moleküle in einer Mischung abgeschwächt werden. So weichen die Entflammbarkeitsgrenzen von Cyclopropan in Luft von denen in Sauerstoff ab (s. Abb. 23.3). In der normalen anästhesiologischen Praxis brennt Cyclopropan, es explodiert allerdings nicht in Luft; der Entflammbarkeitsbereich ist vermindert, und die stöchiometrische Konzentration beträgt etwa 4 %. Die inerten Stickstoffmoleküle nehmen an der Reaktion nicht teil, sie absorbieren vielmehr einen Teil der erzeugten Energie. Diese Reaktion ist daher weniger heftig. Die Abbildung 23.5 zeigt die Reaktion der stöchiometrischen Mischung in Luft. Das Verhältnis von Cyclopropan zu Sauerstoff ist in diesem Fall das gleiche, allerdings sind 4 Moleküle Stickstoff für jedes Molekül Sauerstoff vorhanden, so daß die Mischung 2 Volumenanteile Cyclopropan und 45 Volumenanteile Luft mit einer stöchiometrischen Konzentration von 4 % enthält.

Lachgas ist ebenfalls ein Oxidationsmittel. Es zersetzt sich schnell unter den

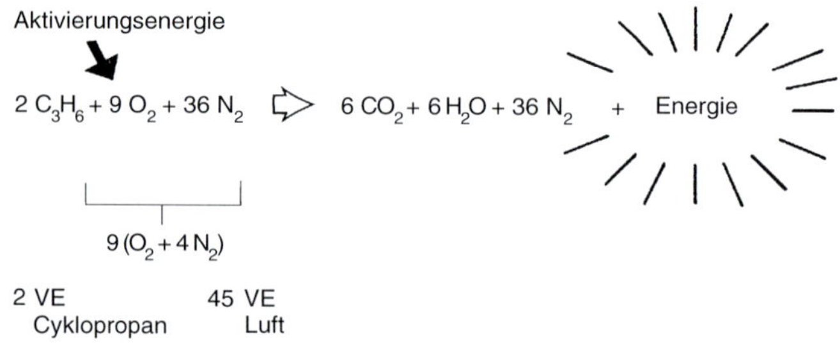

Abbildung 23.5: Reaktionen in einer stöchiometrischen Mischung von Cyclopropan und Luft.

hohen Temperaturen eines Feuers oder einer Explosion und setzt dabei Sauerstoff frei. Dadurch entsteht eine 33%ige Sauerstoffmischung, und Energie wird freigesetzt:

$$2\,N_2O = 2\,N_2 + O_2 + Energie$$

Eine Explosion kann in Anwesenheit von Lachgas heftiger ablaufen als mit Sauerstoff allein, da eine Verbrennung bei Lachgas mehr Wärme produziert als bei einer Verbrennung in Sauerstoff.

23.2 Andere entflammbare Substanzen

Äther verhält sich ähnlich wie Cyclopropan (Abb. 23.6). Im oberen Teil der Abbildung sind die Entflammbarkeitsgrenzen von Äther in Sauerstoff mit 2 bis 82%, die stöchiometrische Konzentration in Sauerstoff, bei der das Risiko einer Explosion besteht, mit etwa 14% angegeben. Im unteren Teil sind die Entflammbarkeitsgrenzen von Äther in Luft dargestellt. Wie Cyclopropan explodiert Äther nicht in Luft, brennt allerdings innerhalb der gezeigten Konzentrationen.

Die Konzentrationen von Äther in Sauerstoff, die in der Anästhesie eingesetzt werden, sind innerhalb der Grenzen des Explosionsrisikos und innerhalb der Entflammbarkeitsgrenzen für Äther in Luft. Ein spezielles Risiko kann auftreten, wenn flüssiger Äther verschüttet wird, und in der Nähe des Bodens eine hohe Konzentration von Ätherdampf entsteht. Die Konzentration von Äther kann das untere Limit der Entflammbarkeit erreichen und nach Entzündung in Form einer kalten Flamme verbrennen. Kalte Flammen sind unsichtbar und haben, wie der Name impliziert, eine deutlich geringere Temperatur als normale Flammen. Wenn Äther verbrennt, werden normalerweise Kohlendioxid und Wasser gebildet; in kalten Flammen verläuft die Oxidation dagegen unvollständig, als Endprodukte entstehen Essigsäure und Acetaldehyd. Die besondere Gefahr von kalten Flammen ist, daß sie das Brandrisiko auf das Beatmungssystem des Narkosegerätes weiterleiten können.

Neben Cyclopropan und Äther gibt es andere entflammbare Anästhetika, wie z. B. Ethylenchlorid, Ethylen und Vinylether, wobei diese allerdings nur selten verwendet werden. Einige, normaler-

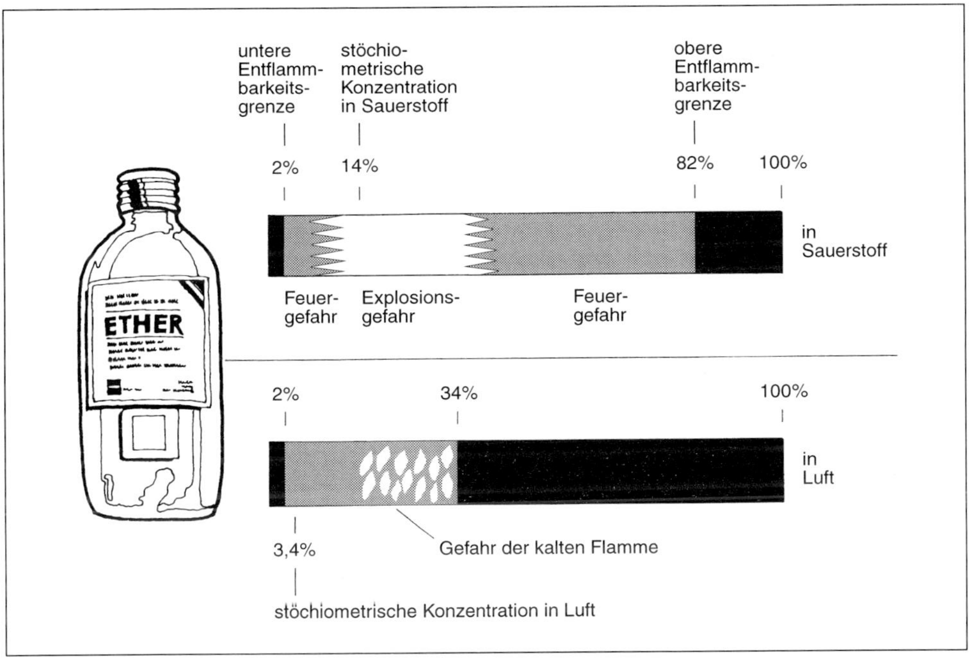

Abbildung 23.6: Entflammbarkeitsgrenzen von Äther in Sauerstoff und Luft.

weise als nicht entflammbar angesehene Anästhetika können sich entzünden, wenn sie mit Sauerstoff oder mit Lachgas im richtigen Verhältnis gemischt sind und eine ausreichend hohe Temperatur zur Zündung der Mischung vorhanden ist. Allerdings sind die unteren Entflammbarkeitsgrenzen für Halothan und Trichlorethylen höher als die normalerweise in der Anästhesie verwendeten Konzentrationen. Eventuell vorhandene Funken reichen nicht aus, um die Mischung zum Brennen zu bringen.

Die meisten Anästhesisten setzen heute nur noch nichtentflammbare Anästhetika ein, dies sollte allerdings nicht zur Nachlässigkeit führen, da noch genügend andere entflammbare Substanzen im Operationsbereich vorhanden sind. Die verbreitetsten sind wahrscheinlich Ethylalkohol und alkoholische Desinfektionsmittel.

Ein gesättigter Alkoholdampf in Luft ergibt bei normaler Raumtemperatur eine 6%ige Mischung. Diese Mischung liegt nahe der stöchiometrischen Konzentration in Luft (Abb. 23.7) und birgt ein hohes Entzündungsrisiko. Dieses Risiko erhöht sich weiter, wenn Sauerstoff oder Lachgas vorhanden ist. Auch durch die Entzündung von flüssigen Desinfektionsmitteln auf der Haut des Patienten kann es zu Unfällen kommen. Die blassen blauen Flammen werden unter Umständen kaum gesehen, so daß schwere Verbrennungen auftreten können, bevor die Gefahr erkannt wird. Alkohol kann sich auch entzünden, wenn er in vernebelter Form für die Sterilisation von Beatmungsgeräten eingesetzt wird.

Neben Alkohol gibt es eine Reihe weiterer entflammbarer Substanzen, die keine Anästhetika sind, jedoch mit dem Risiko einer Entzündung oder einer Ex-

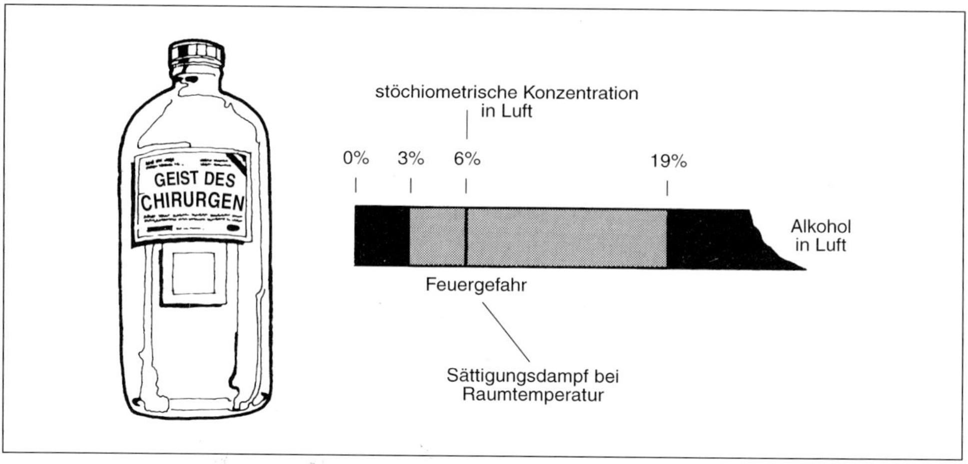

Abbildung 23.7: Entflammbarkeitsgrenzen von Ethylalkohol in Luft.

plosion verbunden sind. So sind beispielsweise Methan und Wasserstoff im Darm des Patienten vorhanden und können bei Darmöffnung durch die Diathermie entzündet werden.

Ethylchlorid wird gelegentlich als lokalanästhetisches Spray und Äther zur Entfettung der Haut verwendet. Außer diesen Substanzen befinden sich andere entzündbare Materialien wie Papier, Kunststoffabdeckungen und Verpakkungsmaterial im OP-Bereich.

Reiner Sauerstoff unter hohem Druck hat ein außerordentlich hohes Feuer- und Explosionsrisiko. Daher müssen Öl und schmierende Substanzen in allen Teilen einer Drucksauerstoffversorgung vermieden werden; spezielle Vorsichtsmaßregeln sind im Bereich von Sauerstoffflaschenbatterien oder Flüssigsauerstofftanks notwendig.

23.3 Aktivierungsenergie und Zündungstemperatur

In der Mischung einer brennbaren Substanz mit Sauerstoff werden die Moleküle normalerweise durch Abstoßungskräfte auf Distanz gehalten. Zur Verbrennung der Mischung müssen die Moleküle nahe genug aneinander gebracht werden, um zu reagieren (Abb. 23.8). Eine einfache Methode, um dies zu erreichen, ist die Erhöhung der Geschwindigkeit, mit der die Moleküle zusammenstoßen; dies kann durch eine lokale Temperaturerhöhung der Mischung erreicht werden, und zwar durch einen Funken oder durch eine andere Wärmequelle. Die Temperatur muß in einem genügend großen Volumen auf einen ausreichend hohen Wert gebracht werden; die hierzu notwendige Energie ist die *Aktivierungsenergie.* Die Tempe-

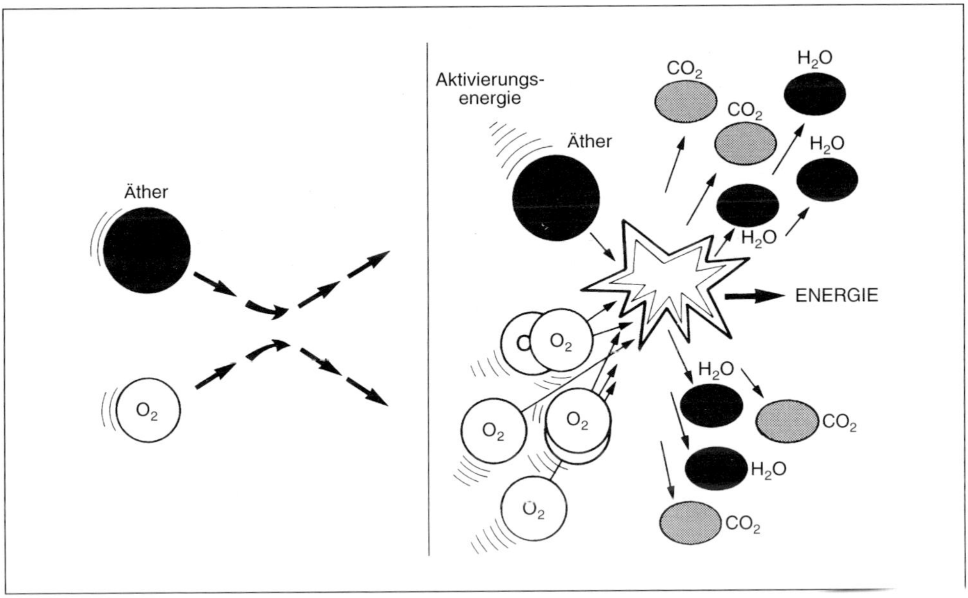

Abbildung 23.8: Die Aktivierungsenergie erhöht die Geschwindigkeit der Moleküle und löst dadurch die Reaktion aus.

ratur, auf die eine Mischung gebracht werden muß, um die Verbrennung zu starten, wird als *Zündungstemperatur* bezeichnet. Sie variiert mit der Zusammensetzung der potentiell explosiven Mischung und dem Verhältnis der Komponenten. Bei der stöchiometrischen Konzentration vieler explosiver Mischungen liegt die Zündungstemperatur etwa bei 400 °C, Äther-Sauerstoff-Mischungen können allerdings schon bei Temperaturen von 150 °C zünden. Dies kann geschehen, wenn die Mischung mit einer heißen Oberfläche oder einer offenen Flamme in Kontakt kommt, wie z. B. einer Spirituslampe, wie sie in der Augen- oder HNO-Heilkunde verwendet wird. Auch die Diathermie ist eine Wärmequelle; Laser (siehe Kapitel 24) können ebenfalls entflammbare Materialien entzünden.

Die Aktivierungsenergie zur Auslösung einer Explosion kann auch durch einen Funken zugeführt werden. Funken sind in dieser Beziehung sehr wirkungsvoll, da im Gegensatz zu einem heißen Draht oder einer offenen Flamme ein Funke die Energie in einem sehr kleinen Volumen konzentriert. Funken mit einer Energie von lediglich 1 μJ können eine Äther-Sauerstoff-Explosion zünden, wenn diese Gase in stöchiometrischen Konzentrationen vorliegen. Ein μJ ist eine sehr geringe Energie, sie entspricht der Menge, die benötigt wird, um die Temperatur von 1 ml Wasser um 1/5 eines Millionstel Grad Celsius zu erhöhen.

Funkenenergie hängt von der Spannung der Quelle ab. Ein gewöhnliches Laryngoskop hat eine geringe Batteriespannung, Explosionen während der Intubation von Patienten mit Laryngoskopen in Anwesenheit von Äther wurden bisher noch nicht berichtet. Im Gegensatz dazu weist die chirurgische Diathermie eine hohe Spannung auf. Selbst

Streuströme aus der Diathermie können bereits Funken im Bereich der Atemwege des Patienten und der Schlauchverbindungen auslösen. Entflammbare Substanzen dürfen folglich nie in Gegenwart einer Diathermie verwendet werden. In radiologischen Abteilungen werden entflammbare Substanzen grundsätzlich gemieden, da das Auftreten von Funken in Röntgengeräten nicht ausgeschlossen werden kann. In diesem Falle würden umfangreiche antistatische Maßnahmen einschließlich eines antistatischen Fußbodens (siehe unten) notwendig werden, deren Kosten allerdings nicht gerechtfertigt wären.

23.4 Statische Elektrizität

Statische Elektrizität ist eine weitere wichtige Quelle elektrischer Funken. Um den Aufbau statischer Elektrizität zu verhindern, sind die Fußböden von OP-Sälen elektrisch leitend, um Elektrizität abzuleiten. Ein zu niedriger Widerstand ist unerwünscht, da er das Risiko von Elektrounfällen erhöht, während ein zu hoher Widerstand die Bildung elektrischer Aufladungen begünstigt. Um den Abfluß von Ladungen über den Fußboden zu ermöglichen, haben alle Geräte und OP-Tische elektrisch leitende Räder oder besitzen Erdungsanschlüsse; die Mitarbeiter tragen Schuhe mit Gummisohlen oder Holzschuhe in geeigneter Ausführung. Antistatischer Gummi enthält Kohlenstoff, um ihn elektrisch leitend zu machen; er wird auch für Anästhesieschläuche verwendet. Materialien mit geeigneten antistatischen Eigenschaften werden auch für Kleidung und für Abdeckungen empfohlen, z.B. ist Baumwolle Kunststoff vorzuziehen. Endotrachealtuben sind nicht aus antistatischen Materialien hergestellt, die Leitfähigkeit wird allerdings durch die hohe Feuchtigkeit der durchströmenden Gase gewährleistet.

23.5 Geräte für den Einsatz mit entflammbaren Mischungen

Geräte können entflammbare Mischungen zünden, wenn durch ihre Funktion elektrische Funken entstehen, wenn sie Elektrizität erzeugen, oder wenn bestimmte Teile hohe Temperaturen erreichen. Geräte können allerdings so konstruiert werden, daß dieses Risiko minimal ist.

Entflammbare Mischungen können in zwei Klassen unterteilt werden: Mischungen, die Sauerstoff oder Lachgas als Oxidans enthalten, und Mischungen, die Luft als Oxidans enthalten. Da erstere weniger Aktivierungsenergie für die Verbrennung benötigen als letztere, ist es möglich, zwei unterschiedliche Risikozonen zu definieren: eine Zone, in der Lachgas oder Sauerstoff als oxidierendes Agens überwiegt, und eine Zone, in der Luft als Oxidans überwiegt.

Eine brennbare Anästhesiegasmischung befindet sich normalerweise in dem Beatmungssystem, in den Atemwegen des Patienten sowie innerhalb des Narkosegerätes und den hiermit verbundenen Geräten; sie kann allerdings in die Raumluft entweichen, entweder als Ausatmungsgas oder durch eine Leckage im

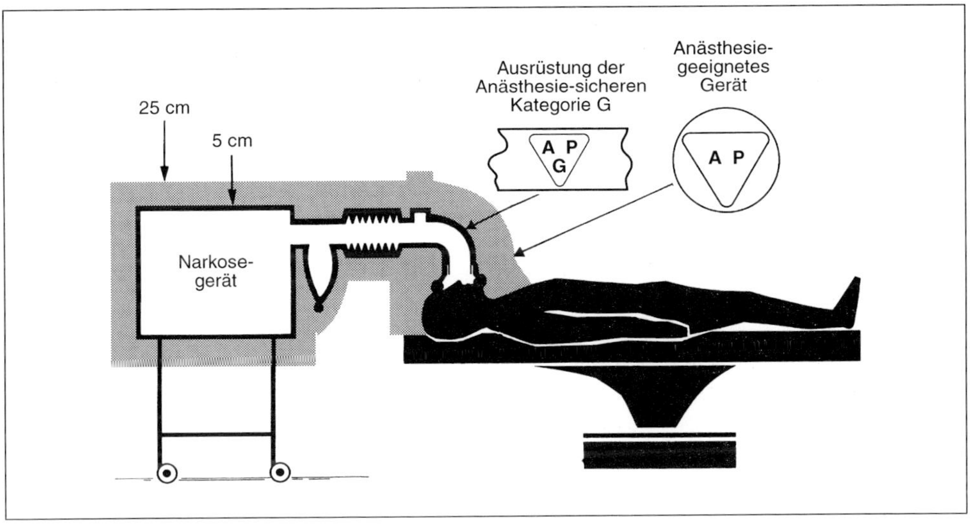

Abbildung 23.9: Risikozonen bei der Verwendung von entflammbaren Anästhetika.

System. In einem unbeschränkten Raum kann sie sich bis zu 5 cm von der Ausbreitungsstelle entfernen, bevor sie durch die Luft soweit verdünnt wird, daß diese als Oxidans überwiegt. Nach Verdünnung der Mischung durch Luft kann sie bis auf eine Entfernung von 25 cm von der Austrittsstelle entflammbar bleiben (Abb. 23.9).

Brennbare Mischungen mit Luft als Oxidans können sich auch in der Nähe von alkoholhaltigen Lösungen bilden. Die Bereiche, in denen Mischungen entflammbar sind, können verändert oder erheblich ausgeweitet werden, wenn sich die Quelle ausdehnt, z. B. durch die Verwendung einer Desinfektionslösung auf der Basis von Spiritus, die auf einer großen Fläche angewendet wird. Gleiches gilt auch wenn der Raum, in dem sich die flammbare Mischung ausbreitet, begrenzt ist (z. B. durch OP-Abdeckungen).

Geräte, die in einer der beiden Risikozonen eingesetzt werden sollen, müssen entsprechend einschlägiger Prinzipien konstruiert und gebaut sein. Zwei Gerätekategorien sind für die Anwendung in den beiden Risikozonen definiert. Geräte der APG-Kategorie sind so gebaut, daß sie die Entzündung von entflammbaren Anästhesiemischungen von Sauerstoff oder Lachgas vermeiden; sie sind durch die Buchstaben APG auf einem grünen Band gekennzeichnet. Unter diese Kategorie fallen Geräte, die ständig und unmittelbar mit Narkosegemischen Kontakt haben, also alle Narkosegeräte.

Apparaturen der Kategorie AP sind so gebaut, daß sie die Zündung von flammbaren Anästhesiemischungen mit Luft vermeiden; sie sind mit den Buchstaben AP auf einem grünen Kreis markiert. Diese Geräte dürfen nicht in einer Zone verwendet werden, die entflammbare Anästhesiemischungen mit Sauerstoff oder Lachgas enthalten.

Geräte, die nicht zu einer dieser beiden Kategorien gehören, können wie folgt markiert sein: „Nicht geeignet für den Betrieb in der Nähe entflammbarer

Anästhesiemischungen mit Luft, Sauerstoff oder Lachgas.“ Wenn eine Kennzeichnung als Geräte der Kategorie AP oder APG nicht vorliegt, sollte man beim Fehlen zusätzlicher Informationen davon ausgehen, daß die Geräte für die Verwendung in Gegenwart entflammbarer Gasmischungen nicht geeignet sind.

24 Isotopen und Strahlung

24.1 Atomstruktur und Isotope

Ein Atom besteht aus einem zentralen Kern, der aus positiv geladenen Protonen und ungeladenen Neutronen besteht; dieser Kern wird von kreisenden, negativ geladenen Elektronen umgeben. Die Atomart, d.h. das Element wird durch die Anzahl der Protonen bestimmt (Atomzahl); Wasserstoff hat beispielsweise 1 Proton, Kohlenstoff 6 und Uran 92 Protonen. Die Neutronen tragen zur Stabilität des Kerns bei; bei einem Element mit einer bestimmten Protonenzahl können unterschiedliche Varianten mit differenten Neutronenzahlen existieren. Diese verschiedenen Formen desselben Elements werden *Isotope* genannt. Ein Isotop eines Elements kann durch die Gesamtzahl der Protonen beschrieben werden, aus denen der Kern besteht. Diese wird als *Massenzahl* bezeichnet. Beispiele von Isotopen sind Wasserstoff-1, Wasserstoff-2 (Deuterium) und Wasserstoff-3 (Tritium), Kohlenstoff-12 und Kohlenstoff-14, Uran-235 und Uran-238. Viele Isotope von Elementen kommen in der Natur vor, andere können nur künstlich in einem Kernreaktor erzeugt werden.

Isotope werden durch eine spezielle Terminologie beschrieben, die am Beispiel der drei Wasserstoffisotope erläutert werden soll: ${}^1_1H$, ${}^2_1H$, ${}^3_1H$, dabei bezeichnet die obere Zahl die Massenzahl und die untere die Atomzahl (Abb. 24.1). Die Isotope Wasserstoff–1 und Deuterium sind stabil, Tritium besitzt dagegen einen instabilen Kern und zerfällt nach einiger Zeit. Ein solches Isotop wird *Radioisotop* genannt, es ist radioaktiv. Die instabilen Kerne von Radioisotopen,

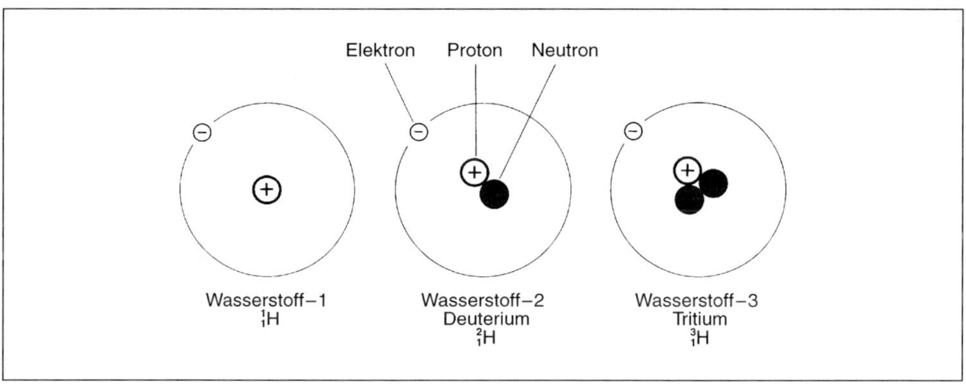

Abbildung 24.1: Schematische Darstellung der Wasserstoffisotope.

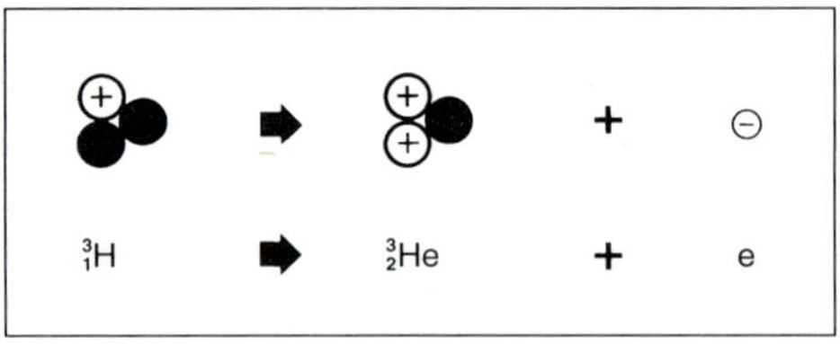

Abbildung 24.2: Radioaktiver Zerfall des Tritiums. Der Tritiumkern zerfällt in einen Helium-3-Kern und ein β-Teilchen.

auch als *Radionukleotide* bezeichnet, können sich unter Umständen in andere Elemente umwandeln. Im Falle des Tritiums kann eines der Neutronen des Kerns in ein Proton und ein Elektron umgewandelt werden. Dieses Elektron verläßt das Atom (Abb. 24.2). Der Kern enthält dann zwei Protonen und ein Neutron. Das Atom Tritium hat sich in ein Atom des stabilen Elements Helium–3 verwandelt.

24.2 Zerfallsarten

Der Vorgang der Umwandlung eines Elements wird als *radioaktiver Zerfall* bezeichnet; er kann auf eine der folgenden Arten vor sich gehen:

1. Ein Elektron, auch β-Teilchen genannt, kann emittiert werden. Obwohl ein Elektron negativ geladen ist, können einige Kerne ein positiv geladenes β-Teilchen, ein Positron, abgeben.
2. Der Kern kann eines der ihn umgebenden Elektronen einfangen.
3. Ein α-Teilchen kann abgegeben werden. Ein α-Teilchen ist die Kombination von 2 Protonen und 2 Neutronen (d. h. 1 Helium-4-Kern).
4. Der Kern kann spontan zerfallen, d. h. sich in mehrere Fragmente aufteilen.

Diese 4 Alternativen schließen sich nicht gegenseitig aus, vielmehr können mehrere Zerfallstypen nebeneinander auftreten. Nachdem ein Kern durch einen dieser Prozesse zerfallen ist, werden von dem Kern des neugebildeten Elements oft ein oder mehrere γ-Strahlen ausgesendet. Ein γ-Quant ist kein Teilchen, sondern eine elektromagnetische Welle (siehe Kapitel 13). Da dieses Quant jedoch eine hohe Frequenz und eine kurze Wellenlänge besitzt, verhält es sich in gewisser Hinsicht wie ein Teilchen.

Kommt es zu einer Verzögerung zwischen dem Zerfall des Kerns und der Emission des assoziierten γ-Quants, bezeichnet man den Kern bis zur Abgabe des γ-Quants als *metastabil.* Dieser metastabile Zustand besitzt eine eigene Zerfallszeit oder *Halbwertszeit* (siehe Kapitel 5), das metastabile Isotop wird durch ein „m“ nach der Massenzahl identifiziert, z. B. Technetium-99m.

Die SI-Einheit der Radioaktivität ist das Becquerel (bq).

Eine bestimmte Menge einer radioaktiven Substanz besitzt die Aktivität von einem Becquerel, wenn durchschnittlich ein Kernzerfall pro Sekunde stattfindet.

Früher wurde die Radioaktivität als Curie (CI) angegeben, wobei ein Curie die Menge einer radioaktiven Substanz ist, die $3{,}7 \times 10^{10}$ Zerfälle pro Sekunde aufweist.

24.3 Halbwertszeit der Radioaktivität

Der radioaktive Zerfall ist ein zufälliger Prozeß, bei dem die Zerfallsgeschwindigkeit zu einem bestimmten Augenblick von der Menge der vorhandenen radioaktiven Isotope abhängt; der Prozeß ist folglich exponentiell (siehe Kapitel 15). Die Zerfallsgeschwindigkeit wird durch die Halbwertszeit angegeben; dies ist die Zeit, in der die Hälfte der radioaktiven Atome zerfallen. Beispielsweise hat Chrom-51, das bei der Erythrozytenvolumenmessung (siehe Kapitel 3) verwendet wird, eine Halbwertszeit von 27,8 Tagen. Sind anfangs 10^{12} Atome Chrom-51 in einer Probe vorhanden, verbleiben nach 27,8 Tagen noch 5×10^{11} Atome. Nach weiteren 27,8 Tagen sind nur noch $2{,}5 \times 10^{11}$ Atome des Isotops übrig, usw.

24.4 Eigenschaften emittierter Teilchen und Strahlung

Die α- und β-Teilchen sowie die γ-Strahlung, die durch ein radioaktives Isotop emittiert werden, haben eine bestimmte Energie, die für das entsprechende Radioisotop charakteristisch ist. Die Energie einer elektromagnetischen Welle ist proportional zu ihrer Frequenz, γ- und Röntgenstrahlen werden daher üblicherweise als Energie statt als Frequenz angegeben. Befindet sich die radioaktive Substanz innerhalb des Körpers des Patienten, wird ein Teil oder auch die gesamte Energie durch die Gewebe absorbiert. Die Energie von α- und β-Teilchen wird vollständig durch die umgebenden Gewebe absorbiert und führt dabei zu Schäden, im Falle von γ-Strahlen verläßt ein Teil der Strahlung den Körper und kann durch einen geeigneten Detektor nachgewiesen werden. Wenn ein radioaktives Isotop außerhalb des Körpers γ-Strahlung abgibt, durchdringt die γ-Strahlung die Haut und wird dort, und auch in den tieferen Geweben, absorbiert. α- und β-Teilchen sowie γ-Strahlen führen zu Zellschäden oder zum Zelltod. Besonders empfindlich sind Zellen, die sich schnell teilen, beispielsweise Tumorzellen.

Ein Radioisotop kann in einem geeigneten Behälter aufbewahrt werden, so daß nur γ-Strahlung emittiert wird, assoziierte α- und β-Strahlen dagegen werden in den Wänden des Behälters absorbiert. Solche gesicherten Strahlungsquellen werden zu therapeutischen Zwecken verwendet.

24.5 Detektion von Strahlung

Strahlung kann durch einen Szintillationszähler nachgewiesen werden (Abb. 24.3). γ-Strahlen werden im Natrium-Iodid-Kristall absorbiert, wobei ihre Energie dabei in einen Lichtblitz umgewandelt wird. Die Lichtintensität wird in

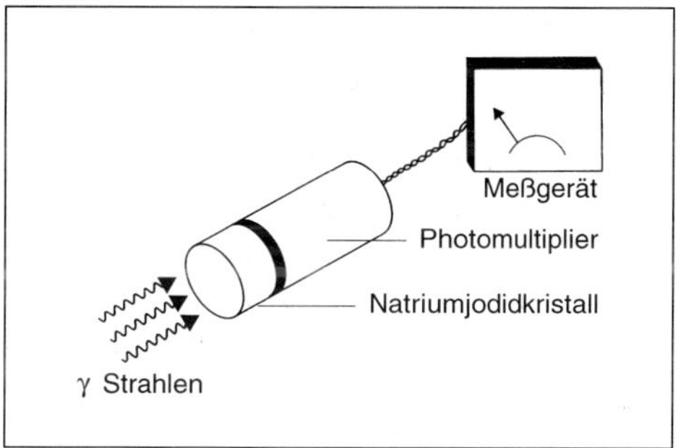

Abbildung 24.3: Funktionsprinzip eines Szintillationszählers.

einen elektrischen Impuls umgewandelt und durch eine Photomultiplier-Röhre verstärkt.

Die Radioaktivität in flüssigen Proben mit Isotopen, die nur β-Strahlung emittieren, kann durch Mischung der Probe mit einem flüssigen Szintillator gemessen werden. Dieser besteht aus einer Substanz, die einen Lichtblitz emittiert, wenn ein Molekül durch ein β-Teilchen getroffen wird. Die Lichtblitze können dann erfaßt und gezählt werden.

24.6 Therapeutische Anwendungen von Radioisotopen (Radionukleotiden)

In der Behandlung von Tumoren kann Strahlung durch eine äußere oder innere Quelle zugeführt werden. Die übliche externe Quelle ist eine abgeschirmte Cobalt-60-Kapsel mit einer Halbwertszeit von 5 Jahren. Manchmal wird auch eine interne Strahlungsquelle in den Patienten implantiert. So werden z. B. gekapselte Yttrium-90-Implantate in der Behandlung der Akromegalie bei Hypophysentumoren verwendet, oder eine Caesium-137-Kapsel zur Behandlung von Uterustumoren in den Uterus implantiert. Caesium-137 wird auch manchmal für die sogenannte „after loading"-Technik verwendet. Hier wird die Kanüle zunächst in den Tumor eingesetzt (z.B. in der Brust), anschließend wird Caesium-137 in die Kanüle eingeführt, um eine hohe Strahlungsdosis in einem eng umschriebenen Gebiet zu erzeugen.

Neben ihrem therapeutischen Nutzen in der Behandlung von Neoplasmen werden Isotope gelegentlich auch zur Behandlung anderer Krankheitsbilder gebraucht. Beispiele sind die Verwendung des oralen Iod-133 in der Behandlung der Thyreotoxikose oder des intravenösen Phosphor-32 zur Behandlung der Polycythaemia rubra vera.

24.7 Diagnostische Anwendungen von Radioisotopen

Diagnostische Techniken, die sich der Radioaktivität bedienen, können in zwei Gruppen unterteilt werden: bildgebende und nichtbildgebende Verfahren.

24.7.1 Bildgebende Techniken

Bildgebende Techniken verwenden die γ-Strahlen, die von einem Isotop emittiert werden; durch eine Gamma-Kamera kann ein Bild der Verteilung der radioaktiven Substanzen innerhalb des Körpers gewonnen werden. Die Gamma-Kamera arbeitet ähnlich dem Szintillationszähler. Die γ-Strahlung trifft auf einen großen Natrium-Iodid-Kristall, wo sie Lichtblitze emittiert, die elektronisch detektiert werden. Aus den Positionen dieser Blitze im Kristall kann ein Bild der Isotopenverteilung in dem untersuchten Organ abgeleitet werden.

Technetium-99m ist das häufigste radioaktive Isotop in den bildgebenden Verfahren, da es den Vorteil einer einfachen Koppelung an chemische Verbindungen besitzt, die dem Patienten injiziert werden können. Durch seine kurze Halbwertszeit wird die Strahlungsdosis für den Patienten reduziert, und schließlich hat die emittierte γ-Strahlung eine Energie, die für die Erzeugung guter Bilder geeignet ist. Daher können Technetium-99m-markiertes Albumin oder rote Blutzellen für Gefäßdarstellungen und für die Bestimmung von Herzfunktionen verwendet werden. Markierte Mikroaggregate von Humanalbumin können in der Lungenszintigraphie zur Darstellung der pulmonalen Zirkulation eingesetzt werden. Technetium-99-Pertechnetat wird zur Darstellung der Schilddrüse und des Gehirns verwendet, andere Technetium-markierte Substanzen werden in der Darstellung von Leber, Milz und Knochen eingesetzt.

Eine alternative Form der Lungenszintigraphie verwendet die radioaktiven Gase Xenon-133 oder Krypton-81m. Wird eine kleine Menge eines dieser Gase inhaliert, erlaubt die bildliche Darstellung seiner Verteilung die Bestimmung der regionalen Ventilation.

Eine andere bildgebende Verfahrenstechnik wird in Tierexperimenten verwendet, um die Aufnahme von Anästhesiegasen zu erforschen. Das Anästhetikum wird durch ein Radioisotop wie Kohlenstoff-14 markiert, und nachdem das Tier das Anästhetikum inhaliert hat, wird es getötet und seziert. Die Schnitte werden mit einem photographischen Film in Kontakt gebracht. Nach Entwicklung des Films stellt sich die Strahlung des Kohlenstoff-14 als dunkle Gebiete auf dem Film dar. Aus der Belichtung der Photographie kann dann auf die relative Anästhesiegas-Aufnahme verschiedener Organe geschlossen werden.

24.7.2 Nicht-bildgebende Techniken

Nicht-bildgebende Techniken verwenden Radioaktivität einschließlich der Anwendung von Chrom-51-markierter Erythrozyten oder Albumin für die Messung des Erythrozyten- oder Plasmavolumens. Eine kleine bekannte Menge radioaktiver Erythrozyten oder Albumin wird injiziert, und nach einem geeigneten zeitlichen Abstand kann die Verdünnung des radioaktiven Tracers im Patientenblut gemessen werden. Daraus kann wiederum das Gesamtvolumen der Erythrozyten oder des Plasmas berechnet werden (siehe Kapitel 3).

Auch der Blutfluß in oder aus einem Organ kann mit einem Radioisotop als Indikator gemessen werden. Nehmen wir an, ein Organ enthält eine bestimmte Menge eines Radioisotops zu einer bestimmten Zeit. Die Geschwindigkeit, mit der die Radioaktivität in dem Organ abnimmt, hängt vom Blutfluß sowie von dem Volumen ab, das von diesem Fluß perfundiert wird (Prinzip siehe Kapitel 5). Die graphische Auftragung der Radioaktivität über der Zeit ist eine Auswaschkurve, aus der die Zeitkonstante und damit der Blutfluß bestimmt werden kann.

Iod-125-markiertes Fibrinogen kann eingesetzt werden, um tiefe Venenthrombosen darzustellen, wobei das markierte Fibrinogen i. v. injiziert wird. Finden Gerinnungsvorgänge statt, reichert sich das Fibrinogen lokal in dem Thrombus an. Ein Teil dieses Fibrinogens ist das radioaktive Fibrinogen, das durch emittierte γ-Strahlung nachgewiesen werden kann. Ein tragbarer Szintillationszähler, der über das Bein bewegt wird, registriert im Bereich von Gerinnungsvorgängen eine lokale hohe Aktivität. Vor Durchführung dieser Untersuchung muß die Aufnahme von radioaktivem Iod durch die Schilddrüse durch die Gabe einer großen Dosis von Kaliumiodid blockiert werden.

24.8 Stabile Isotope

Da stabile Isotope nicht radioaktiv und daher schwierig zu isolieren oder nachzuweisen sind, haben sie nur wenige spezielle Anwendungen in der Medizin. Sie können durch die in Kapitel 20 beschriebene Massenspektrometrie nachgewiesen werden.

24.9 Röntgenstrahlen

Röntgenstrahlung ist wie die γ-Strahlung eine elektromagnetische Strahlung, sie wird allerdings auf eine andere Weise erzeugt (Abb. 24.4). Sie entsteht, wenn ein Elektronenstrahl, der von einer Kathode erzeugt und von dieser weg beschleunigt wird, auf eine Anode trifft. Diese Anode besteht üblicherweise aus Tungsten. Dadurch wird ein divergenter Röntgenstrahl erzeugt, der durch eine Bleiabschirmung mit einem Fenster auf die benötigte Strahlengröße eingegrenzt wird. Röntgenstrahlung wird zu bildgebenden Zwecken und in der Behandlung von bestimmten Erkrankungen eingesetzt.

24.10 Strahlungssicherheit

Da α- und β-Teilchen sowie γ- und Röntgenstrahlung Gewebeschäden und chromosomale Veränderungen erzeugen können, ist die Beschränkung ihrer Ein-

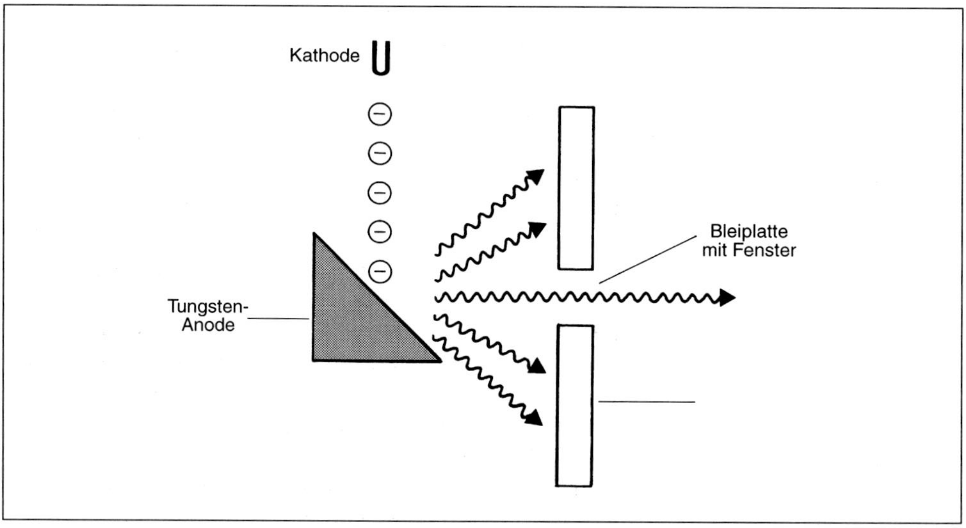

Abbildung 24.4: Erzeugung von Röntgenstrahlung.

wirkung auf ein Minimum von größter Wichtigkeit. Eine Person kann auf zweierlei Weise einer Strahlung ausgesetzt werden: durch radioaktive Elemente innerhalb des Körpers und durch radioaktive Elemente und andere Strahlungsquellen außerhalb des Körpers. Die Aufnahme von radioaktivem Material kann durch entsprechende Sicherheitsmaßnahmen vermieden werden, die sicherstellen, daß solche Materialien an den Arbeitsplätzen nicht zur Oberflächenkontamination führen können. Typische Vorsichtsmaßregeln umfassen das Tragen von Handschuhen und die Verwendung von speziellen Abfallbehältern für radioaktive Flüssigkeiten.

Die Einwirkung von externer Strahlung kann reduziert werden, wenn radioaktive Quellen in Behältnissen aus speziellen strahlungsabsorbierenden Materialien eingeschlossen werden. α-Teilchen legen nur wenige cm in Luft zurück, bevor ihre Energie aufgebraucht ist. Das prinzipielle Problem ist daher, sicherzustellen, daß kein α-strahlendes Material versehentlich inhaliert oder eingenommen wird. β-Teilchen legen in Luft einige Meter zurück; eine Abschirmung einer Quelle mit einem strahlungsabsorbierenden Material ist daher notwendig. Da β-Teilchen Röntgenstrahlung erzeugen, wenn sie schnell abgebremst werden, ist es sinnvoll, zur Abschirmung Materialien einer vergleichsweise niedrigen Dichte, wie z.B. Perspex, zu verwenden, um eine unnötige Umwandlung der Energie in Röntgenstrahlen zu vermeiden. γ-Strahlen können große Entfernungen zurücklegen, die Abschirmung von γ-Strahlungsquellen wird daher am besten durch dichte Materialien wie Blei erreicht. Eine Dicke von 7 cm Blei absorbiert mindestens 90% der γ-Strahlung, die durch Radioisotope emittiert wird. Blei absorbiert auch Röntgenstrahlen, es ist daher in Schürzen enthalten, die in radiologischen Abteilungen von dem Personal getragen werden. Lokale Abschirmung muß auch eingesetzt werden, um die Bereiche des Patienten zu schützen, die sich außerhalb des benötigten Röntgenstrahls befinden.

Da insbesondere sich teilende Zellen durch Strahlung geschädigt werden, besteht für den Fetus ein hohes Risiko, und zwar bereits bevor die Schwangerschaft bekannt ist. Abgesehen von Notfällen wird daher empfohlen, daß Frauen in gebärfähigem Alter nur in den ersten 10 Tagen des Menstruationszyklus geröntgt werden, d. h. bevor die Ovulation stattgefunden hat (Zehn-Tages-Regel).

Neben den Effekten der Absorption ist die Intensität einer jeglichen Strahlung umgekehrt proportional zum Quadrat der Entfernung von der Quelle. Daher kann die aufgenommene Strahlungsdosis durch Wegbewegung von der Quelle erheblich reduziert werden. Eine regelmäßige Überprüfung auf Oberflächenkontamination an Stellen, wo mit radioaktiven Isotopen gearbeitet wird, sollte durchgeführt werden; dazu kann ein Szintillationszähler verwendet werden.

Wenn die Strahlenexposition einer Person nicht sicher vorhersagbar ist, oder wenn die Überprüfung der Effektivität und Sicherheit von Arbeitsschritten gewünscht wird, kann zur Erfassung der Gesamtstrahlungsdosis eine Plakette getragen werden. Die Filmplakette enthält ein kleines Stück eines photographischen Films hinter mehreren verschiedenen Filtern; sie erlaubt so die Abschätzung der Energie und der erhaltenen Strahlungsdosis.

Krankenhäuser verfügen über einen Strahlenschutzbeauftragten, der zu Rate gezogen werden muß, bevor radioaktive

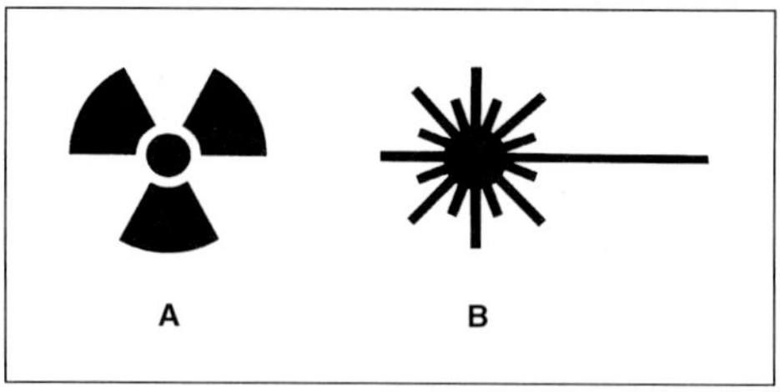

Abbildung 24.5: Warnsymbole für ionisierende Strahlung (A) und für Laser (B). Die Symbole sind schwarz auf gelbem Hintergrund.

Komponenten verwendet werden. Ein Arzt benötigt eine spezielle Ausbildung und Ermächtigung, bevor er radioaktive Substanzen zur Behandlung des Patienten einsetzen darf. Warnsymbole (Abb. 24.5) werden verwendet, wenn beispielsweise die Gefahr einer Exposition von ionisierender Strahlung besteht.

24.11 Nicht-ionisierende Strahlung

Röntgenstrahlen und γ-Strahlen werden als ionisierende Strahlen bezeichnet, da ihre Energie in den Geweben primär durch die Entfernung von Elektronen aus Atomen absorbiert wird. Die resultierenden Ionen sind chemisch sehr reaktiv, so daß ionisierende Strahlung in besonderer Weise gefährlich ist. Strahlung aus anderen Bereichen des elektromagnetischen Spektrums gibt dagegen seine Energie in Geweben in anderer Weise ab, sie wird daher als nicht-ionisierende Strahlung bezeichnet. Sie umfaßt Radiowellen, Mikrowellen, Infrarotstrahlung, sichtbares Licht und ultraviolette Strahlung. Auch mit der Verwendung nicht-ionisierender Strahlung sind Gefahren verbunden, so daß für alle Strahlungsarten Schutzmaßnahmen grundsätzlich in Erwägung gezogen werden müssen.

Ein spezielles Verbrennungsrisiko durch infrarotes oder sichtbares Licht besteht bei der Verwendung von Lasern. Laser erzeugen einen Strahl, der auf eine sehr kleine Fläche fokussiert ist, typischerweise mit einem Durchmesser von 0,1 bis 2 mm. Sie werden in der Ophthalmologie zur Behandlung von Netzhautablösungen oder vaskulären Erkrankungen, in der Dermatologie zur Behandlung von Angiomen und in der Gynäkologie zur Behandlung von Tumoren, z. B. der Zervix, eingesetzt. In der HNO-Heilkunde wird der Laser zur Behandlung von Läsionen im Mund oder Larynx angewendet. Ein weiteres Anwendungsgebiet sind obstruierende Tumoren des Tracheo-Bronchialsystems.

In Anbetracht der möglichen Gefahren, die mit dem Einsatz des Lasers verbunden sind, sollen die physikalischen Grundlagen im folgenden detaillierter besprochen werden.

24.12 Prinzip des Lasers

Ein Laser erzeugt einen intensiven parallelen Strahl von Licht oder einer anderen elektromagnetischen Strahlung. Die Abbildung 24.6 zeigt einen Argon-Laser; man erkennt eine gewisse Ähnlichkeit mit einer Leuchtstoffröhre. Eine hohe Spannung wird zwischen den zwei Elektroden an den Enden einer langen engen Röhre angelegt, die das Gas enthält. Der Stromfluß durch die Röhre bringt die Gasatome in einen Zustand höherer

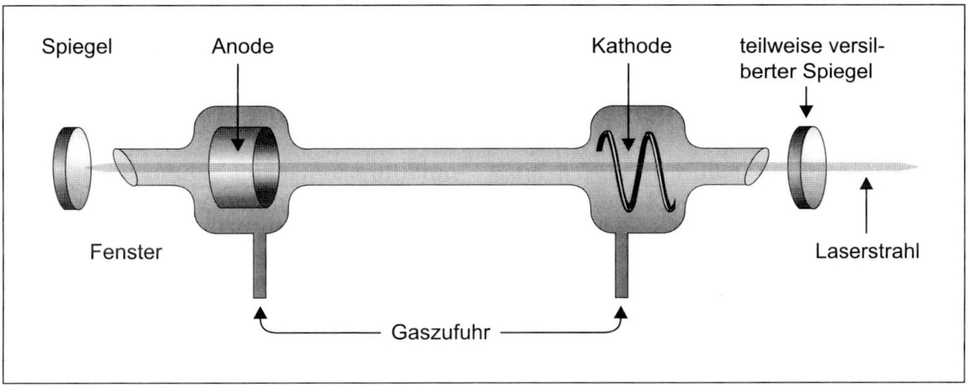

Abbildung 24.6: Prinzip eines Argonlasers.

Energie, den man als Anregungszustand bezeichnet. Anregungszustände haben eine bestimmte feste Energiedifferenz zum Grundzustand. Kehrt ein Atom vom Anregungs- in den Grundzustand zurück, wird die Energie als Licht oder Strahlung einer bestimmten, für das Atom charakteristischen Wellenlänge abgegeben. Die Röhre hat an jedem Ende ein Fenster, das gegen die Strahlrichtung in einem bestimmten Winkel, dem sog. Brewster-Winkel, geneigt ist. Bei diesem Winkel kommt es nicht zu einer internen Reflexion an den Oberflächen der Fenster. Dies stellt sicher, daß 100% des Lichtes das Fenster durchdringen. Die Strahlung wird zwischen zwei Spiegeln, die sich an den beiden Enden der Röhre befinden und exakt parallel zueinander ausgerichtet sind, hin- und herreflektiert. Die intensive Strahlung innerhalb der Röhre führt dazu, daß die Atome in den Grundzustand zurückkehren und Strahlung schneller emittieren, als es sonst der Fall wäre. Die emittierte Strahlung ist exakt in Phase mit der Strahlung, die bereits zwischen den beiden Spiegeln der Röhre hin- und herwandert. Das Resultat ist die Umwandlung der elektrischen Energie in einen intensiven, engen und parallelen Strahl, der die Röhre durch eine kleine, nicht-versilberte Fläche auf einem der beiden Spiegel verläßt. Diesem Vorgang, einer „Light Amplification by Stimulated Emission of Radiation" (LASER), verdankt die Technik ihren Namen.

Nicht alle Laser enthalten ein Gas als Medium. So kann auch ein Stab aus Rubinkristall oder einer Neodym-Yttrium-Aluminium-Verbindung durch eine außerhalb des Stabes angeordnete Lampe angeregt werden. Die mittlerweile weit verbreiteten „Laserpointer" enthalten eine sog. Laserdiode, die auf dem Prinzip der lichtemittierenden Diode basiert.

Das Licht eines Lasers hat eine spezifische Wellenlänge. Der Argon-Laser beispielsweise gibt sichtbares Licht ab und wird in der Ophthalmologie eingesetzt, der CO_2-Laser erzeugt infrarote Strahlung, er ist leistungsfähiger und für chirurgische Zwecke geeignet. Bei einigen Lasern wird die Strahlung durch optische Fasern zu dem Punkt geleitet, wo sie für die Behandlung benötigt wird. Diese Fasern sind allerdings für infrarote Strahlung aus CO_2-Lasern nicht durchlässig, so daß hier der Strahl über ein Spiegelsystem geleitet werden muß.

24.13 Optische Fasern

Optische Fasern können mit Lasern verwendet werden, um einen Strahl umzuleiten; sie werden jedoch auch in der Endoskopie und Bronchoskopie eingesetzt und ermöglichen dem Arzt, „um die Ecke“ zu sehen. Das Funktionsprinzip ist wie folgt: Die Richtung, in der das Licht wandert, wird umgelenkt (gebrochen), wenn es von einer Substanz in eine andere übertritt. Ist der Winkel zwischen der Strahlungsrichtung und der Grenze zwischen den beiden Medien genügend klein, kann das Licht vollständig reflektiert werden (Abb. 24.7). Folglich kann sich Licht, das an einem Ende eines Fadens aus Glas oder einem anderen transparenten Material eintritt, entlang der Faser durch ständige Reflexion an der Glas-Luftgrenze fortbewegen. Fiberoptische Instrumente verwenden eine Optik, die ein Abbild des zu untersuchenden Objektes auf ein Bündel flexibler Fasern projiziert. Hierdurch werden vollständige Abbildungen übertragen.

Weiterhin ist eine Lichtquelle hoher Intensität notwendig, um am Ende eines Endoskops im Körper des Patienten eine ausreichende Beleuchtung zu gewährleisten. Das Licht gelangt von der Lichtquelle zum distalen Ende des Endoskops ebenfalls durch einen fiberoptischen Lichtleiter, der in das Endoskop integriert ist. Außer Licht erzeugt die Lichtquelle auch Wärme. Wenn die Lichtquelle vom Endoskop gelöst und bei eingeschalteter Lichtquelle auf Patient oder Abdeckung gelegt wird, können Hitzeschäden am Patienten auftreten; außerdem besteht die Gefahr, daß sich Abdeckungen entzünden. Die Lichtquelle sollte daher bei Diskonnektion des Lichtleiters vom Endoskop stets ausgeschaltet werden.

Optische Fasern können auch verwendet werden, um einen Laserstrahl an den benötigten Ort zu leiten.

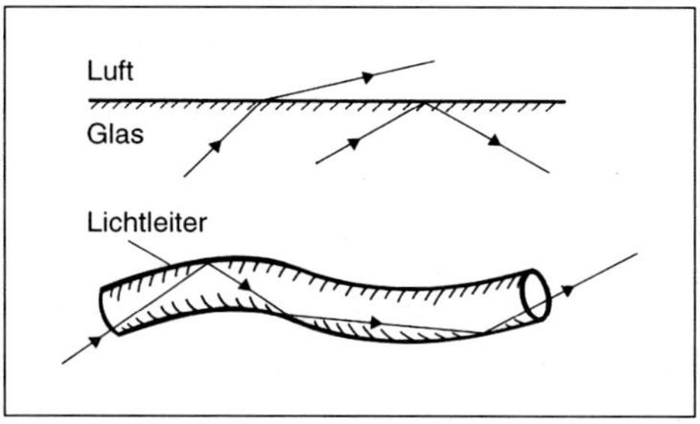

Abbildung 24.7: Prinzip der optischen Fasern.

24.14 Sicherheitsaspekte des Lasers

Die Wirkungen von Laserstrahlung auf die Retina werden, wie bereits oben erwähnt, therapeutisch genutzt. Das Auge ist allerdings gleichzeitig das Organ mit dem höchsten Verletzungsrisiko bei der Anwendung von Laser, da der Strahl durch die Linse auf die Retina fokussiert und dort in kürzester Zeit irreversible Schäden verursachen kann. Da der CO_2-Laserstrahl jedoch innerhalb von 200 μm im Gewebe absorbiert wird, schädigt dieser Laser eher die Kornea als die Retina. Der Laserstrahl kann von einer reflektierenden Oberfläche, wie z. B. einem Operationsinstrument, versehentlich in das Auge reflektiert werden. Mattierte Oberflächen und dichtschließende Schutzbrillen, die die Strahlung der verwendeten Laser-Wellenlänge absorbieren, sollten daher immer getragen werden. Die Gewebe des Patienten, die in der Nähe der zu behandelnden Region liegen, sollten allerdings durch wassergetränkte Kompressen geschützt werden.

Ein sekundärer Lichtstrahl niedriger Leistung wird verwendet, um den Laser zu leiten, d. h., der Operateur aktiviert den Hauptlaserstrahl erst dann, wenn dieser exakt ausgerichtet ist. Das Personal muß darauf aufmerksam gemacht werden, wenn der Laser eingeschaltet wird, außerdem muß ein spezielles Warnsignal gut sichtbar an der Tür des Operationssaales auf die Gefahr hinweisen (s. Abb. 24.5).

Eine weitere Gefahr ist, daß der Hochleistungslaserstrahl in der Lage ist, entflammbare Materialien wie Kunststoff oder Plastik zu entzünden. Endotrachealtuben, die Sauerstoff oder Anästhesiegase enthalten, können durch den Laserstrahl beschädigt werden; sie müssen durch eine Metallbeschichtung oder durch feuchte Kompressen gesichert werden. Alternativ können spezielle nicht brennbare Laser-feste Tuben verwendet werden. Für jeden Operationsbereich, in dem Laser zum Einsatz kommen, sollten in Zusammenarbeit mit einem Sicherheitsbeauftragten spezielle Verhaltensmaßregeln erstellt werden.

24.15 Kernspintomographie

Kernspintomographen (Magnetresonanztomographen, MRT) erzeugen Schnittbilder des Körpers, indem sie die Effekte von induzierten Änderungen im Magnetfeld der Kerne von im Körper vorhandenen Elementen erfassen. Die Atomkerne besitzen ein Drehmoment (Spin); da die Kerne geladen sind, resultiert die sich drehende Ladung bei den meisten Kernen in einem Magnetfeld, d. h., die Kerne verhalten sich wie kleine Magnete. In einem MRT werden die Magnetfelder der Kerne in dem Körperbereich, der bildlich dargestellt werden soll, ausgerichtet, indem die entsprechende Körperregion in ein sehr starkes externes Magnetfeld gebracht wird. Dann werden die Kerne aus dieser Ausrichtung ausgelenkt, indem für einen kurzen Moment ein Magnetfeld aktiviert wird, das im rechten Winkel zum Hauptmagnetfeld steht. Die Kerne beginnen zu „torkeln“, d. h., sie rotieren um eine Achse, die von der Spin-Achse abweicht. Diese Kreiselbewegung der Kerne erzeugt ein rotierendes Magnetfeld, das über die Stärke eines elektrischen Signals, das in Spulen im MRT induziert wird, erfaßt wird. Diese Signale werden dann zur Rekonstruktion einer bildlichen Darstellung der untersuchten Körperregion herangezogen.

Nach dem kurzen Magnetpuls, der die Kreiselbewegung der Kerne erzeugt, können sich die Kerne unter Umständen wieder in dem Hauptmagnetfeld ausrichten. Die Häufigkeit, mit der dies geschieht, und die Bedeutung der verschiedenen physikalischen Prozesse, die diese Wiederausrichtung bewirken, hängen vom Kerntyp (dem Element und seiner Isotopen) und von dem Molekül ab, das dieses Element enthält. Die Abhängigkeit von der Moleküleinbindung tritt auf, weil ein Molekül ein kleines Magnetfeld erzeugt, das zu dem gesamten Feld beiträgt, welches auf einen bestimmten Kern wirkt. Dieses Feld variiert sowohl mit den Eigenschaften des jeweiligen Moleküls als auch mit der Position eines bestimmten Atoms innerhalb des Moleküls.

Eine Kombination verschiedener Magnetfelder, spezieller Pulsfrequenzen sowie eine komplexe Analyse der resultierenden Kernrotationseffekte erlauben die Bestimmung der relativen Häufigkeit bestimmter Elemente im Körper und die Darstellung dieser Information als ein Schnittbild des Körpers. Eine prinzipielle Schwierigkeit ist allerdings, daß das erzeugte Signal für viele Elemente sehr gering ist.

Das einfachste Element zur Erzeugung von Kernspinbildern ist der Wasserstoff, da er im Körper als ein Bestandteil des Wassers vorkommt und auf ein externes magnetisches Feld stark reagiert. Auch Phosphor ist wegen seiner Anwesenheit in ADP und ATP von Interesse; der Nachweis dieses Elements erlaubt die Untersuchung zahlreicher metabolischer Prozesse. Das Kernmagnetresonanzsignal, das durch Phosphor im Körper erzeugt wird, ist schwächer, entsprechend leistungsfähigere Magneten werden benötigt, um Bilder einer ausreichenden Qualität zu erzeugen.

Die Magnetresonanzspektroskopie ist eine Methode zur Bestimmung der relativen Häufigkeit einer ganzen Gruppe von Substanzen *in vitro* oder lokal *in vivo*.

24.16 Magnettypen

In MRT-Anlagen verwendete Magneten haben üblicherweise eine magnetische Flußstärke zwischen 0,1 und 4 Tesla. Diese äußerst leistungsfähigen Magnetfelder können entweder durch einen Dauermagneten oder durch einen Elektromagneten erzeugt werden. Die Nachteile eines Dauermagneten gegenüber einem Elektromagneten sind in erster Linie, daß der Magnet nicht abgeschaltet werden kann; darüber hinaus sind solche Magnete sehr schwer. Die Elektromagnete, die im MRT verwendet werden, besitzen einen Kern aus Luft, man verzichtet also auf ferromagnetische Kerne zur Erhöhung der magnetischen Flußdichte. Der Spulenstrom ist daher sehr hoch. Ein normaler Elektromagnet kann bis zu einer Feldstärke von etwa 0,15 Tesla verwendet werden, oberhalb dieses Wertes ist der Leistungsverlust in den Windungen des Magnets als Folge elektrischer Widerstände durch Hitze jedoch zu groß. Größere Feldstärken müssen daher mit Hilfe supraleitender Magnete erzeugt werden.

24.17 Supraleitung

Der elektrische Widerstand eines bestimmten Metalls bzw. von Verbindungen fällt unterhalb einer Übergangstemperatur auf Null. Diese Temperatur ist für verschiedene Substanzen unterschiedlich, liegt jedoch typischerweise lediglich einige Grad oberhalb des absoluten Nullpunkts (0 K). Die Magnetspulen von MRT-Geräten, die supraleitende Magnete verwenden, werden auf Temperaturen unterhalb der supraleitenden Übergangstemperatur des Materials, wie z. B. Niobium-Titan-Aloi, abgekühlt. Dies wird durch Eintauchen in flüssiges Helium erreicht, das seinen Siedepunkt bei einer Temperatur von 4,2 K hat. Flüssiges Helium ist teuer, so daß man die Geschwindigkeit, mit der es verdampft, durch flüssigen Stickstoff reduziert. Dieser erzeugt eine kühlere Umgebung für das Flüssigheliumsystem.

24.18 Sicherheit

Die Magnetfelder einer MRT-Anlage können starke Kräfte auf alle ferromagnetischen Materialien ausüben. Weiterhin können die elektromagnetischen Wechselfelder in metallischen Objekten und Leitern jeglicher Art Ströme induzieren, die diese erhitzen und einen lokalen oder ausgedehnten Temperaturanstieg im Körper erzeugen. Die Anwesenheit metallischer Objekte in der Nähe von MRT-Anlagen, insbesondere ferromagnetischer Gegenstände, stellt daher eine besondere Gefahr dar.

Auch innerhalb des Körpers können sich ferromagnetische Materialien befinden, wie z.B. Gefäßklemmen, Prothesen, Metallsplitter oder implantierte Geräte wie Schrittmacher. Diese Gegenstände können durch das magnetische Feld innerhalb des Körpers aus ihrer Lage herausbewegt werden. Solche Bewegungen sowie die Erhitzung leitfähiger Materialien im allgemeinen können Gewebeschäden verursachen und unter Umständen sogar zum Tod des Patienten führen. Andere ferromagnetische Materialien können mit hoher Geschwindigkeit in das Feld hineinbeschleunigt werden und die untersuchte Person verletzen bzw. die Anlage selbst beschädigen.

Bestimmte Körperfunktionen können durch das starke magnetische Feld beeinflußt werden. Der Körper ist insgesamt leitend, und die Bewegung des Blutes durch den Körper stellt einen sich bewegenden Leiter dar. Körperfunktionen wie diese sowie die Bewegungen des Körpers selbst können zur Erzeugung elektrischer Potentiale und damit verbundener Ströme führen, was in kleinerem Maßstab das Arbeitsprinzip der elektromagnetischen Blutflußgeräte darstellt. Umgekehrt können natürlich vorkommende Potentiale und Ströme, wie z.B. das EKG, durch das Magnetfeld beeinflußt werden. Allgemein besteht die Möglichkeit, daß elektrische Felder, die durch das MRT erzeugt werden, mit Überwachungsgeräten interferieren; umgekehrt können elektrische Felder, die sich in den Monitoren aufbauen, die Qualität der erzeugten MRT-Bilder beeinträchtigen. Diese Effekte limitieren das Magnetfeld, das sinnvollerweise angewendet wird, auf Werte zwischen 2,5 und 4 Tesla für den gesamten Körper.

Die aufgeführten Gefahren müssen zur Konsequenz haben, daß sowohl das zugangsberechtigte Personal als auch die angewendeten Felder streng überwacht werden. Die Sicherheit kann gewährleistet werden, indem der Zutritt zu einem überwachten Gebiet innerhalb des Magnetfeldes beschränkt wird. Vor dem Zutritt zu diesem Kontrollbereich müssen alle ferromagnetischen, metallischen und sonstigen leitenden Materialien sowie Gegenstände mit magnetisch aufgezeichneten Informationen (Kreditkarten usw.) abgelegt werden. Ferromagnetische Gegenstände wie Werkzeuge, Gasflaschen, Transportwagen, Monitore und Beatmungsgeräte dürfen nicht in den Kontrollbereich gebracht werden. Personen mit Herzschrittmachern dürfen nicht in einem MRT untersucht werden und sollten sich außerhalb des Kontrollbereiches befinden. Ist für einen Patienten, der einer MRT-Untersuchung unterzogen werden soll, eine Anästhesie notwendig, sind besondere Vorsichtsmaßnahmen erforderlich. Lediglich Geräte, die keine ferromagnetischen Materialen enthalten und speziell für den Einsatz in MRT-Einheiten gebaut sind, dürfen in den Kontrollbereich gebracht werden. Zu diesem Zweck sind spezielle Anästhesieeinrichtungen ohne ferromagnetische Materialien sowie Aluminiumgasflaschen verfügbar. Als Beispiele für besondere Sicherheitsmaßregeln seien die Verwendung von intravenösen Kanülen und Verbindungsstücken aus Kunststoff, spezielle lange Beatmungsschläuche mit geringem Totraum und spezielle Überwachungsgeräte genannt.

25 Darstellung und Bearbeitung von Daten

25.1 Lineare und nicht-lineare Skalen

Die Skalen der meisten Meßinstrumente sind linear (Abb. 25.1 A). Gelegentlich sind allerdings nicht-lineare Skalen sinnvoll, z. B. kann der untere Bereich gespreizt sein, um eine bessere Ablesegenauigkeit zu erreichen. Ein Beispiel hierfür ist die Skala des Sauerstoffrotameters von Narkosegeräten (Abb. 25.1 B), bei denen das konische Innere so gestaltet ist, daß niedrige Flüsse von 100 bis 500 ml/min auf einer erweiterten Skala abgelesen werden können. Dies macht die Einstellung, insbesondere für niedrige Flußraten im halbgeschlossenen oder geschlossenen System, einfacher.

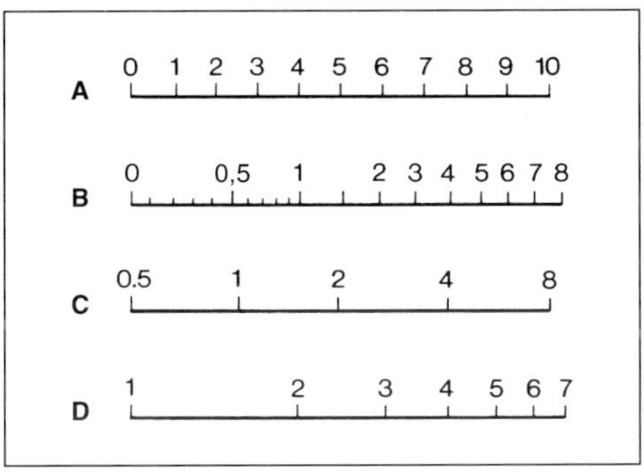

Abbildung 25.1: Unterschiedliche Skalentypen. (A) Linear, (B) nicht-linear, (C) und (D) logarithmisch.

Eine spezielle Form einer nicht-linearen Skala ist die logarithmische Skala (Abb. 25.1 C und D), bei der jede lineare Erhöhung der Skala einer Erhöhung des dargestellten Maßes um einen bestimmten Faktor entspricht. Diese Skala hat auch den Vorteil einer größeren Genauigkeit bei der Messung kleiner Einheiten, während trotzdem ein großer Bereich abgedeckt wird.

25.2 Logarithmische Skalen

Zusätzlich zu ihrer Verwendung in Analoganzeigen werden logarithmische Skalen auch in digitaler Form verwendet, um einen weiten Meßbereich abzudekken. Eine digitale logarithmische Skala mit der Basis 10 kann durch den Exponenten oder die Potenz von 10 wie folgt dargestellt werden:

10^{-3}	10^{-2}	10^{-1}	10^{0}	10^{1}	10^{2}	10^{3}
0,001	0,01	0,1	1	10	100	1000

Ein Beispiel für die Verwendung einer logarithmischen Skala auf der Basis von 10 ist der pH-Wert (siehe Kapitel 19), die Verwendung von Exponenten ist in Kapitel 5 besprochen. Der Gebrauch eines Exponenten zur Basis 10 erlaubt, große und kleine Maßzahlen gleichermaßen kompakt und übersichtlich darzustellen. Die Zahl von 0,0000000251 kann geschrieben werden als $2{,}51 \times 10^{-8}$ und 573 000 000 kann ausgedrückt werden als $5{,}73 \times 10^{8}$. Viele Rechner schalten automatisch in eine exponentielle Darstellung zur Basis 10 um, wenn die Zahl zu groß oder zu klein für eine konventionelle Darstellung wird.

Im SI-System wird empfohlen, die Einheiten in Form von Mehrfachen oder von Bruchteilen von Tausenden (10^3) darzustellen, z. B. das Kilo (k) für tausendmal und milli (m) für ein Tausendstel. Die Namen und Symbole der meisten üblicherweise verwendeten Vielfachen sind dem Anhang zu entnehmen. Diese Zusätze werden normalerweise so verwendet, daß numerische Werte im Bereich zwischen 0,1 und Tausend liegen, z. B.:

$$137\,000\,000 \text{ Pa} = 137 \text{ Mpa}$$

$$0{,}002 \text{ g} = 2 \text{ mg}$$

Logarithmische oder auch semilogarithmische Skalen werden auch in Graphiken verwendet. Semilogarithmisch heißt, daß eine Achse logarithmisch und die andere linear ist (siehe Kapitel 5). Eine gemeinsame Eigenschaft aller logarithmischen Skalen ist, daß sie nicht bis Null reichen.

25.3 Graphische Darstellung von Daten

Bestimmten Vorgänge, wie z. B. die Ventilation der Lungen durch ein Beatmungsgerät, werden durch eine Vielzahl von sich gleichzeitig verändernden Variablen beschrieben. Eine Liste dieser Variablen kann u. a. den Gasfluß, den Atemwegsdruck, den alveolären Druck, das Lungenvolumen und die Zeit umfassen. Oft beeinflußt die Änderung einer Variablen den Wert einer oder mehrerer anderer abhängiger Variablen. Diese Abhängigkeiten verschiedener Variablen können durch ein Diagramm graphisch dargestellt werden. Ein Diagramm hat zwei Achsen, von der jede einer Variablen zugeordnet und zur Darstellung der Werte der Variablen in geeigneter Weise skaliert ist. Die horizontale Achse wird Abszisse oder X-Achse, die vertikale Achse Ordinate oder Y-Achse genannt.

Die Abbildung 25.2 A zeigt in einem Diagramm, wie sich das inspirierte Volumen während einer langsamen Insufflation der Lunge bei einem anästhesierten und relaxierten Patienten am Respirator mit dem Atemwegsdruck ändert. In diesem Beispiel wird angenommen, daß die Insufflationsrate so langsam ist, daß die Druckdifferenz als Folge der Atemwegswiderstände vernachlässigt werden kann. Die beiden Variablen Volumen und Druck können durch ein elektrisches Wright-Spirometer und einen Druckwandler in elektrische Signale umgesetzt und durch einen XY-Rekorder als Diagramm dargestellt werden. In diesem Beispiel erhöht sich das Volumen linear mit steigendem Druck, der Zusammenhang zwischen Volumen und Druck wird beschrieben durch:

$$V_I = k_1 P$$

wobei k_1 eine Konstante ist, die der Steigung des Graphen entspricht; im Beispiel beträgt sie V_I/P, der Compliance von Lunge und Thoraxwand.

Wird das Gesamtluftvolumen in der Lunge aufgetragen, verändert sich der Graph (Abb. 25.2 B). Zu jedem Punkt des Graphen addiert sich ein Volumen k_2

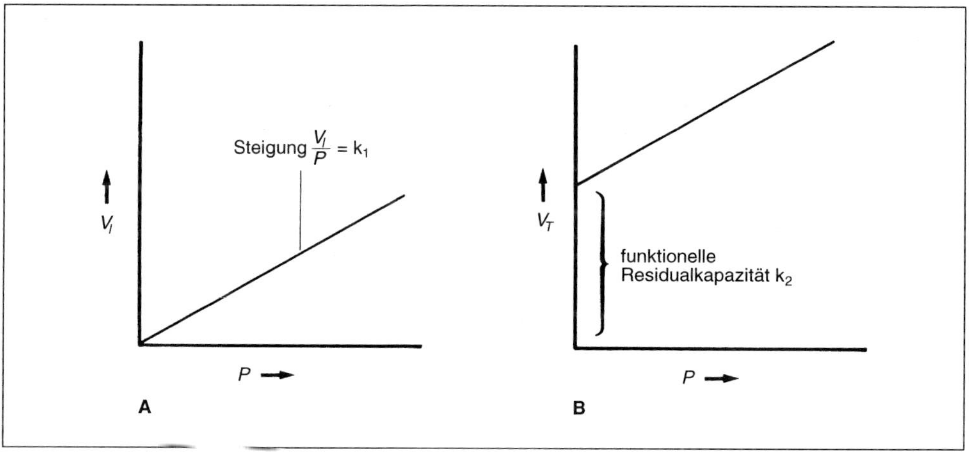

Abbildung 25.2: Lineare Diagramme.

entsprechend der funktionellen Residualkapazität der Lunge zum inspirierten Volumen. Die Formel des Graphen lautet dann:

$$V_T = k_1 P + k_2$$

Eine gerade Linie kann immer durch eine Gleichung dieses Typs beschrieben werden. V_T und P sind in diesem Falle die gemessenen Variablen, V_T ist dabei eine Funktion von P; k_1 ist die Steigung des Graphen (in diesem Falle die Compliance), k_2 ist der Achsenabschnitt der Ordinate oder Y-Achse (in diesem Falle die funktionelle Residualkapazität). Obwohl k_1 und k_2 Konstanten sind, haben sie unter verschiedenen Umständen und bei unterschiedlichen Patienten differente Werte. Solche Konstanten werden als *Parameter* bezeichnet. Der Begriff Parameter wird manchmal auch fälschlicherweise zur Bezeichnung der gemessenen Variablen gebraucht, er sollte daher am besten vermieden werden.

25.4 Nicht-lineare Diagramme

Bei turbulenten Strömungen (siehe Kapitel 2) beschreibt die folgende Formel den Zusammenhang zwischen Druck (P) und Fluß ($\dot{V}$, Geschwindigkeit der Volumenänderung).

$$P = k\dot{V}^2$$

Die Abbildung 25.3 A ist ein Graph dieser Gleichung, er wird als *Parabel* bezeichnet. Eine Parabel hat häufig die Form eines U und kann, ähnlich der geraden Linie, als mathematischer Ausdruck beschrieben werden (Abb. 25.3 B). Die allgemeine Formel für eine Parabel ist:

$$y = a + bx + cx^2$$

wobei y und x die Variablen und a, b und c die Parameter sind.

Andere Beispiele für nicht-lineare Graphen sind die rechteckigen Hyper-

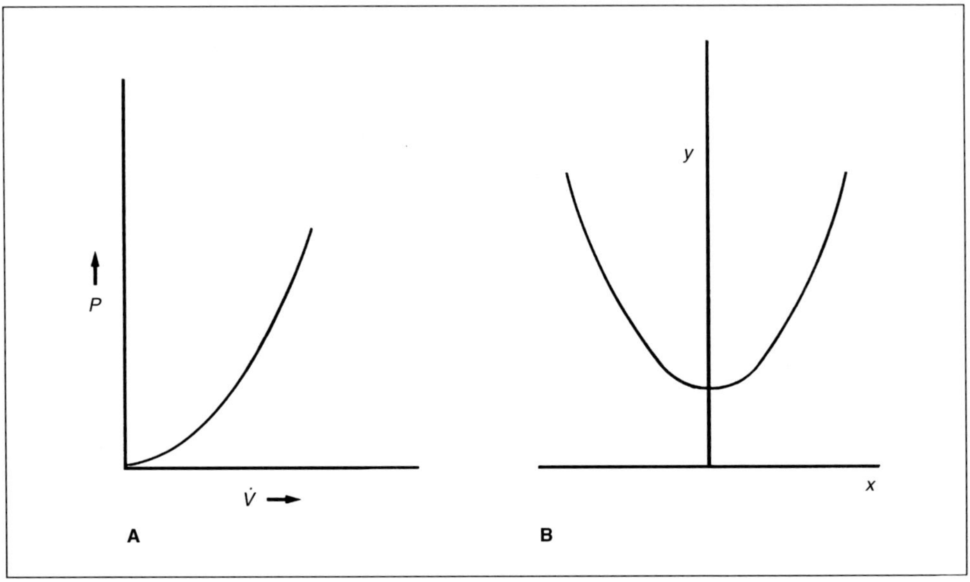

Abbildung 25.3: Beispiele von Parabeln.

beln der Form $y = k/x$ (Boylesches Gesetz, siehe Kapitel 4), die natürliche Exponentialfunktionen, z. B. $y = e^{-kx}$ (siehe Kapitel 5) sowie die Sinuswellen ($y = k \sin(x)$, siehe Kapitel 13).

25.5 Steigung eines nicht-linearen Graphen

Die Abbildung 25.4 zeigt die Darstellung des ausgeatmeten Volumens über der Zeit für eine schnelle Exspiration. Eine solche Aufzeichnung kann mit einem Spirometer (siehe Kapitel 3) gewonnen werden. Die Steigung des Graphen zu jedem Punkt repräsentiert den exspiratorischen Fluß zu diesem Zeitpunkt, die steilste Steigung ist der exspiratorische Spitzenfluß. Die Steigung erhält man durch Anlegen einer Tangente an die Kurve.

Die Steigung eines jeden Graphen, in dem das Volumen über der Zeit aufgetra-

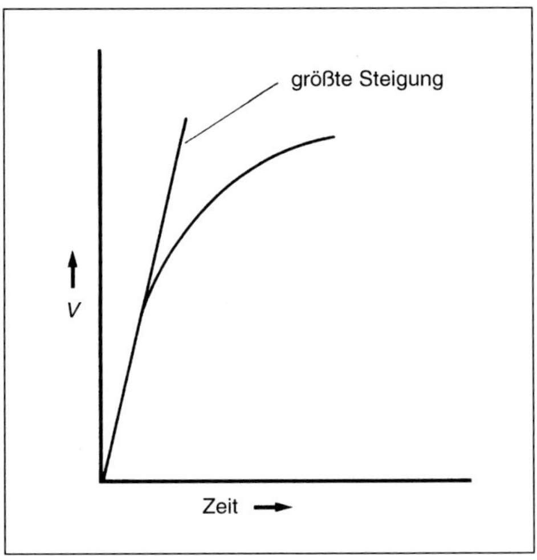

Abbildung 25.4: Steigung eines nicht-linearen Graphen.

gen ist, ist gleich dem Fluß. Es ist allerdings zeitaufwendig und relativ ungenau, zur Bestimmung der Steigung und damit des Flusses Tangenten anzulegen. Vorausgesetzt, die Gleichung des Graphen ist bekannt, kann die mathematische Technik der *Differentiation* verwendet werden, um den Gradienten oder die Steigung des Graphen an jedem Punkt zu bestimmen. Überwachungsmonitore enthalten oft elektronische Verarbeitungsmöglichkeiten, so daß Variablen bei Bedarf differenziert werden können, um z.B. aus Volumenänderungen den Fluß zu berechnen.

25.6 Fläche unter einem Graphen

Betrachten wir die Aufzeichnung eines Flusses $\dot{V}$ gegen die Zeit (Abb. 25.5). Diese kann während der Exspiration gewonnen werden, wobei ein Pneumotachograph zur Messung des Flusses verwendet wird. Die Fläche unter einer solchen Kurve entspricht dem Produkt des mittleren Flusses und der Zeit und somit dem exspirierten Volumen. Die schraffierte Fläche in dem Graphen kann gemessen werden durch Zählen der Quadrate oder durch Verwendung eines speziellen Instrumentes, dem Planimeter. Sie kann allerdings auch mathematisch bestimmt werden, vorausgesetzt, die Formel des Graphen ist bekannt. Das verwendete mathematische Verfahren ist die *Integration.*

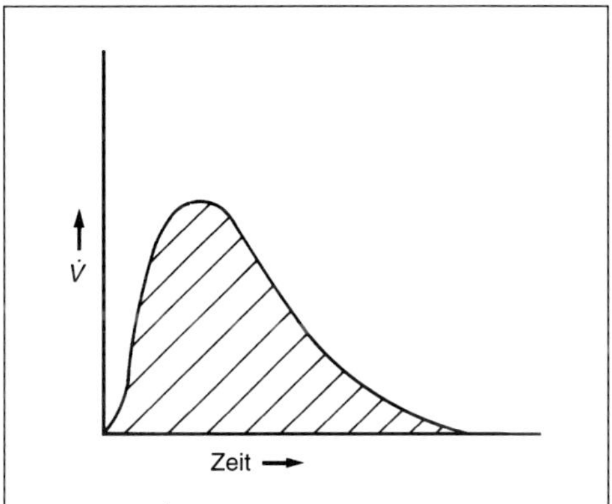

Abbildung 25.5: Die Fläche unter einem Graphen von Fluß über der Zeit repräsentiert das Volumen.

Die Integration kann auch verwendet werden, um die Fläche unter einer Farbstoffverdünnungskurve zur Messung des Herzzeitvolumens zu berechnen (siehe Kapitel 5), oder um über die Berechnung der Fläche einer Druck-Volumenkurve die Atemarbeit zu bestimmen (siehe Kapitel 8). Wie im Falle der Differentiation kann auch eine elektronische Integration von Variablen im Überwachungsgerät vorgenommen werden.

25.7 Tortendiagramme

Es gibt eine Reihe weiterer Möglichkeiten, Daten in graphischer Form darzustellen. Das Tortendiagramm ist beispielsweise eine nützliche Technik, um zu zeigen, wie sich eine bestimmte Menge aufteilt. Die Abbildung 25.6 zeigt die Verteilung des Blutflusses im Körper und gibt einen unmittelbaren Eindruck des relativen Anteils der verschiedenen Organe. Die gleichen Daten können zwar auch als Tabelle oder als prozentuale Anteile des Blutflusses zu jedem Organ dargestellt werden, ein Tortendiagramm gibt allerdings einen wesentlich besseren visuellen Eindruck.

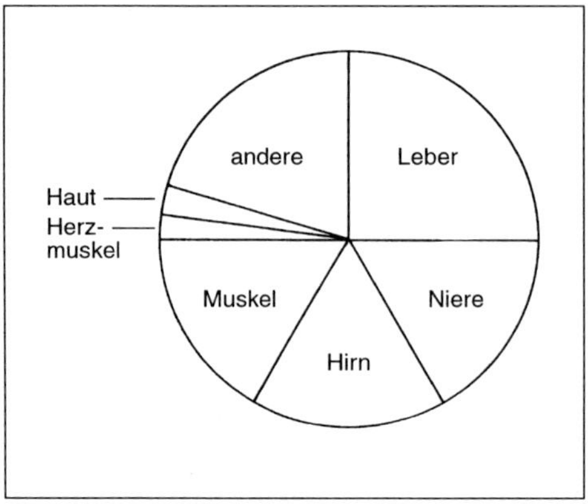

Abbildung 25.6: Tortendiagramm zur Darstellung der Blutflußverteilung im Körper.

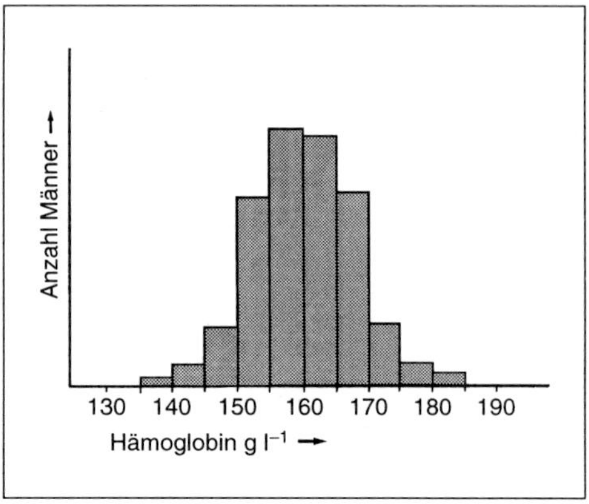

Abbildung 25.8: Histogramm zur Darstellung der Häufigkeitsverteilung der Hb-Konzentration einer großen Population von Männern.

25.8 Histogramme

In einem Histogramm wird die Höhe (oder Fläche) von Säulen verwendet, um Zahlenwerte graphisch darzustellen. In Abbildung 25.7 stellen die Säulen die relative mittlere Hämoglobinkonzentration erwachsener Männer und Frauen dar. Sie können beispielsweise die gemittelten Ergebnisse von mehreren hundert Laborbestimmungen zusammenfassen. Das Histogramm gibt einen guten visuellen Eindruck und ist insbesondere nützlich für Darstellungen in der Lehre. In der gezeigten unmodifizierten Form gibt das Histogramm allerdings keine Informationen über den Bereich der Ergebnisse, und ohne zusätzliche Daten kann nicht entschieden werden, ob die mittlere Hb-Konzentration von Männern signifikant größer ist als die von Frauen.

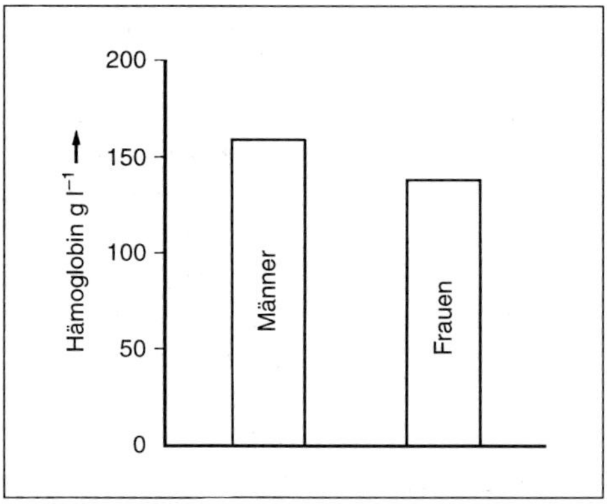

Abbildung 25.7: Histogramm zur Darstellung der Hb-Konzentration von Männern und Frauen.

Eine andere Form des Histogramms (Abb. 25.8) kann verwendet werden, um die Häufigkeit, mit der verschiedene Werte einer Variablen vorkommen, darzustellen. Nehmen wir z. B. an, daß die Anzahl von Männern mit bestimmten Hb-Konzentrationen in 5-g/l-Schritten dargestellt wird. Für eine Übersicht von 100 gesunden erwachsenen Männern kann das Histogramm eine Verteilung wie in Abbildung 25.8 zeigen; man erkennt außerdem, daß das Histogramm eine Glockenform hat.

25.9 Normalverteilungskurve

Werden Hb-Werte aus einer Population von mehreren tausend Personen bestimmt und in sehr kleinen Schritten dargestellt, resultiert eine wesentlich glattere Glockenform (Abb. 25.9). Bei vielen physiologischen Messungen nähert sich die Form dieser Verteilung der einer mathematischen Kurve an, die als *Normalverteilungskurve* (oder Gaußsche Kurve) bezeichnet wird. Eine solche Kurve kann durch ihren Mittelwert beschrieben werden, der auch dem größten Häufigkeitswert entspricht sowie durch seine Breite.

Der Mittelwert einer Menge wird durch Summation aller einzelnen Werte und anschließender Division durch die Anzahl der Werte gebildet. Sie wird oft ausgedrückt als:

$$\text{Mittelwert, } \bar{x} = \frac{\Sigma x_i}{n}$$

Dabei ist Σ das Summenzeichen, x_i ein Einzelwert und n die Anzahl der Werte. Die Breite der Kurve ist ein Maß für die Variabilität der jeweiligen Menge; die Standardabweichung – oft durch das Symbol σ (sigma) bezeichnet – wird als deren Maß verwendet. Die Standardabweichung einer jeglichen Ergebnismenge kann bestimmt werden durch die Formel

$$\text{Standardabweichung, } \sigma = \sqrt{\frac{\Sigma (x_i - \bar{x})^2}{n-1}}$$

Die meisten Taschenrechner können σ automatisch aus einer Ergebnismenge berechnen.

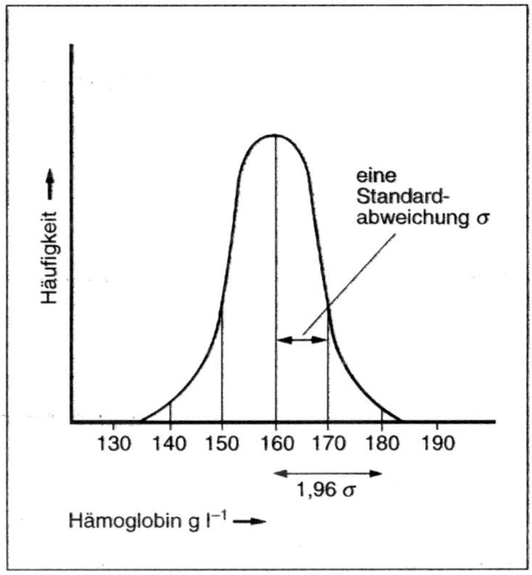

Abbildung 25.9: Verteilungskurve für Hb-Konzentrationen bei Männern.

Nehmen wir an, daß diese Hb-Verteilung anhand einer großen Anzahl männlicher Personen ermittelt wurde und die Kriterien einer Normalverteilung erfüllt; der Mittelwert betrage 160 g/l, die Standardabweichung 10 g/l. Aus der Form der Normalverteilung folgt, daß 68 % der Männer eine Hb-Konzentration zwischen 150 g/l und 170 g/l haben (Mittelwert ± eine Standardabweichung), während 95,4 % der Männer eine Hb-Konzentration zwischen 140 g/l und 180 g/l besitzen. Ein häufig verwendeter Bereich ist die 1,96fache Standardabweichung auf jeder Seite des Mittelwertes, der 95 % der Ergebnisse umfaßt. Dieser Bereich wird als *95 %-Konfidenzbereich* bezeichnet, seine Grenzen als *95 %-Vertrauensgrenze*. Tritt ein Ergebnis auf, dessen Wert außerhalb des 95 %-Vertrauensbereiches liegt, gehört er zu einer 5 %-Minderheit in dieser Population. Anders ausgedrückt: die Wahrscheinlichkeit, einen Hb-Wert außerhalb des 95 %-Vertrauensbereiches zu finden, beträgt 5%; dies wird ausgedrückt als $p < 0{,}05$. Das Ergebnis kann als signifikant auf dem 5%-Niveau bezeichnet werden. Ist $p < 0{,}01$, ist das Ergebnis auf dem 1%-Niveau signifikant.

Die gleichen Konzepte und Berechnungen der Standardabweichung können auf andere Meßwerte wie Temperatur, Blutdruck, Elektrolyte und Kohlendioxidpartialdruck angewendet werden.

25.10 Ursachen für Streuung

Die Streuung in einer Menge von Ergebnissen stammt aus unterschiedlichen Quellen: den Individuen, an denen die Meßwerte erhoben wurden, der Technik zur Meßwertaufnahme und dem Meßgerät selbst. Für jede dieser Quellen kann eine Verteilungskurve gezeichnet werden, die jeweils die individuelle Variabilität darstellt (Abb. 25.10). Man stellt allerdings fest, daß das Verhältnis zwischen der Gesamtvariabilität in den gemessenen Werten und der der Einzelkomponenten vom Quadrat der Standardabweichung abhängt, die als *Varianz* bezeichnet wird (σ^2).

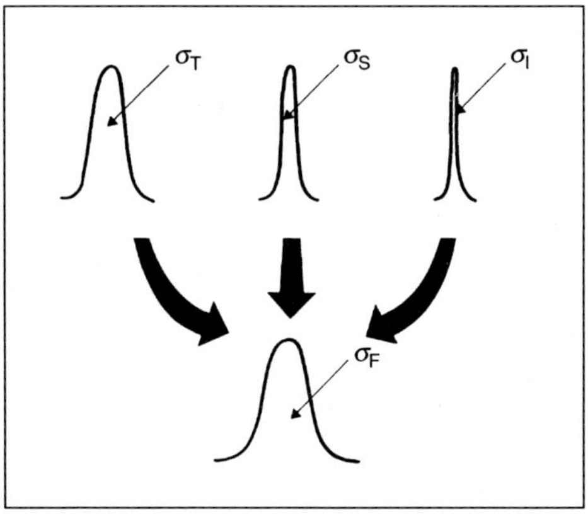

Abbildung 25.10: Darstellung einer Varianzanalyse.

$$\sigma_F^2 = \sigma_T^2 + \sigma_S^2 + \sigma_I^2$$

Dabei ist

σ_F^2 = Varianz der endgültigen Messung

σ_T^2 = Varianz der untersuchten Gesamtpopulation

σ_S^2 = Varianz der Meß- oder der Aufzeichnungstechnik

σ_I^2 = Varianz des Meßinstruments

Die Analyse der Einzelbestandteile der Variabilität wird als Varianzanalyse bezeichnet. In der Praxis können noch zahlreiche andere Ursachen der Streuungen hinzukommen.

25.11 Der Normalbereich

Labors geben für Werte, die durch bestimmte Tests ermittelt wurden, einen *Normalbereich* an. Dieser besteht üblicherweise aus 95% der typischen Resultate einer Untersuchung an normalen Individuen und kann als Mittelwert ±1,96 Standardabweichungen ausgedrückt werden, wenn die Verteilung der einer Normalverteilung entspricht. Ein solcher Bereich wird als *95%-Vertrauensintervall* für die Methode bezeichnet. Der Bereich umfaßt die Variabilität der Patienten, der Sammeltechnik, der Tageszeit, zu der die Probe gewonnen wurde und unter Umständen der Variation aus monatlichen und jährlichen

Schwankungen. Der Normalbereich sollte auch die Variabilität der Laborinstrumente berücksichtigen, obwohl diese üblicherweise nur einen kleinen Anteil an der Gesamtstreuung darstellen.

25.12 Instrumentenzuverlässigkeit und Qualitätskontrolle

Obwohl die Hersteller von Meßinstrumenten Genauigkeitsbereiche angeben, müssen Laboratorien Kontrollmessungen zur Sicherstellung der Präzision und Genauigkeit der Meßwerte durchführen. Referenzproben werden regelmäßig in die Routinearbeit eingebracht und die Istwerte mit den Sollwerten unter Berücksichtigung der Präzision der Methode, die aus einer großen Serie von Messungen solcher Proben gewonnen wurden, verglichen.

Man unterscheidet zwischen den Begriffen Präzision und Genauigkeit. *Präzision* wird verwendet, wenn man von der Reproduzierbarkeit von wiederholten Ergebnissen aus einer Probe innerhalb eines Labors spricht. Die *Genauigkeit* ist ein Maß für die Differenz zwischen dem Mittelwert solcher Ergebnisse und dem wahren Wert der Probe, die durch analytische Standardmethoden gewonnen wurde.

Neben der inneren Variabilität im Vorgang der Probengewinnung und der Messung einer Variablen tauchen gelegentlich grobe Fehler auf. Sie können die Folge falsch beschrifteter Proben, eines nicht richtig gesetzten Dezimalpunktes oder von Bedienungsfehlern in der Durchführung der Methodik sein. Ein gutes Qualitätskontrollschema erfaßt nicht nur den analytischen Prozeß selbst, sondern prüft alle Aspekte der Zuverlässigkeit, beginnend beim Patienten bis hin zum Befundbericht.

25.13 Zuverlässigkeit des Mittelwertes einer Ergebnismenge

Vom Mittelwert einer Ergebnismenge wird erwartet, daß er eine geringere Variation als ein einzelnes Ergebnis zeigt; folglich kann als Indikator für die Variabilität des Mittelwertes statt der Standardabweichung die Standardabweichung des Mittelwertes verwendet werden. Die Standardabweichung des Mittelwertes wird auch als der Standardfehler des Mittelwertes bezeichnet und wird wie folgt berechnet:

Standardabweichung des Mittelwertes,

$$\text{SEM} = \frac{\sigma}{\sqrt{n}}$$

Die Abbildung 25.11 zeigt die Verwendung der Standardabweichung und des Standardfehlers. In Abbildung 25.11 A steht der Fehlerbalken für die Hb-Ergebnisse bei Männern. Hier wird also die Standardabweichung angewendet. In Abbildung 25.11 B wird die mittlere Hb-Konzentration von 20 Männern mit der von 20 Frauen verglichen, so daß die Balken den Standardfehler des Mittelwertes beschreiben. Da sich die durch den Standardfehler markierten Bereiche nicht überschneiden, ist es sehr unwahrscheinlich, daß der Unterschied rein zufällig ist.

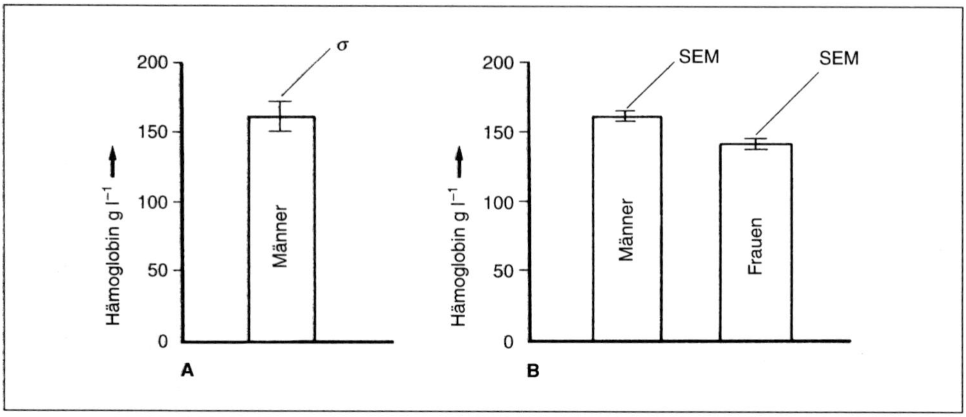

Abbildung 25.11: (A) Histogramm mit Standardabweichung (σ). (B) Verwendung der Standardabweichung des Mittelwertes (SEM).

25.14 Vergleich von zwei Datenmengen

Der Student-t-Test kann verwendet werden, um zwei Mengen normal verteilter Proben zu vergleichen, wenn der Standardfehler der Mittelwerte der beiden Gruppen bekannt sind. Der Test kann auf zweierlei Weise durchgeführt werden, abhängig davon, ob zwei getrennte Ergebnisserien verglichen werden sollen (unverbundener t-Test), oder ob Resultate in der gleichen Gruppe von Patienten verglichen werden (verbundener t-Test). Ein Beispiel für letzteren ist der Vergleich der Ergebnisse vor und nach einer Behandlung.

Viele Taschenrechner erlauben die direkte Berechnung von t für unverbundene oder verbundene t-Tests. Die Wahrscheinlichkeit, daß das Ergebnis nur rein zufällig ist, hängt sowohl vom Wert t als auch von der Anzahl der Ergebnisse ab. Folglich müssen Tabellen herangezogen werden, nachdem der Wert für t berechnet wurde. Der t-Test wird in klinischen Studien häufig eingesetzt, wenn die Meßwerte normal oder nahezu normal verteilt sind.

25.15 Schiefe Verteilungen

Nicht alle Messungen zeigen eine Normalverteilung. Die Abbildung 25.12 zeigt eine schiefe Verteilung (A) und die Ergebnisse einer Hb-Messung bei weiblichen Patienten, bei denen zu niedrige Hb-Werte in Form einer Anämie häufiger vorkommen als zu hohe Hb-Werte (B). Man kann in beiden Diagrammen sehen, daß der am häufigsten auftauchende Meßwert, auch als Dichtemittel bezeichnet, nicht mit dem Mittelwert übereinstimmt. Verteilung A ist linkssteil, da der Mittelwert einen höheren

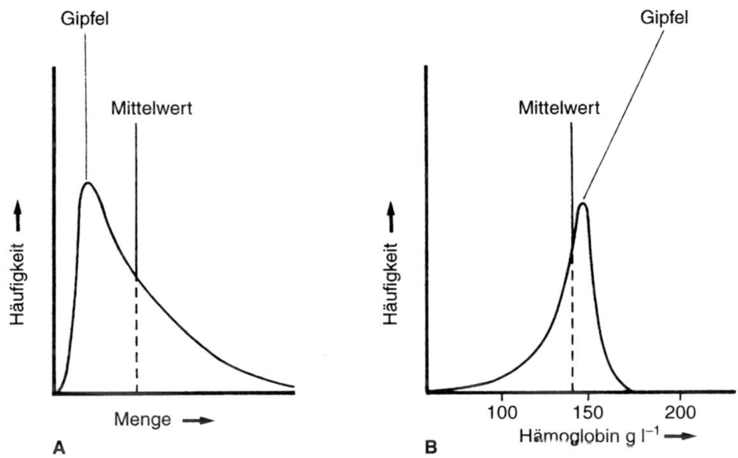

Abbildung 25.12: Beispiele schiefer Verteilungen.

Wert aufweist als der Gipfel; Verteilung B ist rechtsschief.

Eine Verteilung kann jede beliebige Form annehmen, wobei die Form von der Normalverteilung noch stärker abweichen kann als die gezeigten Kurven. Sie kann z. B. auch mehrgipflig (= multimodal) sein. Unter diesen Umständen wird, obwohl Mittelwert und Standardabweichungen berechnet werden können, die Form der Verteilung besser durch Perzentilen beschrieben. Ein Perzentilwert teilt die Verteilung in zwei Teile. Das 17 %-Perzentil beispielsweise ist der Wert, unter dem 17 % und über dem 83 % der Werte einer Verteilung liegen. Das 1., 2. und 3. Quartil entspricht jeweils dem 25 %, 50 % und 75 % Perzentil. Die Quartile zerlegen eine Häufigkeitsverteilung in 4 gleiche Teile. Das zentrale, 2. Quartil oder auch 50 %-Perzentil wird als Median bezeichnet und unterteilt eine Ergebnismenge in zwei gleiche Teile. Der Median kann daher als Alternative zum Mittelwert verwendet werden, weil er z.B. robust gegenüber Extremwerten („Ausreißern“) ist; er bezeichnet den Wert, um den sich die anderen Ergebnisse verteilen. Der Abstand zwischen dem 1. und 3. Quartil wird als *Interquartilenbereich* bezeichnet. Er ist, ähnlich der Standardabweichung, ein Maß für die Streuung der Verteilung. Eine Alternative ist der Semiquartilenbereich, er entspricht dem halben Interquartilenbereich. Die *Spannweite* einer Ergebnismenge ist die Differenz zwischen dem größten und dem kleinsten Wert.

Werden statistische Tests, die normalverteilte Stichproben zur Voraussetzung haben, auch Nicht-Normalverteilungen angewendet, können sie fehlerhafte Ergebnisse liefern. Beispielsweise sind die Voraussetzungen für die Annahme, daß das 95%-Vertrauensintervall bei ±1,96 Standardabweichung um den Mittelwert herum liegt, nicht mehr gegeben. Auch der Vergleich von zwei Ergebnismengen durch den Student-t-Test ist unzulässig, wenn die Verteilung stark von der Form der Normalverteilung abweicht.

Selbstverständlich existieren auch statistische Verfahren, die auf nicht-normalverteilte Ergebnisse angewendet werden dürfen. Sie werden als nicht-parametrisch bezeichnet, da sie bezüglich der Verteilung der zu testenden Parameter keinerlei Annahmen machen.

25.16 Nicht-parametrische Tests

Ein Beispiel für einen nicht-parametrischen Test ist der Wilcoxon-Rangsummentest. Er prüft, ob eine signifikante Differenz zwischen zwei Stichproben besteht. Betrachten wir die Schlafzeit in Minuten bei 20 zufällig ausgewählten Patienten, die unterschiedliche Medikamente eingenommen haben (siehe Tabelle). 10 Patienten erhielten das Medikament A, 10 Patienten das Medikament B. Die zwei Datensätze sind mit Rängen versehen, wobei der höchste Wert in beiden Gruppen den Wert 1 erhält, der nächste den Wert 2 usw. Sind zwei Werte identisch, wird die Rangzahl gemittelt. Die Summe der Ränge der zwei Meßgruppen kann berechnet werden. Aus entsprechenden Tabellen kann abgelesen werden, daß die Rangzahlen 86,5 und 123,5 für die 10 in den beiden Gruppen berücksichtigten Patienten keine Signifikanz auf dem 5%-Niveau erreicht.

Dieses Beispiel zeigt Daten aus Messungen in zwei unterschiedlichen Patientengruppen. In einigen Studienansätzen werden die beiden Datenmengen von denselben Patienten gewonnen. Man bezeichnet sie als verbundene Werte. Die statistische Signifikanz der Differenz zwischen verbundenen Werten kann durch ähnliche Rangtest ermittelt werden, beispielsweise den gepaarten Wilcoxon-Test und Spearman-Rangtest, die an dieser Stelle nicht weiter besprochen werden sollen.

Schlafzeit (Minuten) Medikament A	**Rang**	**Schlafzeit (Minuten) Medikament B**	**Rang**
100	5,5	92	9,5
83	13	78	16
126	1	63	19
65	18	59	20
92	9,5	89	11
81	14	101	4
111	2	76	17
100	5,5	95	7
79	15	94	8
103	3	87	12
940	86,5	834	123,5
Mittelwert x_1 94,0		Mittelwert x_2 83,4	

Ein weiterer Test ist der Chi-Quadrat-Test (X^2), bei dem die Häufigkeit von beobachteten Resultaten mit der erwarteten Häufigkeit verglichen wird. Dieser Test kann verwendet werden, wenn die Wirksamkeit von Medikamenten bezüglich eines bestimmten Effektes geprüft werden soll. Wird als erwartetes Ergebnis „keine Änderung“ erwartet, kann die Wahrscheinlichkeit, daß das erhaltene Ergebnis signifikant ist, ermittelt werden. Dies wird als Null-Hypothese bezeichnet.

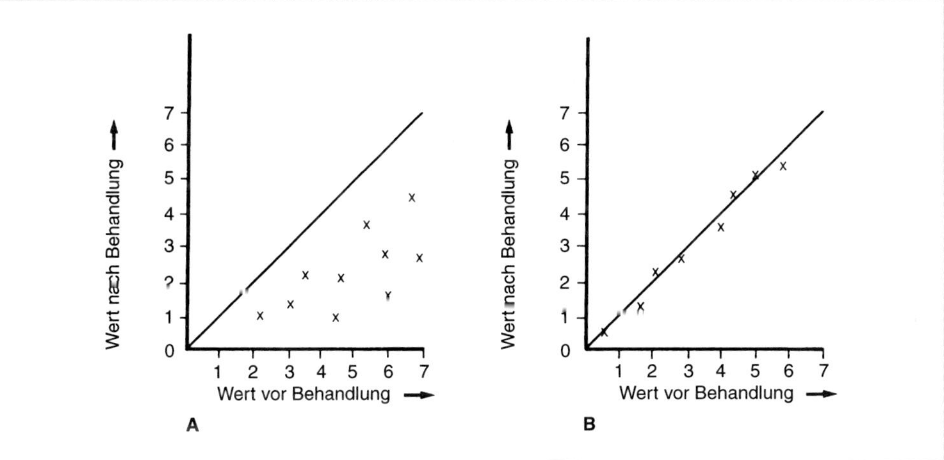

Abbildung 25.13: Punktdiagramm mit der Linie identischer Werte.

25.17 Punktdiagramme

Wenn einzelne Ergebnisse als Punkte in einer Graphik dargestellt werden, erscheinen sie üblicherweise gestreut, obwohl ein zugrundeliegender Trend vorhanden sein kann (Abb. 25.13). Das Beispiel zeigt Ergebnisse vor und nach einer Behandlung. Das Diagramm kann auch eine Linie enthalten, die die Punkte identischer Ausprägung (X = Y) markiert. In Abbildung 25.13 A sind alle Ergebnisse unter dieser Linie. Es ist daher offensichtlich, daß trotz der Variabilität der Ergebnisse die Messungen nach der Behandlung immer niedriger sind als vor der Behandlung. In Abbildung 25.13 B sind alle Ergebnisse nahe der Linie identischer Werte angeordnet, es scheint, daß die Behandlung keinen Effekt hat.

25.18 Regression und Korrelation

Die Linie der besten Näherung an alle Punkte in einem Punktediagramm wird als *Regressionslinie* bezeichnet. Ein Maß dafür, wie gut die Linie den Punkten angepaßt ist, ist der *Korrelationskoeffizient.* Der Korrelationskoeffizient liegt zwischen Null und Eins, wobei ein Wert von Eins eine vollständige Übereinstimmung zwischen den Punkten und der Regressionslinie, ein Wert von Null eine fehlende Übereinstimmung angibt.

Eine Regressionslinie kann gerade oder gekrümmt sein, es ist daher irreführend, eine lineare Regressionsgerade an Punkte anzupassen, die offensichtlich einem nicht-linearen Zusammenhang folgen, oder wenn die Streuung so groß ist, daß eine Entscheidung, ob es sich um einen linearen oder nicht-linearen Zusammenhang handelt, nicht getroffen werden kann.

25.19 Leistungsfähigkeit prädiktiver Tests

Viele in der Medizin durchgeführten Untersuchungen haben das Ziel, zu ermitteln, ob ein Patient ein bestimmtes Merkmal besitzt oder nicht. Die Zuverlässigkeit, mit der solche Tests das Merkmal voraussagen, kann häufig in einer anderen, weniger praktikablen, weil invasiven Weise überprüft werden. Nur sehr wenige dieser prädiktiven Tests sind – wenn überhaupt – absolut genau; in einer vergleichenden Überprüfung eines solchen Tests kann eine Tabelle erstellt werden, die angibt, bei wievielen Patienten die Vorhersage zutreffend war bzw. wie häufig der Test zu einem falschen Ergebnis kommt:

	Testergebnis beschreibt das Merkmal nicht	**Testergebnis beschreibt das Merkmal**
Merkmal vorhanden	richtig negativ	falsch positiv
Merkmal nicht vorhanden	falsch negativ	richtig positiv

Die folgenden Parameter beschreiben die Qualität des Tests:

$$\text{Sensitivität} = \frac{\text{richtig positive}}{\text{richtig positive} + \text{falsch negative}}$$

$$\text{Spezifität} = \frac{\text{richtig negative}}{\text{richtig negative} + \text{falsch positive}}$$

$$\text{positiver Vorhersagewert} = \frac{\text{richtig positive}}{\text{richtig positive} + \text{falsch positive}}$$

$$\text{negativer Vorhersagewert} = \frac{\text{richtig negative}}{\text{richtig negative} + \text{falsch negative}}$$

$$\text{Genauigkeit} = \frac{\text{richtig positive} + \text{richtig negative}}{\text{Gesamtfallzahl}}$$

25.20 Anwendung von Statistik

Jeglicher statistischer Test ist nur unter bestimmten Vorbedingungen und in einem korrekten experimentellen Ansatz sinnvoll; vor Beginn der Untersuchung sollte eine statistische Beratung durchgeführt werden. Die Effektivität einer klinischen Studie hängt von einer zufälligen und ethisch vertretbaren Auswahl der Patienten und dem Ausschluß von Faktoren ab, die die Ergebnisse verfälschen könnten. Nach Beginn der Untersuchung ist es in der Regel zu spät, ein nicht geeignetes Studiendesign auf statistischem Wege zu korrigieren.

Soll eine Behandlung mit einer anderen verglichen werden, kann es notwendig sein, die Untersuchung zu beenden, sobald sich eine Behandlung als signifikant besser als die andere erwiesen hat. Sequentielle klinische Untersuchungen werden so geplant, daß die Untersuchung beendet werden kann, sobald die Überlegenheit eines bestimmten Behandlungsregimes nachgewiesen wird.

25.21 Computer

Computer können komplexe Aufgaben wie mathematische Berechnungen und Sortierungen von Daten mit hoher Geschwindigkeit ausführen. Sie ermöglichen daher eine schnelle Verarbeitung großer Informationsmengen, die sonst nicht analysierbar wären. Ein Computer führt diese Aufgaben entsprechend einer Abfolge von spezifischen Anweisungen aus, die als Programm bezeichnet werden. Der Computer kann ohne Programm nicht arbeiten. Dieses muß entweder durch den Anwender selbst geschrieben werden oder kann von anderer Stelle übernommen werden. In der Fachterminologie unterscheidet man zwischen der Hardware, also den Systemkomponenten, die das Programm abarbeiten und Datenein- und -ausgabe übernehmen, und der Software, dem eigentlichen Programm. Ein Computer besteht aus einer zentralen Prozeßeinheit (central processing unit, CPU), die die Anweisung im Programm ausführt, und einem Speicherbereich, der das Programm, die zu verarbeitenden Daten und die Ergebnisse speichert (Abb. 25.14). Man unterscheidet zwei Arten von Speicher: random access memory (RAM) und read only memory (ROM). Der Inhalt eines RAM kann während der Arbeit des Computers beliebig geändert werden, er geht allerdings verloren, wenn der Computer ausgeschaltet wird. RAM wird daher auch als flüchtiger Speicher bezeichnet. ROM behalten ihren Speicherinhalt auch dann, wenn die

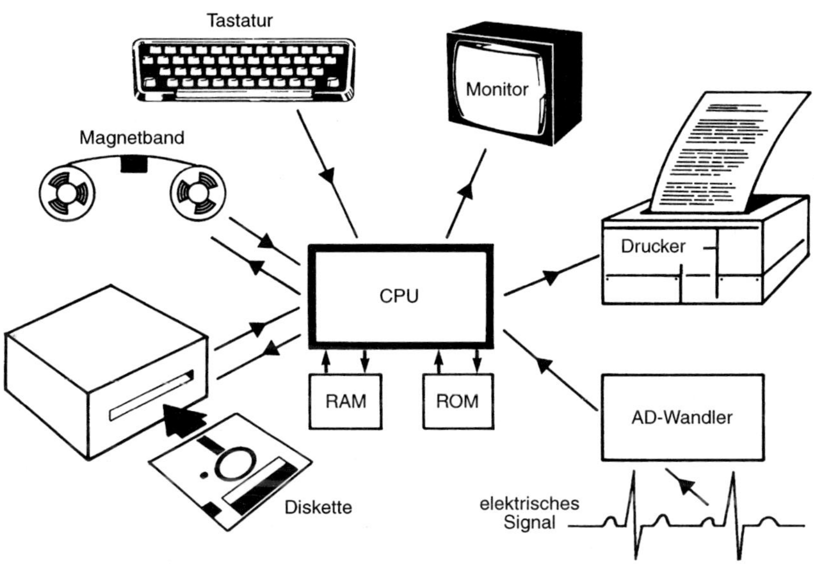

Abbildung 25.14: Computer und mögliche Peripheriegeräte: Bildschirm (cathode ray tube, CRT); zentrale Prozeßeinheit (central processing unit, CPU); random access memory (RAM); read only memory (ROM); Analog-Digital-Wandler (ADC).

Stromversorgung unterbrochen wird, sie werden daher als nicht-flüchtige Speicher bezeichnet; ihr Inhalt kann allerdings nicht ohne weiteres geändert werden.

In Personalcomputern (PC) und in zahlreichen medizinischen Geräten befindet sich die CPU zusammen mit anderen zentralen Funktionsgruppen auf einem einzigen Chip, dem Mikroprozessor.

Obwohl Ein- und Ausgabe von Daten in bzw. aus einem Computer in Form einfacher Zahlen, Buchstaben und Symbole (z. B. alphanumerischen Zeichen) erfolgt, und das Dezimalsystem für Zählvorgänge verwendet werden kann, nutzt der Computer selbst zur internen Datenverarbeitung das binäre System. Eine Ziffer im binären System hat lediglich zwei Werte im Gegensatz zu den 10 Werten des Dezimalsystems.

Dezimalsystem	Binärsystem
0	0
1	1
2	10
3	11
4	100
5	101
6	110
7	111
8	1000
9	1001
10	1010

Der Vorteil des binären Zahlensystems ist, daß jede binäre Ziffer (üblicherweise abgekürzt mit der Bezeichnung Bit) nur die Werte Null oder Eins aufweist. Diese zwei Werte können in einer elektronischen Schaltung durch zwei unterschiedliche Spannungen dargestellt werden; ein Computer verwendet eine solche Darstellung, um die nötigen Berechnungen durchzuführen. Alphanumerische Zeichen können entsprechend dieses Codes gespeichert werden, indem jedes Zeichen durch ein Byte dargestellt wird; ein Byte stellt dabei eine Informationseinheit, bestehend aus 8 (oder einem Vielfachen von 8) binären Ziffern oder Bits dar. Auch die Größe von RAM- oder Plattenspeichern wird in Byte angegeben.

Die Übertragung von Informationen zwischen CPU oder RAM bzw. ROM ist zwar sehr schnell, andererseits wird jedoch auch eine Speicherform benötigt, deren Inhalt leicht gewechselt und bei Ausschalten des Computers nicht verloren geht. Weder RAM noch Rom kann diese Voraussetzungen erfüllen, statt dessen werden magnetische Medien in verschiedenen Ausführungen eingesetzt. Information kann auf einer magnetischen Scheibe gespeichert werden, dabei wird die Information in zirkulären Spuren und Sektoren auf der Scheibe (Disk) angeordnet. Magnetische Platten sind mit verschiedenen Speicherkapazitäten verfügbar; man unterscheidet Harddisks (Festplatten) und Floppy-Disks (Disketten). Bei einer Floppy-Disk steht der Magnetkopf, der die Informationen von der Disk liest, in direktem Kontakt mit der Scheibe. Um eine übermäßige mechanische Beanspruchung der magnetischen Beschichtung zu vermeiden, dreht sich die Diskette mit einer relativ langsamen Geschwindigkeit, so daß auch der Informationszugriff recht langsam ist. Bei einer Festplatte berührt der Kopf die Oberfläche des Mediums nicht, die Scheibe dreht sich hier mit einer wesentlich höheren Geschwindigkeit und die Information wird entsprechend schneller übertragen. Auf der anderen Seite können Disketten leicht von einem Computer zum anderen übertragen werden, was bei Festplatten nicht ohne weiteres möglich ist.

An einen Computer können eine Reihe weiterer Komponenten angeschlossen werden, wie z. B. das Magnetband als Alternative zur Festplatte, die Tastatur zur Eingabe von Informationen in alphanumerischer Form, ein Bildschirm und ein Drucker zur Darstellung und Ausgabe von Informationen. Mittels einer Maus wird ein Zeiger auf dem Bildschirm bewegt, um aus verschiedenen dargestellten Informationen auszuwählen und so Programmabläufe zu steuern. Optische Platten sind auswechselbare Einheiten in der Größe einer Diskette, jedoch mit einer rund 100mal größeren Speicherkapazität. Die Technik zum Beschreiben und Lesen der optischen Platte unterscheidet sich wesentlich von dem der Diskette, auch die Kosten liegen erheblich höher. Ein weiteres, mittlerweile weit verbreitetes Speichermedium ist die Compact Disc (CD-ROM). Die Speicherkapazität ist ebenfalls wesentlich größer als die einer Diskette und vergleichbar mit der einer Festplatte; im Gegensatz zu dieser und zur optischen Platte können CD-ROM jedoch nur gelesen, nicht aber neu beschrieben werden.

Werden Berechnungen aus gespeicherten Meßdaten zu einem späteren Zeitpunkt durchgeführt, wird der Computer *off line* eingesetzt. Veränderliche elektrische Signale können auch durch einen Analog-Digital-Wandler (ADC) in eine digitale Form umgewandelt werden, so daß Berechnungen sofort durchgeführt werden können (*on-line*-Betrieb).

Das Programm, das von der CPU genutzt wird, ist eine Abfolge binärer Zahlen, die als Maschinen-Code bezeichnet wird. Da es schwierig und zeitaufwendig ist, Programme in Maschinen-Code zu schreiben, werden zur Entwicklung komplexer Programme eine Reihe leicht verständlicher und handhabbarer Anweisungen verwendet. Man spricht von sogenannten *Programmiersprachen.* Als Beispiele seien Basic, Fortran, Pascal und C++ genannt. Ein Programm, das in einer Sprache geschrieben ist, muß zunächst durch ein weiteres spezielles Programm (Compiler) wieder in Maschinen-Code übersetzt werden, bevor die CPU die Anweisung ausführen kann.

Zum Datenaustausch mit magnetischen Speichermedien verwendet der Computer ein weiteres spezielles Programm mit dem Namen *Disk Operating System (DOS)* oder *Betriebssystem.* Da eine Reihe unterschiedlichster Betriebssysteme im Gebrauch sind, muß darauf geachtet werden, daß der Computer selbst mit dem Betriebssystem kompatibel ist, mit dem er betrieben werden soll. Um die Arbeit mit einem Computer einfacher zu gestalten, werden zunehmend sogenannte graphische Benutzeroberflächen eingesetzt (z. B. Microsoft Windows oder IBM OS/2). Hier können so gut wie alle Abläufe über die Maus gesteuert werden, in dem auf dem Bildschirm graphisch nachempfundene Schaltflächen „angeklickt“ werden.

Ein *Netzwerk* verbindet mehrere Computer und Peripheriegeräte, so daß die Hard- und Softwareressourcen des Gesamtsystems von allen Arbeitsplätzen aus gleichermaßen genutzt werden können. Netzwerke dienen weiterhin dem Datenaustausch zwischen einzelnen Rechnern sowie innerhalb einer ganzen Klinik oder zwischen verschiedenen Abteilungen. Man spricht von Hospital Information Support Systems (HISS), Klinikinformationssystemen (KIS) oder Patientendatenmanagementsystemen (PDMS). Diese Systeme verwalten Patientendaten und stellen sie verschiedenen Abteilungen zur gemeinsamen Nutzung zur Verfügung.

Zur Verbindung von Einzelrechnern innerhalb eines Netzwerkes stehen in erster Linie zwei Methoden zur Verfügung. Im *Client-Server*-System stellt ein einzelner, leistungsfähiger Rechner (der *Server*) Hard- und Software-Ressourcen (Daten, Drucker, Programme etc.) den anderen Rechnern (den *Clients*) zur Verfügung. Jeder Client hat eine durch den Systemadministrator festgelegte Zugriffsberechtigung auf den Server, dagegen ist ein direkter Datenaustausch zwischen den Clients nicht möglich. In einem *Peer-to-Peer*-System hat jeder Computer im Netz gleichberechtigten Zugriff auf alle an das Netz angeschlossene Einrichtungen. Jeder Rechner besitzt also sowohl Server- als auch Client-Eigenschaften.

Es existieren unterschiedliche Netzwerktypen, die durch verschiedene Techniken sicherstellen, daß zu einem bestimmten Zeitpunkt jeweils nur eine Komponente Zugriff zu der gemeinamen Datenleitung hat. Ein neu an ein Netzwerk anzuschließender Rechner muß selbstverständlich zu dem entsprechenden Netzprotokoll kompatibel sein. Netzwerke unterscheiden sich auch in ihrer Größe. Ein lokales Netz (Local Area Network, LAN) verbindet beispielsweise mehrere Rechner innerhalb einer Abteilung oder eines Gebäudes. Ein globales Netz (Wide Area Network, WAN) kann durchaus Länder- oder Kontinenten-übergreifende Datenverbindungen herstellen (z. B. Internet).

Anhang

MASSEINHEITEN

Das „Système International d'unités" oder SI-System wurde 1960 eingeführt. Da dieses System im vorliegenden Buch verwendet wird, soll es im folgenden kurz zusammengefaßt werden.

Basis-SI-Einheiten
Das SI-System enthält eine Reihe von Basiseinheiten, von denen sich alle anderen Einheiten ableiten. Die Basiseinheiten sind mit den Symbolen für die entsprechende Einheit in Klammern angegeben.

(1) Länge: Meter (m)
Der Meter ist die Distanz, die Licht in einem bestimmten Bruchteil einer Sekunde zurücklegt.

(2) Masse: Kilogramm (kg)
Das Kilogramm basiert auf der Masse eines 1-kg-Prototyps, der bei Sèvres nahe Paris aufbewahrt wird.

(3) Zeit: Sekunde (s)
Die Sekunde basiert auf der Frequenz der Strahlung, die von Caesium-133 emittiert wird.

(4) Strom: Ampere (A)
Das Ampere ist der Strom, der zwischen zwei Leitern in einem Abstand von einem Meter im Vakuum eine Kraft von 2×10^{-7} Newton pro Meter ausübt.

(5) Temperatur: Kelvin (K)
Das Kelvin ist 1/273,16 der thermodynamischen Temperatur des Tripelpunktes von Wasser. (Beim Tripelpunkt stehen Wasserdampf, Eis und flüssiges Wasser im Gleichgewicht.)

(6) Beleuchtungsstärke: Candela (cd)
Das Candela basiert auf der Beleuchtungsintensität eines perfekt strahlenden schwarzen Körpers bei einer spezifischen hohen Temperatur.

(7) Substanzmenge: Mol (mol)
Das Mol ist die Substanzmenge, die so viele elementare Teilchen enthält wie Atome in 0,012 kg von Kohlenstoff-12 enthalten sind.

Abgeleitete Einheiten
Von diesen 7 Basiseinheiten können eine Reihe von Einheiten hergeleitet werden, einige Beispiele werden im folgenden aufgeführt:

Temperatur: Grad Celsius (°C)
Die Größe des Grad Celsius ist identisch zum Kelvin, der Zusammenhang ist:

$$°C = K - 273{,}15$$

Kraft: Newton (N)
Eine Kraft von einem Newton übt auf eine Masse von 1 kg eine Beschleunigung von einem Meter pro Sekunde aus.

$$1\ N = 1\ kg\ m\ s^{-2}$$

Druck
(i) – Pascal (Pa)
Ein Pascal ist der Druck von 1 Newton pro m^2.

$$1\ Pa = 1\ N\ m^{-2}$$

(ii) – Bar (bar)
1 Bar sind 100 kPa. Es ist keine SI-Ein-

heit, wird allerdings aufgrund der allgemeinen Verbreitung beibehalten.

Energie
(i) – Joule (J)
Ein Joule ist die Energie, die aufgewendet werden muß, um den Angriffspunkt einer Kraft von einem Newton 1 m in die Richtung der Kraft zu bewegen.

$$1\ \text{J} = 1\ \text{Nm}$$

(ii) – Elektronenvolt (eV)
Das Elektronenvolt (eV) wird für bestimmte Arten elektromagnetischer Strahlen verwendet.

Ein Elektronenvolt ist die Energie, die benötigt wird, um 1 Elektron gegen eine Potentialdifferenz von 1 Volt in Vakuum zu bewegen. Sie beträgt etwa $1{,}6 \times 10^{-19}$ J.

Leistung: Watt (W)
Leistung ist die Geschwindigkeit des Energieverbrauchs. 1 Watt = 1 Joule pro Sekunde.

$$1\ \text{W} = 1\ \text{J s}^{-1}$$

Frequenz: Hertz (Hz)
Ein Hertz ist eine Frequenz von einem Zyklus pro Sekunde.

Volumen:
(i) Kubikmeter (m^3)
(ii) Liter (l)
Die offizielle SI-Einheit des Volumens ist der Kubikmeter (m^3); der Liter (1/1000 m^3) ist allerdings für die allgemeine Anwendung zulässig.

$$1\ \text{Liter} = 10^{-3}\ \text{m}^3$$

Elektrische Einheiten
Die wichtigsten in diesem Buch verwendeten Einheiten sind:

Potential: Volt (V)
1 Volt ist die Differenz des elektrischen Potentials zwischen zwei Punkten eines Leiters, die von einem konstanten Strom von 1 Ampere durchflossen werden, wenn der Leistungsverlust zwischen diesen Punkten 1 Watt beträgt.

$$\text{V} = \text{W A}^{-1}$$

Widerstand: Ohm (Ω)
Erzeugt ein Potential von einem Volt an einem Leiter einen Stromfluß von 1 Ampere, ist der Widerstand dieses Leiters 1 Ohm.

$$\Omega = \text{V A}^{-1}$$

Ladung: Coulomb (C)
Ein Coulomb ist die Elektrizitätsmenge, die durch einen Strom von 1 Ampere in einer Sekunde bewegt wird.

$$\text{C} = \text{A s}$$

Kapazität: Farad (F)
Ein Kondensator hat eine Kapazität von 1 Farad, wenn bei einer Potentialdifferenz von 1 Volt zwischen seinen Polen eine Ladung von 1 Coulomb gehalten wird.

$$\text{F} = \text{C V}^{-1}$$

Nicht im SI-System enthaltene Einheiten
Einige inoffizielle Einheiten werden weiterhin verwendet.

Druck
(i) Millimeter Quecksilbersäule (mmHg)
Ein kPa entspricht etwa 7,5 mmHg, ein Bar ist daher 750 mmHg.
(ii) cm Wassersäule (cmH_2O)
Ein Druck von 1 cm Wassersäule entspricht etwa 98 Pa. (1 kPa = 10,2 cmH_2O)
(iii) Standardatmosphärendruck (atm)
Ein Standard- oder Normalatmosphärendruck entspricht einem Druck von 101,325 kPa. 1 bar entspricht daher etwa einer Atmosphäre.

Energie: Kalorie (cal)
1 Kalorie sind 4,18 J. Die Kalorie mit „C“ abgekürzt entspricht 1000 Kalorien;

gebräuchlicher ist allerdings die Kilokalorie (kcal).

Kraft: Kilogramm Gewicht
Das Gewicht von einem Kilogramm, manchmal auch Kilopond genannt, ist die Schwerkraft, die auf eine Masse von 1 Kilogramm wirkt. Die Schwerkraft entspricht einer Beschleunigung von 9,81 m s^{-2}, folglich gilt:

1 Kilogramm Gewicht = 9,81 N

Vielfache von Einheiten

Im SI-System werden die wichtigsten Vielfachen der Einheiten in Tausenderschritten verwendet; die häufigsten Vielfachen und ihre Symbole (in Klammern) sind wie folgt:

pico 10^{-12}	(p)
nano 10^{-9}	(n)
mikro 10^{-6}	(μ)
milli 10^{-3}	(m)
kilo 10^{3}	(k)
mega 10^{6}	(M)
giga 10^{9}	(G)

Standardtemperatur und Druck (STP)
In SI-Einheiten ausgedrückt entspricht STP einer Temperatur von 273,15 K (0 °C) und einem Druck von 101,325 kPa.

Sachregister

A

B

C

D

E

F

G

H

I

J

K

L

M

N

O

P

Q

R

S

T

U

V

W

X

Z